Perfect Plant

Perfect Place

英国皇家园艺学会
THE ROYAL HORTICULTURAL SOCIETY

完美花园

多样种植条件下的植物选择与设计方案

[英]罗伊·兰开斯特 著

王晨 译

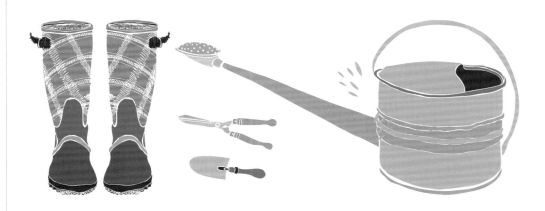

PERFECT PLANT PERFECT PLACE

电子工业出版社

Publishing House of Electronics Industry

北京·BEIJING

图书在版编目（CIP）数据

完美花园：多样种植条件下的植物选择与设计方案 /（英）罗伊·兰开斯特（Roy Lancaster）著；王晨译 . 一北京：电子工业出版社，2022.1
书名原文：PERFECT PLANT PERFECT PLACE
ISBN 978-7-121-42015-3

Ⅰ．①完… Ⅱ．①罗… ②王… Ⅲ．①花园－园林设计 Ⅳ．① TU986.2

中国版本图书馆 CIP 数据核字（2021）第 188215 号

责任编辑：于　兰
印　　刷：鸿博昊天科技有限公司
装　　订：鸿博昊天科技有限公司
出版发行：电子工业出版社
　　　　　北京市海淀区万寿路 173 信箱　邮编：100036
开　　本：850×1168　1/16　　　　　印张：28.25　字数：1085 千字
版　　次：2022 年 1 月第 1 版
印　　次：2022 年 1 月第 1 次印刷
定　　价：358.00 元

凡所购买电子工业出版社图书有缺损问题，请向购买书店调换。若书店售缺，请与本社发行部联系，联系及邮购电话：（010）88254888，88258888。
质量投诉请发邮件至zlts@phei.com.cn，盗版侵权举报请发邮件至dbqq@phei.com.cn。
本书咨询联系方式：yul@phei.com.cn。

FOR THE CURIOUS
www.dk.com

目 录

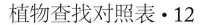
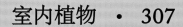

引言

如今能够使用的植物丰富多样，让我们再也不必眼睁睁看着刚刚弄过来的植株因为种在错误的地方或者养护不当而勉力求生甚至干脆死掉。

△园艺中心的诱惑
你很容易因为一开始受到某种植物的花朵、果实或叶片的吸引而购买它，而不是因为它适合你的花园。

很多人在为自己的花园置办植物时往往出于一时冲动。你见到一种颇为喜爱的植物，或者另一位园艺爱好者给了你一只吸芽或一根插穗，接下来你丝毫不考虑它是否适宜种在你的花园，就把它带回家，急匆匆地种在还有空当儿的无论什么地方。

有时候这个地方恰巧很合适，你的植物开始茁壮成长。然而多半情况下，这个地方并不那么好：也许太潮湿或者太干燥，过于荫蔽，土壤太浅，或者土壤里充满了其他植物的根系。当一株植物因为上述某种原因而生长不良时，你可能会耸耸肩膀并继续尝试，或者因为信心遭到打击而放弃，把兴趣转移到别的什么地方。

难道你不曾问过自己：那些在某条街上、电视上和杂志上看见的花园，是怎么做到的？你当然这样问过，虽然很容易因将它们视为出自专家之手的花园而获得心理安慰，但你也会想：要是自己有时间和方法在获取植物之前好好检查它们，是不是也能获得同

园丁的疑问

我在英国的一座大型苗圃工作了很多年，为顾客的花园植物选择提供建议。我和一系列不同的人打过交道，有些是专业人士或园艺爱好者，他们对于其花园中能够种植的植物已经有了充分的了解，想要寻找一些新的或特殊的植物；然而大多数人都是第一次接触园艺的新手，基本没有关于植物及其应用的知识或经验，但是他们渴望学习并且希望做出最明智的购买选择。

整体而言，向我咨询的客户可以分成两类：一类见到了他们喜欢的植物，然后想知道这种植物是否能生长在他们的花园里；另一类对于他们想要的植物种类没有确切的想法，但知道自己想用这些植物达到什么目的。

这印证了我的观念，即大部分人在寻求帮助时只是想知道在特定环境下（考虑到土壤、朝向和暴露程度等因素）哪种植物能够生长，或者哪种

△作者的花园
圆环日晷底座基部的'翠鸟'玉簪（Hosta 'Halcyon'）只是我在花园中利用叶片制造醒目景致的众多案例之一。粉蓝色的叶片和这个日晷十分相称。

◁孜孜不倦的园丁
我照料自己的这座花园里已经将近30年了。它有乔木、灌木、攀援植物、宿根植物和一系列不断变化的异域植物和季节性植物，其中很多是盆栽。

植物能够创造出想要的效果，如季相特征、色彩、芳香以及最终的大小和形状等。

园丁的答案

多年实地造访花园和在电视节目中采访的经验让我相信，贫瘠或有害的条件常常是可以得到改善的。如果无法改善这些条件，大部分地点和情况即使保留原样也能找到一些可以使用的植物，因为如今市面上花园植物的种类非常丰富。

本书是一本指导书，告诉你在特定条件下和想要达到某种观赏效果时应如何挑选植物。它将帮助新手找到适合他们花园的植物，而且能够让更有经验的园丁注意到可能被他们忽视的种类。园丁们如今可以使用的观赏植物比从前任何时候都多。本书列举的都是得到尝试并经受住考验的代表性种类。在它们身上取得的成功将激励你尝试更有挑战性的植物。

对于很多人来说，为室内选择最佳植物几乎和为室外选择植物一样重要。有趣的一个事实是，在自己家里相对受保护的环境中成功地种植植物可能是比在花园中种植耐寒植物更大的挑战，主要原因在于气候条件和光照水平——考虑到我们的许多室内植物都来自世界上的亚热带和热带地区，这并不奇怪。不过，尽管存在这些困难，我们仍然将室内植物视为生活中至关重要的组成部分，如果没有它们的存在，似乎任何一个家都是不完整的。除了它们的观赏价值外，室内植物还可以改善我们呼吸的室内空气，有助于创造健康的生活环境。本书的室内植物部分介绍了一系列丰富多样的植物种类以及有助于它们茁壮生长的条件。

△夏季的特别效果

这是一处绝佳案例，展示了拥有不同高度、叶片和花朵效果的宿根植物能够达到的效果。它们组成了一个迷人的夏季花境。

▽至关重要的组成部分

如果安排得当，盆栽植物添加在花园中能够起到很好的作用。它们可以构成一道宜人的景致，或者用来填补已经开过花的植物留下的空隙。

本书使用方法

这本书的目标是帮助你为某一特定的花园或室内情况选择最适宜的植物，你需要考虑的因素包括植物生长条件、植物特性以及任何特殊的观赏效果。"室外植物"一章根据植物类型分为5个部分："宿根植物""攀援植物""灌木""松柏类植物"和"乔木"。除了松柏类植物，书中列出的所有木本植物都是落叶植物（除非特别说明属于常绿植物）。"室内植物"一章也分为5个部分："开花效果""观叶效果""位置""特定用途"和"特定植物类群"。

植物名称

本书全部使用目前被广泛接受的植物的拉丁文学名，将其在植物的常用中文名下方列出，著名异名列在索引中并在正文中相互参照。

植物的常用中文名和拉丁文学名

每种植物的常用中文译名下方列出了其拉丁文学名

土壤酸度标志

大多数植物可以在大部分类型的土壤中生长。需要无石灰土壤的植物用下面这个标志表示。

pH   需要无石灰的土壤

耐寒性标志

耐寒性是衡量植物耐受冬季寒冷能力的指标。它会因为可用遮蔽物、适宜局部条件以及植物耐寒性的自然变异而发生变化。耐霜性是植物耐受冬季霜冻的能力。很多已经长出新叶的植物很容易受到晚春霜冻的伤害。下列标志指示的是植物的耐寒性，以便谨慎行事。

✽✽✽   完全耐寒——在温带气候下不用保护措施可露地越冬。

✽✽   半耐寒——在温带气候下需要保护措施露地越冬。

✽   不耐寒——即使在气候温和的地区，也需要保护才能露地越冬。适合种植在温室中。

耐阴灌木

你可能会惊讶于适合种植在庇荫中的灌木种类的广泛。很多此类灌木在野外本身就是林地植物，喜欢生长在不受阳光直射的地方。这并不意味着它们可以不需要任何光照而存活——所有落叶植物都需要阳光进行光合作用。不过和其他种类相比，某些灌木能够忍耐更低的光照水平，它们最适合种植在落叶乔木或建筑投射的阴影下。

大果卫矛
Euonymus myrianthus
✽ ✽ ✽   ↕3米 ↔4米

大型常绿灌木，叶苹果绿色，革质，稠密的绿黄色花序出现在初夏，秋季结果，果实橘黄色，结橘红色种子。

红百合木
Crinodendron hookerianum
✽ ✽   ↕3米 ↔2米

从春末到夏初，这种漂亮的常绿植物的枝条上悬挂着美丽的红色花，好似灯笼一般。不喜干燥土壤。

扶芳藤变种
Euonymus fortunei var. *vegetus*
✽ ✽ ✽ ✽ ✽   ↕30厘米 ↔2米

匍匐茎和直立茎的同时存在让这种坚韧的灌木状常绿植物形成一大片植株，绿色叶片和粉色果实都数量丰富。

其他耐阴落叶灌木

加拿大草茱萸（*Cornus canadensis*），见184页
三岁裂绣球 '卡罗莱夫人'（*Hydrangea macrophylla* 'Générale Vicomtesse de Vibraye'）
暗黄金丝桃（*Hypericum androsaemum*）
棣棠（*Kerria japonica*）
香花悬钩子（*Rubus odoratus*），见203页
'奥林匹克重瓣'木香花（*Rubus spectabilis* 'Olympic Double'）
汉考克'金叶毛核木（*Symphoricarpos × chenaultii* 'Hancock'）

200

菲利浦瑞香
Daphne laureola subsp. *philippi*
✽ ✽ ✽   ↕30厘米 ↔60厘米

一种林地常绿植物的低矮亚种，种植格子令日照下同样长得很好。冬末和初春开花，淡绿色花朵密集簇生。

'维奇' 绣球
Hydrangea macrophylla 'Veitchii'
✽ ✽ ✽   ↕1.5米 ↔2.5米

冠幅大于株高，这种叶片阔的灌木在夏至夏末开花。花序中央是一团微小的可育花，四周是一圈较大的不育小花。不喜干燥土壤。

光照水平、耐寒性和土壤酸度标志

所有植物都列出了适宜光照水平及耐寒性。只有植物需要无石灰土壤时才列出土壤酸度标志（见方框）。

植物描述

列出重要观赏特征，如花期、特殊形状、偏好地点或条件。如果植物是常绿植物，则加以说明。

光照水平标志

对光照的偏好使用不同标志来表示。多于一个标志则表示植物的偏好程度。

☼   全日照——偏好或需要充足的日光照射。

☀   半阴——耐受（部分植物甚至偏好）有限或非直射阳光。

✹   荫蔽——可以在低光照条件如乔木树冠下生长。

植物尺寸

植物尺寸会根据生长条件变化。书中列出的尺寸是普通条件下成熟植株的尺寸。宿根植物的株高包括花茎。

↕	平均株高
↔	平均冠幅
↕↔	平均株高和冠幅

得到官方认可的植物

皇家园艺学会（RHS）为观赏效果、生长活力和可用性优良的植物颁发园艺功勋奖（Award of Garden Merit，AGM）。它标志着能够得到的最佳物种和品种。园艺中心出售的植物常常带有 AGM 标志。

♡	园艺功勋奖

翻阅标记

本书的不同部分在每一页的左侧或右侧都有相应的翻阅标记。"宿根植物"部分又分为 5 个小部分，每个小部分都有各自的翻阅标记："土壤和朝向""特定用途""开花效果""观叶效果"和"特定植物类群"。

耐阴灌木

'蓝鸟' 粗齿绣球
Hydrangea serrata 'Bluebird'
❋❋❋❋ ↕1.2 米 ↔1.5 米

密的灌丛状落叶灌木，叶片锐尖，秋季常常变成亮丽的颜色。夏季开花。紫蓝色帽状花序周围有一圈浅色花。不喜干燥土壤。♡

顶花板凳果
Pachysandra terminalis
❋❋❋❋ ↕10 厘米 ↔20 厘米

这种常绿蔓生灌木是很好的耐阴植物，是一种优秀的耐荫地被。春季，深绿色叶片为小小白花组成的穗状花序提供了背景。

'韦克赫斯特白' 日本茵芋
Skimmia japonica 'Wakehurst White'
❋❋❋❋ ↕↔75 厘米

茂密低矮的常绿灌木，如果你在附近种植一株雄性日本授粉的话，这种早春茵芋属品种就会结出丰富的白色浆果。

株高和冠幅
列出该植物的最终平均尺寸，用公制表示。

翻阅标记
标记本书的不同部分（见右上文）。

潮忍冬
Lonicera pileata
❋❋❋❋ ↕60 厘米 ↔2 米

蔓扩展的株型让它成为一种优良的常绿地被。春末开花，花型小，不显眼，偶尔结出紫色浆果。

'密枝' 桂樱
Prunus laurocerasus 'Otto Luyken'
❋❋❋❋ ↕75 厘米 ↔1.2 米

这种低矮常绿灌木的枝条覆盖着狭窄有光泽的革质叶片。春末开花，直立穗状花序由白色花组成，结黑色果实。

十大功劳
Mahonia nervosa
❋❋❋❋ ↕60 厘米 ↔1 米

一种常绿灌木，茎短而直立，漂亮的叶片在冬季变成红色或紫色。黄色穗状花序在春季出现。

其他耐阴常绿灌木
'绿良' 东瀛珊瑚（*Aucuba japonica* 'Rozannie'），见 214 页。
金 叶 黄 杨（*Buxus sempervirens* 'Latifolia Maculata'）
双瑞连香（*Daphne pontica*），见 212 页。
熊掌木（x *Fatshedera lizei*），见 213 页。
八角金盘（*Fatsia japonica*），见 216 页。
杯树（*Osmanthus heterophyllus*）
三色莓（*Rubus tricolor*）
匍匐舞草（*Sarcococca hookeriana*）
川西荚蒾（*Viburnum davidii*），见 185 页。

'花叶' 蔓长春花
Vinca major 'Variegata'
❋❋❋❋ ↕30 厘米 ↔1.5 米

醒目的花叶植物，叶片边缘有奶油白色镶纹，是一种优良地被。如果不加抑制，长势会过于旺盛。蓝色花从春季开放到秋季。♡

AGM ♡
表示相关植物获得了 RHS 颁发的园艺功勋奖。

201

其他植物
列出适合某种地点或效果的更多植物，以及它们在本书其他部分出现的页码。

乔木章节的使用方法

夏栎（*Quercus robur*），见 273 页
欧洲小叶椴（*Tilia cordata*）

△晚樱
（*Prunus serotina*）

晚樱
Prunus serotina
❋❋❋❋ ↕15 米 ↔13 米

这种自由生长的乔木拥有卵圆形树冠，分枝下垂成拱形弯曲。叶片深绿，有光泽，在秋季变成黄色或红色。春季开花、花小而白并构成下垂的花序，结出有光泽的黑色果实。

281

乔木插图
展示成熟乔木的典型形状；出现裸露枝条说明它是落叶乔木，全部覆盖叶片说明它是常绿乔木。

生长速度
有三种情况，分别是生长旺盛、生长稳健、生长缓慢。

室内植物——栽培要点的使用

△凤尾棕子
Livocarvum weddellianum

△光叶二乔高木
Schefflera elegantissima 'Castor'

395

▽栽培要点

下列 5 种标志引出重要养护因素的简洁要点。

☼ 光照
光照需求分为三类：明亮、中等和荫蔽。"荫蔽"不意味着剥夺光照。"夏日阳光"指的是正午的灼热日光。

❋ 温度和湿度
温度分为低温（4~9℃）、适中（10~15℃）和温暖（16~21℃）三个挡。湿度分为低、中、高三级。

✿ 施肥
在植物的活跃生长期（通常是春季到秋季），应每隔一段固定的时期施肥。除非在条目中特别说明，否则使用任何普通室内植物肥料均可。

◊ 浇水
"干燥时"指的是基质表面。"浇水"指达到所说的条件时浇水。"少量浇水"指的是足以避免脱水即可。

▤ 繁殖
每个条目中都列出了相关植物最常见、最可靠的繁殖方法。对每种繁殖方法更详细的解释见 316~317 页。

室外植物

如今可以使用的植物的数量和种类比以往任何时候都多。本书将要列出的都是精选的最佳种类。无论你的花园是大还是小，这里总有一些植物能让它焕发光彩。

△秋之珍宝'九月魅力'杂种银莲花
是营造秋季效果的一种可靠的宿根植物，花朵繁茂。

◁仲夏的清晨
醒目的观赏葱是这个夏季香草植物花境的主角。

植物查找对照表

如果你有某种特定的种植地点、条件或想要达到某种效果，可以使用下方的简易对照表查找植物。每个格子中的相应页码都列出了能够在那里茂盛生长的植物（带图片），或者作者推荐用于达到目标效果的植物。彩色条带对应着各部分翻阅标记。

	宿根植物	攀援植物	灌木	松柏类植物	乔木
土壤					
碱性土	32, 34		194		276
黏质土	22, 24		190	252	272
无石灰土壤	30		192		274
沙质土	26, 28		196		
干燥土壤	36至41		198	254	278
湿润或潮湿土壤	42, 44		202		280
（续）	66, 68				
朝向					
荫蔽地点	40, 42	162	200		
（续）	44, 52	166			
日光充足地点	36, 38	160	198	254	278
（续）	50, 70	164			
位置					
空气污染地点	80		204		282
水生植物	68				
海岸无遮蔽地点	82		206		284
容器	70		212		
温暖遮蔽地点	46				
地被	50, 52		184, 187	260	
绿篱基部	56				
内陆无遮蔽地点	84				
铺装和缝隙	64				
岩石园，抬升苗床和岩屑	60, 62		210	258	
整枝到乔木和灌木上	72	168			
墙壁、篱笆和其他垂直支撑结构	72	160至167			
水边，潮湿地点	66, 68		202		280
荒野区	58				

尺寸和形状	宿根植物	攀援植物	灌木	松柏类植物	乔木
醒目的形状, 叶片			216		266, 285
尺寸大			178, 188	244	266
尺寸中等			180	250	268
尺寸小			182, 186	258	270
高或柱状				248	304
垂枝或蔓生				246	288
季相特征					
秋景	102, 140		226		296, 298
常绿	120	179	214		286
春景	96				
夏景	98				
冬景	76, 104		236		298
（续）	141		238		300
花期长	106				
色彩					
冷色或浅色花	112, 114				
金黄色叶片	134		220	262	292
火焰色花	110				
紫色, 红色或青铜色叶片	138		224		295
银色或蓝灰色叶片	136		222	263	294
彩斑叶片	130, 132		218	261	290
其他植物特征					
鸟类食用的浆果			232		298
吸引蝴蝶的花	78		234		
切花和切叶	73, 74				
芳香	116, 127	172	228, 230		
绿篱和屏障			208	256	281
香草	54				
多用途					302
有观赏价值的果实			231		298
防虫	88至93		240		
标本植物			178, 188		266
多刺植物			239		
低致敏性	86				

土壤指南

在你的花园里，土壤中黏土、沙子或粉沙颗粒的大小及比例会影响它的理化性质。这些因素结合起来，让土壤变得黏重（潮湿且排水不良）或疏松（干燥且排水通畅），从而决定了哪些植物能在其中茁壮生长。它的化学性质用 pH 值来表示，范围是 1~14。在中性值（7）之下，土壤呈酸性（无石灰）；在中性值之上，土壤呈碱性（石灰质）。通过查看颜色、感受质地或观察上面已经生长的植物种类，你就能判断自己的土壤属于什么类型，如果愿意的话，你还可以对土壤进行检测。

普通土适合连翘属植物（Forsythia）
不同的栽培需求和不同的当地条件让普通土很难定义。通常情况下，它湿润但排水良好，拥有较为丰富的腐殖质，pH 值呈中性至微酸，适合绝大多数植物的生长。

重黏土适合小檗属植物（Berberis）
微小的黏土颗粒附着在一起，让黏质土在雨后排水不畅而变得黏稠，而且在干燥的阳光下容易被晒硬。它们常常非常肥沃，可以通过排水或增加沙砾或粗糙有机质的方式进行改良。

沙质土适合委陵菜属植物（Potentilla）
沙粒比黏土颗粒大得多，因此沙质土更疏松，排水良好，而且在春季回暖很快。某些植物可能需要频繁浇水和施肥，不过肥力可以通过添加有机质来改良。

无石灰土壤适合杜鹃属植物（Rhododendron）
泥炭土或无石灰土通常呈深色，富含有机质。呈酸性，保水性好，非常适合种植不耐碱性土的植物。通过添加粗沙可以改良排水性能。

碱性土适合猬实属植物（Kolkwitzia）
含有白垩的石灰质或碱性土通常颜色浅，土层薄，像石头一样坚硬。排水良好，春季回暖速度快，土壤肥力适中。像沙质土一样，可以通过添加有机质改良。

朝向指南

植物需要阳光（无论是直射光还是散射光）进行光合作用，因此朝向对于植物生长和健康至关重要。很多植物在光照需求方面很灵活，偏好某一种朝向但也能耐受其他朝向。大多数植物只要处于能看到天空的位置就能良好生长。

→ 太阳的位置
太阳的方位在一年当中不断变化。仲冬时节，太阳位置较低，阴影很大。在盛夏，太阳很高，阴影很小。

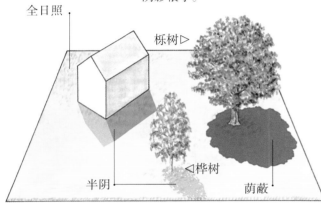

全日照
栎树▷
◁桦树
半阴
荫蔽

☼ 全日照
全日照地点没有乔木或建筑物的投影，一天大部分时间受到阳光直射。众多观花花园植物，包括很多宿根植物、一年生植物和灌木（见上图）喜阳光充足的地点——阳光和温暖使木质部分成熟，促进开花和结果。许多在全日照条件下生长最好的植物也具有一定程度的耐阴性，如生长在建筑物附近（在一天当中的某些时段处于阴影中）和林地边缘的种类。

☼ 半阴
半阴地点的光照有所减弱。它们出现在直射阳光被挡住的建筑物附近，但头顶的天空没有被遮挡。桦树（桦木属[Betula]）等乔木树冠投射的斑驳阴影也是半阴。如果土壤湿润，这样的条件适合许多植物生长，其中有些种类可忍耐全日照或更重的阴影。众多观叶宿根植物以及在林地中自然生长的植物（见上图）在这里生长得最茂盛。

☀ 荫蔽
指的是常年处于阴影或在主要生长季（夏季）处于阴影中的地点。这样的地点可能是被高建筑物紧密环绕的，更常见的情况是处于茂密的乔木树冠之下。即使在这里，荫蔽的程度也不同。如果土壤干燥或紧实，就像大型松柏类或其他类似常绿乔木下方的土壤那样，适宜的林下栽植选择只能局限于野外生长在这些地方的少数耐阴植物。

宿根植物

如果说乔木和灌木构成了一座花园的骨架，那么构成花境和地被的宿根植物就是它的血肉。从微小的岩生植物到高大的竹子，它们的形状、花朵和叶片的丰富多样是其他植物类群所不能提供的。本章节包括球根植物（包括块茎和球茎植物）以及一或二年生植物。

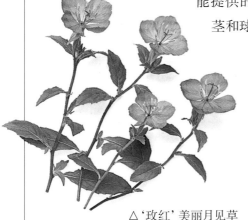

△'玫红'美丽月见草

宿根植物的美

- 在花境中提供群体效果。
- 醒目的单株或丛植植株可以在草坪中创造出特殊效果。
- 适合覆盖岩石园和岩屑，或者种在挡土墙顶上产生下垂效果。
- 春花球根植物可提供群体效果。
- 可以成为乔木下方的理想地被。
- 适合种植在容器中，摆放于台地、露台或庭院。
- 一或二年生植物能迅速营造出效果。
- 提供引人注目的水畔或沼泽植物。

△享受阳光　一株轮花大戟（*Euphorbia characias* subsp. *wulfenii*）的醒目花序在日光充足的地点繁茂生长。

部分宿根植物拥有常绿叶片，能够全年营造观赏效果，但大多数是草本植物，在生长季结束时（通常是冬季）地上部分死亡。除非另做说明，本章节的所有植物都是草本植物。我们怀着喜悦的心情对它们春风吹又生的期盼是永远都不会让人厌倦的一大乐事，这让花园中的它们显得更宝贵和令人兴奋。

适合营造效果的植物

对于很多园丁而言，没有什么景致会比夏季的宿根植物苗床更美了，那正是它最好的时节。无论我们是在格特鲁德·哲基尔（Gertrude Jekyll）的启发下搭配植物，还是更喜欢比较随意无章的色彩混合，宿根植物总能满足每一种审美。在种植花境时，叶片效果和开花效果一样重要，而且值得记住的一点是，如果将某些枯果保留下来，冬季也能营造出一种美丽的怀旧效果。

适合所有地点的植物

花园中温暖、阳光充足的地方非常适合种植在野外喜炎热、干燥条件的宿根植物。在气候较为冷凉的地区，在这些条件下繁茂生长的植物最好种植在抬升苗床中或向阳墙壁下。在利用比较隐蔽的地方时，可考虑自然生长在林地中的植物。蕨类、春花宿根植物以及延龄草和波缘仙客来等球根植物耐阴并能形成漂亮的地被。

△耐阴地被　波缘仙客来（*Cyclamen repandum*）在一棵山毛榉的树荫下形成一片可爱的春季地被。

◁冬季之美　枯死的种穗和叶片在寒冬中蒙上一层冰霜，平添一份雅致。

▷初夏盛景　这片村舍花园中的花境坐拥丰富多彩的宿根、一年生和二年生植物。

季节变迁中的宿根植物

每个季节都有自己独特的性格，并为花园景观带来新的景致。历经季节变迁的宿根植物会在生长、叶片和花朵上连续产生变化。虽然春季和夏季常常被认为是园艺日历中的最佳时间，但只要精心思考和积极布置，此起彼伏的宿根植物能够全年提供观赏价值以及缤纷多彩或引人注目的效果。

花园中的季节变化最清晰地反映在开花和叶片效果上。虽然某些宿根植物的花期相对短暂，但它们壮观的花朵会被长久地惦念，并在接下来的年份里受到热切的期盼。花期漫长的其他宿根植物常常开花持续数月，在相邻季节之间创造强烈的纽带，它们的贡献年复一年总是那么可靠。这在较小的花园中尤其重要，在那里，每种植物都必须有充分的价值才能在种植计划中占有一席之地。拥有美观叶片的宿根植物能够提供持续时间更长的观赏价值，在空间有限的地方非常珍贵。虽然草本植物在秋季常常拥有变色的叶片，不过为了花园中更持久的色彩和质地，值得种植一些拥有常绿、色彩明亮或彩斑叶片的宿根植物，这种类型的宿根植物有很多。

春季

草本宿根植物在春季的重新萌发是一年当中最令人兴奋的事情之一。在地下潜伏了一整个冬季的根茎此时开始抽出苗壮的新枝，有些还带有明亮的色彩。由于很多乔木和灌木在春季长出新叶的速度较慢，因此大多数时候是宿根植物提供了花园在新的一年中的第一抹色彩。球根植物会带来宜人的早花，非常适合丛植、大面积流线型自然式栽植或者种在乔木或灌木下。

△ 春季盆栽　像这些水仙属植物（Narcissus）一样，球根植物非常适合进行自然化栽植或者种在盆里。它们是花园中最初的一抹色彩，提供丰富多样的春花效果。

▷夏季花境　宿根植物在夏季会给花园带来缤纷多样的色彩。在这片花境中，飞燕草、羽扇豆、春黄菊（Anthemis）、月见草（Oenothera）和裸蕊老鹳草（Geranium psilostemon）和许多其他植物争奇斗艳，吸引着我们的目光。

△初冬 花期过后，很多宿根植物会结出具有装饰性的果实，在白色冰霜的映衬下显得极为迷人，这种价值经常遭到注重整洁的园丁的忽视。

◁秋色 大根老鹳草（*Geranium macrorrhizum*）秋季色彩斑斓的红叶为秋水仙的花提供了醒目的背景。这些花谢了之后，大根老鹳草的叶色还会进一步加深。

郁金香、洋水仙和许多其他球根植物都能提供一年当中的第一批切花，而且还能在露台的容器中茂盛生长。

夏季

争奇斗艳的一拨春花过后，花园逐渐安静下来，变得更加悠闲从容。许多受欢迎的花境宿根植物如蓍属（*Achillea*）、赛菊芋属（*Heliopsis*）、旋覆花属（*Inula*）以及庞大菊科的其他成员都到了它们最好的时候。花期长的宿根植物，如月见草属（*Oenothera*），开花持续整个夏季，甚至进入秋季还在开花。株型壮观或叶片醒目的宿根植物在夏季长到最终的尺寸，在花园中宣示着自己的存在。在夏季干燥的地区，值得种植刺芹和丝兰等宿根植物，它们可以耐受灼热的阳光和很少的水分。

秋季

花期果期较晚或拥有丰富秋色叶的宿根植物能够让秋季成为最色彩斑斓的季节之一，尽管它是生长季结束

前的最后一个季节。秋水仙和波缘仙客来等秋花球根植物伴随着一枝黄花（*Solidago*）和紫菀（*Aster*）开放。叶片也能做出重要贡献：灰背老鹳草（*Geranium wlassovianum*）等草本宿根植物枯萎中的叶片呈现艳丽的紫色、黄色和红色，衬托着许多其他植物鲜艳的果实种穗，后者常常很适合拿来做切花。聪明的园丁还会使用观赏草，如引人注目的蒲苇（*Cortaderia selloana*），为花境或容器增添景致。除了醒目的外形和叶片，很多观赏草还拥有令人难忘的花序和种穗。

冬季

冬季常常是园丁最不喜欢的季节，但并不一定只能将花园弃之不理，任其荒芜下去。包括竹子在内，众多宿根植物拥有迷人的越冬或常绿叶片，有些还带有明亮的色彩。这些

▷仲冬 使用宿根植物为冬季的花园带来温暖和色彩。在这里，'布雷辛哈姆红宝石'岩白菜为一些雪花莲提供了可爱的背景。

宝贵的观叶植物还能为仲冬至晚冬开花的肺草和铁筷子以及雪花莲和其他昭示着春季即将来临的类似微型球根花卉提供背景。有些宿根植物的干枯地上部分和种穗能够从秋季屹立至冬季不倒，继续为花园提供引人注目的造型和观赏价值。

土壤和朝向

在选择种植哪些植物时，花园中土壤的类型以及花园的光照情况是至关重要的两个因素。虽然许多宿根植物的需求比较灵活，能够耐受一系列园艺条件，但是如果你意识到它们对这些条件的偏好，就能得到更好的效果。

适宜阴凉环境和湿润土壤的莲花升麻
（*Anemonopsis macrophylla*）

不同土壤的理化性质差异很大。大多数宿根植物都能在所谓的普通土或湿润但排水良好的土壤中良好生长，这样的土壤能保持植物需要的足够水分，又不会产生积涝，但是也有一部分宿根植物有更特别的需求。观察你花园中土壤的颜色和质地，然后使用第 14 页的"土壤指南"确定你的土壤类型。

所有植物都需要一定的光照才能生存，但有些植物需要全日照才能达到最佳状态，而另外一些植物能够耐受甚至偏好不同程度的荫蔽。很多宿根植物在建筑物、墙壁或桦树等树冠较稀疏的落叶乔木的半阴投影下生长良好。然而对于浓密树冠尤其是常绿乔木树冠下的浓重阴影，需要更认真地挑选植物。

接下来，将根据宿根植物对土壤和光照的需求对其进行归类，以便为一系列花园地点提供种植解决方案。

△追求阳光　二年生植物银丝毛蕊花（*Verbascum bombyciferum*）在阳光充足的夏季花境中产生一种引人注目的白色毛绒效果。它还拥有漂亮的越冬莲座叶片。

△阴凉花境　许多宿根植物，如玉簪属和鸢尾属植物，喜欢半阴地点，如果土壤湿润就更是如此。

◁阳光充足的角落　使用温暖、避风的地点和角落种植喜阳、不耐寒或更具热带风情的宿根植物。

▷干旱花园　这些引人注目的景天属、刺芹属植物以及观赏草将在全日照下排水良好的土壤上茁壮生长。

适合重黏土的中低高度宿根植物

重黏土在冬季会变得潮湿黏稠，到了夏季又会变得坚硬结块。如果得到充分的耕耘并添加护根材料，它们也可以变得肥沃并适宜栽培种类广泛的宿根植物。下列植物的株高都不超过90厘米，适合用在小型花园或较大花境和花坛的前景中。

‘多彩’匍匐筋骨草

Ajuga reptans ‘Multicolor’

☀ ❋ ❋ ❋　　　　↕15厘米 ↔90厘米

这种筋骨草属植物拥有匍匐茎以及泛着粉色和奶油色彩斑的青铜绿叶片，构成浓密的常绿垫状地被。深蓝色花序长度较短，初夏开花。

‘比丘’福氏紫菀

Aster x *frikartii* ‘Monch’

☆ ❋ ❋ ❋　　　　↕70厘米 ↔40厘米

非常值得种植，蓝紫色大花效果稳定持久，夏末和秋季开放在强壮花茎上。可能需要一定的支撑。♡

风铃草

Campanula takesimana

☀ ❋ ❋ ❋ ❋　　　　↕50厘米 ↔1米

在黏质土中表现十分稳定，这种萌蘖植物拥有直立茎和心形叶。夏季开花，白色花呈钟形，内有粉晕和斑点。

‘诺拉·芭洛’普通耧斗菜

Aquilegia vulgaris ‘Nora Barlow’

☀ ❋ ❋ ❋　　　　↕90厘米 ↔45厘米

在春季和初夏，高而直立的花茎开出淡绿色和红色相间的下垂花朵，花下是一丛漂亮的深裂叶片。

厚叶岩白菜

Bergenia crassifolia

☀ ❋ ❋ ❋　　　　↕↔45厘米

一种适应性强的宿根植物，在基部长出一丛醒目的革质常绿叶片。晚冬和早春开花，泛红的花茎在叶片上方开出深粉色花朵。

‘金娃娃’萱草

Hemerocallis ‘Stella de Oro’

☀ ❋ ❋ ❋　　　　↕30厘米 ↔45厘米

初夏时节，一簇簇鲜黄色的花开放在浓密、低矮的丛生带状半常绿叶片上方。它的表现非常稳定。

'六月'玉簪
Hosta 'June'

☼✻✻✻✻　　　　　‡40 厘米 ↔ 70 厘米

这种漂亮的观叶植物是可爱的'翠鸟'玉簪（*H.* 'Halcyon'）的芽变品种。它拥有尖长的黄绿色肉质叶片，夏季开淡紫灰色花。♀

贵野芝麻
Lamium orvala

☼☀✻✻✻　　　　　‡↔ 50 厘米

带柔毛的荨麻状叶片构成醒目但不具有入侵性的丛生植株。花序轮生，晚春至夏季开唇形粉紫色花。

'可爱'大花夏枯草
Prunella grandiflora 'Loveliness'

☼✻✻✻　　　　　‡15 厘米 ↔ 30 厘米

垫状半常绿宿根植物，夏季直立花茎上轮生唇形粉色花。可充当良好地被。♀

'劳拉甜点'芍药
Paeonia lactiflora 'Laura Dessert'

☼✻✻✻　　　　　‡75 厘米 ↔ 60 厘米

初夏开花，花大且芳香，重瓣，奶油黄色，外层花瓣带有粉晕。花下是一丛醒目的深裂浅绿色叶片。♀

'重瓣'乌头叶毛茛
Ranunculus aconitifolius 'Flore Pleno'

☼●✻✻✻　　　　　‡60 厘米 ↔ 45 厘米

传统且极受欢迎，它拥有美丽的掌状深裂叶片，春季和初夏在分枝花茎上着生纽扣大小的白色重瓣花。♀

'金前锋'大花金光菊
Rudbeckia fulgida var.*sullivantii*

☼✻✻✻✻　　　　　‡60 厘米 ↔ 45 厘米

只要在夏季保持湿润，这种鲜艳的宿根花卉的表现就会很稳定。花大，有一深色花心，花色金黄，从夏末开到秋季。

适合重黏土的中高高度宿根植物

很多比较茁壮的宿根植物都能耐受重黏土。有些植物拥有纤维含量高的根茎，另外一些植物的根系较深，因此只要它们的种植地点没有遭受水涝就能生存。下列宿根植物的株高为1~2米，如果通过添加粗沙和基质的方式改善排水的话，那么在这样的条件下甚至还能表现得很好。

'埃米莉·霍金斯'翠雀

Delpbinium 'Emily Hawkins'

☼ ❁ ❁ ❁　　　　↕1.7米 ↔ 60厘米

黏质土上的任何宿根植物花境都不应该缺少翠雀。这种翠雀在夏季开整齐的半重瓣淡紫色花，有一浅黄色花心。♀

二色乌头

Aconitum x *cammarum* 'Bicolor'

☼ ❁ ❁ ❁　　　　↕1.2米 ↔ 60厘米

这种结实的宿根植物拥有深裂尖齿深绿色叶片，夏季在分叉花序上开放盔状蓝色花和白色花。♀

大花矢车菊

Centaurea macrocephala

☼ ❁ ❁ ❁　　　　↕1.5米 ↔ 90厘米

在整个夏季，带有亮棕色苞片的金黄色大花序一直开放在这种引人注目的丛生宿根植物的多叶花茎的顶端。

假升麻

Aruncus dioicus

☼ ❁ ❁ ❁ ❁　　　↕2米 ↔ 1.2米

一种令人难忘的丛生宿根植物，叶片大且多裂，似蕨类叶片。夏季的奶油白色羽状花序也同样美观。♀

'弯刀'单穗类叶升麻

Actaea simplex 'Scimitar'

☼ ❁ ❁ ❁ ❁　　　↕2米 ↔ 60厘米

一种漂亮的宿根植物，深裂蕨状叶片构成大而醒目的株丛。秋季开花，抽出高且有分枝的花序，花小而白。

斑茎泽兰红花群

Eupatorium maculatum

☼ ❁ ❁ ❁　　　　↕2.2米 ↔ 1.2米

夏季和秋季开花，粉紫色花组成的半球形花序很受蝴蝶和蜜蜂的喜爱。茎紫色，高，多叶，丛生。

'卡蓬洛克星'向日葵

Helianthus 'Capenoch Star'

☼✻✻✻ ↕1.5 米 ↔90 厘米

这种醒目的丛生植物拥有尖齿叶片, 夏秋两季在分叉的花枝上开出柠檬黄色的大花序, 花心颜色深。♀

'火尾'两栖蓼

Persicaria amplexicaulis 'Firetail'

☼✻✻✻ ↕1.2 米 ↔90 厘米

一种醒目而可靠的花境宿根植物, 多叶茎干浓密丛生。夏季至秋季抽出长而略弯的细长花序, 花为鲜红色。♀

'洛登之光'糙叶赛菊

Heliopsis helianthoides var.*scabra*

☼✻✻✻ ↕1.1 米 ↔90 厘米

茎干粗壮, 直立多叶, 夏季和秋季抽生坚硬分枝, 顶端开放半重瓣鲜黄色花序, 花心呈半圆形。

适合重黏土的其他中高高度宿根植物

'劳顿·安娜'神钟花 (*Campanula lactiflora* 'Loddon Anna'), 见 34 页
'帝王'向日葵 (*Helianthus* 'Monarch')
柳叶向日葵 (*Helianthus salicifolius*)
土木香 (*Inula helenium*)
'格雷吉诺格金'橐吾 (*Ligularia* 'Gregynog Gold')
'火箭'橐吾 (*Ligularia* 'The Rocket'), 见 109 页
'火烈鸟'邱园博落回 (*Macleaya* x *kewensis* 'Flamingo')
掌叶大黄 (*Rheum palmatum*)
加拿大地榆 (*Sanguisorba canadensis*)

七叶鬼灯擎

Rodgersia aesculifolia

☼✻✻✻ ↕1.7 米 ↔90 厘米

这种漂亮的鬼灯擎属植物拥有长柄锯齿边缘叶片, 与七叶树的叶片很像。夏季在植株顶端着生醒目的羽状花序, 花为奶油白色。

松香草

Silphium terebinthinaceum

☼✻✻✻ ↕2.5 米 ↔1 米

夏秋两季, 着生在分叉花枝上的小型黄色头状花序装点着这种高大挺拔的植物。它尤其适宜湿润土壤, 混合在宿根植物和观赏草中效果最佳。

适合沙质土 / 排水通畅土壤的中低高度宿根植物

株高低于 1 米且适宜排水通畅土壤的宿根植物有很多，尤其是那些偏好全日照的植物。这些小型植物用途多样，特别适用于花境前景、抬升苗床中或墙壁顶端。有些种类还很适用于摆放在露台或铺装区域的容器中。

'乔伊斯之选' 双距花

Diascia 'Joyce's Choice'

☀❀❀ ‡25 厘米 ↔ 50 厘米

这种双距花的蔓生茎和小叶片呈垫状铺在地表，花期持续夏秋两季，散乱的杏黄色花朵非常茂盛。♡

老鼠簕属植物

Acanthus hirsutus

☀☀❀❀❀ ‡↔ 30 厘米

这种低矮的萌蘖宿根植物形成一丛深裂且稍带刺的叶片。夏季，直立的绿白色花序从多刺的苞片中伸出。

'波维斯城堡' 蒿

Artemisia 'Powis Castle'

☀❀❀ ‡60 厘米 ↔ 90 厘米

这种植物精致的银灰色叶片可谓无与伦比。它形成低矮、整洁的一堆，最终会变得木质化且杂乱无章，此时应该将其替换掉。♡

绵叶菊

Eriphyllum lanatum

☀❀❀ ‡↔ 50 厘米

这种健壮的丛生植物拥有多毛的银灰色叶片，花期从晚春延续至夏季，连续开放一系列鲜黄色的头状花序。耐干旱。

'午夜蓝' 百子莲

Agapanthus 'Midnight Blue'

☀❀❀❀ ‡45 厘米 ↔ 30 厘米

夏季，肉质花茎从丛生带状深绿色叶片中伸出，在松散的顶端花序上开出深蓝色的喇叭状花朵。它在大多数花园中都表现得很稳定。

圆叶宽萼苏

Ballota pseudodictamnus

☀❀❀ ‡45 厘米 ↔ 60 厘米

低矮丘状小型亚灌木，茎灰白色，叶圆，柔软多毛；夏季开微小的白色或粉色花。和百里香搭配效果很好。♡

地中海刺芹

Eryngium bourgatii

☀❀❀ ‡45 厘米 ↔ 30 厘米

夏季开花，分叉花枝顶端着生小型蓝色头状花序，基部着生尖端带刺的苞片。叶片深裂、带刺，有银色脉纹，呈莲座状。

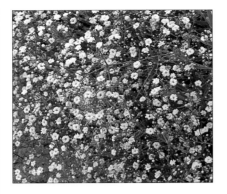

'罗森施莱尔'霞草

Gypsophila 'Rosenschleier'

☼❀❀❀　　　　　　‡40 厘米 ↔ 1 米

每到夏季,茂密的蓝绿色叶片就点缀着小小的白色重瓣花,不久后会变成淡粉色。又名'粉红面纱'霞草(G. 'Rosy Veil')。☒

'维奥莱塔'阔叶补血草

Limonium platyphyllum 'Violetta'

☼❀❀❀　　　　　　‡60 厘米 ↔ 45 厘米

这种补血草拥有大而深绿的叶片,呈莲座状生长。夏末开花,分叉花枝上着生深蓝紫色小花,适宜制作切花和干花。

那旁亚麻

Linum narbonense

☼❀❀❀　　　　　　‡50 厘米 ↔ 45 厘米

每到夏季,覆盖着狭窄蓝绿色叶片的成簇细长枝条开出大量带有白色花心的蓝色花,单朵花的花期很短。它是亚麻的近缘物种。

'玫红'美丽月见草

Oenothera speciosa 'Rosea'

☼❀❀❀　　　　　　‡↔ 30 厘米

从初夏到秋季,拥有黄白色花心的盏状浅粉色花点缀着一丛丛狭窄的叶片。花量大,但没有入侵性。

适合沙质土 / 排水通畅土壤的中低高度宿根植物

老鼠簕属植物(*Acanthus dioscoridis*),见 32 页
'火鸟'藿香(*Agastache* 'Firebird')
纸花葱(*Allium cristophii*),见 32 页
琉璃繁缕(*Anagallis monellii*)
'万圣之绿'宽萼苏(*Ballota* 'All Hallows Green')
距药草(*Centranthus ruber*),见 92 页
康定翠雀花(*Delphinium tatsienense*),见 32 页
西洋石竹(*Dianthus deltoides*),见 106 页
白鲜(*Dictamnus albus*),见 114 页
尼斯西亚大戟(*Euphorbia nicaeensis*),见 82 页
硬叶大戟(*Euphorbia rigida*)
'布鲁克塞德'老鹳草(*Geranium* 'Brookside'),见 33 页
老鹳草属植物(*Geranium malviflorum*)
芒颖大麦草(*Hordeum jubatum*),见 145 页
无名鸢尾(*Iris innominata*)
毛剪秋罗(*Lychnis coronaria*)
'白花'普通白头翁(*Pulsatilla vulgaris* 'Alba'),见 33 页
短舌菊蒿(*Tanacetum parthenium*)

'海伦豪森'光叶牛至

Origanum laevigatum 'Herrenhausen'

☼❀❀❀　　　　　　‡50 厘米 ↔ 45 厘米

蜜蜂和蝴蝶都很喜欢这种植物。茎坚硬而直立,密生芳香叶片,夏秋两季顶端开放浓密的深粉色花朵。☒

适合沙质土/排水通畅土壤的中高高度宿根植物

如果你曾经欣赏过开着花的高大心叶两节荠（*Crambe cordifolia*）或某种分药花（*Perovskia*）的蓝紫色花序，那么或许你已经知道这两种植物以及其他类似宿根植物能够在排水通畅的土壤中表现得十分良好了，尤其是在日照充足的地点。下列植物大部分株高1~2米，它们也喜欢这样的条件，而且能够为花境和花坛带来存在感。

黄花日光兰

Asphodeline lutea

☼ ❄❄❄　　　　　　　‡1.5 米 ↔ 30 厘米

每到夏季，一丛丛似禾草的蓝灰色叶片上方抽生出细长的花序，着生星状黄色小花，就像金色长矛一般。

心叶两节荠

Crambe cordifolia

☼ ❄❄❄❄　　　　　　‡2.5 米 ↔ 1.5 米

盛花期时十分壮观，初夏时节，小小的纯白色花朵开放在庞大的开支花序上，下方是一丛丛醒目的深绿色叶片。♥

'亮蓝'巴纳特蓝刺头

Echinops bannaticus 'Taplow Blue'

☼ ❄❄❄❄　　　　　‡1.2 米 ↔ 60 厘米

从仲夏至夏末，亮蓝色小花组成的多刺圆球让它成为蝴蝶和孩子们的最爱。它拥有漂亮的深裂尖刺状叶片。♥

'伦达特勒里'蒲苇

Cortaderia selloana 'Rendatleri'

☼ ❄❄❄　　　　　　　‡2.5 米 ↔ 2 米

最受欢迎的蒲苇品种之一，拥有一大丛带锯齿的狭窄常绿叶片。每逢夏末，高高的花茎上飘扬着醒目的淡紫粉色羽状花序。

美丽红漏斗花

Dierama pulcherrimum

☼ ❄❄　　　　　　　　‡1.5 米 ↔ 1.2 米

又名天使钓鱼竿（angel's fishing rod），夏季，优雅的拱形花枝上级满了洋粉色或紫色花朵。它的果也很漂亮。

刺芹属植物

Eryngium pandanifolium

☼ ❄❄　　　　　　‡2.5~3 米 ↔ 60 厘米

这种壮观的植物拥有醒目的丛生狭窄常绿带锯齿叶片，挺拔的茎上生长着分叉花序，夏末开放小小的绿色花朵。'紫花'（'Physic Purple'）品种的花是紫色的。

达尔马提亚柳穿鱼

Linaria dalmatica

☼ ❋ ❋ ❋ ↕↔ 90 厘米

似灌木，并有蔓生根茎，这种柳穿鱼还有直立茎，密生带粉衣的蓝绿色叶片。夏季开花，花序长，黄色花似金鱼草。

裂叶罂粟

Romneya coulteri

☼ ❋ ❋ ↕↔ 2 米

萌蘖生长，茎基部木质化的宿根植物或亚灌木。簇生蓝绿色多叶茎，茎被粉衣。夏季开花，花白而大，似罂粟。❖

'伊戈尔王子'火炬花

Kniphofia 'Prince Igor'

☼ ❋ ❋ ❋ ❋ ↕ 1.8 米 ↔ 90 厘米

这是一种外形出众的火炬花，在秋季拥有狭窄的深绿色叶片和数量众多的坚硬花茎，大而茂密的花序上着生深橘红色花朵。

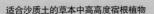

适合沙质土的草本中高高度宿根植物

黄花蓍草（*Achillea filipendulina*），见 76 页
'维茨蓝'小蓝刺头（*Echinops ritro* 'Veitch's Blue'），见 79 页
球花蓝刺头（*Echinops sphaerocephalus*）
巨独尾草（*Eremurus robustus*），见 34 页
剑叶独尾草（*Eremurus stenophyllus*），见 39 页
王百合（*Lilium regale*），见 116 页
锦葵属植物（*Malva alcea* var. *fastigiata*），见 99 页
'伯舍尔'总苞鼠尾草（*Salvia involucrata* 'Bethellii'）
白花毛蕊花（*Verbascum chaixii* 'Album'），见 109 页

深蓝鼠尾草

Salvia guaranitica

☼ ❋ ❋ ↕ 1.5 米 ↔ 60 厘米

亚灌木状宿根植物，茎直立分叉，叶大而多毛。花序长，花大且呈深蓝色，花萼颜色更深，夏末至初秋开花。

'邱园玫瑰'克氏花葵

Lavater x *clementii* 'Kew Rose'

☼ ❋ ❋ ↕↔ 2 米

这种花葵理所应当地受欢迎。茎分叉，基部木质化，叶半常绿，夏季连续开放粉色花。喜欢避风地点。

'蓝塔'分药花

Perovskia 'Blue Spire'

☼ ❋ ❋ ❋ ↕ 1.2 米 ↔ 90 厘米

茎基部木质化，耐干旱，有芳香。茎干直立被绒毛，花序分叉，夏秋两季开花。在寒冷的冬季地上部分枯死。❖

'盖恩斯伯勒'毛蕊花

Verbascum 'Gainsborough'

☼ ❋ ❋ ❋ ↕ 1.2 米 ↔ 30 厘米

这种毛蕊花美丽但生长期短暂，拥有覆盖着绒毛的皱缩叶片，构成漂亮的越冬莲座。花序分叉，花色嫩黄，夏季开花。❖

适合无石灰土壤的低矮宿根植物

适合无石灰土壤的其他低矮宿根植物
'茁壮'红苞距药姜（*Cautleya spicata* 'Robusta'）
亨氏流星花（*Dodecatheon hendersonii*）
'爱丁堡'龙胆（*Gentiana* x *macaulayi* 'Edinburgh'）
华丽龙胆（*Gentiana sino-ornata*），见 61 页
加利福尼亚杂种鸢尾（*Iris* Californian Hybrids）
无名鸢尾（*Iris innominata*）
'天蓝'匍卧木紫草（*Lithodora diffusa* 'Heavenly Blue'）
'水流'平卧福禄考（*Phlox* x *procumbens* 'Millstream'）
美国岩扇（*Shortia galacifolia*）
鸟趾堇菜（*Viola pedata*）

　　虽然需要无石灰土壤才能良好生长的植物种类数量相对不多，但其中包括一些最可爱最值得拥有的宿根植物。下列宿根植物的株高基本都在30厘米之内，适宜用在岩石园或小型泥炭土花园和花坛中。

银毛山雏菊

Celmisia spectabilis

☼☀❄❄❄　　　　　　　　↕↔30 厘米

簇生丛状常绿植物，条形叶片带尖，革质，叶正面为银色或绿色，背面为白色。初夏开花，花梗长，头状花序大而白。

'翠鸟'龙胆

Gentiana x *macualayi* 'Kingfisher'

☼☀❄❄❄　　　　　　　↕5 厘米 ↔ 30 厘米

半常绿垫状植物，狭窄叶片呈莲座状。秋季开花，美丽的喇叭状花呈蓝色，有白色和深蓝色条纹。

白花流星花

Dodecatheon meadia f.*album*

☼☀❄❄❄　　　　　↕40 厘米 ↔ 25 厘米

一到春季，这种精致的植物就会在松散的花序中开出纯白色的下垂花朵，突出的雄蕊呈黄色。花梗细长，叶基生，呈莲座形。☒

'阿诺德日出'鸢尾

Iris 'Arnold Sunrise'

☼☀❄❄❄　　　　　↕25 厘米 ↔ 30 厘米

这是一种适应性强的丛生植物，形成一丛丛狭长的常绿叶片。春季开花，直立花茎上开放带有黄色斑纹的白花。耐干旱土壤。☒

'格瑞斯伍德'匍卧木紫草

Lithodora diffusa 'Grace Ward'

☼☀❄❄❄　　　　　↕15 厘米 ↔ 90 厘米

浓密的蔓生常绿宿根植物或亚灌木，枝条匍匐多叶。春末和夏季开花，深蓝色花开在枝条顶端。非常适合岩石园。☒

适合无石灰土壤的中高高度宿根植物

下列宿根植物在无石灰土壤（尤其是酸性土壤）中生长得最好。许多种类原产林地和山地，春夏两季需要一定湿度才能茁壮生长（但不能是积水的土壤）。它们的株高可达1米左右，能够为泥炭土花坛或花园提供一流的观叶和观花效果。

椭果绿绒蒿
Meconopsis chelidoniifolia
☼ ❋ ❋ ❋   ↕1米 ↔60厘米

这种植物虽然株型不规则但十分优雅，半攀援分叉枝条丛生，多叶细长。夏季开花，花色淡黄，盏形，下垂。

智利乌毛蕨
Blechnum chilense
☼ ❋ ❋ ❋   ↕1米 ↔1.2米

大型常绿蕨类，丛生的革质羽状复叶非常醒目，不可育。坚硬的可育复叶从植株中央长出，表面密生孢子囊。▽

唐松草属植物
Thalictrum rochebruneanum
☼ ❋ ❋ ❋   ↕1.2米 ↔30厘米

这是一种株型威武的直立宿根植物，茎高，叶片大而深裂，似蕨。夏季开花，花序蓬松，花为白色或淡紫粉色。

'花叶'花菖蒲
Iris ensata 'Variegata'
☼ ❋ ❋ ❋   ↕1米 ↔45厘米

丛生鸢尾，剑形绿色叶片上有白色条纹。夏季开花，花茎直立，顶端开深红紫色花。喜湿润土壤。▽

天香百合
Lilium auratum
☼ ❋ ❋ ❋ ❋   ↕1.5米 ↔30厘米

茎秆高，密生矛状叶片。每棵植株最多可开12朵花，花大而白，有猩红色斑点和黄色条纹，夏末和初秋开花。

适合无石灰土壤的其他中高高度宿根植物

云南大百合（*Cardiocrinum giganteum* var. *yunnanense*），见44页
花菖蒲（*Iris ensata*）
藿香叶绿绒蒿（*Meconopsis betonicifolia*）
大花绿绒蒿（*Meconopsis grandis*）
'斯利夫·唐纳德'谢氏绿绒蒿（*Meconopsis* x *sheldonii* 'Slieve Donard'）
豹子花（*Nomocharis pardanthina*）
欧紫萁（*Osmunda regalis*），见67页
珠芽唐松草（*Thalictrum chelidonii*）
堇花唐松草（*Thalictrum diffusiflorum*）

31

适合碱性土的低中高度宿根植物

虽然有些园丁认为许多最好的花园植物需要无石灰土壤，但实际上种类更多的宿根植物在碱性条件下生长得最好，而不是厌恶这种条件。下列植物的株高都不超过1米，因此适用于花境前景以及抬升苗床和岩石园。

'贝多芬'岩白菜

Bergenia 'Beethoven'

☼❈❈❈　　　　　　　‡45厘米 ↔ 60厘米

这种来自德国的优良杂种拥有醒目的低矮簇生叶片，叶革质。春季开花，松散的花序生长在叶片上方，花为白色，花萼发红。

紫斑风铃草

Campanula punctata

☼☀❈❈❈　　　　　　　‡↔ 40厘米

每逢初夏，这种可靠的宿根植物就会抽生出直立的花茎，上面悬挂着钟形花朵，花大，白色至暗粉色，花内壁有许多斑点。

老鼠簕属植物

Acanthus dioscoridis

☼❈❈❈　　　　　　　‡40厘米 ↔ 60厘米

金蝉脱壳（*A.mollis*）的近缘物种，外形醒目。矛状叶片簇生，多毛。春夏两季开花，穗状花序茂密，花为粉色，苞片为绿色。

纸花葱

Allium cristophii

☼❈❈　　　　　　　‡60厘米 ↔ 15厘米

最壮观、最可靠的葱属植物之一。初夏开花，圆球形花序很大，小花呈星状，花为粉紫色。果序亦有观赏性。♀

康定翠雀花

Delphinium tatsienense

☼❈❈❈　　　　　　　‡60厘米 ↔ 30厘米

和拥有穗状花序的高大翠雀花杂种不同，这个宜人的物种拥有细长分叉的花序，花有长距，花色是类似矢车菊的蓝色，夏季开花。

适合碱性土的其他中低高度宿根植物

蜘蛛百合（*Anthericum liliago*），见36页
'华丽'聚花风铃草（*Campanula glomerata* 'Superba'）
距药草（*Centranthus ruber*），见92页
曼氏鹳牛儿苗（*Erodium manescavii*）
硬叶大戟（*Euphorbia rigida*）
'迈克斯·福雷'血红老鹳草（*Geranium sanguineum* 'Max Frei'），见82页
桔梗（*Platycodon grandiflorus*），见83页
'克莱夫胚甲'高加索蓝盆花（*Scabiosa caucasica* 'Clive Greaves'），见99页

'布鲁克塞德' 老鹳草

Geranium 'Brookside'

☼ ❀ ❀ ❀   ↕50 厘米 ↔ 75 厘米

这种植物长势苗壮，细裂叶片形成低矮的一团。夏季开花，叶上覆盖着盏形深蓝色花，花心为白色。♈

'金黄' 粟草

Milium effusum 'Aureum'

☼ ❀ ❀ ❀   ↕↔ 60 厘米

外形精致，色彩金黄，是最鲜艳、最可靠的观赏草之一。结籽量大而且能够真实遗传亲本性状。和勿忘草属植物（*Myosotis*）搭配效果极好。♈

'辛金斯夫人' 石竹

Dianthus 'Mrs. Sinkins'

☼ ❀ ❀ ❀   ↕40 厘米 ↔ 30 厘米

这种备受欢迎的村舍花园植物散发出浓郁的丁香香味，在初夏开花，花量丰富，重瓣、白色、边缘有波浪。叶位于花下方，常绿、灰绿色。

银月铁筷子

Helleborus x ericsmithii

☼ ❀ ❀ ❀ ❀   ↕30 厘米 ↔ 45 厘米

这是一个引人注目的杂种，叶片拥有迷人的大理石纹路和刚毛锯齿。冬季开花，花大且呈盏形，白色或有浅粉晕染。曾用名 *H.x nigristern*。

'白花' 普通白头翁

Pulsatilla vulgaris 'Alba'

☼ ❀ ❀ ❀   ↕↔ 20 厘米

一种很受欢迎的植物的美丽白花类型，形成一丛细裂叶片，叶表面有丝质毛。春季开白花，果实有丝状长毛。♈

花茎草

Francoa sonchifolia

☼ ❀ ❀ ❀   ↕90 厘米 ↔ 60 厘米

深绿色叶簇生、深裂、有毛。夏季开花，花序细长，抽生于叶片上方，花色粉红，花序尖端花色较深。用于切花效果很好。

春花香豌豆

Lathyrus vernus

☼ ❀ ❀ ❀ ❀   ↕30 厘米 ↔ 45 厘米

春季开花，蓝紫色蝶形花构成的松散总状花序让这种植物成为园丁们的最爱，它不但表现稳定，而且种植简单。深裂有光泽的绿色叶片也很美观。♈

有距堇菜白花群

Viola cornuta Alba Group

☼ ❀ ❀ ❀ ❀   ↕15 厘米 ↔ 30 厘米

这种堇菜的漫长花期赋予了它宝贵的价值。花期贯穿春夏两季，边缘有锯齿的常绿叶片上方连续不断地开放白色花朵。♈

适合碱性土的中高高度宿根植物

这里推荐的适合碱性土的宿根植物实际上并非全部喜欢此类土壤更甚于无石灰土壤或中性土壤，但它们都能适应这种条件，良好生长。下列种类高 1~3 米，是适合这些石灰质或白垩质地点的植物中最令人印象深刻的代表。

白苞蒿
Artemisia lactiflora
☀❄❄❄   ↕1.5 米 ↔ 90 厘米

长势苗壮，直立枝条密生成簇，叶裂并有锯齿状缺刻。夏秋开花，分叉花序上开放微小的奶油色花朵。🌿

'劳顿·安娜'神钟花
Campanula lactiflora 'Loddon Anna'
☀❄❄❄   ↕1.5 米 ↔ 90 厘米

这种神钟花表现可靠且种植简单，茎布满绒毛，叶非常繁茂。夏季开花，分叉圆锥花序生长在茎顶端，花色为淡粉紫色。可能需要支撑。🌿

'普米拉'蒲苇
Cortaderia selloana 'Pumila'
☀❄❄❄   ↕1.5 米 ↔ 1.2 米

虽然比大多数其他蒲苇小，但对于草坪来说仍是一种引人注目的标本植物。夏末开花，银奶油色的小花组成浓密的羽状花序。🌿

巨独尾草
Eremurus robustus
☀❄❄❄   ↕3 米 ↔ 1.2 米

带状蓝绿色叶片丛生，夏季开花，华丽的长柄总状花序抽生于叶片上方，由星状浅粉色小花组成。花期过后叶片枯萎。🌿

黄苞大戟
Euphorbia sikkimensis
☀❄❄❄❄   ↕1.2 米 ↔ 60 厘米

这种大戟属植物适应性强，表现可靠。直立枝条上生长着狭窄的柳叶状叶片，夏季开花，黄花簇生一团。春季萌发亮粉色新枝。🌿

'巴恩斯利'克氏花葵
Lavatera x *clementii* 'Barnsley'
☀❄❄   ↕↔ 2 米

花期持续整个夏季的红心白花和半常绿灰绿色叶片让它成为所有大型宿根植物中最令人满意的之一。🌿

黄唐松草
Thalictrum flavum subsp. *glaucum*
☼❋❋❋　　　　　　　‡1.5 米 ↔ 60 厘米

这种外形庄严的植物拥有带粉衣的蓝绿色深裂叶片，和绿色或紫色的对比效果非常美观。夏季开花，长出蓬松的黄色花序。♀

'硫黄'待宵草
Oenothera stricta 'Sulphurea'
☼❋❋❋　　　　　　　‡90 厘米 ↔ 15 厘米

在夏季持续数周的时间里，这种精选宿根植物在晚上开花，浅黄色的花大而芳香，夜晚开放在细长直立的枝条上。有自播习性。

'魅力'弗吉尼亚腹水草
Veronicastrum virginicum 'Fascination'
☼☀❋❋❋　　　　　　　‡2 米 ↔ 90 厘米

簇生的细长枝条非常醒目，叶轮生，边缘有锯齿。分叉总状花序细长渐尖，由玫红色和淡紫色小花组成。花期为夏末至秋季。

多雄蕊商陆
Phytolacca polyandra
☼☀❋❋❋　　　　　　　‡1.2 米 ↔ 60 厘米

从方方面面来看都是一种引人注目的植物。一到秋季，肉质枝条变成鲜红色，叶片变成黄色，密集的直立果序非常醒目，由闪闪发光的黑色果实组成，但是有毒。

轮叶黄精
Polygonatum verticillatum
☼☀❋❋❋　　　　　　　‡90 厘米 ↔ 30 厘米

直立细长的茎上生长着狭长的柳叶状叶片。每逢晚春和夏季，茎上就挂着一簇簇管状的绿白色花，会结出红色浆果。

适合碱性土的其他中高高度宿根植物
'平楦'牛舌草（*Anchusa azurea* 'Loddon Royalist'），见 112 页
'克妮金·夏洛特'杂种银莲花（*Anemone x hybrida* 'Königin Charlotte'），见 56 页
阔叶风铃草（*Campanula latifolia* var. *macrantha*）
大花矢车菊（*Centaurea macrocephala*），见 24 页
大聚首花（*Cephalaria gigantea*），见 78 页
'玫红'克氏花葵（*Lavatera x clementii* 'Rosea'），见 101 页
'非洲女王'杂种避日花（*Phygelius x rectus* 'African Queen'），见 107 页

35

适合全日照下干旱土壤的宿根植物

随着众多冷温带地区越来越频繁地发生干旱或缺水，能够耐受干燥、全日照条件的宿根植物开始受到重视。幸运的是，有很多植物都能在长期缺少雨水或灌溉的情况下存活。其中许多种类有深深的主根，或者叶片表面有能够减少水分损失的密生毛或蜡质。

适合全日照下干旱土壤的其他草本宿根植物

老鼠簕属植物（*Acanthus hirsutus*），见 26 页
赛靛花（*Baptisia australis*），见 98 页
西班牙菜蓟（*Cynara cardunculus*），见 136 页
'维茨蓝'小蓝刺头（*Echinops ritro* 'Veitch's Blue'），见 79 页
'简·菲利普斯'鸢尾（*Iris* 'Jane Phillips'）
'卡隆·温特'紫柳穿鱼（*Linaria purpurea* 'Canon Went'）
那波亚麻（*Linum narbonense*），见 27 页
'硫黄'待宵草（*Oenothera stricta* 'Sulphurea'），见 35 页
刚毛狼草（*Pennisetum setaceum*）
'卡门'蝎子草（*Sedum spectabile* 'Carmen'）

 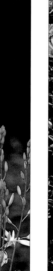

蜘蛛百合
Anthericum liliago
☼❄❄❄　　　↕90 厘米 ↔ 60 厘米

这种宿根植物在村舍花园中很受欢迎，春末夏初开花，一簇簇禾草状叶片上方生长着优雅的总状花序，白色小花似百合而极小。

海叶苞菊
Pallenis maritima
☼❄❄　　　↕25 厘米 ↔ 90 厘米

这种茎基部木质化的宿根植物能够用粗糙带毛的小叶片形成浓密的地被，春末至夏季开花，头状花序为鲜黄色。

白蒿
Artemisia alba
☼❄❄❄　　　↕45 厘米 ↔ 30 厘米

枝叶浓密的宿根植物，茎基部木质化。枝条细长，直立，呈灰白色。枝上密生有芳香气味的细裂银灰色叶片，呈现出一种羽状或泡沫状的效果。

'双色'蓝箭菊
Catananche caerulea 'Bicolor'
☼❄❄❄　　　↕50 厘米 ↔ 30 厘米

这种生长期短暂的宿根植物拥有簇生的禾草状叶片。仲夏至秋季开花，每枝细长的直立花茎上有一个类似矢车菊的白色花序，花序中央有一紫斑。

粉花还阳参
Crepis incana
☼❄❄❄　　　↕↔ 30 厘米

这种植物是蒲公英的近缘物种，叶片表面有灰毛，生长成莲座形状。夏末开花，美丽的粉色头状花序开放在细长的分枝花梗上。✿

三裂刺芹

Eryngium x *tripartitum*

☼❋❋❋　　　　　　　‡60 厘米 ↔ 50 厘米

枝条纤细而坚硬，多分叉，叶具长柄。夏秋两季开花，枝头顶端长出圆球形的小型头状花序，花为蓝紫色，伴有带刺的灰蓝色苞片。♈

紫花糙苏

Phlomis purpurea

☼❋❋　　　　　　　　　‡↔ 60 厘米

茎基部木质化宿根植物或亚灌木，枝条被毛，叶片灰绿色、被软毛。夏季开花，粉色至紫色唇形花簇生。

凤尾兰

Yucca gloriosa

☼❋❋❋　　　　　　　　　‡2 米 ↔ 1 米

茎短粗、木质化，蓝绿色叶片常绿、剑形、生长在茎顶端。夏末或秋季开花，圆锥花序巨大，花为象牙白色。♈

> **适合全日照下干旱土壤的其他常绿宿根植物**
>
> ‘普米拉’蒲苇（*Cortaderia selloana* ‘Pumila’），见 34 页
> 丽晃（*Delosperma cooperi*）
> 尼斯西亚大戟（*Euphorbia nicaeensis*），见 82 页
> 无名鸢尾（*Iris innominata*）
> ‘沃尔特·巴特’阿尔及利亚鸢尾（*Iris unguicularis* ‘Walter Butt’），见 105 页
> 欧夏至草属植物（*Marrubium libanoticum*）
> 西亚糙苏（*Phlomis russeliana*）
> 羽裂圣麻（*Santolina pinnata* subsp. *neapolitana*）
> ‘淡黄宝石’迷迭香叶圣麻（*Santolina rosmarinifolia* ‘Primrose Gem’）
> ‘大耳朵’绵毛水苏（*Stachys byzantina* ‘Big Ears’）

‘佩丽白’东方罂粟

Papaver orientale ‘Perry's White’

☼❋❋❋　　　　　　　　　‡↔ 90 厘米

深根性植物，茎短粗、被刚毛，叶片深裂、被毛粗糙。夏季开花，每枝花茎单生一朵花，花大而白，花心为紫色。

多叶旱金莲

Tropaeolum polyphyllum

☼❋❋　　　　　　　　‡10 厘米 ↔ 1 米

这是一种长势苗壮的蔓生植物，夏季开花，橙色或深黄色花密生于枝头，花有长距。深裂叶片和肉质茎呈粉蓝绿色。

‘都柏林’加州朱巧花

Zauschneria californica ‘Dublin’

☼❋❋　　　　　　　　‡30 厘米 ↔ 50 厘米

适宜干旱地点的最佳宿根植物之一，株型低矮浓密，狭窄的蓝绿色叶片表面被有绒毛，夏末和秋季开花，花为管状、鲜红色。♈

适合全日照下干旱土壤的球根植物

　　我们花园中的众多球根植物，包括许多百合物种、独尾草和观赏葱，全都来自地中海地区以及全球其他温暖、日光强烈且夏季干旱的类似地区，包括西亚和中亚。下列球根植物全都不喜阴，更喜欢明亮温暖的充分日照以及排水通畅的地点。在寒冷且容易遭受冰霜侵袭的地区，这些球根植物中的很多在冬季需要一定的保护措施。

'爱神'孤挺花

Amaryllis belladonna 'Hathor'

☼ ❀❀　　　　↕60 厘米 ↔ 10 厘米

这种孤挺花会形成一簇簇直立的肉质茎。这些茎会长出伞状花序，花为纯白色，喇叭形，秋季开花。先花后叶，叶为带状。

红射干

Anomatheca laxa

☼ ❀❀　　　　↕20 厘米 ↔ 8 厘米

一种迷人的小型植物，植株成熟后会大量结籽，尤其是在疏松或沙质的土壤中。它拥有类似鸢尾的小型叶片，夏季开红花。♥

黄棒箭芋

Arum creticum

☼ ❀❀　　　　↕50 厘米 ↔ 30 厘米

植株醒目，簇生，拥有浓绿宽大的箭头状叶片。春季开花，兜状花中央有一突出的棒状结构。

红花草玉梅

Anemone x fulgens

☼ ❀❀❀　　　　↕25 厘米 ↔ 15 厘米

这是一种华丽的块茎宿根花卉，尤其是群植或片植时。春季开花，花色鲜红，花心颜色更深。在较寒冷地区需要保护。

适合全日照下干旱土壤的其他球根植物

纸花葱（*Allium cristophii*），见 32 页
舒伯特葱（*Allium schubertii*）
孔雀银莲花（*Anemone pavonina*），见 58 页
白花红射干（*Anomatheca laxa* var. *alba*）
赞比亚凤梨百合（*Eucomis zambesiaca*）
鸢尾蒜（*Ixiolirion tataricum*）
白花百合（*Lilium candidum*）
王百合（*Lilium regale*），见 116 页
棕黄百合（*Lilium x testaceum*）
大果葡萄风信子（*Muscari macrocarpum*）
'马克·芬威克'宝典纳丽花（*Nerine bowdenii* 'Mark Fenwick'），见 102 页
阿拉伯虎眼万年青（*Ornithogalum arabicum*）
腺叶酢浆草（*Oxalis adenophylla*），见 61 页
带叶全能花（*Pancratium illyricum*）
花毛茛（*Ranunculus asiaticus*）
疏花美韭（*Triteleia laxa*）
岩生郁金香（*Tulipa saxatilis*）

龙芋

Dracunculus vulgaris

☼ ❀❀　　　　↕90 厘米 ↔ 60 厘米

茎表面有深色斑点，生长着具长柄的深裂叶片，奇异且引人注目。夏季开花，花大，有天鹅绒质感，深栗色至紫色。

黑花鸢尾

Hermodactylus tuberosus

☼ ❋❋❋　　　　↕30 厘米 ↔ 10 厘米

这种迷人的植物是鸢尾的近亲，拥有狭窄的禾草状叶片。春季开花，花为绿色或黄绿色。外层花瓣尖端呈棕黑色。

克路斯氏郁金香

Tulipa clusiana

☼ ❋❋❋　　　　↕30 厘米 ↔ 10 厘米

这种美丽的郁金香拥有优雅的形态。叶片狭窄，灰绿色。春季开花，花为白色，有深红色花心，外层花瓣背面呈粉红色。

剑叶独尾草

Eremurus stenophyllus

☼ ❋❋❋　　　　↕1 米 ↔ 60 厘米

虽然严格地说并不算球根植物，但这种植物拥有一个裂成数个部分的肉质根茎，从中长出一簇带状叶片。夏季开花，花序高而长，星状小花为黄色。♡

锥序绵枣儿

Scilla peruviana

☼ ❋❋　　　　　↕30 厘米 ↔ 15 厘米

宽大的带状肉质叶片基生成莲座形。春末开花，长出大且醒目的圆锥花序，由星状蓝色小花组成。

拜占庭普通唐菖蒲

Gladiolus communis subsp. *byzantinus*

☼ ❋❋❋　　　　↕1 米 ↔ 25 厘米

这种健壮的植物表现稳定，种植简单，很快就能形成一丛乃至一片多叶枝条。夏季开花，醒目的花序由鲜艳的洋红色花组成。♡

风信子美韭

Triteleia hyacinthina

☼ ❋❋　　　　　↕70 厘米 ↔ 5 厘米

这种非常美丽又可靠的球根植物外形很像一种开白花的观赏葱，但没有葱的辛辣气味。初夏开花，细长的茎上长出星状小花组成的伞状花序。

迟花郁金香

Tulipa tarda

☼ ❋❋❋　　　　↕15 厘米 ↔ 10 厘米

最可爱、最可靠的小型郁金香物种之一，叶片狭窄有光泽，呈莲座状生长。春季开星状花，花为黄色，花瓣尖端为白色。♡

适合荫蔽环境中干旱土壤的宿根植物

常常出现于乔木或灌木下的干旱、阴凉地点是最难以成功对付的花园环境之一。解决方案之一是种植下列能够耐受这种条件的宿根植物。如果树木的根系造成严重的阻碍，还可以在地面覆盖专用园艺织物和一层新鲜土壤。

适合荫蔽环境中干旱土壤的其他常绿宿根植物

柔软羽衣草（*Alchemilla mollis*），见90页
金蝉脱壳宽叶群（*Acanthus mollis* Latifolius Group）
'紫叶'扁桃叶大戟（*Euphorbia amygdaloides* 'Purpurea'）
大根老鹳草（*Geranium macrorrhizum*），见89页
臭铁筷子（*Helleborus foetidus*）
麦冬（*Ophiopogon japonicus*）
厚隔芥（*Pachyphr agma macrophyllum*）
吉祥草（*Reineckia carnea*）
蔓长春花（*Vinca major* subsp. *hirsuta*），见57页
光叶林石草（*Waldsteinia ternata*）

拟紫草属植物

Buglossoides purpurocaerulea

☼ ❋ ❋ ❋ ❋　　　　　‡60 厘米 ↔ 90 厘米

这种低矮或蔓生宿根植物会伸出长长的枝条，枝条尖端生根。春末至夏季开花，花开在直立茎上，初开为紫色，然后变为深蓝色。

淫羊藿属植物

Epimedium perralderianum

☼ ❋ ❋ ❋ ❋　　　　　‡30 厘米 ↔ 60 厘米

每到春季，鲜黄色花朵组成的总状花序就从有光泽的簇生常绿叶片上方长出。叶片深绿色，每枚复叶有三枚小叶，幼叶呈铜红色。

西伯利亚春美草

Claytonia sibirica

☼ ❋ ❋ ❋ ❋　　　　　‡20 厘米 ↔ 15 厘米

生长期短暂但大量结籽，这种植物拥有簇生肉质绿色叶片。春末至夏季大量开花，松散花序由粉色或白色小花组成。

扁桃叶大戟

Euphorbia amygdaloides var. *robbiae*

☼ ❋ ❋ ❋ ❋　　　　　‡75 厘米 ↔ 60 厘米

健壮蔓生的常绿植物，直立枝条上生长着深绿色革质叶片。春季至初夏开花，密集的总状花序由绿黄色小花组成。

适合荫蔽环境中干旱土壤的其他草本宿根植物

地中海仙客来（*Cyclamen hederifolium*），见102页
毛荷苞牡丹（*Dicentra eximia*）
美丽荷苞牡丹（*Dicentra formosa*）
'马尔登'莫氏老鹳草（*Geranium* x *monacense* 'Muldoon'）
柔毛老鹳草（*Geranium nodosum*）
'德鲁斯'奥氏老鹳草（*Geranium* x *oxonianum* 'Claridge Druce'）
'琼·贝克'暗色老鹳草（*Geranium phaeum* 'Joan Baker'）
缎花（*Lunaria rediviva*）
伊比利亚聚合草（*Symphytum ibericum*）
东方聚合草（*Symphytum orientale*），见57页

'白花'暗色老鹳草

Geranium phaeum 'Album'

☼ ❄❄❄❄　　　　　↕80 厘米 ↔ 45 厘米

最可爱的老鹳草之一，浅裂柔绿色叶片簇
生。夏秋两季开花，花开在叶上方，花色白，
下垂，有黄色喙。

黄花红籽鸢尾

Iris foetidissima var. *citrina*

☼ ❄❄❄❄　　　　　↕75 厘米 ↔ 60 厘米

一种很有用的常绿植物，适应性强，带状叶
片簇生，有光泽和强烈气味。夏季开黄花。
冬季结橙色蒴果。

'赫尔曼之光'野芝麻

Lamium galeobdolon 'Hermann's Pride'

☼ ❄❄❄❄　　　　　↕60 厘米 ↔ 1.2 米

枝条直立而浓密，常绿叶片有粗锯齿和银色
大理石状斑纹。夏季开花，叶腋簇生黄色
唇形花。

虎耳草

Saxifraga stolonifera

☼ ❄❄❄❄　　　　　↕30 厘米 ↔ 20 厘米

红色匍匐茎从呈莲座状生长的长柄浅脉纹
叶片中生长出来，在尖端发育出新的小植
株。夏季开花，松散的花序长在直立花茎
上，花色白。♥

'海德柯特粉'聚合草

Symphytum 'Hidcote Pink'

☼ ❄❄❄❄　　　　　↕↔ 45 厘米

非常适合用作地被，这种蔓生宿根植物会形
成一片低矮直立的多叶枝条。春季开花，成
簇漏斗状花向下垂吊着，花为粉色或白色。

千母草

Tolmiea menziesii

☼ ❄❄❄❄❄　　　　　↕↔ 60 厘米

蔓生宿根植物，带毛的成簇叶片在基部形成
新植株。春夏开花，疏松的圆锥花序由棕绿
色小花组成。

东方琉璃草

Trachystemon orientalis

☼ ❄❄❄❄❄　　　　　↕30 厘米 ↔ 无限

这种蔓生植物会形成大片浓密的长柄粗糙
多毛叶片。春季开花，有刚毛的茎上开出蓝
色花朵，突出的雄蕊很醒目。

适合荫蔽环境中湿润土壤的宿根植物

有些最精致、最令人满意的宿根植物自然分布于落叶林地，在这些地方，灼热的夏日阳光会被枝叶减弱。这些林地植物非常适合种在房屋背阴一侧的苗床以及花园中类似的冷凉地点，这样的地点能够在生长季保证大量水分的供应。

红果类叶升麻

Actaea rubra

❉ ❉ ❉ ❉   ↕45 厘米 ↔ 30 厘米

这种植物有毒，但仍然很值得种植。叶深裂而秀丽。夏末和秋季，枝条尖端结出一簇簇闪闪发亮的红色浆果。☻

粉花铃兰

Convallaria majalis var. *rosea*

❉ ❉ ❉ ❉ ❉   ↕20 厘米 ↔ 30 厘米

铃兰是常见且深受大众喜爱的宿根植物，这是它的一个漂亮的变种。叶茂密，对生。春季开花，松散的总状花序由下垂的淡粉紫色钟形花朵组成。

多叶掌裂兰

Dactylorhiza foliosa

❉ ❉ ❉ ❉   ↕60 厘米 ↔ 15 厘米

这种壮观的兰花会形成一丛粗壮茂盛的多叶枝条。春末夏初开花，枝头顶端长出醒目的密集穗状花序，小花为亮紫色。☻

莲花升麻

Anemonopsis macrophylla

❉ ❉ ❉ ❉ ❉ ❧   ↕75 厘米 ↔ 45 厘米

这种植物堪称林中贵族，有一丛似蕨类的叶片。夏末开花，精致的零散花序包括数朵杯状蜡质花，花朵下垂，呈淡紫色和紫色。

穆坪紫堇

Corydalis flexuosa

❉ ❉ ❉ ❉   ↕↔ 30 厘米

似蕨类的蓝绿色叶片秋季萌发，夏季枯死。春季和初夏开花，醒目的蓝色花序生长在叶片上方。☻

叉叶蓝

Deinanthe caerulea

❉ ❉ ❉ ❉   ↕↔ 30 厘米

这种精选蔓生宿根植物的漂亮褶皱叶片最终会长成一团。夏季开花，松散的圆锥花序由几朵下垂的肉质蓝色花组成。

垂头延龄草
Trillium cernuum

☀☀☀☀☀☀▣   ‡50 厘米 ↔ 30 厘米

这种宿根植物拥有一团团宽阔的波缘叶片，群植效果极好。春季开花，小花低垂，白色至淡粉色或红色。

白根葵
Glaucidium palmatum

☀☀☀☀☀   ‡↔ 45 厘米

这种可爱的林地植物会长成一丛，叶片大，有美丽的深裂和锯齿。春末夏初开花，花似罂粟，呈紫粉色或淡紫色。♀

无柄延龄草
Trillium sessile

☀☀☀☀☀☀▣   ‡↔ 30 厘米

和垂头延龄草非常不同，亦非常美观。三叶轮生，叶片宽阔，常具有充满魅力的大理石斑纹。春季开花，花无梗，直立，红色或栗色。

瓣苞芹属植物
Hacquetia epipactis

☀☀☀☀   ‡15 厘米 ↔ 30 厘米

春季开花最早的林地植物之一，开出仿佛有领圈的有趣黄绿色花序，然后再长出翠绿色的叶片。实用且可靠。♀

'重瓣'血根草
Sanguinaria canadensis 'Plena'

☀☀☀☀☀   ‡15 厘米 ↔ 30 厘米

春季花叶同放，重瓣白色花非常精致。掌裂灰绿色叶片刚长出来时松散地卷在枝条上，然后逐渐舒展开来。♀

大颚花
Uvularia grandiflora

☀☀☀☀☀   ‡75 厘米 ↔ 30 厘米

这种颇受喜爱的林地植物会形成一丛直立、细长的多叶枝条，枝条尖端低垂。春季开花，花低垂，管状至钟形，黄色，开在枝条尖端。♀

适合荫蔽环境中湿润土壤的球根植物

　　许多最流行和最受大众喜爱的球根植物都生长在落叶林林下凉爽、湿润的土壤和半阴环境中。它们包括种类众多的雪花莲、风信子和猪牙花，如果空间和条件允许的话，有些植物最终能占据大片栖息地。大多数种类在任何阴凉、湿润的地点都很容易种植。

云南大百合
Cardiocrinum giganteum var. *yunnanense*
☀ ❋ ❋ ❋ ❋　　　　　❏2.5 米 ↔ 45 厘米

开花时华美壮观。夏季开花，长长的花序由芳香、低垂的奶油白色花组成，生长在高高的深色茎顶端。开花后枯死。

黄花茖葱
Allium moly
☀ ❋ ❋ ❋ ❋　　　　　❏25 厘米 ↔ 10 厘米

这种球根植物能够迅速长成一丛丛宽阔的带状灰绿色叶片。初夏开花，伞状花序由星状鲜黄色小花组成。可耐受一定程度的日晒。

三叶南星
Arisaema triphyllum
☀ ❋ ❋ ❋ ❋　　　　　❏60 厘米 ↔ 15 厘米

一种亦能耐受日晒的林地植物。叶具长柄，裂为三枚小叶。春季开花，绿色花为兜状，有时具条纹。

日本灯台莲
Arisaema sikokianum
☀ ❋ ❋　　　　　❏40 厘米 ↔ 15 厘米

一种真正引人注目的多年生植物，叶常常有美丽的标记，且裂成三枚小叶。花色黝黯，内表面为醒目的白色。群植效果极好。

钟花风信子
Brimeura amethystina
☀ ❋ ❋ ❋ ❋　　　　　❏20 厘米 ↔ 8 厘米

这种球根植物长得就像小一号的纤细版风信子。春末夏初开花，单侧开花的总状花序由亮蓝色管状小花组成。在条件适宜的地点会肆意扩张。❦

'宝塔'猪牙花
Erythronium 'Pagoda'
☀ ❋ ❋ ❋　　　　　❏35 厘米 ↔ 10 厘米

茂盛的绿色叶片生长成莲座状，表面有斑点。春季开花，深色茎上开出低垂的黄色花朵，花瓣向上反卷。这是一种茁壮的球根植物，结籽量大。❦

适合荫蔽环境中湿润土壤的其他球根和块茎植物

普陀南星（*Arisaema ringens*）
象鼻老鼠芋（*Arisarum proboscideum*）
'云纹'美果芋（*Arum italicum* 'Marmoratum'），
见141页
'中国蓝'穆坪紫堇（*Corydalis flexuosa* 'China
Blue'），见71页
'佩雷·戴维'穆坪紫堇（*Corydalis
flexuosa* 'Père David'）
波缘仙客来（*Cyclamen repandum*）
冬菟葵（*Eranthis hyemalis*），见104页
亨氏猪牙花（*Erythronium hendersonii*）
伊加林雪花莲（*Galanthus ikariae*）
意大利蓝铃花（*Hyacinthoides italica*）
卷瓣蓝苞风信子（*Hyacinthoides non-scripta*）
'弗洛伊·穆勒'花韭（*Ipheion
uniflorum* 'Froyle Mill'）
雪片莲（*Leucojum vernum*）
垂花虎眼万年青（*Ornithogalum nutans*）
比宾尼亚绵枣儿（*Scilla bithynica*）
绵枣儿属植物（*Scilla greilhuberi*）
绵枣儿属植物（*Scilla liliohyacinthus*）

反卷猪牙花
Erythronium revolutum

❀❀❀❀　　　　　　↕30厘米 ↔ 10厘米

常规栽培中表现最好的猪牙花之一，叶片有
美丽的斑点，春季开优雅的粉色花，花心为
黄色。能够大量结籽。❧

'格拉夫泰巨人'夏雪片莲
Leucojum aestivum 'Gravetye Giant'

☼❀❀❀　　　　　　↕90厘米 ↔ 10厘米

这种球根植物长势苗壮、种植容易，很快就能
形成直立的丛生绿色叶片。春末开花，伞状花
序由低垂的白色花组成，花瓣尖端有绿点。❧

大雪花莲
Galanthus elwesii

❀❀❀❀　　　　　　↕22厘米 ↔ 8厘米

种植简单，表现可靠，这种多变异的球根植
物通常拥有狭窄的灰绿色叶片，冬末开白
花，花被内裂片两端都有绿点。❧

克里米亚雪花莲
Galanthus plicatus

❀❀❀❀　　　　　　↕20厘米 ↔ 8厘米

只要有充足的时间，这种长势苗壮的雪花莲
就能形成聚落。叶片为蓝绿色，边缘在背面折
叠。冬末开白花，花被内裂片尖端为绿色。❧

喇叭水仙
Narcissus pseudonarcissus

☼❀❀❀　　　　　　↕35厘米 ↔ 10厘米

这个迷人的林地水仙物种是众多杂种水仙
的亲本。春季开花，外层花瓣为浅黄色，深
黄色的内层花瓣合生，呈醒目的喇叭状。适
合自然式栽植。❧

适合温暖避风地点的宿根植物

对于那些有幸在气候温和地区开展园艺活动的人来说，很多令人兴奋、极具异域风情的宿根植物种植起来并没有什么难度。在比较寒冷的地区，其中一些种类在温暖避风的地点也能生存下来，特别是城市中小气候适宜的地方。还可以将它们种植在容器中，搬进室内越冬。

鸡冠刺桐

Erythrina crista-galli

☼ ❀ ❀   ↕2 米 ↔ 1.2 米

在寒冷地区是草本或基部木质化的宿根植物，在不结霜的地区则会长成灌木或小乔木。强壮多刺的枝条在夏末开红色蝶形花。

苏氏秋海棠

Begonia sutherlandii

☼ ☼ ❀   ↕↔ 45 厘米

一到夏季，丛生的低矮肉质茎上长满了边缘有锯齿的尖长叶片，并大量开放一簇簇低垂的橙色花，花梗为红色。♀

‘白条’白及

Bletilla striata ‘Albostriata’

☼ ☼ ❀   ↕↔ 60 厘米

这种美丽的地生兰最终会长出一丛丛叶片，这些叶片有明显脉纹和白边，形状似竹片。春季和夏初开花，花为洋红色。

鲍氏文珠兰

Crinum x powellii

☼ ❀ ❀   ↕1.2 米 ↔ 60 厘米

肉质茎粗壮，长而弯曲的丛生带状叶片非常醒目。夏末至秋季开花，松散的伞状花序包括数朵似百合的粉色花，花有芳香。♀

凤梨百合

Eucomis comosa

☼ ❀ ❀   ↕60 厘米 ↔ 30 厘米

带状叶片有光泽，丛生成莲座状。夏末开花，从肉质茎上长出浓密的总状花序，小花为绿白色，花序顶端有一簇叶片。

束花凤梨

Fascicularia bicolor

☼ ❀　　　　　　　↕↔60 厘米

凤梨的近缘物种，十分引人注目。狭窄的常绿叶片有刺状锯齿，长成醒目的莲座形状。夏季开粉蓝色花，开花时内层叶片变成红色。

狭叶疏花半边莲

Lobelia laxiflora var. *angustifolia*

☼ ❀ ❀　　　　　　↕ 60 厘米 ↔ 1 米

这种半边莲能够迅速扩张。茎直立，基部木质化。叶片狭窄，似柳叶。春末夏初开花，管状花姿态松弛，花色为红黄两色。

高山普亚凤梨

Puya alpestris

☼ ❀ ❀　　　　　　↕1.5 米 ↔ 1.4 米

常绿植物，边缘带刺的狭窄叶片长成莲座形。生长数年之后于夏季开花，从莲座中央长出直立茎，顶端是醒目浓密的穗状花序，小花为蜡质，蓝绿色。

适合温暖避风地点的其他草本宿根植物

秋海棠（*Begonia grandis* subsp. *evansiana*）
垂花美人蕉（*Canna iridiflora*）
墨西哥鸭跖草（*Commelina tuberosa* Coelestis Group）
双色凤梨百合（*Eucomis bicolor*），见 70 页
绯红唐菖蒲（*Gladiolus cardinalis*）
穆氏唐菖蒲（*Gladiolus murielae*）
凤仙花属植物（*Impatiens tinctoria*）
狮子尾属植物（*Leonotis ocymifolia*）
血红半边莲（*Lobelia tupa*）
芭蕉（*Musa basjoo*）

假栾树

Melianthus major

☼ ❀　　　　　　　↕2 米 ↔ 1 米

这是一种壮观的观叶植物。茎中空，丛生。蓝灰色叶片大而茂盛，深裂且有尖锯齿。夏季开花，穗状花序呈红棕色。♀

适合温暖避风地点的其他常绿宿根植物

东方百子莲（*Agapanthus praecox* subsp. *orientalis*）
查塔姆阿思特丽（*Astelia chathamica*）
丝兰龙舌草（*Beschorneria yuccoides*）
澳大利亚蚌壳蕨（*Dicksonia antarctica*），见 128 页
刺芹属植物（*Eryngium proteiflorum*）
马德拉老鹳草（*Geranium maderense*）
肉色奥卡凤梨（*Ochagavia carnea*）
智利普亚凤梨（*Puya chilensis*），见 126 页
美丽千里光（*Senecio pulcher*）
折扇草（*Wachendorfia thyrsiflora*）

'塔拉' 红姜花

Hedychium coccineum 'Tara'

☼ ❀ ❀ ❀　　　　↕2~2.5 米 ↔ 1 米

直立茎粗壮丛生，甚为壮观，叶片似美人蕉。夏末秋初开花，醒目的穗状花序由橙色花组成，花有红色长雄蕊和花柱。♀

大钟花

Ostrowskia magnifica

☼ ❀ ❀ ❀　　　　↕1.2~1.5 米 ↔ 45 厘米

茎直立，叶片在茎上螺旋状生长，叶为蓝绿色。夏季开花，钟形花为白色至浅蓝色，花大，花心向外。需要温暖、排水通畅的地点。

橙红沃森花

Watsonia pillansii

☼ ❀ ❀ ❀　　　↕至 1.5 米 ↔ 至 60 厘米

小型球茎中长出一丛闪闪发亮、类似鸢尾的常绿叶片，夏季开花，分叉穗状花序由橙色至朱红色花组成。常常以 *W. beatricis* 名字出售。

特定用途

无论你是想用植物来填充某个条件困难的地点，用来提供切花或切叶，还是用来为花园招蜂引蝶，丰富多样的宿根植物总能满足你的需求。即使是最特殊的花园问题，通常也有很好的植物选择来解决。

△招蜂引蝶 锈毛旋覆花 (Inula hookeri) 等宿根植物的花会吸引蜜蜂、蝴蝶和其他受欢迎的昆虫。

'花叶'蕺菜
(*Houttuynia cordata*
'Chameleon')

本章节中的植物可以帮助你找到适用于特定花园景观（如岩石园或水景园）、生长条件（包括干旱、暴露或积水地点）和解决某些花园问题（如污染和害虫）的宿根植物。在为特定花园景观或地点选择植物时，最适宜的种类通常是那些在类似环境中野生的植物。例如，水景园和沼泽花园需要天然耐受潮湿土壤的植物。而处于

另一个极端的是，岩石园和岩屑适合种植能够在排水通畅的地点茂盛生长的宿根植物。类似地，没有遮蔽的海滨花园需要健壮的宿根植物，如适应恶劣条件的刺芹属植物。对于在草丛、绿篱底部或其他野生区域进行自然式栽植的植物，它们需要拥有顽强的生命力和适应性，因为在这些地方承受竞争的能力对于生存至关重要。

解决问题的植物

宿根植物所能提供的不只限于适宜特定地点的众多选择；它们还能帮助我们解决困扰花园的一些问题。蜗牛、鹿和野兔等害虫害兽会被难以下咽的植物赶走，而且这些植物的种类多得令人吃惊。花园里还可以大量种

植低致敏性（大多数由昆虫授粉）宿根植物，这对那些容易对植物过敏的园丁十分有用。

装饰性用途

宿根植物纷繁多样的观赏价值并不总能得到充分理解。许多种类非常适合种在容器中，摆放在荫蔽或日照下的露台或铺装区域，或者作为标本植物使用。还有一些种类适合提供切叶和切花，将它们在花园中的美延伸到住宅室内。在花园中比较冷寂的时期，干枯的果实还能为插花提供材料。

△自然效果 许多多年生植物，尤其是类似于贝母的球根植物，非常适合在禾草丛生的地方进行自然式栽植。

◁岩石园 在排水通畅的多岩石环境中，野生的宿根植物能够在岩石园、墙壁或岩屑苗床中茁壮生长。

▷水畔 这个池塘种满了茂盛的水边和水生宿根植物，不但是一道亮丽的风景，也是野生动物的良好栖息地。

特定用途

适合用作全日照下地被的宿根植物

地被植物除了具有观赏价值，还在花园中担负着最实用、最重要的职责之一——遮盖裸露地表。它们通常生长迅速，而下列这些宿根植物如果种植在阳光充足的地点，会用一流的观叶和观花效果报答你对它们的信心。想要更快地看到效果，可以丛植这些宿根植物。

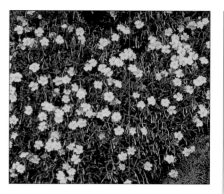

半日花属植物

Helianthemum lunulatum

☼ ❀❀❀　　　↕15 厘米 ↔ 30 厘米

毯状宿根植物，茎基部木质化，叶常绿，有毛，呈灰绿色。春末和夏季开花，黄花成簇开放，有橙黄色雄蕊。

适合用作全日照下地被的其他常绿宿根植物

‘蓝雾’囊杯猬莓（*Acaena saccaticupula* ‘Blue Haze’）

‘玫红’阿氏南芥（*Arabis* x *arendsii* ‘Rosabella’）

‘愉悦’南庭荠（*Aubrieta* ‘Joy’）

绒毛卷耳（*Cerastium tomentosum*），见 136 页

浅纹老鹳草（*Geranium sanguineum* var. *striatum*）

滨飞蓬（*Erigeron glaucus*）

‘肉红玫瑰’半日花（*Helianthemum* ‘Rhodanthe Carneum’）

‘白花’紫花野芝麻（*Lamium maculatum* ‘Album’）

‘唐纳德·朗兹’密穗蓼（*Persicaria affinis* ‘Donald Lowndes’）

蓝雪花

Ceratostigma plumbaginoides

☼ ❀❀❀　　　↕30 厘米 ↔ 45 厘米

这种蔓生宿根植物最终会形成一丛叶片浓密的茎，茎颜色泛红，秋季会变成橘红色。夏末开花，深蓝花簇生。✿

‘肉色’双距花

Diascia ‘Salmon Supreme’

☼ ❀❀❀　　　↕15 厘米 ↔ 50 厘米

夏秋开花，花期长且花量大。细长的总状花序由肉色花组成，生长在半常绿的垫状叶片上方，叶小，呈心形。

罗珊老鹳草

Geranium Rozanne （‘Gerwat’）

☼ ☀ ❀❀❀　　　↕30 厘米 ↔ 1.2 米

该杂种表现优良可靠。蔓生茎低矮且呈波浪状起伏，叶深裂。仲夏开花，花大且呈醒目的蓝色，有白色花心和深色脉纹。✿

越橘叶蓼

Persicaria vacciniifolia

☼ ❀❀❀　　　↕15 厘米 ↔ 30 厘米

这种迅速蔓生的植物会形成一层毯状叶片，叶小，有光泽，秋色浓郁。夏末至秋季开花，直立穗状花序由深粉色小花组成。✿

适合用作全日照下地被的其他草本宿根植物

联结羽衣草（*Alchemilla conjuncta*）
老鹳草属植物（*Geranium malviflorum*）
马蹄豆（*Hippocrepis comosa*）
覆石花（*Hypsela reniformis*）
大果月见草（*Oenothera macrocarpa*）
长柱花（*Phuopsis stylosa*）
金黄委陵菜（*Potentilla aurea*）
岩生肥皂草（*Saponaria ocymoides*）
东方黄芩（*Scutellaria orientalis*）
多叶旱金莲（*Tropaeolum polyphyllum*）

特定用途

'格鲁吉亚蓝'阴地婆婆纳

Veronica umbrosa '*Georgia Blue*'

☼ ❊ ❊ ❊ ❊　　‡ 至 16 厘米 ↔ 至 90 厘米

它是我本人从高加索山脉引进的植物之一，常绿叶片在地表覆盖成毯状，幼叶为铜紫色。春夏开花，花小而密集，深蓝色，有白色花心。

夏弗塔雪轮

Silene schafta

☼ ❊ ❊ ❊ ❊　　‡ 25 厘米 ↔ 30 厘米

茎细长，叶片为鲜绿色，半常绿，植株低矮丛生，适宜镶边。夏秋开花，花量大，花呈长管状，花色为红色至粉红色。♡

白舌假匹菊

Rhodanthemum hosmariense

☼ ❊ ❊ ❊　　　　　　‡↔ 30 厘米

茎基部木质化，植株低矮且具扩展性，叶片浓密，细裂，银色且被绒毛。早春至秋季开花，头状花序大且多。♡

'司库伯特'大花费菜

Sedum spurium '*Schorbuser Blut*'

☼ ❊ ❊ ❊　　　‡ 10 厘米 ↔ 60 厘米

这种岩生植物作为一种长势苗壮的地被植物备受欢迎，拥有有光泽的常绿叶片，成熟时变成紫色。夏末开花，星状花呈深粉色。♡

绵毛水苏

Stachys byzantina

☼ ❊ ❊ ❊　　　‡ 38 厘米 ↔ 60 厘米

表面有白毛的叶片和俯卧茎提供了有效的绿色地被。夏季开花，穗状花序生长在枝叶上方，花为粉紫色，有白毛。

适合用作荫蔽地被的宿根植物

只要土壤足够湿润，荫蔽区域能够成功种植的植物种类十分丰富。许多喜阴植物天然蔓生或扩张，植株低矮，非常适合在灌木或乔木下用作地被，非常美观。它们中很多还是常绿植物，能够用其周年不落的叶片为荫蔽区域增添一抹色彩。

特定用途

伯罗奔尼撒仙客来

Cyclamen peloponnesiacum

☀☀☀☀☀   ↕10 厘米 ↔ 15 厘米

块茎多年生植物，形成一丛丛心形圆叶片，有银色斑点。春季开花，花有芳香，淡粉色，基部颜色深。♈

蛇莓

Duchesnea indica

☀☀☀☀☀   ↕10 厘米 ↔ 1.2 米

常绿叶片似草莓叶，茂密且生长迅速，夏季开黄花。果实似草莓，但食之无味。

'丛林丽'匍匐筋骨草

Ajuga reptans 'Jungle Beauty'

☀☀☀☀☀   ↕15 厘米 ↔ 1 米

这种半常绿的蔓生地被在图片中和'金色'铜钱珍珠菜（*Lysimachia nummularia* 'Aurea'）一起种植，拥有闪闪发亮的铜绿色叶片，春末开花，穗状花序为深蓝色。

适合用作荫蔽地被的其他常绿宿根植物

扁桃叶大戟（*Euphorbia amygdaloides* var. *robbiae*），见 40 页

'齿叶'虎耳草（*Saxifraga* 'Dentata'）

圆叶虎耳草（*Saxifraga rotundifolia*）

虎耳草属植物（*Saxifraga spathularis*）

伊比利亚聚合草（*Symphytum ibericum*）

惠利氏黄水枝（*Tiarella wherryi*）

'格鲁吉亚蓝'阴地婆婆纳（*Veronica umbrosa* 'Georgia Blue'），见 51 页

里文堇菜紫叶群（*Viola riviniana* Purpurea Group）

光叶林石草（*Waldsteinia ternata*）

金星菊

Chrysogonum virginianum

☀☀☀☀☀   ↕25 厘米 ↔ 60 厘米

这是一种生长迅速的林地植物，植株浓密，叶小，半常绿。春夏开花，黄色花非常鲜艳。

齿瓣淫羊藿

Epimedium pinnatum subsp. *colchicum*

☀☀☀☀☀   ↕↔40 厘米

最可靠的淫羊藿属植物之一，叶片簇生，常绿，边缘有软刺。春季开花，松散的花序由黄色小花组成，每朵花有4片花瓣。♈

'科扎克尔' 大根老鹳草

Geranium macrorrhizum 'Czakor'

☀️ ☀️ ❄️ ❄️ ❄️　　　　↕30 厘米 ↔ 60 厘米

一流的覆盖地被,叶有漂亮的裂刻,芳香,常绿,秋季变成紫色。夏初大量开花,花小,为洋红色。

欧洲羽节蕨

Gymnocarpium dryopteris

☀️ ☀️ ❄️ ❄️ ❄️ 🌿　　↕20 厘米 ↔ 30 厘米

外形精致,不过非常耐寒,这种小型蕨类会形成一丛低矮的植株,叶片呈三角形,有漂亮的裂刻,茎细而坚硬。叶片颜色随着时间推移加深为浓绿。🌱

'银斑叶' 野芝麻

Lamium galeobdolon 'Florentinum'

☀️ ☀️ ❄️ ❄️ ❄️　　　　↕60 厘米 ↔ 2 米

最引人注目的地被宿根植物之一,但具有入侵性。叶常绿,有银色条纹,夏季开唇形黄花。种植时应将其限制在一定范围内。

荨麻叶龙头草

Meehania urticifolia

☀️ ☀️ ❄️ ❄️ ❄️　　　　↕30 厘米 ↔ 2 米

假以时日,这种茁壮的宿根植物会长出一簇簇心形叶片。春末夏初,单侧开花的穗状花序开出唇形深紫色花。

心叶黄水枝

Tiarella cordifolia

☀️ ☀️ ❄️ ❄️ ❄️　　　　↕25 厘米 ↔ 30 厘米

表现可靠的老品种,春末尤其可爱,常绿叶片上方长出泡沫般的白色蓬松花序。叶片到秋季常变色。🌱

适合用作荫蔽地被的其他草本宿根植物
掌叶铁线蕨(*Adiantum pedatum*),见 125 页
'花叶' 羊角芹(*Aegopodium podagraria* 'Variegatum')
'重瓣' 林荫银莲花(*Anemone nemorosa* 'Flore Pleno')
'罗宾逊' 林荫银莲花(*Anemone nemorosa* 'Robinsoniana')
象鼻老鼠芋(*Arisarum proboscideum*)
'福廷巨人' 铃兰(*Convallaria majalis* 'Fortin's Giant')
地中海仙客来(*Cyclamen hederifolium*),见 102 页
香猪殃殃(*Galium odoratum*)
二叶舞鹤草(*Maianthemum bifolium*)
东方琉璃草(*Trachystemon orientalis*),见 41 页

'小白花' 小蔓长春花

Vinca minor 'Gertrude Jekyll'

☀️ ☀️ ❄️ ❄️ ❄️　　　　↕15 厘米 ↔ 无限

严格地说是一种蔓生灌木,不过非常适合当作宿根地被使用。春夏开花,花色纯白,和深绿色叶片形成鲜明对比。🌱

适合用于花境的宿根香草

拥有烹饪或药用价值的宿根植物经常一起种植在香草园或厨房花园中，或者种在花境和花坛里。这种做法显然让采摘或收获变得容易得多，但并不总是能够最好地利用这些植物不同的生长习性或它们常常很美观的叶和花。实际上，可以将它们和其他宿根植物混合种植在花园中，这样做不但很容易，而且效果也非常好。

'雪球'蓍草

Achillea ptarmica 'Boule de Neige'

☼ ❋❋❋　　　↕60 厘米 ↔ 45 厘米

直立茎簇生，叶狭窄，边缘有锯齿，深绿色。夏季开花，白色重瓣小花组成的密集花序覆盖全株。全株各部分都有药用价值。

花葱

Allium schoenoprasum 'Forescate'

☼ ❋❋❋　　　↕60 厘米 ↔ 12.5 厘米

厨房花园中最受欢迎的种类之一，外形迷人，长势苗壮，拥有一丛丛可食用中空叶片。夏季开花，浓密的圆球形花序由鲜艳的紫粉色小花组成。

铁线莲马兜铃

Aristolochia clematitis

☼ ◐ ❋❋❋　　　↕90 厘米 ↔ 60 厘米

夏季开花，有趣的细长管状黄色花在心形叶片的叶腋中开放。蔓生根茎上簇生直立枝条。

莳萝藿香

Agastache foeniculum

☼ ❋❋❋　　　↕90 厘米 ↔ 45 厘米

夏季开花，四棱茎顶端长出穗状花序，小花为蓝色，拥有紫色苞片。叶片被软毛，有八角气味，常用在香草茶和百花香（干花瓣和香料的混合物，用以使房间、橱柜等生香）中。

欧蜀葵

Althaea officinalis

☼ ◐ ❋❋❋　　　↕2 米 ↔ 1.5 米

茎被绒毛，松散簇生，叶三裂，丝柔质感，颜色灰绿。夏末开花，花色白或淡粉。根部含有的糖曾经用来制作蜀葵糖浆。

适合用于花境的其他宿根香草

'花叶'马萝卜（*Armoracia rusticana* 'Variegata'），见 132 页
'粉花'菊苣（*Cichorium intybus* 'Roseum'），见 82 页
'紫叶'茴香（*Foeniculum vulgare* 'Purpureum'），见 125 页
蜜蜂花叶异香草（*Melittis melissophyllum*），见 79 页
'花叶'香薄荷（*Mentha suaveolens* 'Variegata'）
欧香叶芹（*Meum athamanticum*），见 125 页
毛唇美国薄荷（*Monarda fistulosa*）
'金尖'牛至（*Origanum vulgare* 'Gold Tip'）
拳参（*Persicaria bistorta*）
疗肺草（*Pulmonaria officinalis*）
'黄斑'药用鼠尾草（*Salvia officinalis* 'Icterina'），见 127 页
'粉重瓣'肥皂草（*Saponaria officinalis* 'Rosea Plena'）
黄芩（*Scutellaria baicalensis*）
'红花'聚合草（*Symphytum peregrinum* 'Rubrum'）
香脂菊蒿（*Tanacetum balsamita* subsp. *balsamitoides*）

'金叶'香蜂草

Melissa officinalis 'Aurea'

☼ ❋ ❋ ❋   ↕60 厘米 ↔ 45 厘米

长势苗壮的灌丛状植物，绿色带毛叶片有金黄色的斑点，碰伤后散发出柠檬香味。夏季开花，花微小，对蜜蜂很有吸引力。

香没药

Myrrhis odorata

☼ ❋ ❋ ❋ ❋   ↕90 厘米 ↔ 1.5 米

这种植物全株都有八角气味。茎醒目丛生，中空，叶大而似蕨。夏季开花，花序扁平，由白色小花组成。秋季结棕色果。

'银盾'法国酸模

Rumex scutatus 'Silver Shield'

☼ ❋ ❋ ❋   ↕50 厘米 ↔ 30 厘米

小型宿根植物，茎基部木质化，有俯卧茎和直立茎。叶宽，呈箭头形，正面为银绿色。夏季开花，花序由绿色小花组成。

欧当归

Levisticum officinale

☼ ❋ ❋ ❋   ↕2 米 ↔ 1 米

醒目的茎直立丛生，表面光滑，中空。叶深裂，深绿色。夏季开花，伞状花序生长在茎的顶端，由黄绿色小花组成。

'黄叶'牛至

Origanum vulgare 'Aureum'

☼ ❋ ❋ ❋   ↕45 厘米 ↔ 30 厘米

茎四棱，密集簇生。圆形金黄色叶片有芳香气味，在茎上密集生长。夏秋开花，开密集的粉色花。♥

'三色'药用鼠尾草

Salvia officinalis 'Tricolor'

☼ ❋ ❋ ❋   ↕80 厘米 ↔ 1 米

茎基部木质化的常绿宿根或灌丛状植物，叶片发灰，被毛，有香味，分布着奶油色、紫色和粉色条带。夏季开蓝花。

特定用途

适合绿篱下和荒野路边的宿根植物

许多最可爱的野生花卉经常茂盛地生长在路边或绿篱的基部。它们在乡村地区营造出色彩缤纷的效果，类似的效果当然也可以在我们的花园中创造出来，只要以同样的方式使用那些能够耐受其他植物竞争的宿根植物即可。

'萨摩索恩'赛菊芋

Heliopsis helianthoides var. *scabra* 'Sommersonne'

☀❄❄❄　　　　↕90 厘米 ↔ 60 厘米

醒目的丛生分叉多叶枝条从夏末至秋季开花，金黄色头状花序大，单瓣至半重瓣，花心为棕黄色。

'克妮金·夏洛特'杂种银莲花

Anemone x *hybrida* 'Königin Charlotte'

☀❄❄❄　　　　↕1.5 米 ↔ 无限

长势苗壮，浓密的分叉枝条上有漂亮的灰绿色叶片。夏末和秋季开花，花大，半重瓣，粉色。♀

垂穗苔草

Carex pendula

☀❄❄❄　　　　↕1.2 米 ↔ 1.5 米

茎三棱，弯曲成拱形，深绿色叶片丛生。春末和夏季开花，绿色穗状花序长而低垂。喜湿润、阴凉的地点。

宽叶香豌豆

Lathyrus latifolius

☀❄❄❄　　　　↕↔2 米

这是一种苗壮的草本攀援植物，攀爬茎长且具翅。夏秋开花，长柄总状花序由粉色或紫色蝶形花组成。♀

宽叶风铃草

Campanula latifolia

☀❄❄❄❄　　　　↕1.5 米 ↔ 60 厘米

茎粗壮直立，丛生，多叶。夏季开花，花大，呈管状，淡至深紫色或白色，从最上端叶片的叶腋中长出。

千瓣葵

Helianthus x *multiflorus*

☀❄❄❄　　　　↕2 米 ↔ 90 厘米

高而分叉的枝条簇生成团，覆盖着深绿色叶片。夏末和秋季开花，黄色的头状花序拥有一个深色花心。喜湿润地点。

适合野生区域的其他常绿宿根植物

淫羊藿属植物（*Epimedium* x *perralchicum*）
齿瓣淫羊藿（*Epimedium pinnatum* subsp. *colchicum*），见 52 页
扁桃叶大戟（*Euphorbia amygdaloides* var. *robbiae*），见 40 页
黄花红籽鸢尾（*Iris foetidissima* var. *citrina*），见 41 页
森林地杨梅（*Luzula sylvatica*）
多鳞耳蕨（*Polystichum setiferum*）
蔓长春花（*Vinca major*）
'花叶'蔓长春花（*Vinca major* 'Variegata'），见 133 页

细腺珍珠菜

Lysimachia punctata

☼ ❄❄❄ ↕1 米 ↔60 厘米

健壮、可靠的多年生植物，直立枝条丛生，多叶。夏季开花，叶腋中簇生黄色杯状花。入侵性太强，不能用于花坛或花境。

适合野生区域的其他草本宿根植物
匍匐风铃草（*Campanula rapunculoides*）
宽风铃草（*Campanula trachelium*）
岩参属植物（*Cicerbita plumieri*）
欧洲鳞毛蕨（*Dryopteris filix-mas*）
大滨菊（*Leucanthemum x superbum*）
香没药（*Myrrhis odorata*），见 55 页
常绿五舌草（*Pentaglottis sempervirens*），见 81 页
两栖蓼（*Persicaria amplexicaulis*）
胶质鼠尾草（*Salvia glutinosa*）
高加索聚合草（*Symphytum caucasicum*）

'红重瓣'肥皂草

Saponaria officinalis 'Rubra Plena'

☼ ❄❄❄ ↕↔90 厘米

表现可靠且种植简单，匍匐根茎形成一丛丛叶片繁茂的茎。夏季开花，簇生玫瑰粉色重瓣花，花有芳香。

血红酸模

Rumex sanguineus

☼ ❄❄❄ ↕90 厘米 ↔30 厘米

这种直根性酸模的主要观赏价值在于生长成莲座状、带有红色或紫色脉纹的叶片。秋季开花，直立茎成簇开放小小的绿色花，然后结出棕色的果。

东方聚合草

Symphytum orientale

☼ ☼ ❄❄❄ ↕70 厘米 ↔45 厘米

植株表面被毛，茎直立，有小分叉。春末夏初开花，漏斗状白色花簇生在枝头。耐干旱、阴凉。

毛蔓长春花

Vinca major subsp. *hirsuta*

☼ ❄❄❄ ↕45 厘米 ↔ 无限

常绿宿根植物或亚灌木，长势苗壮，攀援或匍匐生长。春季开花，狭窄的管状紫色花和新枝叶一起长出，花期持续到夏季。

适合自然式栽植的球根植物

在植物界，最激动人心的景象莫过于草地、林下地被或高山牧场中绵延不绝的野花，仿佛一张巨大的地毯，目力所及之处尽是色彩缤纷。这样的场景尤其少不了球根植物，而且只要花园中有足够的空间，就能够使用种类广泛的物种和品种营造出这样的效果。想要自然式效果，可将球根植物分散丛植，相邻植株之间留出供扩张或自播的空间。

犬齿猪牙花

Erythronium dens-canis

☀ ❄❄❄　　　　‡15 厘米 ↔ 10 厘米

莲座状生长的叶片上有美丽的斑点。春季开花，叶上方开出精致的粉紫色花朵。用于短草丛和林地效果极好。♀

孔雀银莲花

Anemone pavonina

☀ ❄❄❄　　　　‡25 厘米 ↔ 15 厘米

这种银莲花拥有羽状细裂叶片，非常适合用于短草丛或花境中阳光充足、排水通畅的地点。春季开花，鲜艳的红色花有一白色花环和黑色花心，十分具有观赏性。

'圣女贞德'番红花

Crocus 'Jeanne d'Arc'

☀ ❄❄❄　　　　‡12 厘米 ↔ 5 厘米

这种花朵硕大的番红花属植物美观且可靠，很快就能在短草丛或花境中扩散成片。春季开花，白色花有橙色柱头。

雀斑贝母

Fritillaria meleagris

☀ ❄❄❄❄　　　　‡30 厘米 ↔ 8 厘米

奇特而迷人的球根植物，叶片狭窄，为灰绿色。春季开花，花朵低垂，呈钟形，有方格状斑点，花梗细长。在湿润的草丛中或灌木下生长茁壮。

克美莲

Camassia leichtlinii

☀ ❄❄❄　　　　‡1.3 米 ↔ 10 厘米

种植简单的球根植物，适宜湿润草地或禾草丛生之处。夏季开花，长长的花序生长在叶片上方，由星状蓝色花或奶油色花组成。♀

适合在荫蔽环境中自然式栽植的其他球根或块茎植物

'深蓝'林荫银莲花（*Anemone nemorosa* 'Atrocaerulea'）

象鼻老鼠芋（*Arisarum proboscideum*）

'云纹'美果芋（*Arum italicum* 'Marmoratum'），见 141 页

丽花秋水仙（*Colchicum speciosum*）

黎巴嫩番红花（*Crocus kotschyanus*）

托马西尼番紫花（*Crocus tommasinianus*），见 104 页

早花仙客来（*Cyclamen coum*）

地中海仙客来（*Cyclamen hederifolium*），见 102 页

波缘仙客来（*Cyclamen repandum*）

冬菟葵（*Eranthis hyemalis*），见 104 页

俄勒冈猪牙花（*Erythronium oregonum*）

大雪花莲（*Galanthus elwesii*），见 45 页

卷瓣双苞风信子（*Hyacinthoides non-scripta*）

比利牛斯百合（*Lilium pyrenaicum*）

'金丰'水仙（*Narcissus* 'Golden Harvest'）

'胡德山'水仙（*Narcissus* 'Mount Hood'），见 91 页

垂花虎眼万年青（*Ornithogalum nutans*）

比塞尼亚绵枣儿（*Scilla bithynica*）

雪花莲

Galanthus nivalis

☀ ❄❄❄❄　　　　‡↔ 10 厘米

林地中常见的雪花莲属植物，早春成片开花，景象十分壮观。通过播种和分株都能很容易地进行自然式栽植，如果土壤湿润的话可耐受日晒。♀

蜜腺韭

Nectaroscordum siculum

☼❄❄❄　　　　　‡1.2 米 ↔ 10 厘米

夏季开花，高而粗壮的花茎顶端生长松散的伞状花序，由低垂的绿色钟形花组成，花瓣带紫晕。麦秆色的蒴果也同样有观赏性。

林生郁金香

Tulipa sylvestris

☼❄❄❄　　　　　‡45 厘米 ↔ 10 厘米

这种郁金香很容易在草地或开阔林地中发育成熟，还能在开阔林地中成片生长。星状黄色花在春季开放，但并不总能大量开花。

'威斯里蓝'花韭

Ipheion uniflorum 'Wisley Blue'

☼❄❄❄　　　‡ 至 20 厘米 ↔ 至 30 厘米

长势苗壮的丛生球根植物，叶细长，有葱类气味。春季开花，细长花茎顶端单生星状淡蓝紫色花，有蜂蜜香味。可在草丛中簇生成片。♡

欧洲百合

Lilium martagon

☼☼❄❄❄　　　　　‡2 米 ↔ 25 厘米

这种百合表现稳定，很早就在草丛或花境中进行自然式栽植。茎高，叶片呈螺旋状排列。夏季开花，圆锥花序，花下垂，花色多样。♡

围裙水仙

Narcissus bulbocodium

☼❄❄❄　　　　　‡15 厘米 ↔ 8 厘米

非常迷人的宿根植物，叶细长如线，春季开花，漏斗状浅黄色花引人注目。能够在湿润、多草的斜坡上茂盛生长并自播。♡

适合在全日照下自然式栽植的其他球根或块茎植物

黄花葱（*Allium flavum*）
单叶葱（*Allium unifolium*）
罂粟秋牡丹（*Anemone coronaria*）
蓝克美莲（*Camassia quamash*）
雪百合（*Chionodoxa luciliae*），见 96 页
秋水仙（*Colchicum autumnale*）
拜占庭普通唐菖蒲（*Gladiolus communis* subsp. *byzantinus*），见 39 页
花脸唐菖蒲（*Gladiolus papilio*）
宝兴百合（*Lilium duchartrei*）
竹叶百合（*Lilium hansonii*）
豹斑百合（*Lilium pardalinum*）
宽瓣水仙（*Narcissus obvallaris*）
保加利亚蜜腺韭（*Nectaroscordum siculum* subsp. *bulgaricum*）
考夫曼氏郁金香（*Tulipa kaufmanniana*）
'克罗伯勒'马蹄莲（*Zantedeschia aethiopica* 'Crowborough'），见 67 页

适合岩石园和岩屑的宿根植物

　　某些最可爱、最宜人的观花宿根植物正是那些适合种植在岩石园和岩屑中的种类。许多此类植物有覆盖地表生长的习性，能够为花园提供优良地被。另外一些种类长成小丛或形成低矮的小丘，与小型球根植物搭配相得益彰，如雪光花、番红花和绵枣儿。

'派克粉红'石竹

Dianthus 'Pike's Pink'

☀❋❋❋　　　　　　　↕15 厘米 ↔20 厘米

低矮的常绿垫状植物。叶狭窄，灰绿色。夏季开花于叶上方，粉花重瓣，有鲜红色条带，散发出香甜的丁香气味。✿

适合岩石园和岩屑的其他宿根植物

马查春黄菊（*Anthemis marschalliana*）
杜松叶海石竹（*Armeria juniperifolia*）
铁仔大戟（*Euphorbia myrsinites*）
无茎龙胆（*Gentiana acaulis*）
银叶老鹳草（*Geranium argenteum*）
'硫黄'奥林匹亚金丝桃（*Hypericum olympicum* 'Sulphureum'）
矮鸢尾（*Iris pumila*）
高山柳穿鱼（*Linaria alpina*）
'天赐恩典'丛生福禄考（*Phlox subulata* 'Amazing Grace'）
雪线委陵菜（*Potentilla nitida*）

'沃利粉红'岩芥菜

Aethionema 'Warley Rose'

☀❋❋❋　　　　　　　↕↔20 厘米

长期以来最受喜爱的种类之一，常绿植物，茎细长丛生，叶细，蓝灰色。春末夏初开粉色花。✿

阿尔卑斯岩豆

Anthyllis montana

☀❋❋❋　　　　　　　↕30 厘米 ↔60 厘米

每逢夏季，浓密的毯状灰绿色深裂叶片就被圆形的苜蓿状花序覆盖，花为粉色至紫色，尖端呈白色。

'垂角'双距花

Diascia barberae 'Blackthorn Apricot'

☀❋❋　　　　　　　↕25 厘米 ↔50 厘米

这是众多双距花属植物中极为宝贵的一种。绿色枝条蔓生成垫状，夏季开花，细长的总状花序由大量杏黄色花组成。✿

森林银莲花

Anemone sylvestris

☀❋❋❋❋　　　　　　↕↔30 厘米

这种低矮的植物会形成一片片深裂蕨状叶片。春季和初夏开花，花为纯白色，有金黄色雄蕊，凋谢后结带长毛的果实。

'楚顿欢乐'广口风铃草

Campanula carpatica 'Chewton Joy'

☀❋❋❋❋　　　　　　↕30 厘米 ↔50 厘米

茎低矮蔓生，覆盖着带锯齿的心形叶片。夏季开花，花期持续数月，蓝色钟形花向上开放，花心颜色较浅。

华丽龙胆

Gentiana sino-ornata

☼❄❄❄❄❄ ↕7 厘米 ↔ 30 厘米

最著名、最壮观的秋花龙胆之一，植株垫状，可越冬。茎蔓生，多叶。深蓝色喇叭状花向上开口。

'玫红申海特'匍匐丝石竹

Gypsophila repens 'Rosa Schönheit'

☼❄❄❄ ↕20 厘米 ↔ 50 厘米

又名粉美人（Pink Beauty）。植株垫状，茎叶半常绿，细长。夏季开花，花期持续很多周，枝叶完全被粉色小花覆盖。

'芭蕾女'灰老鹳草

Geranium Cinereum Group 'Ballerina'

☼❄❄❄ ↕15 厘米 ↔ 30 厘米

株型整齐的小型宿根植物，长成一团松散的灰绿色叶片，叶小。夏季开花，花期长，花色紫红，有深色脉纹和花心。

腺叶酢浆草

Oxalis adenophylla

☼❄❄❄ ↕10 厘米 ↔ 15 厘米

叶簇生，深裂，灰绿色。春季开花，花为漏斗状，紫粉色，花心颜色较浅，喉部颜色深。

'邱园丽人'早花象牙参

Roscoea cautleyoides 'Kew Beauty'

☼❄❄❄ ↕40 厘米 ↔ 15 厘米

这种华丽的宿根植物春末萌发，长出直立多叶的一小丛茎，茎顶端生长松散的花序，花大，浅黄色，似兰花。

特定用途

适合岩石园和岩屑的球根植物

　　岩石园、抬升苗床和岩屑是栽培众多微型球根植物的理想地点，也能种植一些更大的球根植物，如凤梨百合属植物（*Eucomis*），它们都喜欢排水通畅的沙质土和充分的日照。下列大多数植物都耐寒，而且应该丛植或片植以达到最佳效果。它们还适合种在容器中。

赞比亚凤梨百合

Eucomis zambesiaca

☀ ❄❄❄　　　　　　　‡15~25 厘米 ↔ 15 厘米

植株小而紧凑，鲜绿色条形叶片有波状边缘。秋季开花，密集的总状花序开满白色小花，花序顶端有一簇有趣的叶状苞片。

米兰葱

Allium insubricum

☀ ❄❄❄　　　　　　　‡30 厘米 ↔ 5 厘米

这个一流的葱属物种会形成一小丛禾草状灰绿色叶。夏季开花，直立花茎顶端开花，花朵低垂，红紫色或浅粉色，呈钟形。♥

蛇纹秋水仙

Colchicum agrippinum

☀ ❄❄❄　　　　　　　‡12 厘米 ↔ 10 厘米

一种长势苗壮且极不寻常的秋水仙，春季长出有光泽的带状叶。秋季开花，花为深紫粉色，有显著的方格斑纹。♥

伊贝母

Fritillaria pallidiflora

☀ ❄❄❄　　　　　　　‡40 厘米 ↔ 7.5 厘米

这种漂亮的球根植物在春末夏初开花，低垂的奶油黄色钟形花从灰绿色狭长叶片的叶腋间伸出。♥

耀斑雪百合

Chionodoxa forbesii

☀ ❄❄❄　　　　　　　‡20 厘米 ↔ 10 厘米

一种大量开花、表现可靠的球根植物，形成一小簇狭窄绿色叶片。早春开花，松散的花序由可爱的星状蓝色花组成，有白色花心。

'鲍威尔斯'番红花

Crocus chyrsanthus 'E. A. Bowles'

☀ ❄❄❄　　　　　　　‡7 厘米 ↔ 5 厘米

这种非常流行的番红花在春季开花，拥有细长的绿色叶和柠檬黄色的花，每朵花的基部呈铜绿色，外层有紫色羽状物。♥

适合岩屑和岩石园的其他球根植物

黄棒箭芋（*Arum creticum*），见 38 页
番红花属物种（*Crocus corsicus*）
双色凤梨百合（*Eucomis bicolor*），见 70 页
布喀利鸢尾（*Iris bucharica*）
中亚鸢尾（*Iris magnifica*）
阿拉伯虎眼万年青（*Ornithogalum arabicum*）
锥叶绵枣儿（*Scilla peruviana*），见 39 页
矮花郁金香紫花群（*Tulipa humilis* Violacea Group）
考夫曼氏郁金香（*Tulipa kaufmanniana*）
海葱（*Urginea maritima*）

适合岩屑和岩石园的其他微型球根植物

滇韭（*Allium mairei*）
山地韭（*Allium oreophilum*）
红射干（*Anomatheca laxa*），见38页
双花番红花（*Crocus biflorus*）
'兹瓦嫩堡铜' 葡黄番红花（*Crocus chrysanthus* 'Zwanenburg Bronze'）
'乔伊斯'鸢尾（*Iris* 'Joyce'）
'凯瑟琳·霍奇金'鸢尾（*Iris* 'Katharine Hodgkin'）
大蓝壶花（*Muscari comosum*）
三蕊水仙（*Narcissus triandrus*）

丹佛鸢尾
Iris danfordiae
☼ ❀❀❀　　　↕10 厘米 ↔ 5 厘米

最美丽的早花球根花卉之一，这种微型鸢尾拥有细长的四角叶片。冬末和春季开花，黄色花有绿黄色斑点。

二叶绵枣儿
Scilla bifolia
☼ ❀❀❀　　　↕15 厘米 ↔ 5 厘米

种植简单的球根植物，增殖速度很快。有两片狭窄绿色叶片，早春开花，松散的花序由星状蓝色至蓝紫色小花组成。♀

小水仙
Narcissus minor
☼ ❀❀❀　　　↕12.5 厘米 ↔ 7.5 厘米

这种小型水仙会形成一簇簇或一片片狭窄的灰绿色叶片。早春开花，小型黄色喇叭状花开放在叶片上方，向一侧偏斜，十分可爱。♀

黎巴嫩蚁播花
Puschkinia scilloides
☼ ❀❀❀　　　↕15 厘米 ↔ 7.5 厘米

效果活泼且表现稳定，这种宿根植物能够迅速形成一小丛细长叶片。春季开花，花簇生，花色为极浅的蓝色，有颜色更深的蓝色条纹。

奥克郁金香
Tulipa aucheriana
☼ ❀❀❀　　　↕25 厘米 ↔ 15 厘米

春季开花，星状粉色花有黄色花心和雄蕊，单生或2~3朵合生。被粉衣的狭窄绿色叶片也很美观。♀

适合墙壁或岩缝和铺装的宿根植物

岩缝是一系列迷人的宿根植物最喜欢的生境，尤其是在山区，这些植物常常拥有攀援或匍匐生长的茎，或者呈莲座状或小丘状。在花园中，这些植物可以种植在干垒石墙的缝隙中或铺装块之间，那里能满足它们需要的良好排水条件。

特定用途

北非旋花

Convolvulus sabatius

☼ ❋ ❋　　　　　　↕15 厘米 ↔ 60 厘米

这种迅速覆盖地表的宿根植物拥有蔓生多叶的茎。夏秋开花，花期持续很多周，植株布满浅蓝紫色至深蓝紫色的花。♀

腋花金鱼草

Asarina procumbens

☼ ❋ ❋ ❋　　　　　　↕5 厘米 ↔ 60 厘米

这种生长迅速的常绿植物拥有蔓生多毛的茎。夏季开花，从肾形灰绿色叶片的叶腋中开出浅黄色花，花似金鱼草。

'达德利·内维尔'金庭荠

Aurinia saxatilis 'Dudley Nevill'

☼ ❋ ❋ ❋　　　　　　↕20 厘米 ↔ 30 厘米

一种很受欢迎的丛生植物，茎基部木质化，拥有灰绿色常绿叶片。春末夏初开花，成簇小花为浅黄色。

墨西哥飞蓬

Erigeron karvinskianus

☼ ❋ ❋ ❋　　　　　　↕30 厘米 ↔ 1 米

这种迷人的植物有一丛疏松的细长分叉枝条。每逢夏季，小小的白色头状花序次第开放，接下来先后变成粉色和紫色，布满整棵植株。♀

'贝克'南庭芥

Aubrieta 'J. S. Baker'

☼ ❋ ❋ ❋　　　　　　↕5 厘米 ↔ 60 厘米

南庭芥属植物是用于墙壁或岩石结构的色彩最缤纷、效果最可靠的常绿宿根植物。这种南庭芥春季开花，全株覆盖带白色花心的紫色花。

'宝石'广口风铃草

Campanula carpatica 'Jewel'

☼ ❋ ❋ ❋ ❋　　　　　　↕10 厘米 ↔ 45 厘米

这是一种很受欢迎且迷人的风铃草，株型紧凑，心形叶片小而密集。夏季开花，鲜艳的蓝紫色钟形花朝上开放，几乎将叶片全部遮住。

适合岩缝和铺装的其他草本宿根植物

马查春黄菊（*Anthemis marschalliana*）
狐地黄（*Erinus alpinus*）
黄花牻牛儿苗（*Erodium chrysanthum*）
卷耳金丝桃（*Hypericum cerastioides*）
两头毛（*Incarvillea arguta*）
圆叶牛至（*Origanum rotundifolium*）
越橘叶蓼（*Persicaria vacciniifolia*），见50页
'布雷辛哈姆'肥皂草（*Saponaria* 'Bressingham'）
'都柏林'加州朱巧花（*Zauschneria californica* 'Dublin'），见37页

'多萝西老师'匍匐丝石竹
Gypsophila repens 'Dorothy Teacher'
☼ ❀ ❀ ❀　　　　　↕5 厘米 ↔ 40 厘米

细长密集的茎覆盖地面，半常绿，蓝绿色叶片小而狭窄。夏季开花，花小，浅粉色，花色随时间加深。

塔形虎耳草
Saxifraga Southside Seedling Group
☼ ❀ ❀ ❀ ❀　　　　↕30 厘米 ↔ 20 厘米

春末夏初开花，醒目的弯曲花序开满带红色斑点的白花，从莲座状常绿叶片中抽生，是一道亮丽的景致。在种植槽中的效果也很好。♀

适合岩缝和铺装的其他常绿宿根植物

'玫红'阿氏南芥（*Arabis* x *arendsii* 'Rosabella'）
欧黄堇（*Corydalis lutea*），见 88 页
蓝灰石竹（*Dianthus gratianopolitanus*）
滨飞蓬（*Erigeron glaucus*）
铁仔大戟（*Euphorbia myrsinites*）
'天蓝'匍卧木紫草（*Lithodora diffusa* 'Heavenly Blue'）
变色滇紫草（*Onosma alborosea*）
钻叶福禄考（*Phlox subulata*）
欧洲苣苔（*Ramonda myconi*）
'奥赛罗'长生草（*Sempervivum* 'Othello'）

'威斯利白'半日花
Helianthemum 'Wisley White'
☼ ❀ ❀ ❀　　　　　↕25 厘米 ↔ 45 厘米

常绿宿根植物或扩张性小灌木，茎基部木质化。春末至仲夏开花，花期长，奶油白色花有一黄色花心。

'白花'喉凸苣苔
Haberlea rhodopensis 'Virginalis'
☼ ☀ ❀ ❀ ❀ ❀ ꙮ　　↕15 厘米 ↔ 25 厘米

常绿植物，浓密丛生，叶多毛，有粗锯齿。春末和夏季开花，松散的伞状花序开放在叶片上方，由漏斗状白色花组成。装饰墙壁阴面效果很好。

圣塔杂种繁瓣花
Lewisia cotyledon hybrids
☼ ☀ ❀ ❀ ❀ ❀ ꙮ　　↕25 厘米 ↔ 30 厘米

每逢春末夏初，由洋红色、黄色或橙色花组成的松散花序就会开放在莲座或簇生叶片上方，叶厚，常绿，有波状边缘。

灌状毛蕊花
Verbascum dumulosum
☼ ❀ ❀ ❀　　　　　↕25 厘米 ↔ 40 厘米

宿根植物或低矮亚灌木，常绿，茎基部木质化。茎叶为灰绿色，有绒毛。春末和夏季开花，花色深黄。♀

适合沼泽或水畔花园的宿根植物

对于那些在花园中拥有水体的幸运儿，就算只有一个潮湿、泥泞的洼地，也有种类丰富的观赏宿根植物可供他们使用。这些植物需要源源不断的水分供应才能有最佳表现，既包括花大或花色鲜艳的宿根植物，也包括叶片醒目甚至壮观的种类。

燕子花

Iris laevigata

☀️ ❄️❄️❄️   ↕80 厘米 ↔ 20 厘米

这种来自日本的著名鸢尾属植物拥有直立的灰绿色叶片。夏季开花，花单生，紫色、蓝色或白色。可以在浅水中生长。♈

'紫矛' 落新妇

Astilbe chinensis 'Purpurlanze'

☀️ ❄️❄️❄️   ↕1.2 米 ↔ 90 厘米

'紫矛' 这个品种名精确地描述了这种晚花落新妇属植物的坚硬紫粉色圆锥花序。深裂叶片形成醒目株丛。

'鲜红' 蚊子草

Filipendula palmata 'Rubra'

☀️ ❄️❄️   ↕1.2 米 ↔ 60 厘米

这种壮观的丛生宿根植物有时会和红花蚊子草（*F. rubra*）混淆，深裂叶片十分醒目。夏季开花，浓密的羽状花序由微小的玫红色小花组成。

适合沼泽或水畔花园的其他观叶宿根植物

溪畔落新妇（*Astilbe rivularis*）
'金叶' 丛生苔草（*Carex elata* 'Aurea'），见134 页
大根乃拉草（*Gunnera manicata*）
'老爹' 玉簪（*Hosta* 'Big Daddy'），见129 页
'弗朗塞斯·威廉姆斯' 玉簪（*Hosta* 'Frances Williams'）
'花叶' 蕺菜（*Houttuynia cordata* 'Chameleon'），见68 页
'花叶' 黄菖蒲（*Iris pseudacorus* 'Variegata'），见122 页
荚果蕨（*Matteuccia struthiopteris*），见71 页
巨蜂斗菜（*Petasites japonicus* var. *giganteus*）
鬼灯檠（*Rodgersia podophylla*）

雨伞草

Darmera peltata

☀️ ❄️❄️❄️   ↕1.1 米 ↔ 75 厘米

这种漂亮的宿根植物拥有蔓生地下茎，长出一大片长柄叶，叶色秋季变鲜艳。春季开粉色花。♈

'褶波' 玉簪

Hosta 'Zounds'

☀️ ❄️❄️❄️   ↕55 厘米 ↔ 1 米

这种玉簪引人注目且相对不受蛞蝓危害，会形成一大丛圆形叶片，叶片上有醒目的脉纹和凹陷纹路。黄绿色的叶片在夏季逐渐变成黄色。

黄苞沼芋

Lysichiton americanus

☀️ ❄️❄️❄️   ↕1 米 ↔ 1.2 米

最壮观、最容易识别的植物之一。先花后叶，春季开黄色大花，然后长出一丛丛硕大的桨状叶片。

巨伞钟报春

Primula florindae

☼ ☼ ❄ ❄ ❄   ↕ 至 1.2 米 ↔ 至 20 厘米

具柄绿色叶片丛生，莲座状，有褶皱。茎高而结实，顶端生长伞状花序，小花低垂，有芳香，硫黄色或泛红。形态建成后可自播。☙

欧紫萁

Osmunda regalis

☼ ☼ ❄ ❄ ❄   ↕ 1.5 米 ↔ 1.2 米

一种令人难忘的蕨类，形成一丛醒目的深裂蕨叶。叶片枯死前常变成色彩艳丽的秋色叶。夏季长出红棕色孢子。☙

灯台报春

Primula prolifera

☼ ☼ ❄ ❄ ❄   ↕ 60 厘米 ↔ 15 厘米

初夏开花，细长的直立花茎从基部莲座状深绿叶片中伸出，螺旋状排列多轮黄色花朵。非常适合流线型片植。☙

'鲍尔斯红'掌叶大黄

Rheum palmatum 'Bowles's Crimson'

☼ ☼ ❄ ❄ ❄   ↕ 2.5 米 ↔ 1.8 米

这种蔚为壮观的宿根植物拥有硕大的齿裂叶片，刚刚萌发时为红色，长成巨大的一丛。初夏开花，红色圆锥花序高大挺拔。

羽叶鬼灯擎

Rodgersia pinnata

☼ ☼ ❄ ❄ ❄   ↕ 1.2 米 ↔ 75 厘米

观叶观花两相宜。叶深裂，有脉纹，春秋两季为红色。夏季开花，羽状花序呈冰霜般的白色。

适合沼泽或水畔花园的其他观花宿根植物

斑茎泽兰红花群（*Eupatorium maculatum* Atropurpureum Group），见 24 页
沼生大戟（*Euphorbia palustris*）
槭叶蚊子草（*Filipendula purpurea*），见 128 页
花菖蒲（*Iris ensata*）
大头橐吾（*Ligularia japonica*）
沼芋（*Lysichiton camtschatcensis*）
'粉花'千屈菜（*Lythrum salicaria* 'Blush'）
红花沟酸浆（*Mimulus cardinalis*）
粉被灯台报春（*Primula pulverulenta*）

'克罗伯勒'马蹄莲

Zantedeschia aethiopica 'Crowborough'

☼ ☼ ❄ ❄ ❄   ↕ 90 厘米 ↔ 60 厘米

这种漂亮的宿根植物拥有硕大的箭头形叶片，美丽的长柄白色花开放在夏季。可在浅水中生长。☙

水生宿根植物

在花园中，很少有比种植良好的池塘或水池及其周边更加丰富多样或更具观赏性的野生动物栖息地。水生宿根植物会吸引各种动物，虽然大型池塘能够提供的种植空间更多，但是使用容器种植的方式，也可以将水引入哪怕最小的后院或市区花园。下列种植深度指的是所需水深，植物高度按照水面以上的高度计算。

特定用途

长柄水薤

Aponogeton distachyos

☼ ❋ ❋ ❋　　　　　　$\updownarrow$7.5 厘米 ↔ 1.2 米

叶漂浮在水面上，半常绿，椭圆形。春季和秋季开花，白色穗状花序开放在叶上方。种植在30~60厘米深的水中。

花蔺

Butomus umbellatus

☼ ❋ ❋ ❋　　　　　　$\updownarrow$1.2 米 ↔ 45 厘米

长势健壮，适宜用于池塘边缘，叶长，丛生，三棱形。夏季开花，花茎高，伞形花序，花为粉红色。种植深度为7~13厘米。♀

'花叶'蕺菜

Houttuynia cordata 'Chameleon'

☼ ❋ ❋ ❋　　　　$\updownarrow$30 厘米 ↔ 无限

低矮的蔓生水边植物，可种植在10厘米深的浅水或湿润土壤中。叶片散发橘皮气味，有浅黄色、绿色和红色彩斑。

'克罗玛蒂拉'睡莲

Nymphaea 'Marliacea Chromatella'

☼ ❋ ❋ ❋　　　　$\updownarrow$7.5 厘米 ↔ 1.5 米

花量大且长势苗壮，效果十分可靠。浮水叶片有古铜色斑纹，夏季开美丽的淡黄色花。种植深度为45~90厘米。♀

'火冠'睡莲

Nymphaea 'Fire Crest'

☼ ❋ ❋ ❋　　　　$\updownarrow$7.5 厘米 ↔ 1.2 米

这种睡莲的圆形浮水叶片在幼嫩时为紫色。夏季开花，花粉色，有芳香。种植深度为15~45厘米。

'格莱斯顿'睡莲

Nymphaea 'Gladstoneana'

☼ ❋ ❋ ❋　　　　$\updownarrow$7.5 厘米 ↔ 2.4 米

这种长势苗壮的睡莲很受欢迎，夏季开星状白色花，叶浮水，圆形，有波状边缘，幼叶为青铜色。种植深度为45~90厘米。♀

荇菜

Nymphoides peltata

☼ ❋ ❋ ❋　　　　$\updownarrow$7.5 厘米 ↔ 无限

生长迅速且具蔓延性，非常适合用于大型池塘。叶漂浮于水面，圆形。夏季开花，花为金色，漏斗状，花瓣有流苏状边缘。种植深度为30~60厘米。

奥昂蒂

Orontium aquaticum

☼ ❀❀❀　　　↕30 厘米 ↔ 60 厘米

长势苗壮的边缘水生植物，叶为椭圆形，蓝绿色。夏秋开花，弯曲白色花茎顶端生长黄色穗状花序。种植深度为30~40厘米。

梭鱼草

Pontederia cordata

☼ ❀❀　　　↕75 厘米 ↔ 60 厘米

长势苗壮的边缘水生植物。每逢夏末，密集的蓝色穗状花序从有光泽的丛生直立叶片中伸出。种植深度为7~13厘米。♀

宽叶慈姑

Sagittaria latifolia

☼ ❀❀❀　　　↕↔ 90 厘米

块茎边缘水生植物，茎为三棱状，细长；叶为箭头形，具长柄。夏季开花，白色花轮生。种植深度为7~13厘米。

水剑叶

Stratiotes aloides

☼ ❀❀❀　　　↕15 厘米 ↔ 20 厘米

凤梨状莲座叶片有锯齿，在夏季钻出水面，同时开放有三枚花瓣的直立白花。种植深度为30~90厘米。

其他水生宿根植物

石菖蒲（*Acorus gramineus*）
泽泻（*Alisma plantago-aquatica*）
水芋（*Calla palustris*）
画眉草状莎草（*Cyperus eragrostis*）
水堇（*Hottonia palustris*）
水鳖（*Hydrocharis morsus-ranae*）
燕子花（*Iris laevigata*），见66页
睡菜（*Menyanthes trifoliata*）
蓝花沟酸浆（*Mimulus ringens*）
狐尾藻（*Myriophyllum verticillatum*）
黄花萍蓬草（*Nuphar lutea*）
'红宝石'睡莲（*Nymphaea* 'Escarboucle'）
'贡内勒'睡莲（*Nymphaea* 'Gonnère'）
'詹姆斯·布莱顿'睡莲（*Nymphaea* 'James Brydon'）
箭叶棒蕊芋（*Peltandra sagittifolia*）
欧洲水毛茛（*Ranunculus aquatilis*）
狸藻（*Utricularia vulgaris*）
'克罗伯勒'马蹄莲（*Zantedeschia aethiopica* 'Crowborough'），见67页

小香蒲

Typha minima

☼ ❀❀❀　　　↕75 厘米 ↔ 45 厘米

形似灯心草的边缘水生植物，叶细长。夏季的棕色花序在冬季变成蓬松的果序。种植深度为5~10厘米。

适合全日照下盆栽的宿根植物

　　将宿根植物种植在容器中的一大优势在于，可以将它们在花园或露台中随意搬动，就像家具在室内一样。容器还可以让不那么耐寒的植物——如下面的一些喜阳植物——夏季种植在室外观赏，冬季转移到室内保护。

特定用途

'银宝石'骨籽菊

Osteospermum 'Silver Sparkler'

☼❋　　　　　‡60 厘米 ↔ 45 厘米

长势苗壮的灌丛状植物，叶片有奶油色边缘。夏秋开花，深色枝条顶端开具长梗的白色头状花序，背面颜色较深。

'霍普湖'百子莲

Agapanthus 'Loch Hope'

☼❋❋❋　　　　　‡1.2 米 ↔ 60 厘米

这种醒目的丛生百子莲可在室外越冬，最寒冷的地区除外。夏末至秋季开花，松散的花序由深蓝色喇叭状花组成。

'条斑'美人蕉

Canna 'Striata'

☼❋　　　　☼❋ ‡1.5 米 ↔ 50 厘米

引人注目的丛生宿根植物，醒目的叶片有黄色脉纹。茎粗壮直立，为深紫红色。夏末至秋初开花，茎顶端开硕大的橙色花。

适合全日照下盆栽的其他宿根植物

东方百子莲（*Agapanthus praecox* subsp. *orientalis*）
'花叶'龙舌兰（*Agave americana* 'Variegata'）
'温哥华'木茼蒿（*Argyranthemum* 'Vancouver'）
苏氏秋海棠（*Begonia sutherlandii*），见 46 页
阿魏叶鬼针草（*Bidens ferulifolia*）
花茎草（*Francoa sonchifolia*），见 33 页
金姜花（*Hedychium gardnerianum*）
浅裂叶百脉根（*Lotus berthelotii*）
高地黄（*Rehmannia elata*）
鼠尾草属植物（*Salvia gesneriiflora*）

'牙买加黄'木茼蒿

Argyranthemum 'Jamaica Primrose'

☼❋　　　　　‡↔ 1 米

灌丛状常绿植物，茎细长，叶细裂，灰绿色。花期长，从春季开到秋季，浅黄色头状花序具长梗。

双色凤梨百合

Eucomis bicolor

☼❋❋　　　　　‡45 厘米 ↔ 30 厘米

夏末开花，密集、美丽而有趣的花序从带状肉质叶片中伸出，小花为淡绿色，边缘为紫色，花序顶端有凤梨状冠。

'奶油桃红'美女樱

Verbena 'Peaches'n'Cream'

☼❋　　　　　‡45 厘米 ↔ 50 厘米

丛生成小丘状，叶深绿，粗糙被毛，有锯齿。夏季开花，叶片被浅橙粉色圆形花序覆盖，花色随时间推移变成杏黄色和奶油黄色。

适合荫蔽环境中盆栽的宿根植物

荫凉下的露台、后院以及类似的无直射阳光地点，尤其是铺装或靠近房屋的区域，常常是不容易进行种植的地方，不过这个问题可以通过将植物种在容器中解决。观叶宿根植物在荫蔽环境中尤其实用，而且很多种类也有美丽的花，在容器中无论是单独种植还是丛植都很引人注目。

适合荫蔽环境中盆栽的其他宿根植物

‘紫色’心叶岩白菜（*Bergenia cordifolia* ‘Purpurea’），见 120 页

红盖鳞毛蕨（*Dryopteris erythrosora*），见 148 页

‘金线’箱根草（*Hakonechloa macra* ‘Aureola’），见 130 页

尖叶铁筷子（*Helleborus argutifolius*），见 120 页

‘青灰月’矾根（*Heuchera* ‘Pewter Moon’）

‘褶波’玉簪（*Hosta* ‘Zounds’），见 66 页

麝香百合（*Lilium longiflorum*）

‘那智山’镜叶虎耳草（*Saxifraga fortunei* ‘Mount Nachi’）

‘塔夫之金’千母草（*Tolmiea menziesii* ‘Taff's Gold’），见 131 页

蜘蛛抱蛋

Aspidistra elatior

☀❄❄❄   ↕↔60 厘米

能够在阴凉环境茁壮生长，很久以来就是最受欢迎的客厅植物之选，宽阔的带状常绿叶片有美丽的脉纹，叶表面有光泽，看起来总是十分健康。

‘诚信’玉簪

Hosta ‘Sum and Substance’

☀❄❄❄❄   ↕75 厘米 ↔90 厘米

用来点亮荫蔽角落的最佳玉簪之一，拥有醒目的丛生心形叶片，叶黄绿色至黄色。夏季开花，花色淡紫。

荚果蕨

Matteuccia struthiopteris

❄❄❄❄   ↕1.2 米 ↔50 厘米

从夏末开始，醒目优雅的羽状复叶围绕着中央的一簇深棕色孢子叶。需要湿润的生长基质。

‘中国蓝’穆坪紫堇

Corydalis flexuosa ‘China Blue’

❄❄❄❄   ↕25 厘米 ↔20 厘米

冬季也有美丽的蕨状鲜绿色叶片，光是这一点就值得种植了。总状花序，管状小花呈醒目的蓝色，初夏花凋落，叶片随之枯死。

阔叶山麦冬

Liriope muscari

☀❄❄❄❄   ↕30 厘米 ↔45 厘米

带状叶密集丛生，常绿、深绿色。秋季开花，坚硬浓密的穗状花序由紫色小花组成。也很适合做地被。

‘极品’羽叶鬼灯檠

Rodgersia pinnata ‘Superba’

☀☀❄❄❄❄   ↕1.2 米 ↔75 厘米

长势茁壮的丛生植物，花叶皆可观。醒目的掌状叶片有脉纹，幼叶为铜紫色。夏季开花，圆锥形花序由深粉色小花组成。

攀援宿根植物

特定用途

　　花园中栽培的大多数攀援宿根植物都有木质化的茎，因此总是存在地上部分。不过，同样也存在数量惊人的拥有缠绕茎或攀缘茎的草本宿根植物，非常适合用于覆盖墙壁、栅栏和框格棚架，或者整枝在灌木和乔木或类似的支撑结构上。除了观花和观叶，某些种类还提供装饰性的果、果穗或色彩斑斓的秋色叶。

其他攀援宿根植物
紫乌头（*Aconitum episcopale*）
瓜叶乌头（*Aconitum hemsleyanum*）
'重瓣'打碗花（*Calystegia hederacea* 'Flore Pleno'）
毛蕊铁线莲（*Clematis* x *eriostemon*）
荷包牡丹属植物（*Dicentra macrocapnos*）
'羞娇娘'宽叶香豌豆（*Lathyrus latifolius* 'Blushing Bride'）
圆叶香豌豆（*Lathyrus rotundifolius*）
旱金莲属植物（*Tropaeolum ciliatum*）
块茎旱金莲（*Tropaeolum tuberosum*）
'肯·阿斯利特'条斑旱金莲（*Tropaeolum tuberosum* var. *lineamaculatum* 'Ken Aslet'）

杜兰铁线莲
Clematis x *durandii*

☼❋❋　　　　　　　↕2米↔1米

茎细长，非常适合用作地被或者整枝在小型灌木上。夏季开花，花单生在茎顶端，雄蕊为奶油色，靛蓝色花被片间距宽。♀

大花香豌豆
Lathyrus grandiflorus

☼❋❋❋　　　　　　↕↔1.5米

长久以来最受喜爱的一种村舍花园攀援植物，茎细长蔓延，提供浓密地被。夏季成簇开花，花具长柄，呈粉色、红色和紫色。

'黄叶'啤酒花
Humulus lupulus 'Aureus'

☼❋❋❋❋　　　　　↕↔6米

强壮的速生攀援植物，缠绕茎用金黄色的叶片覆盖其支撑结构。秋季结出一串串黄绿色的种子穗。♀

'白花'宽叶香豌豆
Lathyrus latifolius 'Albus'

☼❋❋❋❋　　　　　↕↔2米

这种茁壮的攀援植物种植简单，效果可靠，非常适合用于墙壁或绿篱，或者用来覆盖陡峭的河岸。夏季和秋季开白色蝶形花。♀

六裂叶旱金莲
Tropaeolum speciosum

☼❋❋❋❋咝　　　　↕↔3米

夏秋开花，效果壮观，花鲜红，有长距。花落后结蓝果，果有红色领圈状装饰。需凉爽、湿润的土壤。♀

适合提供切叶的宿根植物

和在花园中一样，叶片在室内也和花一样重要和美丽。许多宿根植物能够稳定地随时提供漂亮的叶片当作切叶。切叶能够为插花添加绿色、灰色或金色背景，本身也能营造令人印象深刻的效果。

'可食极品'芍药

Paeonia lactiflora 'Edulis Superba'

☼ ☼ ❋ ❋ ❋　　　　　　　　↕↔90 厘米

大多数草本芍药属植物都有迷人的浓绿色叶片，与红色或紫色茎形成鲜明对比。这种芍药还有粉色重瓣花，非常适合用作切花。

'灰蓝'玉簪

Hosta 'Hadspen Blue'

☼ ❋ ❋ ❋ ❋　　　　↕25 厘米 ↔60 厘米

玉簪是一种珍贵的切叶植物，尤其是拥有蓝灰色叶片的种类。这种超凡脱俗的蓝灰色玉簪拥有漂亮而醒目的心形叶片。

适合提供切叶的其他宿根植物
'云纹'意大利芋（*Arum italicum* 'Marmoratum'），见 141 页
'灯塔'阿伦氏落新妇（*Astilbe* x *arendsii* 'Fanal'）
'紫色'心叶岩白菜（*Bergenia cordifolia* 'Purpurea'），见 120 页
银河草（*Galax urceolata*）
'金线'箱根草（*Hakonechloa macra* 'Aureola'），见 130 页
尖叶铁筷子（*Helleborus argutifolius*），见 120 页
'荫凉大师'玉簪（*Hosta* 'Shade Master'）
'褶波'玉簪（*Hosta* 'Zounds'），见 66 页
新西兰麻（*Phormium tenax*），见 123 页
刺羽耳蕨（*Polystichum munitum*），见 148 页
羽叶鬼灯檠（*Rodgersia pinnata*），见 67 页

'绿喷泉'玉簪

Hosta 'Green Fountain'

☼ ❋ ❋ ❋ ❋　　　　↕45 厘米 ↔1 米

叶弯曲，有光泽，矛状，有波状边缘，醒目簇生，适合采摘。夏季开花，弯曲的花茎上开出浅紫色花朵。

'银色花叶'香根鸢尾

Iris pallida 'Argentea Variegata'

☼ ❋ ❋ ❋ ❋　　　　↕80 厘米 ↔60 厘米

最壮观的花叶宿根植物之一，叶片为剑形，有醒目的彩色边缘，能够坚持到深秋。初夏开花，花有芳香。

'斑叶'玉竹

Polygonatum odoratum var. pluriflorum 'Variegatum'

☼ ❋ ❋ ❋ ❋　　　　↕60 厘米 ↔30 厘米

这种迷人的宿根植物最终会形成一丛弯曲的红色枝条，叶片浓绿，有奶油色边缘。春季开花，花朵簇生，钟形花低垂。▽

特定用途

适合提供切花的宿根植物

为家中提供切花是种植宿根植物带来的一大好处。最好从成熟植株上采集切花，采集时应该有选择，在为插花提供足够花材的同时保留植株的大部分完好无损。虽然某些宿根植物如紫菀长期以来就是花园园丁们的最爱，但很多种类都适合作为切花使用。采集之后，将花放入有水的容器中过夜之后再使用。

'范德尔维伦'落新妇

Astilbe 'Professor van der Wielen'

☼ ❋ ❋ ❋　　　　　　　　↕1.2 米 ↔ 1 米

适宜凉爽湿润土壤的最醒目、最宜人的落新妇属植物之一。夏季开花，高而弯曲的羽状花序由微小的白色小花组成，从深裂叶片上方长出。

楼斗菜麦肯纳群

Aquilegia McKana Group

☼ ❋ ❋ ❋ ❋　　　　　↕75 厘米 ↔ 60 厘米

引人注目但生长期短暂的宿根植物，花期从春末持续至仲夏，花大，有长距，呈现各种色调的蓝色、黄色和红色。

蓝箭菊

Catananche caerulea

☼ ❋ ❋ ❋　　　　　　↕80 厘米 ↔ 30 厘米

茎直立簇生，细长坚硬。夏季开花，茎顶端先长出纸状的珍珠白色花蕾，花开时似矢车菊。制成干花亦非常美观。

适合提供切花的其他宿根植物

'贝多芬'岩白菜（*Bergenia* 'Beethoven'），见 32 页

铃兰（*Convallaria majalis*）

'哈珀·克利维'车前状多榔菊（*Doronicum* x *excelsum* 'Harpur Crewe'）

'艾氏'雪花莲（*Galanthus* 'Atkinsii'），见 88 页

'闪光'水仙（*Narcissus* 'Actaea'）

'胡德山'水仙（*Narcissus* 'Mount Hood'），见 91 页

杂种黄精（*Polygonatum* x *hybridum*）

欧洲报春（*Primula vulgaris*）

'纯洁'郁金香（*Tulipa* 'Purissima'）

香堇菜（*Viola odorata*）

'斯塔法'大头紫菀

Aster x *frikartii* 'Wunder von Stäfa'

☼ ❋ ❋ ❋　　　　　　↕70 厘米 ↔ 40 厘米

表现可靠，适用于夏末秋初的花境，花量大，花期长，蓝色头状花序有橙色花心。如果不提供支撑，茎可能会倒伏。♡

'科博尔德'大花天人菊

Gaillardia x *grandiflora* 'Kobold'

☼ ❋ ❋ ❋　　　　　　↕30 厘米 ↔ 45 厘米

又名'戈布林'（'Goblin'），这种表面被绒毛的灌丛状植物生长期相对较短，但是在夏季和初秋开放硕大的头状花序，花色鲜红，末端为黄色。

'玛丽·巴纳德' 阿尔及利亚鸢尾

Iris unguicularis 'Mary Barnard'

☀❋❋❋   ↕30 厘米 ↔60 厘米

这种喜阳鸢尾于冬末至早春开花, 花单生, 有芳香, 最好在花蕾时期采摘。常绿叶片簇生, 似禾草。⚘

'科伯姆金' 大滨菊

Leucanthemum x *superbum* 'Cobham Gold'

☀❋❋❋   ↕60 厘米 ↔20 厘米

这是一种可爱的滨菊属植物, 该属植物都很适合做切花。它会形成健壮的株丛, 夏季和初秋开放白色重瓣花。

百合非洲女王群

Lilium African Queen Group

☀❋❋❋   ↕1.5 米 ↔30 厘米

大多数百合都很适合作为切花, 这种百合也不例外。它高高的茎密集地生长着狭窄的叶片, 夏季在顶端长出伞状花序, 花有香味, 低垂。⚘

适合提供切花的其他夏花宿根植物

'金黄' 蓍 (*Achillea* 'Coronation Gold'), 见 108 页

'蓝色巨人' 百子莲 (*Agapanthus* 'Blue Giant'), 见 90 页

白纹杂种六出花 (*Alstroemeria ligtu hybrids*)

马氏雄黄兰 (*Crocosmia masoniorum*), 见 110 页

紫松果菊 (*Echinacea purpurea*)

夏风信子 (*Galtonia candicans*)

'仙女' 圆锥丝石竹 (*Gypsophila paniculata* 'Bristol Fairy'), 见 99 页

'萨拉·贝因哈特' 芍药 (*Paeonia lactiflora* 'Sarah Bernhardt'), 见 113 页

'拜恩' 裂柱莲

Schizostylis coccinea 'Viscountess Byng'

☀❋❋❋   ↕60 厘米 ↔30 厘米

一种非常实用的秋花宿根植物, 狭窄的鸢尾状叶片簇生成一丛或一片, 松散的穗状花序由星状淡粉色花组成。

'科博尔德' 蛇鞭菊

Liatris spicata 'Kobold'

☀❋❋❋   ↕50 厘米 ↔45 厘米

引人注目且表现可靠的宿根植物, 适宜湿润但排水通畅的土壤。细长叶片丛生, 夏末和秋季开花, 穗状花序浓密直立, 由紫色小花组成。

'丽钵' 芍药

Paeonia 'Bowl of Beauty'

☀❋❋❋❋   ↕↔80~100 厘米

醒目的丛生宿根植物, 叶深裂, 具长柄。初夏开花于枝条顶端, 花大、单生、碗形, 洋红色花有粉色斑纹, 花中有许多奶油色的瓣化雄蕊。⚘

'烟花' 长毛一枝黄花

Solidago rugosa 'Fireworks'

☀❋❋❋   ↕↔1 米

低矮丛生, '烟花' 的叶片小且皱缩, 茎多分叉。夏末秋初开花, 花序长而弯曲, 由黄色小花组成。

特定用途

拥有装饰性冬季果实的宿根植物

大多数园丁如今意识到，如果在生长季结束时将花园打理得过于整洁，可能会损失一些冬季效果。任何拥有顶端干枯果实的宿根植物都能在冬季提供迷人的观赏效果，而且覆盖上一层冰霜之后，会显得更加美丽。

特定用途

'克莱恩·冯塔纳'芒
Miscanthus sinensis 'Kleine Fontäne'
☼ ❄❄❄　　　　　‡1.5 米 ↔ 1.2 米

漂亮的丛生观赏草，茎高而直立，叶片狭窄。秋季开花，花序细长如指，冬季变得蓬松并从浅黄色变成白色。非常适合用于小型花园。♀

黄花蓍草
Achillea filipendulina
☼ ❄❄❄　　　　　‡1.2 米 ↔ 45 厘米

这种簇生宿根植物拥有坚硬的茎，扁平的果序为雪或白霜提供了现成的落脚点。夏季开黄花。

小蓝刺头
Echinops ritro
☼ ❄❄❄❄　　　　‡60 厘米 ↔ 45 厘米

这种宿根植物种植简单，覆盖冰霜后，球状多刺果实看起来就像装饰用的小玩意儿。鲜艳的蓝色花春末开放。♀

拥有装饰性冬季果实的其他宿根植物

单穗类叶升麻（*Actaea simplex*）
'华丽'落新妇（*Astilbe chinensis* 'Superba'）
斑茎泽兰红花群（*Eupatorium maculatum* Atropurpureum Group），见 24 页
'维努斯塔'红花蚊子草（*Filipendula rubra* 'Venusta'）
西伯利亚鸢尾（*Iris sibirica*）
'费尔纳·奥斯滕'芒（*Miscanthus sinensis* 'Ferner Osten'）
蝎子草（*Sedum spectabile*），见 108 页
狭叶唐松草（*Thalictrum lucidum*）

小盼草
Chasmanthium latifolium
☼ ❄❄❄❄　　　　‡1 米 ↔ 60 厘米

外观华丽的禾草，茎松散丛生，多叶片。茎上长出松散或低垂的绿色或粉色扁平小穗，在冬季变成浅棕色。

'繁花'圆锥丝石竹
Gypsophila paniculata 'Compacta Plena'
☼ ❄❄❄　　　　　‡30 厘米 ↔ 60 厘米

著名的圆锥丝石竹的一个株型紧凑的低矮类型。花小、重瓣，浅粉色至白色，冬季结籽凝霜后会产生一种闪烁效果。

'科伯姆美人'美国薄荷
Monarda 'Beauty of Cobham'
☼ ❄❄❄❄　　　　‡90 厘米 ↔ 45 厘米

这种可爱的植物在夏末秋初开花，球形花序由粉花和紫色苞片组成，冬季变成暖棕色。♀

拥有装饰性冬季果实的宿根植物

细茎针茅
Stipa tenuissima

☼ ❄ ❄ ❄   ↕↔ 60 厘米

密集簇生的禾草,茎最初直立,然后逐渐弯曲。茎顶端有长长的羽状花序,由绿白色小穗组成,在冬季变成温暖的浅黄色。

块根糙苏
Phlomis tuberosa

☼ ❄ ❄ ❄   ↕1.5 米 ↔ 90 厘米

一整个冬季,高高的醒目丛生裸露枝条上都结着密集的棕色果序。夏季开花,花为二唇形,淡紫粉色,有红色花萼。

维州腹水草
Veronicastrum virginicum

☼ ❄ ❄ ❄ ❄   ↕2 米 ↔ 45 厘米

茎浓密,直立丛生,叶轮生。夏秋开花,茎顶端长出逐渐变细的蓝紫色穗状花序。在冬季,穗状花序变长且变棕色。

'利赫茨佩尔'锥花福禄考
Phlox paniculata 'Lichtspel'

☼ ❄ ❄ ❄   ↕1.2 米 ↔ 60 厘米

每到夏季,丛生直立的多叶茎长出淡紫红色小花构成的圆锥花序。茎和剩余花序在冬季变成色调温暖的浅棕色。

新西兰麻紫花群
Phormium tenax Purpureum Group

☼ ❄ ❄ ❄   ↕2~2.8 米 ↔ 2 米

所有新西兰麻属植物在冬季都拥有装饰性的蒴果,不过该类群的效果比大多数其他种类都更可靠。茎的分枝点很高,像火炬一样将蒴果举向天空。✿

能够吸引蜜蜂、蝴蝶和其他昆虫的宿根植物

在我们的花园中，色彩斑斓的蝴蝶总是受人欢迎的访客，然而许多没那么漂亮的其他昆虫实际上也发挥着更重要的作用。它们包括蜜蜂和食蚜蝇等，前者是重要的花园授粉昆虫，后者的幼虫以蚜虫为食。它们会被下列宿根植物吸引。

能够吸引蜜蜂和蝴蝶的其他宿根植物
'月光'蓍（Achillea 'Moonshine'）
'环球使者'葱（Allium 'Globemaster'），见88页
'克妮金蓝'蓝菀（Aster amellus 'Veilchenkönigin'），见100页
矢车菊属物种（Centaurea glastifolia）
距药草（Centranthus ruber），见92页
三裂刺芹（Eryngium x tripartitum），见37页
'卡隆·温特'紫柳穿鱼（Linaria purpurea 'Canon Went'）
'印第安少女'美国薄荷（Monarda 'Squaw'），见111页
'安德烈·肖德龙纪念'大花荆芥（Nepeta sibirica 'Souvenir d'André Chaudron'）

'紫魅'荷兰韭

Allium hollandicum 'Purple Sensation'

☀ ❀❀❀　　　‡90 厘米 ↔ 10 厘米

所有葱属植物都能吸引昆虫，但这种葱特别令人印象深刻。夏季开花，高高的花茎装饰着球形花序，由星状深紫色小花组成。✿

漏芦属植物

Stemmacantha centaureoides

☀ ❀❀❀　　　‡1.2 米 ↔ 60 厘米

这种醒目的簇生植物拥有漂亮的银灰色叶片。夏季开花，直立分叉的茎上开醒目的粉色花，带有鳞片状灰色苞片。

'白云'小新风轮

Calamintha nepeta 'White Cloud'

☀ ❀❀❀❀　　　‡45 厘米 ↔ 75 厘米

蜜蜂特别喜欢这种小花宿根植物。植株低矮，叶片密集，有香味，整个夏季都点缀着小小的纯白色花。

大聚首花

Cephalaria gigantea

☀ ❀❀❀❀　　　‡2.5 米 ↔ 90 厘米

这种植物拥有丛生的深裂叶片，特别受蜜蜂的喜爱。夏季开花，高且分叉的茎上长出浅黄色花序。

多榔菊属植物

Doronicum pardalianches

☀ ❀❀❀　　　‡90 厘米 ↔ 1.2 米

这种蔓生宿根植物最终会形成一大片表面有软毛的心形叶片。春夏开花，花期长，茎顶端长出黄色的头状花序。

草原鼠尾草血红群

Salvia pratensis Haematodes Group

☼ ❄ ❄ ❄ ❄　　　↕90 厘米 ↔ 30 厘米

这种草原鼠尾草生长期短暂但结籽量很大。叶片大而绿, 长成莲座丛状, 有香味。夏季开花, 叶上方抽生大而分叉的花序, 由蓝紫色小花组成。♀

'维茨蓝'小蓝刺头

Echinops ritro 'Veitch's Blue'

☼ ❄ ❄ ❄ ❄　　　↕1.2 米 ↔ 75 厘米

夏季开花, 球形多刺蓝色花序同时受到孩子和蜜蜂的喜爱。叶深裂, 有刺状齿, 叶背面被白毛。

西班牙薰衣草

Lavandula stoechas

☼ ❄ ❄ ❄　　　↕↔ 60 厘米

灌丛状常绿芳香植物, 株型浓密紧凑, 拥有狭窄的灰绿色叶片。春末和夏季开花, 穗状花序具长柄, 由紫花构成。♀

何布景天

Sedum 'Herbstfreude'

☼ ❄ ❄ ❄　　　↕↔ 60 厘米

常常又被称为'秋之喜'景天 (*S.* 'Autumn Joy'), 秋季开花, 花会从深粉色变成铜红色, 能够吸引蝴蝶和蜂类。肉质叶片呈灰绿色且有粉衣。♀

锈毛旋覆花

Inula hookeri

☼ ❄ ❄ ❄　　　↕↔ 90 厘米

花园中用来吸引蜜蜂的最佳植物之一。茎醒目丛生, 多叶, 被绒毛, 夏秋开花, 从多毛花蕾变成金黄色的头状花序。

蜜蜂花叶异香草

Melittis melissophyllum

☼ ❄ ❄ ❄ ❄　　　↕↔ 30 厘米

这种被绒毛的宿根植物拥有四棱形茎和散发着蜂蜜香味的叶片。春季至初夏开花, 花为白色至粉色, 唇瓣为紫色, 很受蜜蜂的喜爱。

'金羽'一枝黄花

Solidago 'Goldenmosa'

☼ ❄ ❄ ❄　　　↕1 米 ↔ 60 厘米

株型紧凑的灌丛状宿根植物, 茎直立多叶, 夏末至秋季开花, 圆锥花序由鲜黄色小花组成。非常适合较小的花园。♀

耐空气污染的宿根植物

任何来源的空气污染都会对植物产生有害影响，而暴露在严重或长时间的污染空气中可能导致植物的最终死亡。幸运的是，这种情况并非常规而是例外，下列宿根植物通常可以耐受工业区或路边地点除最严重状况外的所有空气污染。

'T.E. 基林' 大滨菊
Leucanthemum x *superbum* 'T.E. Killin'
☀ ❋ ❋ ❋ 　　　　　　　‡↔ 60 厘米

这种夏季开花的大滨菊表现十分可靠，硕大的白色重瓣花序拥有黄色托桂花心。非常适合作为切花。♌

珠蓍珍珠群
Achillea ptarmica The Pearl Group
☀ ❋ ❋ ❋ 　　　　　‡75 厘米 ↔ 60 厘米

这种久经考验的宿根植物拥有很强的适应性，植株丛生，叶片狭窄，有锯齿，有香味。夏季开花，密集的花序由纽扣大小的白色花组成。

'陛下' 山羊豆
Galega 'His Majesty'
☀ ❋ ❋ ❋ ❋ 　　　　　‡1.5 米 ↔ 90 厘米

直立簇生的灌丛状植物，拥有羽状复叶。花期为初夏至初秋，总状花序由双色蝶形花组成，花色为淡紫色和粉色相间。喜湿润土壤。

博落回
Macleaya cordata
☀ ❋ ❋ ❋ ❋ 　　　　　　‡2.5 米 ↔ 1 米

植株强壮，直立丛生，叶大而深裂，叶片茂盛，茎中空，茎叶都呈蓝绿色并被有白粉。夏季开花，硕大的顶端羽状花序由蓬松的白色小花组成。♌

'阿尔玛的回忆' 美国紫菀
Aster novae-angliae 'Andenken an Alma Potschke'
☀ ❋ ❋ ❋ ❋ 　　　　　‡1.2 米 ↔ 60 米

这种簇生美国紫菀常常被简称为 '阿尔玛' （'Alma Potschke'），在早秋开花，盛放鲜艳的橙粉色头状花序。

'斯特西登' 路边青
Geum 'Lady Stratheden'
☀ ❋ ❋ ❋ ❋ 　　　　　　‡↔ 60 厘米

这是一个很受喜爱的老品种，和花色鲜红的 '布拉德肖夫人' 路边青（*G.* 'Mrs.Bradshaw'）形成鲜明对比。夏季开花，松散的花序由半重瓣深黄色花组成；叶深裂，鲜绿色。♌

耐空气污染的其他观花宿根植物

江户珠光香青（*Anaphalis margaritacea* var. *yedoensis*）
'九月魅力' 杂种银莲花（*Anemone* x *hybrida* 'September Charm'），见 102 页
'春晨' 荷包牡丹（*Dicentra* 'Spring Morning'）
华丽老鹳草（*Geranium* x *magnificum*）
蛇鞭菊（*Liatris spicata*）
'沙特莱纳' 羽扇豆（*Lupinus* 'The Chatelaine'）
皱叶剪秋罗（*Lychnis chalcedonica*）
西达葵属植物（*Sidalcea candida*）
'烟花' 长毛一枝黄花（*Solidago rugosa* 'Fireworks'），见 75 页

耐空气污染的其他观叶宿根植物

金蝉脱壳宽叶群（*Acanthus mollis* Latifolius Group）

'银后'绵毛蒿（*Artemisia ludoviciana* 'Silver Queen'），见92页

'紫色'心叶岩白菜（*Bergenia cordifolia* 'Purpurea'），见120页

心叶两节荠（*Crambe cordifolia*），见28页

西班牙菜蓟（*Cynara cardunculus*），见136页

'火烈鸟'邱园博落回（*Macleaya* x *kewensis* 'Flamingo'）

香没药（*Myrrhis odorata*），见55页

'阿克明斯特金'俄罗斯聚合草（*Symphytum* x *uplandicum* 'Axminster Gold'）

蒂立菊（*Telekia speciosa*），见129页

'金翼'一枝黄花

Solidago 'Golden Wings'

☼ ❄❄❄　　　↕1.8 米 ↔ 90 厘米

每逢夏末和秋季，这种健壮宿根植物的直立多叶枝条就会被金黄色的花序覆盖，花序大且有分枝。

'贵族少女'羽扇豆

Lupinus 'Noble Maiden'

☼ ❄❄❄　　　↕90 厘米 ↔ 75 厘米

一种可爱的羽扇豆，夏季开花，由奶油白色蝶形花组成的总状花序向上逐渐变细，耸立在丛生掌状叶上方。像大多数羽扇豆一样，它会吸引蚜蝇。

常绿五舌草

Pentaglottis sempervirens

☼◑ ❄❄❄❄　　　↕90 厘米 ↔ 60 厘米

苗壮的丛生植物，茎直立多叶，叶带毛，可越冬。春季开花，茎上开放深蓝色鸟眼状花。非常适合用于绿篱底部或林地。

麝香锦葵

Malva moschata

☼ ❄❄❄❄　　　↕90 厘米 ↔ 60 厘米

外形美观，种植简单，叶片簇生，细裂且有芳香。从仲夏开始开花，总状花序由浅粉色锦葵花组成。

'吉布森鲜红'委陵菜

Potentilla 'Gibson's Scarlet'

☼ ❄❄❄　　　↕45 厘米 ↔ 60 厘米

这种委陵菜是很受欢迎的花境植物，开花效果极其引人注目，在夏季开花，鲜红色的花朵在一丛丛长柄深裂叶片上方开放。♥

'红狐'穗花婆婆纳

Veronica spicata 'Rotfuchs'

☼ ❄❄❄　　　↕↔ 30 厘米

夏季开花，直立渐尖的穗状花序由深粉色小花组成，耸立在低矮丛生的柳状叶片上方，极为引人注目。它的品种名是德语，意为红狐狸。

特定用途

耐海滨暴露环境的宿根植物

对于出现在海边的生命，暴露在强风、盐沫和日光下是生活的三大主要特征。这里的土壤常常呈沙砾质且排水通畅，植物必须足够强健并拥有强大的适应性才能生存。数量惊人的宿根植物能够满足这些条件，是海滨花园的理想选择。

尼斯西亚大戟
Euphorbia nicaeensis
☼ ❋❋❋   ↕80 厘米 ↔ 45 厘米

这种一流的常绿植物拥有泛红的绿色茎和狭窄的蓝粉色叶片。春末和夏季开花，花序为黄绿色。

大花葱
Allium giganteum
☼ ❋❋❋   ↕1.5 米 ↔ 15 厘米

夏季开花，高高的花茎顶端生长着由星状紫粉色小花组成的醒目球形花序。在开花之前，它的两片基生带状灰绿色叶片会枯死。

'粉红'菊苣
Cichorium intybus 'Roseum'
☼ ❋❋❋   ↕1.2 米 ↔ 60 厘米

直根性宿根植物，叶丛生，有锯齿状裂。夏季开花，似蒲公英的粉色头状花在分叉枝条上排列成穗状花序。

'迈克斯·福雷'血红老鹳草
Geranium sanguineum 'Max Frei'
☼ ❋❋❋   ↕20 厘米 ↔ 30 厘米

株型圆而齐整，深裂常绿叶片常常在秋季变成浓郁的红色。花期持续整个夏季，花量大，为深洋红色。

'约翰·考特斯'矢车菊
Centaurea 'John Coutts'
☼ ❋❋❋   ↕60 厘米 ↔ 45 厘米

每逢夏季，花期持久且有芳香的深粉色矢车菊花序在直立的茎顶端开放，花下是醒目的丛生叶片，叶深裂，有波状边缘，背面为灰白色。

滨飞蓬
Erigeron glaucus
☼ ❋❋❋   ↕30 厘米 ↔ 45 厘米

表现稳定的常绿簇生或覆地宿根植物，株型紧凑，叶表面有白霜。春末至仲夏开花，植株表面覆盖着淡紫色的头状花序，中央有黄色花心。

黄花海罂粟
Glaucium flavum
☼ ❋❋❋   ↕60 厘米 ↔ 45 厘米

这种海罂粟拥有被白粉的蓝绿色叶片和茎，野外常出现于沙滩或碎石滩上。夏季开黄花，然后结狭长弯曲的果实。

'亚特兰大'火炬花
Kniphofia 'Atlanta'

☀ ❄❄❄ ↕1.2 米 ↔ 75 厘米

这种华丽的常绿植物拥有醒目的丛生带状灰绿色叶片。春末和夏季开花，花茎粗壮，密集的橘红色花序从下至上逐渐变成黄色。

耐海滨暴露环境的其他宿根植物
白舌春黄菊（*Anthemis punctata* subsp. *cupaniana*）
矢车菊属物种（*Centaurea glastifolia*）
距药草（*Centranthus ruber*），见 92 页
心叶两节荠（*Crambe cordifolia*），见 28 页
美丽红漏斗花（*Dierama pulcherrimum*），见 28 页
狭叶蜡菊（*Helichrysum italicum*），见 127 页
尼蓬菊属植物（*Nipponanthemum nipponicum*）
'硫黄'待宵草（*Oenothera stricta* 'Sulphurea'），见 35 页
厚敦菊（*Othonna cheirifolia*）
丝兰（*Yucca filamentosa*）

'哈默尔恩'狼尾草
Pennisetum alopecuroides 'Hameln'

☀ ❄❄ ↕1 米 ↔ 1.4 米

夏季开花，优雅的丛生叶片上方伸出长长的花茎，顶端长出毛刷状的白色花序，小穗先后变成灰棕色和金棕色。

'塞德里克·莫里斯'东方罂粟
Papaver orientale 'Cedric Morris'

☀ ❄❄❄ ↕↔ 90 厘米

常见于村舍花园中的一种精致花卉，有毛的灰绿色叶片醒目丛生。春末至夏季开花，花大，浅粉色，有褶皱边缘。♡

桔梗
Platycodon grandiflorus

☀ ❄❄❄ ↕60 厘米 ↔ 30 厘米

夏末开花，气球状的膨大花蕾开出硕大的蓝紫色钟形花。直立分叉的茎上覆盖着蓝绿色叶片。♡

'银霜'银叶菊
Senecio cineraria 'Silver Dust'

☀ ❄❄❄ ↕↔ 30 厘米

引人注目的常绿植物，茎基部木质化，枝叶上覆盖着一层银灰色的毛毡状结构。夏季开花，松散的花序由淡黄色花组成。♡

耐内陆暴露环境的宿根植物

  暴露在持续或强烈的风中，特别是在寒冷地区，会对花园植物造成严重的损害或阻碍它们的生长。然而，仍然存在种类众多的耐寒宿根植物，它们能够在这样的条件下生存（虽然不一定能茁壮生长），尤其是在给予某种形式的保护以抵御最恶劣的环境因素的情况下。

耐内陆暴露环境的其他宿根植物
‘雪球’蓍草（*Achillea ptarmica* ‘Boule de Neige’），见54页
柔软羽衣草（*Alchemilla mollis*），见90页
矮生落新妇（*Astilbe chinensis* var. *pumila*）
琉璃草属植物（*Cynoglossum nervosum*）
‘格拉夫泰’喜马拉雅老鹳草（*Geranium himalayense* ‘Gravetye’）
球序报春（*Primula denticulata*）
‘穆恩夫人’白斑叶肺草（*Pulmonaria saccharata* ‘Mrs Moon’）
羽裂华蟹甲草（*Sinacalia tangutica*），见124页
龙胆婆婆纳（*Veronica gentianoides*）

联结羽衣草

Alchemilla conjuncta

☀ ❋ ❋ ❋   ↕10 厘米 ↔ 50 厘米

生命力顽强的蔓性宿根植物，能够作为优良地被使用。漂亮的掌裂叶片生长得十分密集，叶背面光滑，呈银色，夏季开绿色花。

‘深红’粉珠花

Astrantia ‘Hadspen Blood’

☀ ❋ ❋ ❋   ↕45 厘米 ↔ 60 厘米

光是簇生的叶片就足够吸引人了，它们有长柄，有锯齿，深裂。除此之外，这种粉珠花还在夏季开出松散的花序，花色深红。

大叶蓝珠草

Brunnera macrophylla

☀ ❋ ❋ ❋   ↕45 厘米 ↔ 60 厘米

每到春季，这种顽强可靠的宿根植物就会长出漂亮的分叉花序，蓝紫色小花类似勿忘我，花下是醒目的丛生叶片，叶为心形，鲜绿色，被柔毛。♀

珠光香青

Anaphalis margaritacea

☀ ❋ ❋ ❋   ↕↔ 60 厘米

茎灰色且被毛，直立丛生；茎生叶狭窄，背面为白色且有毛。夏季至秋季开花，浓密的复合花序由纸状"不落"小型头状花序组成。

美丽岩白菜

Bergenia x *schmidtii*

☀ ❋ ❋ ❋ ❋   ↕30 厘米 ↔ 60 厘米

最可靠的宿根植物之一，从冬末至春季，总是会长出密集的粉色花朵，花下是一丛革质的常绿叶片。♀

‘白花’山矢车菊

Centaurea montana ‘Alba’

☀ ❋ ❋ ❋   ↕45 厘米 ↔ 60 厘米

作为常见且极受欢迎的矢车菊的一个漂亮的类型，从春末至夏季，它纯白的花朵开放在丛生灰绿色茎的顶端，枝叶茂盛。

多色大戟
Euphorbia polychroma

☼ ❄ ❄ ❄   ↕40 厘米 ↔ 30 厘米

可贵且表现极为稳定，形成一丛圆形的茎叶，枝叶茂盛。春季至夏季开花，花期长，花序为黄绿色。♀

'威勒尔之光'大滨菊
Leucanthemum x *superbum* 'Wirral Pride'

☼ ❄ ❄ ❄   ↕75 厘米 ↔ 60 厘米

醒目的丛生宿根植物，茎上生长着深绿色叶片。夏季开花，茎顶端单生硕大的重瓣白色头状花序，花心呈托桂型，泛黄。

'兰布鲁克淡紫'花荵
Polemonium 'Lambrook Mauve'

☼ ❄ ❄ ❄   ↕↔ 45 厘米

茎直立分叉，叶深裂，丛生成圆形。春末夏初开花，茎上长出松散的花序，钟形花呈淡蓝紫色。♀

'旺达'报春
Primula 'Wanda'

☼ ❄ ❄ ❄ ❄   ↕15 厘米 ↔ 20 厘米

这种历史悠久且表现稳定的花园报春总是不会令人失望。春季开花，花期漫长，在有锯齿的丛生叶片上方开出深紫红色的花。♀

红景天
Rhodiola rosea

☼ ❄ ❄ ❄   ↕↔ 20 厘米

植株低矮丛生，茎叶繁茂，肉质，蓝绿色。夏季开花，茎顶端长出黄色小花组成的密集花序。非常适合用于岩石园、干垒石墙或者用来镶边。

菱叶野决明
Thermopsis rhombifolia

☼ ❄ ❄ ❄ ❄   ↕↔ 90 厘米

每逢初夏，类似羽扇豆的黄色花序就从三裂叶片上方生长出来。这种蔓生宿根植物会大片生长，可能具有入侵性。

特定用途

低致敏性宿根植物

　　对于那些饱受哮喘、枯草热或空气中携带的花粉导致的其他过敏症状困扰的人们，在每年的特定时期，他们常常不得不远离园艺活动和花园，尤其是夏季。从一些植物旁擦身而过或者仅仅是触摸它们的叶片或花，都可能会导致或加剧某些皮肤过敏症状。不过下列虫媒宿根植物常常不具致敏性，可以让所有人全年享受花园之趣。

'重瓣'宽风铃草
Campanula trachelium 'Bernice'
☀☀❄❄❄　　　‡75 厘米 ↔ 30 厘米

一种美丽的宿根植物，直立茎丛生，叶片有尖锯齿。夏季开花，蓝紫色重瓣钟形花开在叶腋间。可能需要支撑。

'卡特林巨人'葡匐筋骨草
Ajuga reptans 'Catlin's Giant'
☀☀❄❄❄　　　‡15 厘米 ↔ 无限

作为一种优良地被，这种筋骨草属植物拥有硕大的棕绿色常绿叶片，随时间的推移而逐渐变绿。深蓝色穗状花序出现在春末和夏季。♡

'迷光'阿伦氏落新妇
Astilbe x *arendsii* 'Irrlicht'
☀☀❄❄❄　　　‡↔50 厘米

每逢春末夏初，这种落新妇就会在成簇深裂深绿色叶片上方长出引人注目的竖直羽状花序。喜湿润土壤。

'朗德韦之光'毛地黄
Digitalis 'Glory of Roundway'
☀☀❄❄❄　　　‡90 厘米 ↔ 30 厘米

毛地黄（*D. purpurea*）和黄花毛地黄（*D. lutea*）的优良杂种，茎分叉、叶片狭窄。夏季开花，总状花序很长，花呈漏斗状，浅黄色并有粉晕。

'黄后'黄花楼斗菜
Aquilegia chrysantha 'Yellow Queen'
☀☀❄❄❄　　　‡90 厘米 ↔ 60 厘米

株型直立，长势苗壮，分叉的茎上生长着漂亮的深裂蕨状叶片。春末和夏季开金黄色花。

'布雷辛哈姆白'岩白菜
Bergenia 'Bressingham White'
☀☀❄❄❄　　　‡45 厘米 ↔ 60 厘米

每到春季，在苗壮丛生的硕大革质常绿叶片上方，肉质直立茎就会长出松散的簇生钟形花，花色纯白。♡

裸蕊老鹳草
Geranium psilostemon

☼❄❄❄　　　　　　↕1.2 米 ↔ 90 厘米

这种引人注目的老鹳草会长出一丛浓密的枝叶，开花效果极好，整个夏季全株都覆盖着鲜艳的洋红色花，花心为黑色。☙

'蓝晕' 玉簪（*Hosta* 'Blue Blush'）

☼❄❄❄　　　　　　↕20 厘米 ↔ 40 厘米

最引人注目的玉簪属植物之一，矛状叶片丛生，有醒目脉纹，蓝绿色。夏季开花，花为钟形，淡蓝紫色。

'内穆尔公爵夫人' 芍药
Paeonia lactiflora 'Duchesse de Nemours'

☼❄❄❄　　　　　　↕↔ 80 厘米

这种芍药长势苗壮，重瓣白色花硕大芳香，内层花瓣基部为黄色。初夏开花，花蕾为绿色，带粉晕。☙

'和平' 钓钟柳
Penstemon 'Andenken an Friedrich Hahn'

☼❄❄❄　　　　　　↕75 厘米 ↔ 60 厘米

又名'深红'钓钟柳（*P.* 'Garnet'），大概是最可靠的宿根钓钟柳属植物。从仲夏开始开花，强壮多叶的茎上开出深红色的花。☙

'奥伯龙' 西达葵
Sidalcea 'Oberon'

☼❄❄❄　　　　　　↕1.2 米 ↔ 45 厘米

每逢夏季，丛生直立多叶茎上就会长出松散的总状花序，由类似蜀葵的玫瑰粉色花组成。茎生叶深裂，基生叶裂刻较浅。

银叶穗状婆婆纳（*Veronica spicata* subsp. *incana*）

☼❄❄❄　　　　　　↕60 厘米 ↔ 45 厘米

花期持续整个夏季，浓密的蓝紫色穗状花序与下方披着稠密银毛的茎和垫状银灰色叶片形成鲜明对比。☙

其他低致敏性宿根植物

'环球使者' 葱（*Allium* 'Globemaster'），见88 页
假升麻（*Aruncus dioicus*），见24 页
'飘雪' 阿伦氏落新妇（*Astilbe* x *arendsii* 'Snowdrift'）
荷包牡丹（*Dicentra spectabilis*）
'硫黄' 变色淫羊藿（*Epimedium* x *versicolor* 'Sulphureum'）
'金钟' 萱草（*Hemerocallis* 'Golden Chimes'）
'蜜钟花' 玉簪（*Hosta* 'Honeybells'），见116 页
西伯利亚鸢尾（*Iris sibirica*）
'兰布鲁克淡紫' 花葱（*Polemonium* 'Lambrook Mauve'），见85 页

有距堇菜
Viola cornuta

☼❄❄❄　　　　　　↕15 厘米 ↔ 40 厘米

优良可靠的小型宿根植物，植株低矮蔓生，略似灌丛。春末和夏季开花，花为淡蓝紫色至紫色，有淡淡的香气。☙

特定用途

免遭蛞蝓危害的宿根植物

当蛞蝓和蜗牛发现一种美味的植物时，它们无疑会胃口大开地大吃一通。某些植物，如种类众多的玉簪属植物，向来都是蛞蝓和蜗牛的珍馐美味，很容易被吃掉。其他植物，特别是那些质地坚硬、有毛或有毒性叶片的植物，常常会幸免于难。下面一系列植物是花园中最可靠的能够抵御蛞蝓和蜗牛危害的种类。

'银光'岩白菜
Bergenia 'Silberlicht'
☀ ❄ ❄ ❄　　　　　‡40 厘米 ↔ 30 厘米

叶肉质，有光泽，常绿，基部丛生。春季开花，叶上方长出直立的肉质茎，顶端有松散花序，花最初为白色，逐渐变成粉色。♀

'环球使者'葱
Allium 'Globemaster'
☀ ❄ ❄ ❄　　　　　‡80 厘米 ↔ 30 厘米

这种球根植物群植效果壮观，拥有弯曲的带状叶片，夏季长出闪闪发光的硕大圆球状花序，由深紫色小花组成。能吸引蝴蝶和蜜蜂。♀

欧黄堇
Corydalis lutea
☀ ❄ ❄ ❄　　　　　‡35 厘米 ↔ 30 厘米

丛生常绿叶片似蕨类，被蜗牛当作隐蔽场所，但很少被当作食物。春末至夏初开花，细长的总状花序由管状黄色花组成。

免遭蛞蝓危害的其他宿根植物

'阿伦氏'乌头（*Aconitum carmichaelii* 'Arendsii'），见 102 页
绵毛蒿（*Artemisia ludoviciana*）
'云纹'美果芋（*Arum italicum* 'Marmoratum'），见 141 页
桃叶风铃草（*Campanula persicifolia*）
'睡莲'秋水仙（*Colchicum* 'Waterlily'），见 102 页
齿瓣淫羊藿（*Epimedium pinnatum* subsp. *colchicum*），见 52 页
臭铁筷子（*Helleborus foetidus*）
美国山梗菜（*Lobelia siphilitica*）
'马特罗娜'景天（*Sedum* 'Matrona'），见 139 页

'埃丝特'毛紫菀
Aster ericoides 'Esther'
☀ ❄ ❄ ❄　　　　　‡70 厘米 ↔ 30 厘米

植株为灌丛状，细长分叉的茎枝叶繁茂。夏末和秋季开花，茎顶端长出宽阔的复合花序，由小型粉色头状花序组成，头状花序有黄色花心。较晚的花期使其很实用。

'艾氏'雪花莲
Galanthus 'Atkinsii'
❄ ❄ ❄ ❄　　　　　‡20 厘米 ↔ 8 厘米

这种长势苗壮的球根植物拥有狭窄的肉质蓝绿色叶片，是自然式栽植的理想之选。每到冬末，直立茎上就会开出低垂的白色花，花瓣上有绿色斑点。♀

特定用途

大根老鹳草

Geranium macrorrhizum

☼ ☼ ❋ ❋ ❋　　　　　↕50 厘米 ↔60 厘米

适应性强且表现稳定的半常绿地被，叶深裂，有芳香，秋季常常色彩斑斓。初夏开花，成簇花朵为粉色至紫色。

'翠鸟' 玉簪

Hosta 'Halcyon'

☼ ☼ ❋ ❋ ❋　　　　　↕↔70 厘米

最好的防蛞蝓玉簪属植物之一，植株醒目丛生，拥有漂亮的心形叶片，叶色灰绿泛蓝。夏季开花，蓝灰色钟形花低垂。♥

'蓝花' 狭叶肺草

Pulmonaria angustifolia 'Azurea'

☼ ❋ ❋ ❋　　　　　↕25 厘米 ↔45 厘米

和其他肺草不同，它的绿色叶片没有斑点，表面粗糙被毛。春季开花，花朵簇生低垂，管状花为深蓝色，花蕾为红色。

黑心菊

Rudbeckia hirta

☼ ❋ ❋ ❋　　　　　↕80 厘米 ↔90 厘米

只要在夏季保持湿润，这种令人愉快的植物就会连续开放一系列拥有黑色花心的深黄色头状花序，很适合做切花，花期从仲夏持续到秋季。

铁筷子属植物

Helleborus x *nigercors*

☼ ❋ ❋ ❋　　　　　↕30 厘米 ↔90 厘米

冬季至春季开花，宜人的成簇盏形白色或带有粉晕的花开放在基部丛生叶上方，叶有粗锯齿，常绿。♥

金脉鸢尾

Iris chrysographes

☼ ❋ ❋ ❋　　　　　↕50 厘米

作为我个人最喜爱的物种之一，这种直立丛生的鸢尾拥有剑形灰绿色叶片，夏季开花，茎顶端开深紫色花朵，花为丝绒质感，有芳香。♥

'冰山' 蝎子草

Sedum spectabile 'Iceberg'

☼ ❋ ❋ ❋　　　　　↕↔45 厘米

效果稳定，种植简单。从夏季至秋季，丛生灰绿色叶片和肉质茎顶端长出扁平的白色花序，会吸引蝴蝶。

特定用途

89

免遭野兔危害的宿根植物

野兔大概是对花园植物造成伤害和损失的最大来源，尤其是在乡村地区或距离大型开阔地带很近的地方。野兔在花坛或花境中的啃食速度比任何蛞蝓或蜗牛都快，虽然有各种方法可以控制它们的危害，但是在花园中引入一些野兔通常不感兴趣的植物也不失为一个好的办法。

喜马拉雅岩白菜
Bergenia stracheyi
☼ ❋ ❋ ❋   ↕20 厘米 ↔ 30 厘米

低矮丛生，叶革质，常绿。早春开花，叶片上方密集开放成簇的粉色钟形花，花有芳香。非常适合用作地被或路缘植物。

'蓝色巨人'百子莲
Agapanthus 'Blue Giant'
☼ ❋ ❋ ❋   ↕90 厘米 ↔ 60 厘米

每逢夏末秋初，结实的茎就会长出硕大松散的花序，深蓝色的花开放在醒目丛生的带状长条叶片上方。

'金雾'毛紫菀
Aster ericoides 'Golden Spray'
☼ ❋ ❋ ❋   ↕90 厘米 ↔ 30 厘米

夏末至秋季开花，小型头状花序呈白色并带有粉晕，拥有深黄色花心。小型头状花序构成分叉复合花序，生长在灌丛状直立多叶茎上。♀

'火红'圆苞大戟
Euphorbia griffithii 'Fireglow'
☼ ❋ ❋ ❋ ❋   ↕75 厘米 ↔ 90 厘米

一种长势苗壮的宿根植物，最终会形成一大片茂盛的枝叶，并在秋季变成鲜艳的色彩。夏季开花，密集的顶生花序为火焰般的橘红色。

柔软羽衣草
Alchemilla mollis
☼ ❋ ❋ ❋ ❋   ↕↔ 35 厘米

这种适应性强且稳定可靠的植物拥有一丛丛表面被绒毛的深裂扇形灰绿色叶片。夏季开花，植株表面簇生黄绿色花。可在周围自播。♀

'施特拉森'落新妇
Astilbe 'Straussenfeder'
☼ ❋ ❋ ❋ ❋   ↕90 厘米 ↔ 60 厘米

又名'鸵羽'（'Ostrich Plume'），这个名字恰如其分地描述了它夏秋两季的弯曲粉色花序。幼嫩叶片呈现漂亮的古铜色。♀

杂种铁筷子
Helleborus x *hybridus*
☼ ❋ ❋ ❋   ↕↔ 45 厘米

一个美丽且备受追捧的杂交类群，叶半常绿。冬末至春季开花，花大，低垂，盏形，花色繁多。

'紫银叶'紫花野芝麻

Lamium maculatum 'Beacon Silver'

☼ ❋ ❋ ❋ ❋ ↕20 厘米 ↔1 米

枝叶密集、蔓生，银色叶片有锯齿和绿色边缘，是一种优良的半常绿地被。夏季开花，浅粉色花簇生。

免遭野兔危害的其他宿根植物

'蓝色权杖'乌头（*Aconitum* 'Blue Sceptre'）

'克妮金·夏洛特'杂种银莲花（*Anemone* x *hybrida* 'Königin Charlotte'），见 56 页

'威廉·吉尼斯'普通耧斗菜（*Aquilegia vulgaris* 'William Guiness'）

'玛丽·巴拉德'荷兰菊（*Aster novi-belgii* 'Marie Ballard'）

'福廷巨人'铃兰（*Convallaria majalis* 'Fortin's Giant'）

'魔鬼'雄黄兰（*Crocosmia* 'Lucifer'）

小火炬花（*Kniphofia triangularis*），见 111 页

黄花具脉荆芥（*Nepeta nervosa*）

白斑叶肺草（*Pulmonaria saccharata*）

'马特罗娜'景天（*Sedum* 'Matrona'），见 139 页

'红重瓣'欧洲芍药

Paeonia officinalis 'Rubra Plena'

☼ ☼ ❋ ❋ ❋ ↕75 厘米 ↔90 厘米

这种红色重瓣芍药是村舍花园中常用的老品种，表现可靠。它会形成一丛丛有光泽的绿色叶片，夏季开鲜红色花，花瓣有褶饰。♥

'胡德山'水仙

Narcissus 'Mount Hood'

☼ ❋ ❋ ❋ ❋ ↕45 厘米 ↔50 厘米

典型的大花喇叭水仙，春季开花，白色花朵十分华丽，喇叭口呈奶油色。群植效果极佳。♥

'早开'金莲花

Trollius x *cultorum* 'Earliest of All'

☼ ❋ ❋ ❋ ❋ ↕50 厘米 ↔40 厘米

虽非最早，但仍然是一种早花宿根植物，深裂叶片松散丛生。春季，分叉的茎上开放颜色透亮的黄色花。喜重黏土壤。

白藜芦

Veratrum album

☼ ☼ ❋ ❋ ❋ ↕2 米 ↔60 厘米

光是硕大漂亮的褶皱叶片就值得种植，这种醒目的宿根植物群植效果极佳。夏季高高的羽状白色花序是一项额外福利。♥

免遭鹿危害的宿根植物

　　仅次于野兔，极具破坏性的花园访客就是鹿了。鹿和野兔一样，主要是乡村和林地地区的园丁最有可能面临的问题。发现自己最喜爱的植物被路过的鹿一次次地啃食会是令人心碎的经历，使用障碍物或者竖起栅栏常常既不实用又昂贵。另一种行之有效的做法是种植至少一部分鹿不感兴趣或者使其没有食欲的宿根植物。

距药草

Centranthus ruber

☼ ✳✳✳　　　‡90 厘米 ↔ 60 厘米

常常出现在古老的墙壁上，茎基部木质化，茎醒目丛生，灰绿色，枝叶茂盛。花有芳香，为粉色、红色或白色。在碱性土中生长良好。

狼毒乌头

Aconitum lycoctonum subsp. vulparia

☼ ✳✳✳　　　‡1.5 米 ↔ 90 厘米

漂亮的宿根植物，叶细裂，绿色有光泽，夏季开花，花色稻黄。它的根在欧洲曾用作捕狼的诱饵。

'德意志'落新妇

Astilbe 'Deutschland'

☼ ✳✳✳　　　‡50 厘米 ↔ 30 厘米

每逢夏季，竖直的白色圆锥花序就会长在一丛鲜绿色有光泽的叶片上方，叶深裂。很适合做切花，夏季需要一定湿度才能表现良好。

毛地黄艾克沙修群

Digitalis purpurea Excelsior Group

☼ ✳✳✳　　　‡2 米 ↔ 60 厘米

生长期短暂的宿根或二年生植物，醒目且色彩缤纷，叶片有毛，莲座状生长，初夏开花，花序高而尖，花呈漏斗状，花色柔和。

'银后'绵毛蒿

Artemisia ludoviciana 'Silver Queen'

☼ ✳✳✳　　　‡s75 厘米

丛生但具有蔓性，光是矛状银白色叶片就值得种植。此外，从夏季开始，还会有表面被白毛的花序。♀

免遭鹿危害的其他宿根植物

'肉红'欧洲乌头（Aconitum napellus 'Carneum'）

花葱（Allium schoenoprasum 'Forescate'），见54页

舌状铁角蕨（Asplenium scolopendrium），见148页

'天鹅绒'荷兰菊（Aster novi-belgii 'Royal Velvet'）

'巴拉伟'岩白菜（Bergenia 'Ballawley'），见141页

淫羊藿属植物（Epimedium perralderianum），见40页

血红老鹳草（Geranium sanguineum）

杂种铁筷子（Helleborus x hybridus），见90页

红籽鸢尾（Iris foetidissima）

火炬花（Kniphofia uvaria）

'白斑叶'紫花野芝麻（Lamium maculatum 'White Nancy'）

'丽钵'芍药（Paeonia lactiflora 'Bowl of Beauty'）

'金箭锋'大花金光菊（Rudbeckia fulgida var. sullivantii 'Goldsturm'），见23页

条纹庭菖蒲（Sisyrinchium striatum）

大穗杯花（Tellima grandiflora），见121页

'早开'金莲花（Trollius x cultorum 'Earliest of All'），见91页

'迷人'水仙

Narcissus 'Spellbinder'

☀ ❉ ❉ ❉ ❉　　　↕↔ 50 厘米

一种长势健壮的水仙，成片种植效果尤其引人注目。春季开花，花色硫黄，副花冠随时间推移逐渐变成白色。♈

'红丽'东方罂粟

Papaver orientale 'Beauty of Livermere'

☀ ❉ ❉ ❉　　　↕↔ 90 厘米

从春末至夏季，直立多毛的茎上会开出颜色介于深红和鲜红之间的花，花瓣基部有黑色斑点。花下是一丛醒目的深裂多毛叶片。

'勒莫尔'一枝菀

x *Solidaster luteus* 'Lemore'

☀ ❉ ❉ ❉　　　↕↔ 80 厘米

茎直立，浓密丛生，叶片狭窄。夏季至秋季开花，茎顶端长出松散的分叉花序，由淡黄色小花组成。适合作为切花。♈

'贝文'大根老鹳草

Geranium macrorrhizum 'Bevan's Variety'

☀ ❉ ❉ ❉ ❉　　　↕ 50 厘米 ↔ 60 厘米

一种优良的多用途半常绿植物，尤其适合当作地被。初夏开花，叶片有香味且常在秋季变色。♈

东方鸢尾

Iris orientalis

☀ ❉ ❉ ❉　　　↕↔ 90 厘米

这种健壮的宿根植物拥有直立丛生或成片生长的带状叶片。每到初夏，坚硬的茎上就会开放一系列带黄晕的白花。♈

珍珠菜

Lysimachia clethroides

☀ ❉ ❉ ❉ ❉　　　↕ 90 厘米 ↔ 60 厘米

长势苗壮的宿根植物，植株形态一旦建成，就会形成一丛直立狭窄的多叶枝条。夏季开花，长出标志性的鹅颈状弯曲白色穗状花序。♈

特定用途

开花效果

很多宿根植物的最大特质都表现在花朵上，花能够为任何一座花园或宅邸带来色彩和芳香。颜色和形态万千的丰富花朵为充满想象力的组合形式提供了广阔的发挥空间，有些花能持续开放数月之久，为实现全年赏花提供了可能。

夏季鲜花 这处种植设计位于一条不规则小路的两侧，混合的花色和花型是它的特色所在。

秋花植物 '九月魅力' 杂种银莲花（*Anemone* x *hybrida* 'September Charm'）

对于大多数园丁来说，种植宿根植物是因为其常常具有丰富且效果稳定的花，无论其是否还有别的什么吸引力。除了在冬季时厚厚的冰雪覆盖土地的最寒冷的地区，几乎在所有地方，在一年中的某一天，总有某种宿根植物在开花。从春到夏，再到秋季，

宿根植物能够为花园提供连绵不断的缤纷彩装，而且常常伴随着香味。即使在冬季，也有一些种类不多且表现稳定的宿根植物在低水平的光照和寒冷的气温中开放花朵。

花色

从白色和微妙柔和的淡彩到炫目的红色和金黄，宿根植物会给花园带来真正丰富多样的颜色。这些颜色能够用来创造各种不同的效果，效果取决于你是想将宿根植物按照自然式手法混合种植，还是将其作为结构化主题的一部分。野外常见的强烈色彩对比——例如一枝黄花和紫菀生长在一起——也可以为花园种植提供灵感，甚至能够使用相同或类似的植物实现

这种效果。另外，也可以选择一系列色调相近的颜色，无论是令人感觉炽热的、令人感觉凉爽的颜色，还是浅色的颜色聚集在一起，以营造某种特定的情调。对于更加规则的、有主题的花境，只使用一种花色也是一个选择。

形状和结构

花序会对花园景观的形状和结构产生重要影响，虽然这种影响只是暂时性的。宿根植物的花序多种多样，有的高大挺拔，有的纤弱精致，有的呈球状、羽状、喷雾状、高而尖的穗状或扁平状，它们结合起来能够创造出引人注目的效果。

△暖色调 '斯塔福德' 萱草（*Hemerocallis* 'Stafford'）和 '魅力' 百合（*Lilium* 'Enchantment'）火焰般的花色为花境带来了温暖的感觉。

◁强烈的对比 使用对比强烈的颜色能营造出引人注目的效果，这里主要使用了蓝色和黄色。

▷不规则之美 花色浅淡的东方罂粟、毛地黄及白鲜属植物（*Dictamnus*）营造出令人愉悦的效果，是高度和花色搭配的绝佳案例。

春花宿根植物

最受期待的花园宿根植物莫过于那些在春季开花的种类。在气候寒冷的地区尤其如此，那里非常缺乏能够缓解漫长寒冬之凄冷的鲜花。随着春季到来，天气日益温暖，阳光日益充盈，包括众多球根植物在内的大量宿根植物竞相开花，花园重焕生机。

荷青花

Hylomecon japonica

☼ ✿ ✿ ✿   ↕↔ 30 厘米

这种迷人的罂粟属近缘植物在林地中表现优秀，尤其适合作为地被。叶深裂，有锯齿，单瓣花持续开放到初秋。

'森宁代尔'岩白菜

Bergenia 'Sunningdale'

☼ ✿ ✿ ✿   ↕45 厘米 ↔ 60 厘米

常绿圆形革质叶片在冬季变成暖色调的铜红色。春季开花，红色肉质茎上长出松散的花序，花呈钟形，淡紫至洋红色。

雪百合

Chionodoxa luciliae

☼ ✿ ✿ ✿   ↕15 厘米 ↔ 10 厘米

最可爱也是最可靠的早春开花球根植物，花松散簇生，星状，天蓝色，有白色花心。群植或自然式片植，效果十分引人注目。 ✿

其他春花宿根植物

金庭荠（*Aurinia saxatilis*）
美丽岩白菜（*Bergenia* x *schmidtii*），见 84 页
齿瓣淫羊藿（*Epimedium pinnatum* subsp. *colchicum*），见 52 页
'鲍尔斯淡紫'糖芥（*Erysimum* 'Bowles's Mauve'）
'拉姆布鲁克金'轮花大戟（*Euphorbia characias* subsp. *wulfenii* 'Lambrook Gold'）
尖叶铁筷子（*Helleborus argutifolius*），见 120 页
臭铁筷子（*Helleborus foetidus*）
常绿屈曲花（*Iberis sempervirens*）

八幡草

Boykinia jamesii

☼ ✿ ✿ ✿ ✿ ✿   ↕↔ 15 厘米

精选宿根植物，叶片丛生，圆形或肾形，有腺毛，叶上方生长松散的花序，花呈钟形，有褶边，粉红色，花心为绿色。

'春之美'多榔菊

Doronicum 'Frühlingspracht'

☼ ✿ ✿ ✿   ↕40 厘米 ↔ 90 厘米

品种名来自德语，'春之美'精准地描述了这种色彩缤纷的宿根植物，金黄色重瓣头状花序开放在簇生心形叶片上方。

'艳红'春花香豌豆

Lathyrus vernus 'Alboroseus'

☼ ✿ ✿ ✿   ↕40 厘米 ↔ 45 厘米

这种可靠的簇生植物拥有密集的直立茎，叶深裂，单侧总状花序由粉白双色的蝶形花组成。配合球根植物效果极好。 ✿

开花效果

白花球序报春
Primula denticulata var. *alba*
☀ ☀ ❄ ❄ ❄   ↕↔45 厘米

它是一种极受欢迎且种植简单的宿根植物的白花类型，有黄色花心的白花构成圆球形花序，花序长在粗壮的花茎顶端，下面是茂盛的莲座状叶片。

喀尔巴阡雪片莲
Leucojum vernum var. *carpathicum*
☀ ☀ ❄ ❄ ❄   ↕25 厘米 ↔ 15 厘米

这种球根植物的群植效果甚为迷人，带状肉质叶片簇生。直立肉质茎上开出低垂的白色钟形花，花被片尖端为黄色。

'深蓝'肺草
Pulmonaria 'Mawson's Blue'
☀ ☀ ❄ ❄ ❄   ↕35 厘米 ↔ 45 厘米

低矮丛生的叶片被有软毛，冬末至春季簇生深蓝色花。这个漂亮的品种不似其他肺草那样叶片有斑点。

'阿尔弗雷德大帝'水仙
Narcissus 'King Alfred'
☀ ☀ ❄ ❄ ❄   ↕45 厘米 ↔ 30 厘米

这种应用历史悠久的洋水仙大面积群植或片植的效果非常壮观，在自然式栽植中极受欢迎。硕大的金黄色喇叭状花开放在强壮的茎上。

'塔利亚'水仙
Narcissus 'Thalia'
☀ ☀ ❄ ❄ ❄   ↕35 厘米 ↔ 15 厘米

这种美丽的洋水仙属于三蕊水仙（*N. triandrus*）杂种群，拥有直立的茎，每个茎上开一对低垂的乳白色花，喉部有黄晕。

其他春花宿根植物

春金盏花（*Adonis vernalis*），见 104 页
缘毛岩白菜（*Bergenia ciliata*）
大叶蓝珠草（*Brunnera macrophylla*），见 84 页
七叶碎米芥（*Cardamine heptaphylla*）
多色大戟（*Euphorbia polychroma*），见 85 页
瓣苞芹属植物（*Hacquetia epipactis*），见 43 页
杂种铁筷子（*Helleborus* x *hybridus*），见 90 页
厚隔荠（*Pachyphragma macrophyllum*）
'早开'金莲花（*Trollius* x *cultorum* 'Earliest of All'），见 91 页

初夏至仲夏开花的宿根植物

在春季的第一批花依次开放之后，舞台就交给了从初夏至仲夏开花的无数宿根植物，有些种类的花期还能持续更久。它们包括许多最受欢迎和最可靠的花园植物，以及其他或许比较少为人知但同样宜人的种类，为夏季花境提供第一批花朵。

牛眼菊

Buphthalmum salicifolium

☼ ❋ ❋ ❋ ❋   ↕60 厘米 ↔ 45 厘米

黄色头状花序非常适合用作切花，整个夏季连续不断开放。丛生直立茎密生狭窄的柳叶状深绿色叶片。

'乳白'乌头

Aconitum 'Ivorine'

☼ ❋ ❋ ❋ ❋   ↕↔90 厘米

长势苗壮的灌丛状宿根植物，叶深裂，有尖锯齿。春末夏初，分叉的枝条顶端长出浓密的总状花序，由兜状牙白色花组成。

赛靛花

Baptisia australis

☼ ❋ ❋ ❋   ↕1.5 米 ↔ 90 厘米

初夏开花，长长的总状花序由具有白色标记的蓝色蝶形花构成，然后结出膨大的豆荚。茎和三小叶复叶都为泛白的蓝绿色。♀

初夏至仲夏开花的小型宿根植物
东方水甘草（*Amsonia orientalis*）
蜘蛛百合（*Anthericum liliago*），见 36 页
'约翰·考特斯'矢车菊（*Centaurea* 'John Coutts'），见 82 页
大花毛地黄（*Digitalis grandiflora*）
恩氏老鹳草（*Geranium endressii*）
'金钟'萱草（*Hemerocallis* 'Golden Chimes'）
红波罗花（*Incarvillea delavayi*），见 124 页
乐园百合（*Paradisea liliastrum*）
肉红花葱（*Polemonium carneum*）

'炫耀'翠雀

Delphinium 'Fanfare'

☼ ❋ ❋ ❋   ↕2.2 米 ↔ 45 米

高而美，令人印象深刻。叶深裂，夏季开花，浓密的分枝总状花序由半重瓣银红色花组成，花有白色花心。♀

开花效果

'约翰逊蓝'老鹳草

Geranium 'Johnson's Blue'

☀✿❋❋❋   ↕45 厘米 ↔ 60 厘米

最好的花园老鹳草之一，形成一丛具有长柄的深裂叶片，夏季大量开花，花为蓝紫色，花心颜色较浅。✿

'仙女'圆锥丝石竹

Gypsophila paniculata 'Bristol Fairy'

☀❋❋❋   ↕↔1.1 米

作为花店的最爱，这种很受欢迎的宿根植物会长出一丛松散的细长分叉枝条，夏季开花，花序蓬松洁白似云团，花小，重瓣。✿

大苞萱草

Hemerocallis middendorffii

☀❋❋❋   ↕90 厘米 ↔ 45 厘米

每到初夏，泛红的棕色花蕾就会开出有香味的星状橙黄色花，下方是一丛醒目的弯曲半常绿带状叶片。

'蓝斑褐花'鸢尾

Iris 'Blue Eyed Brunette'

☀✿❋❋❋   ↕90 厘米 ↔ 60 厘米

剑形灰绿色叶排列成典型的扇形，初夏开花，叶片上方开放醒目硕大的棕红色花朵，有淡紫色斑点和金色髯须。

初夏至仲夏开花的中高高度宿根植物

美类叶升麻（*Actaea racemosa*）
假升麻（*Aruncus dioicus*），见 24 页
心叶两节荠（*Crambe cordifolia*），见 28 页
'火红'圆苞大戟（*Euphorbia griffithii* 'Fireglow*），见 90 页
裸蕊老鹳草（*Geranium psilostemon*），见 87 页
西伯利亚鸢尾（*Iris sibirica*）
'珊瑚羽'小果博落回（*Macleaya microcarpa* 'Kelway's Coral Plume'）
'塞德里克·莫里斯'东方罂粟（*Papaver orientale* 'Cedric Morris'），见 83 页

锦葵属植物

Malva alcea var. *fastigiata*

☀❋❋❋   ↕80 厘米 ↔ 60 厘米

锦葵属植物的典型花朵，花大，5 枚花瓣，深粉色，常常连续开花至秋季。叶细裂，生长在狭窄的丛生直立枝条上。

'克莱夫胫甲'高加索蓝盆花

Scabiosa caucasica 'Clive Greaves'

☀❋❋❋   ↕↔60 厘米

这种长期以来最受喜爱的品种总是能够带来可靠的开花效果。扁平的蓝紫色头状花序非常适合用作切花，能够持续开放很长一段时间。✿

大花水苏

Stachys macrantha

☀❋❋❋   ↕60 厘米 ↔ 30 厘米

叶片皱缩，扇贝状、心形，呈莲座状生长。初夏开花，圆锥花序由长管状粉紫色花组成。

开花效果

仲夏至夏末开花的宿根植物

许多在仲夏开花的宿根植物都有很长的花期，尽情利用能够得到的温暖和阳光。下列精选种类包括一些初夏开始开花的植物及一些花期延续到初秋的植物，它们能够有效延长花园的观赏期。

剑叶旋覆花
Inula ensifolia
☼ ❋ ❋ ❋   ↕60 厘米 ↔ 30 厘米

表现极为可靠，拥有狭窄叶片和密集丛生的直立枝条。花期长，持续开放金黄色头状花序。

'克妮金蓝' 蓝菀
Aster amellus 'Veilchenkonigin'
☼ ❋ ❋ ❋   ↕50 厘米 ↔ 45 厘米

优良的夏末宿根植物，直立多叶枝条簇生，顶端生长宽阔的扁平复合花序，由带黄心的紫色头状花序组成。☙

'塞缪尔轰动' 火炬花
Kniphofia 'Samuel's Sensation'
☼ ❋ ❋ ❋ ❋   ↕1.5 米 ↔ 75 厘米

从夏末至初秋，高高的坚硬花茎顶端长出鲜红的穗状花序，花色随时间推移变黄，让醒目丛生的条形长叶相形见绌。☙

'冰金' 大花金鸡菊
Coreopsis grandiflora 'Badengold'
☼ ❋ ❋ ❋ ❋   ↕90 厘米 ↔ 45 厘米

这种看起来鲜艳活泼的宿根植物拥有细裂叶片和丛生直立枝条，在整个夏季，枝条顶端都开放有橙色花心的深黄色头状花序。

默顿毛地黄
Digitalis x *mertonensis*
☼ ❋ ❋ ❋ ❋   ↕90 厘米 ↔ 30 厘米

长势苗壮的丛生植物，夏季开花，"压碎的草莓"精确地描述了管状花的花色。叶具脉纹，十分美观。☙

仲夏开花的其他宿根植物

阔叶风铃草（*Campanula latifolia* var. *macrantha*）
距药草（*Centranthus ruber*），见 92 页
'魔鬼' 雄黄兰（*Crocosmia* 'Lucifer'），见 122 页
'陛下' 山羊豆（*Galega* 'His Majesty'），见 80 页
'斯塔福德' 萱草（*Hemerocallis* 'Stafford'）
博落回（*Macleaya cordata*）
大花夏枯草（*Prunella grandiflora*）
大花水苏（*Stachys macrantha*），见 99 页
'湖蓝' 透克尔婆婆纳（*Veronica austriaca* subsp. *teucrium* 'Crater Lake Blue'）

‘玫红’克氏花葵

Lavatera x *clementii* ‘Rosea’

☼❋❋ ↕↔2m

无疑是最受欢迎且最可靠的花葵属植物之一，植株硕大，灌丛形，茎基部木质化，半常绿。夏季开花，花色深粉。✿

夏末开花的其他宿根植物

‘克妮金·夏洛特’杂种银莲花（*Anemone* x *hybrida* ‘Königin Charlotte’），见56页
‘淡紫’心叶紫菀（*Aster cordifolius* ‘Sweet Lavender’）
‘塞文日出’雄黄兰（*Crocosmia* ‘Severn Sunrise’）
萝藦龙胆（*Gentiana asclepiadea*），见113页
‘九月福克斯’堆心菊（*Helenium* ‘Septemberfuchs’），见110页

大花荆芥

Nepeta sibirica

☼☀❋❋ ↕90厘米 ↔45厘米

茎四棱，直立丛生，叶片芳香，有锯齿。穗状花序长，有若干间断。花大，深紫色至紫蓝色，能吸引蜜蜂。

‘五月之光’林荫鼠尾草

Salvia x *sylvestris* ‘Mainacht’

☼❋❋❋ ↕60厘米 ↔30厘米

‘五月之光’这个德语品种名恰如其分地描述了丝绒质感的靛蓝色花，花有紫色苞片，开放在细长的穗状花序上。茎多叶，四棱。✿

开花效果

‘草原之夜’美国薄荷

Monarda ‘Prärienacht’

☼☀❋❋❋ ↕90厘米 ↔60厘米

茎四棱，被绒毛，浓密丛生，顶端开出密集的紫红色花序，绿色苞片有红晕。全株各部分被擦伤后都有香味。

‘艳丽’随意草

Physostegia virginiana ‘Vivid’

☼☀❋❋❋ ↕60厘米 ↔30厘米

每逢夏季，鲜艳的紫粉色花组成穗状花序，生长在密集丛生的光滑四棱直立茎顶端，非常适合用作切花。茎上生长狭窄的叶片。

柳叶马鞭草

Verbena bonariensis

☼❋❋ ↕2米 ↔45厘米

蜜蜂、蝴蝶和食蚜蝇都会被它的花吸引。高而分叉的茎顶端开放精致簇生的小花，花色为紫红。会大量结籽。✿

101

秋花宿根植物

对于许多园丁，尤其是生活在冷温带地区的园丁，在秋季唱主角的是衰老叶片的灿烂秋色，以及果穗、浆果和其他果实带来的同样色彩缤纷的效果。在秋季开花的宿根植物相对较少，不过那些秋花宿根植物却因此更加珍贵，在冬季到来之前，它们较晚的花期为花园带来了生机。

地中海仙客来
Cyclamen hederifolium

☼ ✿ ✿ ✿　　　↕10 厘米 ↔ 15 厘米

花梗细长的精致粉色或白色花开放后，长出裂刻整齐、拥有美丽大理石斑纹的叶片。适用于乔木下地被或群植。✿

'阿伦氏'乌头
Aconitum carmichaelii 'Arendsii'

☼ ✿ ✿ ✿　　　↕1.2 米 ↔ 60 厘米

醒目丛生的宿根植物，可贵之处在于茎上生长的浓密深裂深绿色叶片和圆锥花序，花呈盔状，蓝紫色，有深色花心。✿

'埃尔斯特德品种'类叶升麻
Actaea matsumurae 'Elstead Variety'

☼ ✿ ✿ ✿　　　↕1.2 米 ↔ 60 厘米

这种优雅的宿根植物拥有高而弯曲的茎，顶端长出长圆柱形总状花序，由小小的白色花组成，花序下方是深裂叶片，叶色深绿至有紫晕。✿

晚熟小滨菊
Leucanthemella serotina

☼ ✿ ✿ ✿　　　↕2 米 ↔ 90 厘米

这种醒目的菊科植物拥有高且枝叶茂盛的茎，花期晚，可爱宜人，硕大的白色头状花序跟随太阳的方向运动。曾用拉丁学名 *Chrysanthemum uliginosum*。✿

'九月魅力'杂种银莲花
Anemone x *hybrida* 'September Charm'

☼ ✿ ✿ ✿　　　↕75 厘米 ↔ 60 厘米

所有杂种银莲花都可靠且实用。该品种拥有簇生的深色枝条，叶三裂，透亮的粉色花朵次第开放，花期长。✿

'睡莲'秋水仙
Colchicum 'Waterlily'

☼ ✿ ✿ ✿　　　↕12 厘米 ↔ 10 厘米

最壮观的低矮球根植物之一，尤其是大规模自然式片植时。重瓣细管状粉紫色花可能需要支撑。春季萌发叶片。✿

'马克·芬威克'宝典纳丽花
Nerine bowdenii 'Mark Fenwick'

☼ ✿ ✿ ✿　　　↕45 厘米 ↔ 30 厘米

秋季，这种球根植物的光滑茎干上长出由似百合的粉色花构成的松散伞状花序，非常壮观。稍后长出狭窄的带状叶。群植效果极佳。

开花效果

'大花' 裂柱莲
Schizostylis coccinea 'Major'
☼❄❄　　　　　↕60 厘米 ↔ 30 厘米

与唐菖蒲的亲缘关系很近，拥有狭窄扁平的剑形叶和醒目的穗状花序，花大，红色，光滑如缎。群植效果引人注目。☑

其他秋花宿根植物
秋雪片莲（*Acis autumnalis*）
'淡紫' 心叶紫菀（*Aster cordifolius* 'Sweet Lavender'）
'白花' 丽花秋水仙（*Colchicum speciosum* 'Album'）
斑茎泽兰红花群（*Eupatorium maculatum Atropurpureum Group*），见 24 页
小火炬花（*Kniphofia triangularis*），见 111 页
'卡门' 蝎子草（*Sedum spectabile* 'Carmen'）
羽裂华蟹甲草（*Sinacalia tangutica*），见 124 页
'白花' 毛油点草（*Tricyrtis hirta* 'Alba'）
柳叶马鞭草（*Verbena bonariensis*），见 101 页

马蓝属植物
Strobilanthes attenuata
☼☼❄❄❄　　　　　↕1.2 米 ↔ 90 厘米

不常见于栽培，但是一种优良的宿根植物，浓密分叉且枝叶茂盛的枝条上大量开放形状弯曲的兜状靛蓝色或紫色花。

'薇拉·詹姆逊' 景天
Sedum 'Vera Jameson'
☼❄❄❄　　　↕25 厘米 ↔ 45 厘米

秋花景天属植物中真正难得的珍宝，叶片低矮丛生，粉紫色，有粉衣。密集的花序由星状玫瑰粉色小花组成。☑

台湾油点草
Tricyrtis formosana
☼☼❄❄❄　　　↕80 厘米 ↔ 45 厘米

这种直立丛生植物的花甚为有趣，白色花瓣上有红紫色斑点，需要近看才能完全领略它们的美。叶片也很漂亮。☑

阿肯色斑鸠菊
Vernonia arkansana
☼☼❄❄❄　　　↕2 米 ↔ 90 厘米

这是一种株型庄严的斑鸠菊，从夏末至秋季，扁平的成簇紫红色花序开放在茎顶端，茎干强健，叶纤细。

开花效果

103

冬花宿根植物

在冷温带气候区，冬季让大多数植物的生长陷入停顿，任何开花的植物都会令人惊讶。然而，某些宿根植物，包括许多球根植物在内，都会在冬季的恶劣条件下开花。当其他宿根植物已经枯死或失去叶片的时候，下面列出的这些种类将具有难得的观赏价值。

冬菟葵

Eranthis hyemalis

☀❄❄❄ 　　　　　　‡8 厘米 ↔ 5 厘米

这种菟葵属植物适合大规模自然式片植。冬春两季，杯状鲜黄色花开放在成簇有锯齿的叶片上方，甚是活泼。♀

春金盏花

Adonis vernalis

☀❄❄❄ 　　　　　　‡38 厘米 ↔ 45 厘米

冬末和春季开花，杯状金黄色花开在丛生叶片顶端，叶深裂，似蕨，鲜绿色。如果盆栽或提供遮蔽保护，花期还可提前。

托马西尼番紫花

Crocus tommasinianus

☀❄❄❄❄ 　　　　　‡10 厘米 ↔ 7.5 厘米

这种很受欢迎的球根植物易于进行自然式栽植，花期为冬季至初春，花呈长管状，有香味，淡紫粉色至紫红色。花下是狭窄的叶片。♀

其他冬花宿根植物

侧金盏花（*Adonis amurensis*）
美丽岩白菜（*Bergenia* x *schmidtii*），见 84 页
'几内亚黄金'冬菟葵（*Eranthis hyemalis* 'Guinea Gold'）
'重瓣'雪花莲（*Galanthus nivalis* 'Flore Pleno'）
尖叶铁筷子（*Helleborus argutifolius*），见 120 页
斯特恩铁筷子黑刺群（*Helleborus* x *sternii* Blackthorn Group）
'瑞威尔德早花羲动'水仙（*Narcissus* 'Rijnveld's Early Sensation'）
香蜂斗菜（*Petasites fragrans*）
'红尾鸲'红肺草（*Pulmonaria rubra* 'Redstart'）
香堇菜（*Viola odorata*）

老鼠芋属植物

Arisarum vulgare

☀❄❄❄❄ 　　　　　‡15 厘米 ↔ 13 厘米

这种有趣的植物和海芋属亲缘关系很近，绿色叶片呈宽阔的箭头形。先叶后花，花呈兜状，棕色或带有紫色条纹，每朵花都有一个向前伸出的"鼻"。

白花早花仙客来

Cyclamen coum f. *albissimum*

☀❄❄❄ 　　　　　　‡10 厘米 ↔ 15 厘米

低矮丛生，长有肾型肉质叶片或有漂亮的大理石状斑纹的叶片。冬季开花，花小色白，口部为洋红色。

雪花莲桑德群

Galanthus nivalis Sandersii Group

❄❄❄❄ 　　　　　　‡↔ 10 厘米

和常见的雪花莲不同，极为迷人和不同寻常。花的子房和内层花被片的尖端都呈鲜黄色。繁殖速度慢。

开花效果

'沃尔特·巴特'阿尔及利亚鸢尾
Iris unguicularis 'Walter Butt'
☀❄❄❄　　　　　↕30厘米 ↔40厘米

这种美丽的冬花鸢尾花期持续多周,从簇生的狭窄常绿叶片中连续不断地开花,花大,有芳香,淡蓝紫色。

雪花莲属植物
Galanthus reginae-olgae subsp. *vernalis*
☀❄❄　　　　　　↕↔10厘米

冬末和春季开花,花为白色,低垂,隐约有香味,内层花被片的尖端为绿色。和普通雪花莲的不同之处在于叶片颜色较深。

杨柳齿鳞草
Lathraea clandestina
☀❄❄❄❄　　　　↕5厘米 ↔30厘米

这种寄生植物可以生长在桤木、柳树和杨树等乔木的树根上。每到冬末,二唇形紫色花就会从白色鳞状株丛中开放。

臭铁筷子韦斯特弗里斯克群
Helleborus foetidus Wester Flisk Group
☀❄❄❄❄　　　　↕80厘米 ↔45厘米

出类拔萃的常绿植物,茎、指状掌裂叶片和花梗都充满了红色。钟形花为浅绿色,低垂,口部呈紫色。

'陶轮'暗叶铁筷子
Helleborus niger 'Potter's Wheel'
☀❄❄❄❄　　　　↕30厘米 ↔45厘米

一种很受喜爱的村舍花园宿根植物,表现稳定,花为白色,钵形,有绿色花心。植株低矮丛生,拥有革质越冬叶片。

'鲍威尔斯早花黄'水仙
Narcissus 'Bowles's Early Sulphur'
☀❄❄❄❄　　　　↕20厘米 ↔13厘米

阿斯图里亚斯水仙(*N. asturiensis*)的这个实生苗品种是花期最早的小型洋水仙之一,狭窄带状叶片丛生,冬末开硫黄色花。

开花效果

105

花期长的宿根植物

大多数花园宿根植物的花期都相对有限，尤其是春花种类，所以花期较长的宿根植物自然会受到园丁们的追捧。这些宿根植物的花期通常贯穿整个夏季，或者从夏季延续至秋季，能够为花园带来一种连续性。

开花效果

'蓬乱'大星芹
Astrantia major 'Shaggy'

☼ ❊ ❊ ❊　　　↕90 厘米 ↔ 45 厘米

花小簇生，四周是锯齿状排列的大苞片，苞片尖端为绿色。夏季在分叉的枝条上开花。叶片深裂，醒目丛生。♡

'斯图亚特·布思曼'荷包牡丹
Dicentra 'Stuart Boothman'

☼ ❊ ❊ ❊　　　↕30 厘米 ↔ 40 厘米

蔓性宿根植物，叶丛生，深裂，似蕨，蓝灰色。花期持续春夏两季，花序零散，花为吊坠形，低垂，深粉色。♡

'罗塞尔·普里查德'老鹳草
Geranium x *riversleaianum* 'Russell Prichard'

☼ ❊ ❊ ❊　　　↕30 厘米 ↔ 1 米

这种低矮的老鹳草是理想的地被植物，拥有蔓生茎，叶片缺刻整齐，有尖锯齿，灰绿色。夏季开花，深洋红色。♡

花期长的其他宿根植物

刺老鼠簕多刺群（*Acanthus spinosus* Spinosissimus Group），见 126 页
'布罗米特'春黄菊 [*Anthemis Susanna Mitchell* ('Blomit')]
'比丘'福氏紫菀（*Aster* x *frikartii* 'Mönch'），见 22 页
'丽珊瑚'双距花（*Diascia* 'Coral Belle'）
'布克斯顿'华莱士老鹳草（*Geranium wallichianum* 'Buxton's Variety'）
'玫红'克氏花葵（*Lavatera* x *clementii* 'Rosea'），见 101 页
'玫红'美丽月见草（*Oenothera speciosa* 'Rosea'），见 27 页
有距堇菜白花群（*Viola cornuta* Alba Group），见 33 页

西洋石竹
Dianthus deltoides

☼ ❊ ❊ ❊　　　↕20 厘米 ↔ 30 厘米

可靠的石竹，花期贯穿整个夏季，花色白、粉或红，有深色花心，花下是垫状生长的细长枝条，叶狭窄。在排水通畅的土壤中茂盛生长。♡

无毛柳叶菜
Epilobium glabellum

☼ ❊ ❊ ❊ ❊　　　↕↔ 20 厘米

每到夏季，丛生弯曲枝条上密集地生长着半常绿叶片，同时开出奶油白色或带有粉晕的花。喜潮湿阴凉地点。

'红翼'路边青
Geum 'Red Wings'

☼ ❊ ❊ ❊　　　↕60 厘米 ↔ 40 厘米

花量大，花期贯穿整个夏季，分叉枝条上开放半重瓣的鲜红色花，花下是丛生鲜绿色叶片，叶表面被有软毛。

'威尔莫特小姐'高加索蓝盆花

Scabiosa caucasica 'Miss Willmott'

☼❄❄❄　　　　　　　‡90 厘米 ↔ 60 厘米

茎直立丛生，夏季开花，白色花序硕大，单生，花序中央为奶油白色。叶片为灰绿色，深裂。♀

'伊希斯'无毛紫露草

Tradescantia Andersoniana Group 'Isis'

☼❄❄❄❄　　　　　　　　　　‡↔ 50 厘米

茎直立，浓密丛生，叶长披针形。夏季至秋季开花，花簇生于茎上，花大，花瓣三枚，深蓝色。♀

大果月见草

Oenothera macrocarpa

☼❄❄❄　　　　　　　‡15 厘米 ↔ 50 厘米

这种长势苗壮的植物又名*O.missouriensis*，枝条伏地，叶片呈柳叶状，金黄色花连续不断地从春末开至秋季。♀

'非洲女王'杂种避日花

Phygelius x *rectus* 'African Queen'

☼❄❄　　　　　　　　‡1 米 ↔ 1.4 米

花量大，植株松散丛生，茎四棱，基部木质化。夏季开花，花低垂、管状、浅红色，口部呈黄色。♀

小叶鼠尾草

Salvia microphylla

☼❄❄❄　　　　　　　　　‡↔ 1.2 米

茎基部木质化的宿根植物或亚灌木，叶常绿，被软毛，擦伤后有黑醋栗气味。鲜红色花从夏季开放至秋季。

'鲍威尔斯黑'堇菜

Viola 'Bowles's Black'

☼❄❄❄❄　　　　　　　‡10 厘米 ↔ 20 厘米

这种迷人的植物与三色堇亲缘关系近，拥有常绿簇生的多叶枝条。春季至秋季，一系列丝绒质感的黑色花朵持续开放。大量结籽。

花序扁平的宿根植物

除了使用株高或枝叶外貌不同的植物，在一个花境之中创造趣味的方法还有很多，其中之一是种植水平分枝、拥有扁平花序或者花朵着生在同一水平面的宿根植物，它们将和株型直立、球形或者拥有高高穗状花序的宿根植物形成鲜明的对比。

蝎子草

Sedum spectabile

☼ ❄❄❄   ↕↔45 厘米

村舍花园的常客，很受蝴蝶和蜜蜂的喜爱。每逢夏末，粉色扁平花序就会盖住低矮丛生的肉质灰绿色叶片。♀

'金黄'蓍

Achillea 'Coronation Gold'

☼ ❄❄❄   ↕90 厘米 ↔45 厘米

夏秋开花，黄色小花组成的扁平花序非常适合制作切花和干花。常绿簇生，叶深裂，银灰色。♀

'粉花'多毛细叶芹

Chaerophyllum hirsutum 'Roseum'

☼ ❄❄❄❄   ↕60 厘米 ↔50 厘米

伞形科最可爱的观赏植物之一，初夏开花，扁平花序，紫粉色，花下是丛生多毛茎，叶似蕨，深裂。

细叶亮蛇床

Selinum wallichianum

☼☼ ❄❄❄❄   ↕1.2 米 ↔60 厘米

一种可爱的伞形科植物，茎直立，叶细裂，似蕨。夏秋两季开花，小小的白花组成扁平花序，花药为黑色。

平顶侧花紫菀

Aster lateriflorus var. *horizontalis*

☼☼ ❄❄❄   ↕60 厘米 ↔40 厘米

这种浓密的灌丛状紫菀拥有独特的水平分枝习性，叶小，秋季开花，花微小，淡粉紫色，开花时叶片变成铜紫色。♀

矮接骨木

Sambucus ebulus

☼☼ ❄❄❄❄   ↕90 厘米 ↔ 无限

这种接骨木属植物长势苗壮，有萌蘖习性，醒目的深裂叶片覆盖着直立茎。夏季开花，硕大的白色花序散发甜香气味，花落后结黑色浆果。

花序扁平的其他宿根植物

'金盘'黄花蓍草（*Achillea filipendulina* 'Gold Plate'）

'乔治王'蓝菀（*Aster amellus* 'King George'）

'索尼娅'蓝菀（*Aster amellus* 'Sonia'）

多毛细叶芹（*Chaerophyllum hirsutum*）

大独活（*Heracleum maximum*）

齿叶橐吾（*Ligularia dentata*）

血满草（*Sambucus adnata*）

何布景天（*Sedum* 'Herbstfreude'），见 79 页

'光辉之冠'一枝黄花（*Solidago* 'Crown of Rays'）

'夏日阳光'一枝黄花（*Solidago* 'Summer Sunshine'）

拥有穗状花序的宿根植物

花序高而尖的宿根植物能够创造出醒目且激动人心的效果，它们耸立在其他植物上方，坚硬紧凑的穗状花序或优雅渐尖的总状花序为花园景观带来多维结构和高度。

'火箭'橐吾
Ligularia 'The Rocket'
☼·☀·❄❄❄   ↕1.8 米 ↔ 1 米

夏季开花，高高的圆锥花序由小小的黄色花组成，茎秆为黑色。叶具长柄，心形，有锯齿。在湿润土壤中表现最好。♡

'白花'柳兰
Chamerion angustifolium 'Album'
☼·☀·❄❄❄   ↕1.5 米 ↔ 1 米

长势苗壮，茎直立，叶狭窄，似柳叶，夏季开花，白花组成长花序，花萼呈绿色。大量结籽。

拥有穗状花序的其他宿根植物

美类叶升麻（*Actaea racemosa*）
黄花日光兰（*Asphodeline lutea*），见 28 页
谢尔福德杂种狐尾百合（*Eremurus* x *isabellinus*
Shelford hybrids）
圆叶矾根（*Heuchera cylindrica*）
蛇鞭菊（*Liatris spicata*）
柳叶珍珠菜（*Lysimachia ephemerum*），见 137
'火箭'帚枝千屈菜（*Lythrum virgatum* 'The
Rocket'）
毛蕊花（*Verbascum chaixii*）
'魅力'弗吉尼亚腹水草（*Veronicastrum
virginicum* 'Fascination'），见 35 页

'黄油球'翠雀
Delphinium 'Butterball'
☼❄❄❄   ↕1.5 米 ↔ 75 厘米

这种华丽的翠雀初夏开花，有时二次开花，强健直立的茎长出浓密渐尖的总状花序，花半重瓣，奶油白色。

小花毛地黄
Digitalis parviflora
☼·☀·❄❄❄   ↕1.2 米 ↔ 45 厘米

和普通毛地黄（*D. purpurea*）的差异很大。夏季开花，坚硬的穗状花序充满建筑感，小花为金棕色，有红色脉纹，下方是莲座状生长的低矮叶片。

'直立'火炬花
Kniphofia 'Erecta'
☼·☀·❄❄❄❄   ↕90 厘米 ↔ 60 厘米

苗壮的丛生植物，茎坚硬，叶条形。夏末和秋季开花，浓密的珊瑚红色穗状花序在开放后变直。

白花毛蕊花
Verbascum chaixii 'Album'
☼❄❄❄   ↕90 厘米 ↔ 45 厘米

这种毛蕊花引人注目且表现可靠，拥有竖直、常分叉的茎，夏季密集开放白色花，有淡紫色花心，花下是半常绿的莲座状叶片，叶被毛。♡

拥有烈焰花色的宿根植物

开花效果

对于品位比较雅致的园丁来说，火焰色的花或许没什么吸引力，但是对于许多其他人来说，它们为花园注入了生命和激情。反射出太阳的明亮和温暖，只需要一株烈焰花色的宿根植物，就能点亮本来平淡无奇的花境，而在混合种植中使用若干这样的植物将会创造出一场色彩的狂欢。

开橙色花的其他宿根植物
'猴面' 雄黄兰（*Crocosmia* x *crocosmiiflora* 'Jackanapes'）
'火红'圆苞大戟（*Euphorbia griffithii* 'Fireglow'），见90页
花贝母（*Fritillaria imperialis*）
'伊戈尔王子' 火炬花（*Kniphofia* 'Prince Igor'），见29页
罗帕火炬花（*Kniphofia rooperi*）
魅力'百合（*Lilium* 'Enchantment'）
华丽百合（*Lilium superbum*）
山柳菊属植物（*Pilosella aurantiaca*）
'威廉·罗林逊' 委陵菜（*Potentilla* 'William Rollison'）

块根马利筋
Asclepias tuberosa
☼ ❋ ❋ ❋   ↕90 厘米 ↔ 60 厘米

在其原产地只是一种野草，但在花园里，夏末直立枝条顶端开放鲜艳的橙色花，十分喜人。要小心其具有腐蚀性的乳汁。

'兰达夫主教'大丽花
Dahlia 'Bishop of Llandaff'
☼ ❋   ↕1.1 米 ↔ 45 厘米

颇受欢迎的宿根植物，夏末开花，半重瓣的鲜红色花在暗红色茎叶的映衬下分外娇艳。块茎在冬季需要保护。☝

暗红花路边青
Geum coccineum
☼ ❋ ❋ ❋ ❋   ↕50 厘米 ↔ 30 厘米

茎细长分叉，松散丛生，叶深裂，绿色被毛。春季和夏季开花，茎顶端开橘红色花，雄蕊为金色。

马氏雄黄兰
Crocosmia masoniorum
☼ ❋ ❋ ❋ ❋   ↕1.2 米 ↔ 60 厘米

经典宿根植物，叶呈剑形，有褶皱，醒目丛生。夏季开花，花序弯曲，花为喇叭状，呈浓郁的橘红色。适合用作切花。☝

'炫光'大花天人菊
Gaillardia x *grandiflora* 'Dazzler'
☼ ❋ ❋ ❋   ↕75 厘米 ↔ 45 厘米

灌丛状宿根植物，生长期常常很短，夏季和初秋开花，头状花序硕大。花色橙红，舌状花尖端为黄色，花心呈栗色。☝

'九月福克斯'堆心菊
Helenium 'Septemberfuchs'
☼ ❋ ❋ ❋   ↕1.5 米 ↔ 60 厘米

茎直立多叶，低矮丛生。夏末和秋季开花，花量大，呈鲜艳的橙黄色，有棕色花心。

'重瓣' 萱草

Hemerocallis fulva Flore Pleno'

☼ ❀❀❀　　　↕75 厘米 ↔ 1.2 米

每到夏季，直立的茎上就会开出喇叭状重瓣花，橙棕色，花心深红色，高耸在丛生叶片上方，叶条形，弯曲。

小火炬花

Kniphofia triangularis

☼ ❀❀❀　　　↕75 厘米 ↔ 45 厘米

一种花期较晚且表现稳定的火炬花属植物，禾草状狭窄叶片丛生。秋季开花，长出许多橘红色穗状花序。♀

'重瓣' 皱叶剪秋罗

Lychnis chalcedonica 'Flore Pleno'

☼ ❀❀❀　　　↕1.2 米 ↔ 45 厘米

花单生的剪秋罗就很漂亮，而这个品种更加迷人。每到夏季，直立、被毛、多叶的茎上成簇密集开花，花重瓣，鲜红色。可能需要支撑。

'印第安少女' 美国薄荷

Monarda 'Squaw'

☼ ❀❀❀　　　↕90 厘米 ↔ 45 厘米

每到夏秋，醒目丛生的被毛茎上密集簇生鲜红色花，很受蜜蜂的喜爱。叶片揉搓后会散发香味。

'鲁亚尔先生' 委陵菜

Potentilla 'Monsieur Rouillard'

☼ ❀❀❀　　　↕45 厘米 ↔ 60 厘米

这种委陵菜的茎松散丛生，直立或蔓生，叶深裂。夏季开花，花重瓣，深血红色，有黄色斑纹。

'倒垂' 报春

Primula 'Inverewe'

☼ ❀❀❀❀　　　↕↔ 75 厘米

这种长势苗壮的半常绿报春适用于潮湿地点，叶有锯齿，呈莲座状生长。粉白色茎在夏季开花，花轮生，呈醒目的鲜红色。♀

开红色花的其他宿根植物

'乔治·格里菲思' 菊（*Chrysanthemum* 'George Griffths'）

'魔鬼' 雄黄兰（*Crocosmia* 'Lucifer'），见 122 页

'红翼' 路边青（*Geum* 'Red Wings'），见 106 页

'斯塔福德' 萱草（*Hemerocallis* 'Stafford'）

'红闪' 矾根（*Heuchera* 'Red Spangles'）

'绯红' 半边莲（*Lobelia* 'Will Scarlet'）

'红丽' 东方罂粟（*Papaver orientale* 'Beauty of Livermere'），见 93 页

'弗拉明戈' 委陵菜（*Potentilla* 'Flamenco'）

'吉布森鲜红' 委陵菜（*Potentilla* 'Gibson's Scarlet'），见 81 页

拥有冷色调花的宿根植物

粉色、蓝色和浅黄都是令人看到之后感觉凉爽的色彩，为花园中的种植带来一种精致感。白色也发挥着类似的作用。精心使用这些冷色调花，能够产生一种令人舒缓的治愈效果，在炎炎盛夏中更是如此。

紫矢车菊

Centaurea pulcherrima

☼ ✻✻✻   ↕40 厘米 ↔ 60 厘米

叶簇生，深裂或全裂，叶背有毛。春末至夏初开花，花茎细长，开漂亮的玫瑰粉色花，花心颜色浅。

'雪鸮' 百子莲

Agapanthus 'Snowy Owl'

☼☼ ✻✻✻   ↕1.2 米 ↔ 60 厘米

每到夏末，强健的茎上长出大而松散的圆形伞状花序，花呈钟形，纯白色。花下是醒目丛生的绿色叶片，叶狭长，呈条形。

'维纳斯' 阿伦氏落新妇

Astilbe x *arendsii* 'Venus'

☼ ✻✻✻✻   ↕90 厘米 ↔ 45 厘米

初夏开花，硕大蓬松的圆锥形羽状花序由微小的羽状花组成，高耸在健壮丛生的叶片上方。叶深裂，鲜绿色，蔚为美观。喜湿润土壤。

'平檐' 牛舌草

Anchusa azurea 'Loddon Royalist'

☼ ✻✻✻   ↕90 厘米 ↔ 60 厘米

初夏开花，漂亮的深蓝色花有白色花心，构成分枝花序，生长在高而强健的茎顶端。茎直立，粗糙被毛，多叶。♀

'泰尔汉姆丽' 桃叶风铃草

Campanula persicifolia 'Telham Beauty'

☼ ✻✻✻✻   ↕90 厘米 ↔ 30 厘米

一种很受欢迎的村舍花园宿根植物的一个漂亮品种。夏季开花，总状花序生长在高而细长的茎上，钟形花硕大，浅蓝色。种植简单，表现可靠。

'克莱拉·柯蒂斯' 菊

Chrysanthemum 'Clara Curtis'

☼ ✻✻✻   ↕75 厘米 ↔ 60 厘米

茎基部木质化，灌丛状簇生，被细裂叶片覆盖。夏末至秋季开花，大量开放粉色头状花序，持续时间长，有芳香。

高加索鸢尾

Iris winogradowii

☼ ❋ ❋ ❋　　　　　↕7.5 厘米 ↔ 10 厘米

每到早春，浅黄色花开放在丛生叶片上方，垂瓣有绿色斑点，叶细长，呈菱形。非常适合盆栽、种植槽或岩石花园。🌱

'蓝宝石'异叶钓钟柳

Penstemon heterophyllus 'Blue Gem'

☼ ❋ ❋ ❋　　　　　↕↔ 40 厘米

常绿或半常绿宿根植物，茎基部木质化，叶细长有光泽。夏季开花，开花效果引人注目，直立密集的总状花序由蓝色管状花组成。

'蓝色黎明'翠雀

Delphinium 'Blue Dawn'

☼ ❋ ❋ ❋　　　　　↕2.5 米 ↔ 45 厘米

这是一种引人注目的植物，叶片深裂，6月开花，密集的穗状花序高达 1.2 米，浅蓝色小花有深棕色花心。🌱

'粉红花'美国薄荷

Monarda 'Croftway Pink'

☼ ❋ ❋ ❋ ❋　　　　↕90 厘米 ↔ 60 厘米

这种芳香宿根植物很受蜜蜂欢迎，拥有覆盖着对生叶片的直立茎。夏季大量开花，花簇生，玫粉色，有深色苞片。🌱

花期晚且花色为冷色调的其他宿根植物
'午夜蓝'百子莲（*Agapanthus* 'Midnight Blue'），见 26 页
'A.T. 约翰逊'奥氏老鹳草（*Geranium* x *oxonianum* 'A.T. Johnson'）
'魏斯'蛇鞭菊（*Liatris spicata* 'Floristan Weiss'）
'硫黄'待宵草（*Oenothera stricta* 'Sulphurea'），见 35 页
'富士山'锥花福禄考（*Phlox paniculata* 'Mount Fuji'），见 115 页
'顶极小方帆'杂种避日花（*Phygelius* x *rectus* 'Moonraker'），见 183 页
'白花'桔梗（*Platycodon grandiflorus* 'Albus'）
天蓝鼠尾草（*Salvia uliginosa*）
'拜恩'裂柱莲（*Schizostylis coccinea* 'Viscountess Byng'），见 75 页

萝藦龙胆

Gentiana asclepiadea

☼ ❋ ❋ ❋ ❋　　　　↕90 厘米 ↔ 60 厘米

茎弯曲，醒目丛生，叶对生，似柳叶。夏末至秋季开花，浅或深蓝色花着生于茎上部叶腋。🌱

'萨拉·贝因哈特'芍药

Paeonia lactiflora 'Sarah Bernhardt'

☼ ◗ ❋ ❋ ❋　　　　↕↔ 90 厘米

这种宿根植物长势苗壮，茎直立簇生，叶片繁茂。初夏开花，花朵硕大，有香味，完全重瓣，玫粉色。非常适合用作切花。🌱

'埃尔茜·休'西达葵

Sidalcea 'Elsie Heugh'

☼ ❋ ❋ ❋　　　　　↕90 厘米 ↔ 45 厘米

表现可靠，直立或伸展茎上生长深裂叶片。夏季开花，总状花序高，花期长，花似锦葵，紫粉色，质感如丝缎。🌱

花色浅的宿根植物

　　如果想点亮花园中某个幽暗的角落或处于阴影中的花境，使用浅色花就是最卓有成效的一种方法。在深色枝叶的映衬下，它们能够高效地反射光线，即使在一天将要结束、夜幕徐徐合拢的时候，也能将人们的注意力吸引到花境和花坛中去。

开花效果

白鲜

Dictamnus albus

☼ ❋ ❋ ❋ ❋　　　　　‡90 厘米 ↔ 60 厘米

生长缓慢，枝叶簇生，叶深裂，有香味。初夏开花，总状花序醒目直立，小花呈白色，雄蕊明显。✿

花色浅的其他宿根植物

大聚首花（*Cephalaria gigantea*），见 78 页

‘多佛尔的悬崖’鸢尾（*Iris* ‘Cliffs of Dover’）

‘圣女贞德’火炬花（*Kniphofia* ‘Maid of Orleans’）

‘威勒尔之光’大滨菊（*Leucanthemum* x *superbum* ‘Wirral Pride’），见 85 页

高文假荆芥（*Nepeta govaniana*）

‘极品’圆穗蓼（*Persicaria bistorta* ‘Superba’）

肉红花荵（*Polemonium carneum*）

硫黄直立委陵菜（*Potentilla recta* var. *sulphurea*）

‘F.M. 伯顿’鳞茎毛茛（*Ranunculus bulbosus* ‘F.M. Burton’）

‘荷兰沙司’春黄菊

Anthemis tinctoria ‘Sauce Hollandaise’

☼ ❋ ❋ ❋　　　　　‡↔ 60 厘米

夏季开花，花量大，花期持续多周，头状花序具长柄，花心为黄色，花瓣为淡奶油色。花下是成簇深绿色细裂叶片。

‘月光’轮叶金鸡菊

Coreopsis verticillata ‘Moonbeam’

☼ ❋ ❋ ❋ ❋　　　　　‡50 厘米 ↔ 45 厘米

每到夏季，这种低矮的灌丛状植物就会覆盖着大量柠檬黄色的头状花序。茎细长，分叉，叶细裂。适合用于花境前景。✿

‘切特尔之魅’桃叶风铃草

Campanula persicifolia ‘Chettle Charm’

☼ ❋ ❋ ❋ ❋　　　　　‡90 厘米 ↔ 30 厘米

桃叶风铃草是一种很受欢迎的宿根植物，这是它最可爱的品种之一，茎高而细长，叶片狭窄。夏季开花，松散的花序由浅白色钟形花组成，花瓣边缘有蓝晕。✿

‘白花’荷包牡丹

Dicentra spectabilis ‘Alba’

☼ ❋ ❋ ❋　　　　　‡60 厘米 ↔ 45 厘米

这种美丽优雅的宿根植物拥有似蕨的浅绿色叶，春末至夏季开花，长长的花茎上挂着吊坠形状的白色花。

山桃草

Gaura lindheimeri

☼ ❋ ❋ ❋ ❋　　　　　‡1.2 米 ↔ 90 厘米

纤细分叉的茎和细长叶片赋予山桃草灌丛状的松散株型。夏末和秋季开花，粉红色花蕾开出雅致的白色星状花。

'富士山'锥花福禄考

Phlox paniculata 'Mount Fuji'

☼ ✳ ✳ ✳　　　↕90 厘米 ↔ 60 厘米

最优良的白花宿根植物之一。夏末开花, 引人注目的硕大雪白花序生长在丛生植株顶端, 植株矮壮, 茎直立, 多叶。♡

三叶绣线菊

Gillenia trifoliata

☼ ✳ ✳ ✳　　　↕1 米 ↔ 60 厘米

枝条为红色, 细长坚硬; 叶裂, 呈铜绿色。春夏开花, 松散的花序由白色小花组成。富有装饰性的红色花萼在花瓣凋落后宿存。♡

'黄喇叭'同型避日花

Phygelius aequalis 'Yellow Trumpet'

☼ ✳ ✳　　　↕1 米 ↔ 1.2 米

长势苗壮, 茎丛生, 四棱, 基部木质化, 多叶。夏秋开花, 总状花序松散, 管状花低垂, 呈浅黄色。♡

黄山梅

Kirengeshoma palmata

☼ ✳ ✳ ✳　　　↕1.2 米 ↔ 75 厘米

漂亮的宿根植物, 茎深色, 叶硕大, 有醒目的锯齿或裂刻。秋季开花, 花序零散, 花色浅黄, 蜡质。喜湿润土壤。♡

'少女'火炬花

Kniphofia 'Little Maid'

☼ ✳ ✳ ✳ ✳　　　↕60 厘米 ↔ 45 厘米

每到秋季, 丛生禾草状叶片中长出直立花茎, 顶端是长而密集的穗状花序, 花蕾为浅绿色, 管状小花开放后为黄色, 有浅黄色晕, 然后逐渐变成象牙色。

'雪花石膏'杂种金莲花

Trollius x *cultorum* 'Alabaster'

☼ ✳ ✳ ✳　　　↕60 厘米 ↔ 40 厘米

春末至夏季开花, 花为浅黄色, 花梗细长。花下是丛生叶片, 叶细裂, 具长柄, 有光泽。喜湿润土壤。

开花效果

香花宿根植物

　　令人惊讶的是，美丽的花常常没有与其相匹配的香味。大多数芳香浓郁的宿根植物都拥有相对较小的花，而那些硕大又有香味的花通常是白色或浅色的。许多香花在白天即将结束时香味最浓，此时也是夜间活动的授粉者造访花园的时候。

禾叶鸢尾

Iris graminea

☼ ❋ ❋ ❋ ❋　　　　↕40 厘米 ↔ 30 厘米

植株簇生，叶似禾草。每到春末夏初，这种鸢尾的蓝紫色小花就会散发出一种独特的果香，像煮熟了的李子。♀

冬春开花且有芳香的宿根植物

铃兰（*Convallaria majalis*）
平滑番红花（*Crocus laevigatus*）
'血红武士'桂竹香（*Erysimum cheiri* 'Bloody Warrior'）
'布伦达·特洛伊勒'雪花莲（*Galanthus* 'Brenda Troyle'）
'S. 阿诺特'雪花莲（*Galanthus* 'S. Arnott'）
卷瓣蓝苞风信子（*Hyacinthoides non-scripta*）
阿尔及利亚鸢尾（*Iris unguicularis*）
丁香水仙（*Narcissus jonquilla*）
'微皱'水仙（*Narcissus* 'Rugulosus'）
香蜂斗菜（*Petasites fragrans*）
香堇菜（*Viola odorata*）

'海牛'石竹

Dianthus 'Doris'

☼ ❋ ❋ ❋　　　　↕↔40 厘米

一种深受大众喜爱且表现可靠的石竹，夏季和初秋开花，花开放在茎顶端，重瓣，浅粉色，有深色花心。茎为蓝灰色，被有粉衣，叶片狭窄。♀

'马里昂·沃恩'萱草

Hemerocallis 'Marion Vaughn'

☼ ❋ ❋ ❋ ❋　　　　↕85 厘米 ↔ 75 厘米

叶呈条形，半常绿，醒目丛生。一到夏季，叶上方的直立花茎大量开放柠檬黄色喇叭状花，极香。♀

'哈珀·克利维'桂竹香

Erysimum cheiri 'Harpur Crewe'

☼ ❋ ❋ ❋　　　　↕30 厘米 ↔ 60 厘米

桂竹香的花香是春季的一大乐事。虽然花期短暂，但它们有很多花色。这个品种拥有鲜艳的黄色重瓣花。

'蜜钟花'玉簪

Hosta 'Honeybells'

❋ ❋ ❋ ❋ ❋　　　　↕75 厘米 ↔ 1.2 米

长势苗壮的丛生植物，叶片美观，呈心形，有脉纹，边缘有波浪状起伏。夏末开放有香味的花朵，花为白色或具有淡紫蓝色条纹。♀

王百合

Lilium regale

☼ ❋ ❋ ❋　　　　↕1.5 米 ↔ 40 厘米

最著名的香花百合之一，是阳光充足的花园中的必备植物。夏季开花，健壮的茎上飘扬着一簇醒目的喇叭状花，白色花瓣上有粉色条纹。♀

夏季开花且有芳香的宿根植物
紫红秋英（*Cosmos atrosanguineus*）
'紫丁香'石竹（*Dianthus* 'Lavender Clove'）
北黄花菜（*Hemerocallis lilioasphodelus*）
欧亚香花芥（*Hesperis matronalis*）
玉簪（*Hosta plantaginea* var. *japonica*）
'夏日芳香'玉簪（*Hosta* 'Summer Fragrance'）
白花百合（*Lilium candidum*）
'嘉年华'芍药（*Paeonia lactiflora* 'Festiva Maxima'）
'欧米伽'斑茎福禄考（*Phlox maculata* 'Omega'）
巨伞钟报春（*Primula florindae*）

紫娇花

Tulbaghia violacea

☼ ❋❋❋　　　　↕50 厘米 ↔ 25 厘米

夏季和初秋开花，直立花茎顶端长出松散的伞状花序，花为淡紫色，有香味，下方是丛生的狭窄灰绿色叶。在温暖的全日照地点生长苗壮。

红口水仙

Narcissus poeticus var. *recurvus*

☼ ❋❋❋❋　　　　↕35 厘米 ↔ 30 厘米

春末开花，美丽的纯白色花有浅黄色红边喇叭口，花下是狭窄的条形叶片。植株最终生长成簇或成片。🌣

'阿尔法'斑茎福禄考

Phlox maculata 'Alpha'

☼ ❋❋❋❋　　　　↕90 厘米 ↔ 60 厘米

这种福禄考比深受欢迎的花境品种更加优雅，拥有直立丛生的多叶茎。夏季开花，茎顶端长出具有芳香的粉色花组成的硕大花序。🌣

林生烟草

Nicotiana sylvestris

☼ ☼ ❋　　　　↕1.5 米 ↔ 60 厘米

繁茂的枝叶十分醒目。夏季开花，花序大，花呈长管状，白色，有芳香。在温暖地区是宿根植物，不过在较寒冷地区最好作为二年生植物栽培。🌣

白边耳状报春花

Primula auricula var. *albocincta*

☼ ❋❋❋❋　　　　↕↔ 20 厘米

用于岩石园或盆栽效果极好，常绿植物，丛生叶片呈灰绿色，有白边。春季开花，伞状花序，花为黄色，花心呈白色，有香味。

'格拉夫泰'马鞭草

Verbena corymbosa 'Gravetye'

☼ ❋❋　　　　↕90 厘米 ↔ 60 厘米

这种宿根植物开花时非常美丽，花期贯穿整个夏季，花序浓密，小花为粉紫色，有白色花心，散发出甜香气味。

开花效果

观叶效果

大多数花的开放时间都相对短暂，而花园中的叶片能够持续不断地营造效果和氛围。在叶片形状、质感和色彩上形成对比的宿根植物将为花坛和花境带来活力，而且还能作为标本植物创造出醒目的观赏效果。

△精致的对比　一株荷包牡丹的羽状叶片和一株野芝麻带有银色斑纹的圆形叶片相映成趣。

拥有醒目叶片的'老爹'玉簪（*Hosta 'Big Daddy'*）

叶片为花园提供了不变的焦点，既充当花朵的背景，又是设计的坚实基础。本章节中列出的宿根植物提供了多种多样的叶片形状、颜色以及排列方式，如果对这些元素加以精心使用，可以创造出壮观的效果。叶片巨大的宿根植物，如观赏大黄（*Rheum*），可以成为引人注目的标本植物，或者为花坛和花境增加结构和冲击力。观叶宿根植物也能在容器中证明自己的价值，提供能够在花园中四处移动的令人满意的持久观赏效果。色彩绚丽的叶常常和秋季联系在一起，不过值得记住的是，许多宿根植物的叶片在一年当中的大部分时间都有漂亮的花叶或彩色效果。除了非常适合用来点亮沉闷的花境，它们还常常用在荫蔽地点，由于缺少阳光，其他植物很难在这样的地点开花。在冬季，当大多数宿根植物隐藏在地下休眠的时候，那些拥有常绿或越冬叶片的宿根植物（如岩白菜和耐寒蕨类等）可以为花园景观提供趣味和生机。

叶部特征

在搭配组合观叶宿根植物，创造吸引眼球的对比和效果时，叶片的排列方式、形状和颜色都是需要考虑的重要元素。

叶的排列方式是每一种植物的重要特征。利用它来为花园带来结构和质感。

形状和尺寸的对比带来额外的趣味。拥有锯齿状、羽状或刺状边缘的叶片会创造出截然不同的效果。

叶片颜色可以用来创造令人镇静的深色背景，或者为花园中的荫蔽地点带来明亮和温暖。

◁ 多彩的盆栽　在这里，带有黄色条纹的箱根草（*Hakonechloa*）、拥有蓝色叶片的猬莓（*Acaena*）和直立生长的白茅（*Imperata*）形成了有趣的对比。

▷ 夸张的叶片　拥有醒目叶片的宿根植物可以成为很好的标本植物，或者在花境中营造出色的效果。

拥有常绿或越冬叶片的宿根植物

冬季，当大多数草本宿根植物的地上部分都已枯死、不再成为花园中的视觉焦点时，拥有常绿叶片或以美观状态越冬的植物就变得愈发重要。即使在不开花的时候，这些植物也能为任何花园带来持续不断的色彩和趣味。

欧洲细辛

Asarum europaeum

☼ ❀ ❀ ❀ ❀　　　　　↕8厘米 ↔ 30厘米

最适合做地被的宿根植物之一，全年都很美观。肾形叶片密集有光泽，春末开花，花小而奇特，隐藏在叶片下。♥

尖叶铁筷子

Helleborus argutifolius

☼ ❀ ❀ ❀ ❀　　　　　↕↔90厘米

这种漂亮的植物全年都可欣赏。浅绿色的越冬茎生长着拥有美丽脉纹和尖锯齿的叶片，冬末开苹果绿色花。♥

具茎火炬花

Kniphofia caulescens

☼ ❀ ❀ ❀　　　　　↕1.2米 ↔ 90厘米

这种令人难忘的火炬花会长出一大丛具有细锯齿的蓝绿色叶片。夏末开花，叶片上方高耸珊瑚红色穗状花序，并逐渐变成黄色。♥

'紫色'心叶岩白菜

Bergenia cordifolia 'Purpurea'

☼ ❀ ❀ ❀ ❀　　　　　↕60厘米 ↔ 75厘米

叶圆，革质，深绿色，低矮簇生，冬季变成紫色或红色。冬季和初春开花，花色介乎洋红和紫色之间。♥

'花叶'红籽鸢尾

Iris foetidissima 'Variegata'

☼ ❀ ❀ ❀ ❀　　　　　↕↔60厘米

一流的花叶品种，常绿条形叶片富有光泽，并有醒目的白色边缘。夏季开紫色花，果为橙色。♥

'三色'山麻兰

Phormium cookianum subsp. *hookeri* 'Tricolor'

☼ ❀ ❀　　　　　↕↔2米

最缤纷多彩的常绿宿根植物之一，长出一大丛弯曲的革质叶片，叶绿色，有光泽，并有奶油黄色和红色边缘。♥

观叶效果

120

'复裂'欧亚水龙骨

Polypodium interjectum 'Cornubiense'

☼◑❄❄❄　　　　　　$\updownarrow\leftrightarrow$40 厘米

长势茁壮的匍匐蕨类，优良地被，羽状复叶深裂，浓绿色。适合用于岩石园、墙壁或容器。❦

大穗杯花

Tellima grandiflora

❄❄❄❄　　　　　　$\updownarrow$80 厘米 $\leftrightarrow$30 厘米

除非气候极其恶劣，否则这种植物能够露地越冬。叶具长柄，呈心形，有毛且具圆齿。春季开花，松散的圆锥花序由绿白色小花组成。

'豹'白斑叶肺草

Pulmonaria saccharata 'Leopard'

☼◑❄❄❄　　　　　　$\updownarrow$30 厘米 $\leftrightarrow$60 厘米

叶片上有银色斑点的越冬肺草中最好的种类之一，做地被时效果特别好。冬季至春末开花，花色紫红。

其他常绿或越冬宿根植物

'奥拉尔之金'金蝉脱壳（*Acanthus mollis* 'Hollard's Gold'），见 134 页

查塔姆阿思特丽（*Astelia chathamica*）

'布雷辛哈姆红宝石'岩白菜（*Bergenia* 'Bressingham Ruby'）

齿瓣淫羊藿（*Epimedium pinnatum* subsp. colchicum），见 52 页

奥铁筷子韦斯特弗里斯克群（*Helleborus foetidus* Wester Flisk Group），见 105 页

蝴蝶花（*Iris japonica*）

'花叶'阔叶山麦冬（*Liriope muscari* 'Variegata'）

西亚糙苏（*Phlomis russeliana*）

新西兰麻（*Phormium tenax*），见 123 页

刺羽耳蕨（*Polystichum munitum*），见 148 页

多鳞耳蕨异裂群（*Polystichum setiferum* Divisilobum Group）

吉祥草（*Reineckia carnea*）

圣麻（*Santolina chamaecyparissus*），见 223 页

岗姬竹（*Shibataea kumasasa*）

丝兰（*Yucca filamentosa*）

'镶边'小蔓长春花

Vinca minor 'Argenteovariegata'

☼◑❄❄❄　　　　　　$\updownarrow$15 厘米 $\leftrightarrow$ 无限

所有蔓长春花都适合做地被，这个品种的叶片还拥有漂亮的奶油白色边缘。春季和秋季开浅蓝紫色花。❦

叶片为剑形或带形的宿根植物

拥有丛生狭长叶片的宿根植物总是很引人注目，令人难以抗拒。无论叶片坚挺直立，还是以更优雅的姿态弯曲成拱形，它们都会和花坛或花境中的传统宽叶宿根植物形成有趣的对比，也能充当吸引眼球的标本植物。

观叶效果

'大叶'芦竹

Arundo donax 'Macrophylla'

☀❄❄❄   ↕5 米 ↔ 2 米

这种巨大的常绿禾草拥有长而弯曲的绿灰色叶片，夏季开花，似竹的茎上飘扬着一簇羽状花序。喜温暖避风地点。

'魔鬼'雄黄兰

Crocosmia 'Lucifer'

☀❄❄❄   ↕1.2 米 ↔ 45 厘米

鲜艳活泼的宿根植物，叶健壮簇生，呈剑形。夏末开花，花序弯曲且分叉，花色鲜红，很适合做切花。♥

锯叶刺芹

Eryngium agavifolium

☀❄❄   ↕1.2 米 ↔ 60 厘米

叶片常绿，有光泽，具锋利锯齿，醒目丛生，植株直立。夏季开花，茎强健，在叶上方长出绿白色小花组成的圆柱形花序。

'雅洁'萱草

Hemerocallis 'Gentle Shepherd'

☀❄❄❄❄   ↕65 厘米 ↔ 1.2 米

每到夏季，鲜花就会出现在醒目丛生的半常绿狭窄拱形叶片上方，花朵宽大，象牙白色，喉部为绿色。

'花叶'黄菖蒲

Iris pseudacorus 'Variegata'

☀❄❄❄   ↕↔ 1.2 米

这种鸢尾属植物长势苗壮，适用于潮湿地点，形成一大片高高的丛生叶，叶呈绿色，有醒目的白色或奶油黄色条带。夏季在直立茎上开黄色花。♥

叶片为剑形或带形的常绿宿根植物

丝兰龙舌草（*Beschorneria yuccoides*）
锥序雄黄兰（*Crocosmia paniculata*）
塔斯马尼亚山菅兰（*Dianella tasmanica*）
刺芹属植物（*Eryngium pandanifolium*），见 28 页
扁竹兰（*Iris confusa*）
红籽鸢尾（*Iris foetidissima*）
橙红沃森花（*Watsonia pillansii*）
丝兰（*Yucca filamentosa*）
弯叶丝兰（*Yucca recurvifolia*）

'佩里蓝'西伯利亚鸢尾

Iris sibirica 'Perry's Blue'

☀❄❄❄❄   ↕1.2 米 ↔ 1 米

叶片狭长似禾草，直立丛生，每到初夏，笔直的花茎上开放蓝紫色花。冬季的蒴果也很美观。

'雷克瑟姆毛茛'火炬花

Kniphofia 'Wrexham Buttercup'

☀❄❄❄   ↕1.2米 ↔60厘米

这种宿根植物拥有长而弯曲的狭窄绿色叶片，密集丛生。夏季开花，拨火棍似的穗状花序开放在强壮的花茎上，花色深黄。

圆穗蓼

Persicaria macrophylla

☀☀❄❄❄   ↕↔30厘米

半常绿宿根植物，叶为矛状，具醒目脉纹，花期贯穿夏秋，穗状花序浓密，花为粉色至红色。

新西兰麻

Phormium tenax

☀❄❄   ↕4米 ↔2米

很少有别的宿根植物像它一样吸引眼球。常绿叶片呈剑形，蓝灰色。夏季开花，气派的圆锥花序由蜡质深红色花组成。♥

'花叶'条纹庭菖蒲

Sisyrinchium striatum 'Aunt May'

☀❄❄❄   ↕50厘米 ↔30厘米

这种宿根植物酷似鸢尾，醒目的叶片扇状排列，叶呈剑形，灰绿色，有显著的奶油黄色条纹。夏季开花，坚硬的穗状花序由秸秆黄色花组成。

软叶丝兰

Yucca flaccida

☀❄❄❄   ↕55厘米 ↔1.5米

表现可靠的常绿植物，叶狭窄，为深蓝绿色，边缘有束状纤维，莲座状醒目簇生。夏季开花，花序硕大，花为象牙白色。

叶片为剑形或带形的草本宿根植物

'蓝色巨人'百子莲（*Agapanthus* 'Blue Giant'），
见90页
白阿福花（*Asphodelus albus*）
白芨（*Bletilla striata*）
鲍氏文珠兰（*Crinum x powellii*），见46页
马氏雄黄兰（*Crocosmia masoniorum*），见110页
拜占庭普通唐菖蒲（*Gladiolus communis* subsp.
byzantinus），见39页
萱草（*Hemerocallis fulva*）
'谢尔福德巨人'鸢尾（*Iris* 'Shelford Giant'）
'极品'火炬花（*Kniphofia* 'Royal Standard'）
匙叶肖鸢尾（*Moraea spathulata*）
宝典纳丽花（*Nerine bowdenii*）

叶深裂或有深锯齿的宿根植物

拥有醒目完整叶片的宿根植物数量众多，导致对拥有深裂或深锯齿叶片的植物的需求增加，因为它们可以用来营造有趣的对比。幸运的是，它们的数量和种类都很丰富，而且其中的许多还拥有美丽的花。

亨氏七叶鬼灯擎
Rodgersia aesculifolia var. *henrici*
☼ ❋ ❋ ❋ ❋　　　　　　↕↔ 1 米

所有鬼灯擎都拥有漂亮的叶片，不过这种尤其宜人。它的硕大叶片好像七叶树，夏季开花，羽状花序为粉色或白色。

'橙粉'落新妇
Astilbe 'Bronce Elegans'
☼ ❋ ❋ ❋ ❋　↕30 厘米 ↔ 25 厘米

最小、最秀丽的落新妇之一，深绿色叶片似蕨类，有光泽，丛生。夏末开花，小而整齐的羽状花序由粉红色小花组成。❦

红波罗花
Incarvillea delavayi
☼ ❋ ❋ ❋ ❋　↕60 厘米 ↔ 30 厘米

叶醒目丛生，深裂，深绿色，光是叶片就很漂亮，夏季开花时更吸引眼球。花为玫瑰粉色，喇叭状。

羽裂华蟹甲草
Sinacalia tangutica
☼ ❋ ❋ ❋ ❋　　　　　↕1.2 米 ↔ 无限

匍匐根茎长出粗壮的深色茎，覆盖着尖锐的深裂叶片。秋季开花，黄色花序硕大，呈圆锥形。具有入侵性。

单穗类叶升麻深紫群
Actaea simplex Atropurpurea Group
☼ ❋ ❋ ❋　　　　　　↕1.2 米 ↔ 60 厘米

叶硕大而多裂，深绿色至紫色，松散丛生。秋季开花，长圆柱形总状花序位于植株顶端，花小，白色，花茎深色。

掌叶橐吾
Ligularia przewalskii
☼ ❋ ❋ ❋ ❋　　　　　↕2 米 ↔ 1 米

这种健壮的宿根植物会长出一大丛裂片尖锐的深裂圆形叶片，很容易辨认。夏季开花，细长花序由黄色小花组成，花茎颜色深。

叶深裂或有深锯齿的其他宿根植物

刺老鼠簕多刺群（*Acanthus spinosus* Spinosissimus Group），见 126 页
日本乌头（*Aconitum japonicum*）
'蓬乱'大星芹（*Astrantia major* 'Shaggy'），见 106 页
掌裂老鹳草（*Geranium palmatum*），见 129 页
黄山梅（*Kirengeshoma palmata*），见 115 页
大头橐吾（*Ligularia japonica*）
唐古特大黄（*Rheum palmatum* var. *tanguticum*），见 129 页
羽叶鬼灯擎（*Rodgersia pinnata*），见 67 页
鬼灯擎（*Rodgersia podophylla*），见 139 页

观叶效果

拥有羽状叶片的宿根植物

某些宿根植物的叶片拥有精致的裂刻样式，创造出一种引人注目的羽状或类似蕨类的效果。它们能够为其他更醒目的叶片提供完美的背景，或者让鲜艳的花朵在精致叶片的映衬下脱颖而出。很多种类还可以在花园中的重要位置成为优秀的标本植物，或者种植在容器中。

欧香叶芹
Meum athamanticum
☼ ❋ ❋ ❋   ↕45 厘米 ↔ 30 厘米

和茴香一样，它也是伞形科的一员，拥有类似的羽状深裂叶片，而且也有香味。夏季开花，浓密的花序由微小的白色单花组成。

掌叶铁线蕨
Adiantum pedatum
☼ ❋ ❋ ❋   ↕↔40 厘米

只要种植在避风遮阳的湿润地点，假以时日，这种可爱的耐寒蕨类就会长出一大丛细长、有光泽的黑色叶柄，深裂的羽状复叶非常精致。❦

地柏枝
Corydalis cheilanthifolia
☼ ❋ ❋ ❋ ❋   ↕30 厘米 ↔ 25 厘米

叶细裂，有橙色晕斑，每片叶子都像一枚绿色的羽毛。春夏开花，细长的总状花序由深黄色花组成。条件适宜的话会在周围自播。

拥有羽状叶片的其他宿根植物

'红后'蓍（*Achillea millefolium* 'Cerise Queen'）
细叶铁线蕨（*Adiantum venustum*）
春金盏花（*Adonis vernalis*），见 104 页
'切尔西女郎'木茼蒿（*Argyranthemum gracile* 'Chelsea Girl'）
'灰毛'白蒿（*Artemisia alba* 'Canescens'）
大阿魏（*Ferula communis*）
曲轴蕨（*Paesia scaberula*）
多鳞耳蕨羽裂群（*Polystichum setiferum* Plumosodivisilobum Group）
细叶亮蛇床（*Selinum wallichianum*），见 108 页

伞形假升麻
Aruncus aethusifolius
☼ ❋ ❋ ❋ ❋   ↕25 厘米 ↔ 40 厘米

一种迷人的小型植物，叶片细裂，鲜绿色，在秋季变为橙色或黄色。夏季开花，羽状花序小，由白色小花组成。❦

'紫叶'茴香
Foeniculum vulgare 'Purpureum'
☼ ❋ ❋ ❋   ↕1.8 米 ↔ 45 厘米

这种茴香拥有细裂羽状叶片，幼叶为铜紫色，逐渐变为蓝绿色。夏季开花，花序扁平，由黄花组成。

金粉蕨
Onychium japonicum
☼ ❋ ❋ ❋ ❋   ↕50 厘米 ↔ 30 厘米

一种优雅的蕨类，细长坚硬的枝条上长出一丛浓密的细裂鲜绿色羽状复叶。某些品种的耐寒性较差，最好在温室中栽培。

125

叶片带刺的宿根植物

对于某些园丁，叶片多刺植物的锯齿效果绝对令人着迷。这些独特的植物株型常常整齐又不失观赏性，能够为花境带来结构感，或者成为醒目的标本植物。许多种类特别适用于干旱地点，因为它们的多刺叶片是特化适应的表现，能够最大程度地减少水分损失。

变叶刺芹

Eryngium variifolium

☼ ❀ ❀ ❀　　　　　↕35 厘米 ↔ 25 厘米

一种美丽的常绿植物，叶圆，具银色脉纹，莲座状丛生。每到夏季，直立分叉的茎上就会长出小小的灰蓝色头状花序，花序基部有刺状白色总苞。

刺老鼠簕多刺群

Acanthus spinosus Spinosissimus Group

☼ ❀ ❀ ❀ ❀　　　　↕1.2 米 ↔ 60 厘米

叶硕大，深裂，绿或灰绿色，拥有白色中脉和多刺边缘。春夏开花，总状花序高，花为白色，有紫色苞片。

叶片带刺的其他宿根植物
大头伯希亚（*Berkheya macrocephala*）
球花蓝刺头（*Echinops sphaerocephalus*）
刺芹属植物（*Eryngium pandanifolium*），见 28 页
刺芹属植物（*Eryngium proteiflorum*）
鸡冠刺桐（*Erythrina crista-galli*），见 46 页
束花凤梨（*Fascicularia bicolor*），见 47 页
羊茅属植物（*Festuca punctoria*）
大翅蓟（*Onopordum acanthium*）
高山普亚凤梨（*Puya alpestris*），见 47 页
凤尾兰（*Yucca gloriosa*），见 37 页

黄针叶芹

Aciphylla aurea

☼ ❀ ❀ ❀　　　　　↕↔ 1 米

生长缓慢的常绿植物，叶片莲座状直立丛生，叶坚硬，末端有刺，深裂，灰绿色，有醒目的金黄色中脉和边缘。

紫花伯希亚

Berkheya purpurea

☼ ❀ ❀　　　　　↕↔ 40~75 厘米

叶片莲座状基生。仲夏开花，直立花茎上长出由若干紫色头状花序组成的松散花序。全株多刺。'银花'（'Silver Spike'）品种拥有银色的舌状花。

智利普亚凤梨

Puya chilensis

☼ ❀ ❀ ❀　　　　　↕4 米 ↔ 2 米

叶革质，常绿，剑形，具刺状锯齿。数年之后，巨大的莲座状丛生叶片中就会长出高而粗壮的茎干，顶端着生蜡质、黄绿色花组成的花序。

观叶效果

叶片有香味的宿根植物

　　气味能够在花园中发挥重要作用，唤起人们的共鸣，而且通常总是和花香联系在一起。然而，大多数宿根植物的叶片也会散发出哪怕极淡的芳香，某些种类的叶片甚至还有非常独特或者强烈的气味。在很多情况下，只需轻轻揉搓就能释放这些香味。

'六山巨人'假荆芥

Nepeta 'Six Hills Giant'

☼ ※ ※ ※　　　　　　↕90厘米 ↔60厘米

这种浓密的灌丛状簇生植物拥有浅灰绿色的芳香叶片，夏季开放的穗状花序上也长有叶片，花色蓝紫。颇受猫的喜爱，不过也会被它们破坏。

'雪花石膏'茴萝藿香

Agastache foeniculum 'Alabaster'

☼ ※ ※ ※　　　　　　↕90厘米 ↔30厘米

茎直立，绿色叶被毛，有茴香气味，背面颜色较浅。仲夏至秋季开花，圆锥花序由白色唇形花组成，受蜜蜂喜爱。

狭叶蜡菊

Helichrysum italicum

☼ ※ ※　　　　　　　↕60厘米 ↔90厘米

宿根植物或亚灌木，茎多毛，基部木质化，叶有香味，常绿，狭窄，表面毛毡状，银灰色。夏季开花，头状花序为深黄色。✿

叶片有香味的其他宿根植物
菖蒲（*Acorus calamus*）
'紫叶'茴香（*Foeniculum vulgare* 'Purpureum'），见125页
狭叶蜡菊亚种（*Helichrysum italicum* subsp. *serotinum*）
'威斯里蓝'花韭（*Ipheion uniflorum* 'Wisley Blue'），见59页
蜜蜂花叶异香草（*Melittis melissophyllum*），见79页
'花叶'苏格兰薄荷（*Mentha x gracilis* 'Variegata'）
柠檬辣薄荷（*Mentha x piperita* f. *citrata*）
'花叶'香薄荷（*Mentha suaveolens* 'Variegata'）
香没药（*Myrrhis odorata*），见55页
'红凤梨'雅美鼠尾草（*Salvia elegans* 'Scarlet Pineapple'）

'重瓣'果香菊

Chamaemelum nobile 'Flore Pleno'

☼ ※ ※ ※　　　　　　↕30厘米 ↔45厘米

有香味的蔓性小型宿根植物，叶细裂，多毛，浓密生长成垫状。夏季开花，花量大，重瓣白色花序具长柄。

香蜂草

Melissa officinalis

☼ ※ ※ ※ ※　　　　　↕1米 ↔60厘米

揉搓时，这种灌丛状宿根植物的叶片会散发出柠檬香味。每到夏季，它的四棱茎上就会长出浅黄色穗状花序并逐渐变成白色。

'黄斑'药用鼠尾草

Salvia officinalis 'Icterina'

☼ ※ ※ ※　　　　　　↕↔30厘米

药用鼠尾草是很受欢迎的厨房花园香草，这是它的一个花叶品种。植株低矮，茎基部木质化。漂亮的叶片有香味，常绿，被毛，绿黄相间。✿

127

叶片醒目的宿根植物

　　像玉簪和观赏大黄这样叶片硕大醒目的宿根植物，能够为花园提供一些最令人难忘的精彩景致。在空间不成问题的地方，将它们群植或片植能够吸引许多目光，不过即使在较小的花园里，它们也可以作为孤植标本植物得到同样成功的效果，甚至更引人注目。

喀什米尔楤木
Aralia cachemirica

☼ ❋ ❋ ❋　　　　　　↕3米 ↔2米

只要种植在良好的地点，这种楤木属植物就会长成一大丛萌蘖植株，拱状弯曲的叶片硕大且深裂。初夏开花，微小单花组成高而分叉的花序，结黑色浆果。

澳大利亚蚌壳蕨
Dicksonia antarctica

☼ ❋ ❋ ❋　　　　　　↕6米 ↔4米

气势十足的常绿蕨类，单生地下茎形成粗壮的直立假主干，覆盖着厚而浓密的根系以及一大丛复叶。☯

山荷叶
Astilboides tabularis

☼ ❋ ❋ ❋　　　　　　↕1.5米 ↔1.2米

每到夏季，奶油白色小花组成的细长羽状花序就会耸立在一大丛叶片上方，叶具长柄，圆形，有尖锯齿，被软毛。喜湿润土壤。

槭叶蚊子草
Filipendula purpurea

☼ ❋ ❋ ❋　　　　　　↕1.2米 ↔60厘米

茎直立，紫红色，醒目丛生，叶硕大，深裂，有锯齿。夏季开花，羽状花序高而分叉，由胭脂红色小花组成。☯

観叶效果

掌裂老鹳草

Geranium palmatum

☼ ❄❄❄ ↕↔ 1 米

叶具长柄, 深锐裂, 常绿, 莲座状丛生。夏季开花, 一大丛叶片上方长出紫粉色花组成的分枝花序。♈

'老爹'玉簪

Hosta 'Big Daddy'

☼ ❄❄❄❄ ↕60 厘米 ↔ 1 米

拥有硕大的丛生叶片, 叶呈圆形或心形, 有脉纹和褶皱, 蓝灰色, 被粉衣。夏季开花, 花色灰白。

'红桃A'大黄

Rheum 'Ace of Hearts'

☼ ❄❄❄ ↕1.2 米 ↔ 90 厘米

心形叶片醒目丛生, 叶表面脉纹为红色, 背面脉纹为紫红色。夏季开花, 分枝茎上生长浅粉白色花组成的松散花序。

唐古特大黄

Rheum palmatum var. *tanguticum*

☼ ❄❄❄❄ ↕2.5 米 ↔ 1.8 米

硕大的叶片引人注目, 边缘有参差不齐的锯齿, 幼嫩时呈红色。夏季开花, 花序分叉, 由白色、红色或粉色花组成。种在水边效果极佳。

臭菘

Symplocarpus foetidus

☼ ❄❄❄ ↕↔ 60 厘米

春季开花, 奇特的兜状紫红色花开放之后, 长出一丛硕大的革质叶片。作为一种优良的沼泽植物, 需要大量水分。

蒂立菊

Telekia speciosa

❄❄❄❄ ↕2 米 ↔ 1.2 米

这种高大健壮的植物会形成一大批分枝茎, 茎上生长心形叶片。夏末和秋季开花, 头状花序为黄色, 花心逐渐变成棕色。

绿藜芦

Veratrum viride

☼ ❄❄❄ ↕2 米 ↔ 60 厘米

叶比花更引人注目。鲜绿色叶片丛生, 有褶皱, 春季萌发。夏季开花, 穗状花序高且分叉, 小花呈星状, 黄绿色。♈

观叶效果

129

叶片有金黄色彩斑的宿根植物

叶片有金黄色斑块或斑点的花叶宿根植物和观赏草能够为深绿色叶片占优势的花境带来温暖和明亮的感觉，并常常因此备受珍视。

许多此类宿根植物还是引人注目的标本植物，无论是种在容器中还是小型花坛里均是如此。

'金线'箱根草

Hakonechloa macra 'Aureola'

☼❀❀❀　　　　↕35 厘米 ↔ 40 厘米

所有禾草中最宜人的种类之一，黄色叶片有绿色条纹，低矮丛生。秋季长出圆锥状花序，小穗稀疏，叶片变成红色。☑

普通楼斗菜斑叶群

Aquilegia vulgaris Vervaeneana Group

☼❀❀❀❀　　　　↕90 厘米 ↔ 45 厘米

楼斗菜是最受喜爱的传统村舍花园植物，这是它的一种有趣的类型，漂亮的深裂叶片上有黄色条纹和色块。春季或夏季开花，花为白色、粉色或紫色。

'哈德威克宫'铃兰

Convallaria majalis 'Hardwick Hall'

☼❀❀❀　　　　↕23 厘米 ↔ 30 厘米

铃兰是一种深受大众喜爱的宿根植物，这是它的一个优良品种，会慢慢形成一片直立枝条。叶对生，呈鲜绿色，有漂亮的脉纹和浅黄色边缘。

叶片有金黄色彩斑的其他宿根植物

'厚望'玉簪（*Hosta* 'Great Expectations'）
'金边'山地玉簪（*Hosta montana* 'Aureomarginata'），见 153 页
蓝粉玉簪（*Hosta sieboldii* f. *kabitan*）
金斑紫萼（*Hosta ventricosa* var. *aureomaculata*）
'德拉姆'紫花野芝麻 [*Lamium maculatum Golden Anniversary* ('Dellam')]
'花叶'苏格兰薄荷（*Mentha* x *gracilis* 'Variegata'）
'黄波'麻兰（*Phormium* 'Yellow Wave'）
'斑叶'玉竹（*Polygonatum odoratum* var. *pluriflorum* 'Variegatum'）
'黄斑'虎耳草（*Saxifraga* 'Aureopunctata'）

金叶苔草

Carex oshimensis 'Evergold'

☼❀❀❀❀　　　　↕30 厘米 ↔ 35 厘米

鲜艳的小型常绿宿根植物，形成一丛低矮的弯曲禾草状深绿叶片，所有叶片的中央都有一条奶油黄色宽条带。☑

'金边'蒲苇

Cortaderia selloana 'Aureolineata')

☼❀❀❀　　　　↕2.2 米 ↔ 1.5 米

蒲苇是一种常见的常绿禾草，它的这个花叶品种会长出一大丛具有锯齿和黄色边缘的叶片。夏季开花，高高的羽状花序是额外惊喜。☑

'金本位'玉簪

Hosta 'Gold Standard'

❀❀❀❀　　　　↕65 厘米 ↔ 1 米

这种宿根植物有一种奇特之美，心形叶片丛生，绿黄色叶片有绿色边缘。夏季开花，花茎高，花色蓝紫。

観叶效果

'金边'紫萼

Hosta ventricosa 'Aureomarginata'

☼ ❀❀❀   ↕50 厘米 ↔1 米

植株硕大醒目，绿色叶丛生，心形，有深色脉纹，形状不规则的黄色边缘会逐渐变成奶油白色。夏季开花，高高的茎上开深紫色花。♡

'花叶'香根鸢尾

Iris pallida 'Variegata'

☼ ❀❀❀   ↕1.2 米 ↔60 厘米

令人印象深刻的花叶宿根植物，株丛粗壮，叶呈剑形，灰绿色或绿色，有浅黄色条纹。春末开有香味的蓝色花。♡

'斑叶'芒

Miscanthus sinensis 'Zebrinus'

☼ ❀❀❀   ↕↔1.2 米

传统流行品种，尤其适合标本式种植。茎细长、秸秆状、醒目丛生，细长的绿色叶片上有白色或浅黄色条带。♡

'金匠'聚合草

Symphytum 'Goldsmith'

☼ ◐ ❀❀❀   ↕↔30 厘米

作为一流的地被，这种蔓性植物会形成一大片被毛叶片，叶片有形状不规则的金色或奶油色边缘。春季开蓝色花，有白色和粉色晕。

'塔夫之金'千母草

Tolmiea menziesii 'Taff's Gold'

☼ ◐ ❀❀❀   ↕50 厘米 ↔60 厘米

半常绿植物，松散丛生，叶有毛，裂刻可爱，浅绿色，有奶油色和浅黄色斑点、色块。花小，不起眼。♡

'苏珊·史密斯'红车轴草

Trifolium pratense 'Susan Smith'

☼ ❀❀❀   ↕15 厘米 ↔45 厘米

这种垫状宿根植物标志性的叶片由三枚小叶组成，布满了奇特而美观的网状金黄色脉纹。

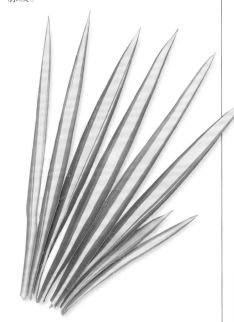

'金剑'软叶丝兰

Yucca flaccida 'Golden Sword'

☼ ❀❀❀   ↕1.5 米 ↔1 米

醒目丛生的常绿植物，坚硬的剑形、蓝绿色叶片正中央有一条黄色条带。夏末开花，白色钟形花组成圆锥花序。♡

叶片有黄色条纹的其他禾草

'黄斑'草原看麦娘（*Alopecurus pratensis* 'Aureovariegatus'）

花叶大甜茅（*Glyceria maxima* var. *variegata*）

白纹阴阳竹（*Hibanobambusa tranquillans* 'Shiroshima'）

'戈德费德'芒（*Miscanthus sinensis* 'Goldfeder'）

'花叶'芒（*Miscanthus sinensis* 'Variegatus'）

'花叶'莫离草（*Molinia caerulea* 'Variegata'）

'花叶'芦苇（*Phragmites australis* 'Variegatus'）

花秆苦竹（*Pleioblastus auricomus*）

'黄边'草原网茅（*Spartina pectinata* 'Aureomarginata'）

观叶效果

叶片有白色或奶油色彩斑的宿根植物

一个有趣的事实是，叶片拥有白色或奶油色彩斑的宿根植物比金黄色花叶宿根植物的种类多得多。彩斑形状多种多样，有条纹、斑点、斑块、大理石纹路或边缘线条等，这些叶片能够和绿叶或紫叶植物形成有用的对比，可以点亮花园中的阴暗角落和沉闷无趣的植物组合。

'花叶'马萝卜

Armoracia rusticana 'Variegata'

☼❋❋❋　　　　　　　↕1 米 ↔ 45 厘米

著名的马萝卜的花叶品种，叶片硕大、簇生、质地粗糙、全部或部分呈白色。夏季开花，分叉茎上开白色花朵。

'白条'铃兰

Convallaria majalis 'Albostriata'

❋❋❋❋　　　　　　　↕23 厘米 ↔ 30 厘米

铃兰是最受喜爱的花园宿根植物之一，这是它的一个美丽的品种，叶片布满纵向奶油白色条纹。春季开花，花序由低垂的白色钟形花组成，有香味。

'花叶重瓣'萱草

Hemerocallis fulva 'Variegated Kwanso'

☼❋❋❋　　　　　　　↕75 厘米 ↔ 1.2 米

醒目丛生，长条形拱状弯曲叶片有白色边缘。夏季开花，花开放在叶片上方的强壮花茎上，重瓣，橙色至棕色。

'乳斑'大叶蓝珠草

Brunnera macrophylla 'Dawson's White'

❋❋❋❋　　　　　　　↕45 厘米 ↔ 60 厘米

心形叶低矮丛生，表面被柔毛，有形状不规则的奶油色边缘。每到春季，叶片上方就长出蓬松的花序，小花为亮蓝色，似勿忘我。

'银边'常绿大戟 *Euphorbia characias*
subsp. *characias* 'Burrow Silver'

☼❋❋　　　　　　　↕↔ 1.2 米

这种常绿植物呈灌丛状，茎基部木质化，拥有浓密的灰绿色叶片，叶边缘为奶油色。春夏开花，圆形花序由鲜艳的黄绿色花组成。

'变色'玉簪

Hosta 'Shade Fanfare'

☼❋❋❋　　　　　　　↕45 厘米 ↔ 60 厘米

非常适合做地被，叶丛生，醒目的心形叶片拥有形状不规则的奶油色边缘，并逐渐变成白色。夏季开花，花色蓝紫。♡

观叶效果

'花斑'锥花福禄考

Phlox paniculata 'Harlequin'

☼❋❋❋   ↕1.2 米 ↔1 米

直立茎健壮丛生, 叶片有醒目的奶油白色边缘。夏季开花, 茎顶端的圆锥花序由红紫色花组成, 有芳香。

'斑叶'俄罗斯聚合草

Symphytum x *uplandicum* 'Variegatum'

☼❋❋❋   ↕90 厘米 ↔ 60 厘米

适应性强的深根性宿根植物, 长出一丛壮观的白边叶片。在夏季, 带有醒目花斑的茎上开放蓝色和粉色花。♥

叶片有白色或奶油色彩斑的其他宿根植物
'森宁代尔花叶' 大星芹 (*Astrantia major* 'Sunningdale Variegated')
'奶油' 大叶蓝珠草 (*Brunnera macrophylla* 'Hadspen Cream')
'银色花叶' 香根鸢尾 (*Iris pallida* 'Argentea Variegata'), 见 73 页。
'亚历山大' 细腺珍珠菜 (*Lysimachia punctata* 'Alexander')
'花叶' 香薄荷 (*Mentha suaveolens* 'Variegata')
'安茹的风' 花葱 (*Polemonium caeruleum* 'Brise d'Anjou')
'条纹' 杂种黄精 (*Polygonatum* x *hybridum* 'Striatum')
'白斑' 水玄参 (*Scrophularia auriculata* 'Variegata')

'花叶'随意草

Physostegia virginiana 'Variegata'

☼❋❋❋❋   ↕↔45 厘米

种植简单, 柳叶形叶片和直立枝条都呈灰绿色并有白色花斑。夏末长出穗状花序, 花为洋红色至粉色。

'五月时节'勿忘草

Myosotis scorpioides Maytime ('Blaqua')

☼❋❋❋   ↕↔30 厘米

这种水畔植物拥有引人注目的花斑, 能够形成一片片醒目的白边叶片。初夏开花, 花序由亮蓝色花组成。

'罗伊·戴维森'肺草

Pulmonaria 'Roy Davidson'

☼☼❋❋❋❋   ↕30 厘米 ↔ 60 厘米

丛生半常绿叶片有粗毛和白色斑点, 是一种优良地被。春季开花, 花朵簇生, 管状, 蓝红相间。会在周围自播。

'花叶'蔓长春花

Vinca major 'Variegata'

☼☼❋❋❋   ↕45 厘米 ↔ 2 米

这种生长迅速的攀援常绿植物会将叶片铺成毯状, 叶对生, 有引人注目的奶油白色边缘。冬末至春季开花, 花色浅蓝。♥

叶片金黄的宿根植物

数量惊人的花园宿根植物曾经产生过拥有金黄色叶片的芽变。有些植物的最佳观叶效果出现在春季；对另外一些植物而言，这种金黄色能够持续整个夏季。所有这些植物都在花园中发挥重要的作用，尤其是在半阴或光线昏暗的角落，或者用来和绿色及紫色植物形成对比。

观叶效果

'点金神手'玉簪

Hosta 'Midas Touch'

☼ ✻ ✻ ✻   ↕50 厘米 ↔ 65 厘米

叶片金黄的玉簪品种众多，但它是最好的之一。叶片硕大醒目，表面有漂亮的波状起伏，夏季开蓝紫色花。

'柔黄'普通楼斗菜

Aquilegia vulgaris 'Mellow Yellow'

✻ ✻ ✻ ✻   ↕60 厘米 ↔ 45 厘米

普通楼斗菜是村舍花园中的常见植物，这是它的一个漂亮品种，叶片在春季为金黄色，夏季逐渐变成黄绿色，开白色至淡蓝色花。

'金叶'丛生苔草

Carex elata 'Aurea'

☼ ✻ ✻ ✻   ↕70 厘米 ↔ 90 厘米

这种叶片丛生的苔草大概是适用于水畔的最佳金叶宿根植物，拥有弯曲的禾草状叶片，呈金黄色。在溪流或水池边效果极佳。♡

'加农之金'紫花野芝麻

Lamium maculatum 'Cannon's Gold'

✻ ✻ ✻   ↕20 厘米 ↔ 1 米

有粗锯齿的半常绿叶片在春季和夏季铺成一片柔黄色的地毯。初夏开洋红色至粉色花。

'奥拉尔之金'金蝉脱壳

Acanthus mollis 'Hollard's Gold'

☼ ✻ ✻ ✻   ↕1.5 米 ↔ 90 厘米

丛生，叶片硕大，深裂，冬末萌发时为金绿色，夏季逐渐变成浅黄绿色。夏末开花，高而多刺的穗状花序由紫白相间的小花组成。

'金砖'山矢车菊

Centaurea montana 'Gold Bullion'

☼ ✻ ✻   ↕45 厘米 ↔ 60 厘米

颇受喜爱的传统花园植物山矢车菊的一个美丽的金叶品种。春季和初夏的醒目叶色为硕大的蓝色花序提供了完美的背景。

'金色'铜钱珍珠菜

Lysimachia nummularia 'Aurea'

☼ ✻ ✻ ✻   ↕5 厘米 ↔ 无限

作为最鲜艳、最可靠的金叶植物之一，它的毯状常绿匍匐茎在荫蔽下会变成绿黄色。夏季开黄花。♡

'蓝金'无毛紫露草

Tradescantia Andersoniana Group 'Blue and Gold'

☼ ❄ ❄ ❄　　　　　　　　↕↔ 45 厘米

植株丛生，肉质茎直立，叶呈长条形，布满黄晕。每到夏季，茎上深蓝色的三花瓣花朵就和叶片形成鲜明的对比。

'全金'香蜂草

Melissa officinalis 'All Gold'

☼ ❄ ❄ ❄　　　　　　　　↕↔ 60 厘米

灌丛状宿根植物，茎叶浓密丛生，有柠檬香气和大块黄晕。春季和夏初的观叶效果尤其出色。

'黄叶'高加索缬草

Valeriana phu 'Aurea'

☼ ❄ ❄ ❄ ❄　　　　↕ 1.5 米 ↔ 60 厘米

高而分枝的宿根植物，主要魅力在于春季金黄色的叶片，到夏季逐渐变成绿色。夏末开小白花。

'黄叶海伦'绵毛水苏

Stachys byzantina 'Primrose Heron'

☼ ❄ ❄ ❄　　　　　↕ 45 厘米 ↔ 60 厘米

长势苗壮的常绿宿根植物，灰色茎多毛，丝绒质感，浓密丛生成毯状，叶片呈"羊耳状"，春季和初夏有大片黄色晕染。

'金岛'菊蒿

Tanacetum vulgare 'Isla Gold'

☼ ❄ ❄ ❄　　　　　　　　↕↔ 90 厘米

精美的园艺菊蒿的金叶类型，直立茎醒目丛生，覆盖着发黄的细裂芳香叶片。夏季开花，花序为黄色。

叶片金黄的其他宿根植物
'奥贡'石菖蒲（*Acorus gramineus* 'Ogon'）
'黄金骑士'丛生苔草（*Carex elata* 'Knightshayes'）
'塔特拉之金'曲芒发草（*Deschampsia flexuosa* 'Tatra Gold'）
'金心'荷包牡丹（*Dicentra spectabilis* 'Gold Heart'）
'金叶'旋果蚊子草（*Filipendula ulmaria* 'Aurea'）
'金心'山桃草（*Gaura lindheimeri* 'Corrie's Gold'）
'金砖'臭铁筷子（*Helleborus foetidus* 'Gold Bullion'）
'诚信'玉簪（*Hosta* 'Sum and Substance'），见 71 页
'褐波'玉簪（*Hosta* 'Zounds'），见 66 页
'金叶'紫花野芝麻（*Lamium maculatum* 'Aureum'）
'金叶'森林地杨梅（*Luzula sylvatica* 'Aurea'）
'金黄'粟草（*Milium effusum* 'Aureum'），见 33 页
'考特斯布鲁克金'两栖蓼（*Persicaria amplexicaulis* 'Cottesbrooke Gold'）
'春之金'伊比利亚聚合草（*Symphytum ibericum* 'Gold in Spring'）
'弓箭手之金'宽叶百里香（*Thymus pulegioides* 'Archer's Gold'）
'特里汉'平卧婆婆纳（*Veronica prostrata* 'Trehane'）

观叶效果

拥有银色或蓝灰色叶片的宿根植物

在花园中，拥有银色或蓝灰色叶片的宿根植物（全株常常也是相似的颜色）可以用来分隔颜色浓烈的植物，例如叶片为红色、紫色甚至绿色的植物。它们还能为色调柔和的淡彩色花提供可爱的背景，尤其是粉色、粉紫色、淡蓝色和黄色花。虽然种类繁多的宿根植物都能用于灰色或银色花境，不过它们也可以作为标本植物营造出令人难忘的效果，或者和其他宿根植物群植在容器中，营造对比效果。大多数拥有银色叶片的植物喜温暖、阳光充足的地点。

西班牙菜蓟
Cynara cardunculus
☼ ❋ ❋ ❋　　　　　　‡1.5 米 ↔ 1.2 米

株型硕大整齐，醒目丛生，叶深裂，多刺，银灰色。夏季开花，分叉枝条上长出粗壮的蓝色头状花序。☑

‘索默施内’三脉香青
Anaphalis triplinervis ‘Sommerschnee’
☼ ❋ ❋ ❋　　　　　　‡80 厘米 ↔ 60 厘米

三脉香青是一种可靠的宿根植物，这是它的一个德国品种。灰色枝条丛生，叶背面有白毛。夏末开花，白色花簇生。☑

绒毛卷耳
Cerastium tomentosum
☼ ❋ ❋ ❋　　　　　　‡8 厘米 ↔ 1.5 米

适合墙壁和全日照堤岸的最佳灰叶地被植物之一。从春末至夏季，白花点缀着毯状常绿叶片，叶表面布满绒毛。

白绵毛蒿
Artemisia ludoviciana var. *albula*
☼ ❋ ❋ ❋　　　　　　‡1.2 米 ↔ 60 厘米

茎直立簇生，细长多毛，茎生叶呈柳叶状，有尖锯齿，有芳香，被白毛。夏秋开花，白花浓密簇生。

海甘蓝
Crambe maritima
☼ ❋ ❋ ❋　　　　　　‡75 厘米 ↔ 60 厘米

这种植物甚为独特，醒目簇生，硕大的深裂扭曲叶片呈蓝绿色，被粉衣。初夏开花，分叉花序由白色小花组成。☑

‘朗崔斯’荷包牡丹
Dicentra ‘Langtrees’
☼ ❋ ❋ ❋　　　　　　‡30 厘米 ↔ 45 厘米

一种迷人的植物，蕨状银蓝色叶片簇生成团。春末夏初开花，叶上方簇生低垂的白色花。最终会绵延成片。☑

观叶效果

大雪花莲

Galanthus elwesii

☼ ❉ ❉ ❉　　　↕15 厘米 ↔ 8 厘米

这种苗壮、醒目的雪花莲属植物拥有宽阔的蓝绿色叶片，白色花低垂，内花被片上有绿色标记。最终会占据一大片空间。

拥有银色或蓝灰色叶片的常绿宿根植物
'蓝雾'囊杯狸藻（*Acaena saccaticupula* 'Blue Haze'） '波维斯城堡'蒿（*Artemisia* 'Powis Castle'），见 26 页 查塔姆阿思特丽（*Astelia chathamica*） 银毛山雏菊（*Celmisia spectabilis*），见 30 页 尼斯西亚大戟（*Euphorbia nicaeensis*），见 82 页 '以利亚蓝'蓝羊茅（*Festuca glauca* 'Elijah Blue'） '青灰月'矾根（*Heuchera* 'Pewter Moon'） 具茎火炬花（*Kniphofia caulescens*），见 120 页 '大耳朵'绵毛水苏（*Stachys byzantina* 'Big Ears'） 银白菊蒿（*Tanacetum argenteum*）

'蓝月亮'玉簪

Hosta 'Blue Moon'

☼ ❉ ❉ ❉　　　↕10 厘米 ↔ 30 厘米

生长缓慢，但值得等待，漂亮的丛生蓝绿色心形叶片被有粉衣。夏季开花，浓密的总状花序由淡灰紫色花组成。

拥有银色或蓝灰色叶片的草本宿根植物
'妮维雅'普通耧斗菜（*Aquilegia vulgaris* 'Nivea'） 菜蓟（*Cynara scolymus*） '灰蓝'玉簪（*Hosta* 'Hadspen Blue'），见 73 页 香根鸢尾（*Iris pallida*） 伞形剪秋罗（*Lychnis flos-jovis*） 博落回（*Macleaya cordata*） 大金光菊（*Rudbeckia maxima*） 钝叶地榆（*Sanguisorba obtusa*） 黄唐松草（*Thalictrum flavum* subsp. *glaucum*），见 35 页

常青异燕麦

Helictotrichon sempervirens

☼ ❉ ❉ ❉　　　↕1.5 米 ↔ 60 厘米

一种醒目的常绿禾草，形成一大丛坚硬狭窄的蓝灰色叶片。夏季开花，从一束直立茎上长出位于叶片上方的若干圆锥花序，由微小的小穗组成。♀

柳叶珍珠菜

Lysimachia ephemerum

☼ ❉ ❉ ❉ ❉　　　↕1 米 ↔ 30 厘米

这种秀美的宿根植物拥有直立茎干，密集生长柳叶状蓝绿色叶片，叶表面被粉衣。夏季开花，细长的尖顶花序由白色小花组成。

奥林匹克毛蕊花

Verbascum olympicum

☼ ❉ ❉ ❉　　　↕2 米 ↔ 60 厘米

二年生或宿根植物，株型齐整，银灰色，被白毛，拥有莲座状丛生的越冬叶片。高而分叉的茎在夏季开花，浓密的穗状花序由黄色花组成。

拥有紫色、红色或古铜色叶片的宿根植物

如果在花园种植中使用得当，拥有不同寻常的深紫色、古铜色或红色叶片的宿根植物可以和拥有颜色较浅的绿色、灰色甚至黄色叶片的植物形成引人注目的对比。在某些宿根植物中，此类叶色是持久甚至永久性的，如'布鲁内特'单穗类叶升麻（Actaea simplex 'Brunette'），而在另外一些植物中，此类叶色主要是新萌发的枝叶创造出的春季效果。有时候，浓郁的叶色会搭配可爱的淡色花朵，营造出一种美观的对比，例如几种景天属植物。

白苞蒿贵州群

Artemisia lactiflora Guizhou Group

☼ ❋ ❋ ❋   ↕1.5 米 ↔ 1 米

一种长势苗壮的宿根植物，茎丛生，分叉，有深紫色晕，叶片深裂。夏季至秋季开花，花序由白色小花组成。

拥有紫色、红色或古铜色叶片的常绿宿根植物

'深紫'匍匐筋骨草（*Ajuga reptans* 'Atropurpurea'）
'紫叶'扁桃叶大戟（*Euphorbia amygdaloides* 'Purpurea'）
'毛利首长'麻兰（*Phormium* 'Maori Chief'）
新西兰麻紫花群（*Phormium tenax* Purpureum Group），见77页
'紫叶'药用鼠尾草（*Salvia officinalis* 'Purpurascens'）
'紫叶'匙叶景天（*Sedum spathulifolium* 'Purpureum'）
'奥赛罗'长生草（*Sempervivum* 'Othello'）
红钩灯心草（*Uncinia rubra*）
'格鲁吉亚蓝'阴地婆婆纳（*Veronica umbrosa* 'Georgia Blue'），见51页

'蕾切尔'矾根

Heuchera 'Rachel'

☼ ❋ ❋ ❋   ↕60 厘米 ↔ 45 厘米

这种引人注目的植物拥有低矮丛生的硕大叶片，叶皱且裂，有光泽，古铜紫色，背面为亮紫色。夏季开花，花序由灰白色小花组成。

'布鲁内特'单穗类叶升麻

Actaea simplex 'Brunette'

❋ ❋ ❋ ❋   ↕1.2 米 ↔ 60 厘米

一流的宿根植物，硕大叶片簇生，叶有裂，紫棕色。秋季开花，在叶片上方，拱状茎长出高高的总状花序，由泛紫的白色花组成。♀

'花叶'甜大戟

Euphorbia dulcis 'Chameleon'

☼ ❋ ❋ ❋   ↕↔ 30 厘米

紫色分枝茎上长出红紫色小叶片，秋季叶色更浓。夏季开花，花繁多如云，紫色。会在周围自播。

'鲜红'白茅

Imperata cylindrica 'Rubra'

☼ ❋ ❋ ❋ ❋   ↕40 厘米 ↔ 30 厘米

这种美丽的禾草拥有直立的多叶枝条和长长的绿色叶片。从末端开始，叶片迅速向下变成深血红色。夏季开花，穗状花序由银白色小穗组成。

‘紫黑’扁葶沿阶草
Ophiopogon planiscapus ‘Nigrescens’
☀❄❄❄❄　　　‡20 厘米 ↔ 30 厘米

理想的地被植物，常绿，低矮簇生。狭窄的
革质黑紫色叶片最终会蔓延成片。夏季开
花，花序细长，花色紫白。☑

‘铜色’倭毛茛
Ranunculus ficaria ‘Brazen Hussy’
☀❄❄❄❄　　　‡5 厘米 ↔ 15 厘米

小型植物，叶莲座状丛生或长成一片。叶具
长柄，有光泽，呈巧克力棕色。春季开闪闪
发亮的金黄色花，在叶片映衬下分外娇艳。

‘马特罗娜’景天
Sedum ‘Matrona’
☀❄❄❄　　　‡60 厘米 ↔ 30 厘米

从夏末至秋季，星状粉色花组成的扁平花
序生长在粗壮的紫红色肉质茎顶端，下面是
茁壮丛生的紫色肉质叶，叶表面被粉衣。☑

鬼灯擎
Rodgersia podophylla
☀❄❄❄❄　　　‡1.5 米 ↔ 1.8 米

植株硕大丛生，幼叶为铜红色，成熟叶具长
柄，深裂成数枚，秋季再次变成红色。夏季
开花，羽状花序为白色。☑

‘炫光’麻兰
Phormium ‘Dazzler’
☀❄❄❄　　　‡1 米 ↔ 1.2 米

这种麻兰拥有粗壮丛生的植株，叶常绿，拱
形弯曲，带状，革质，古铜紫色的底子上有
醒目的红色、橙色和粉色条纹。

拥有紫色、红色或古铜色叶片的草本宿根植物

‘雷文斯温’峨参(*Anthriscus sylvestris* ‘Ravenswing’)
‘紫叶’直立铁线莲(*Clematis recta* ‘Purpurea’)
‘紫叶’茴香(*Foeniculum vulgare* ‘Purpureum’)，
见 125 页
‘华紫’裂叶矾根(*Heuchera micrantha* ‘Palace Purple’)
‘爆竹’珍珠菜(*Lysimachia ciliata* ‘Firecracker’)
‘红叶’毛地黄叶钓钟柳(*Penstemon digitalis* ‘Husker Red’)
‘紫叶’大景天(*Sedum telephium* subsp. *maximum* ‘Atropurpureum’)

‘晚霞’景天
Sedum ‘Sunset Cloud’
☀❄❄❄　　　‡25 厘米 ↔ 45 厘米

最好的低矮紫叶景天属植物之一，拥有肉
质蔓生茎，叶片被粉衣。夏末和秋季开花，
花序扁平，呈粉红色。

拥有艳丽秋色叶的宿根植物

当我们想起花园中的秋色时，总是想到木本落叶植物，如槭树属或漆树科植物，而忽略了许多草本宿根植物的价值，如下列这些在冬季降临之前迸发出鲜艳色彩的种类。

拥有艳丽秋色叶的其他宿根植物

胡氏水甘草（*Amsonia hubrichtii*）
伞形假升麻（*Aruncus aethusifolius*），见125页
蓝雪花（*Ceratostigma plumbaginoides*），见50页
雨伞草（*Darmera peltata*），见66页
'火红'圆苞大戟（*Euphorbia griffithii* 'Fireglow'），见90页
大根老鹳草（*Geranium macrorrhizum*），见89页
高丛玉簪（*Hosta fortunei*）
'鲜红'白茅（*Imperata cylindrica* 'Rubra'），见138页
悍芒（*Miscanthus sinensis* 'Malepartus'），见146页
欧紫萁（*Osmunda regalis*），见67页

灰背老鹳草
Geranium wlassovianum

☀☀❄❄❄　　　　↕↔60 厘米

叶簇生，具长柄，被软毛，丝绒质感，春季萌发时为粉铜色，在秋季变成深红色，有紫铜色晕斑。

北美小须芒草
Schizachyrium scoparium

☀❄❄❄　　　　↕1 米 ↔ 30 厘米

弯曲灰绿色叶片和直立茎浓密簇生，到秋季变成紫色至橘红色。夏季开花，花序细长，小穗有须。

'卡尔·福斯特'拂子茅
Calamagrostis x *acutiflora* 'Karl Foerster'

☀❄❄❄❄　　　　↕1.8 米 ↔60 厘米

这种引人注目的丛生观赏草拥有坚硬的直立茎和拱形弯曲叶片。粉铜色小穗在秋季变成暖黄色或淡棕色。

'娜娜'雨伞草
Darmera peltata 'Nana'

☀❄❄❄❄　　　　↕35 厘米 ↔60 厘米

雨伞草的一个低矮类型，叶圆，具长柄，秋季变成红色或橘红色。茎上不生长叶片，春季成簇开粉花。

'红叶'刚毛狼草
Pennisetum setaceum 'Rubrum'

☀❄❄　　　　↕1 米 ↔60 厘米

这种禾草甚为壮观且长势强健，形成一丛直立的深紫色茎叶。穗状花序细长，弯曲或悬垂，从粉色逐渐变成粉黄色或白色。♥

费菜
Sedum aizoon

☀❄❄❄　　　　↕↔45 厘米

每到秋季，丛生泛红直立茎和带粗锯齿的肉质叶就会变成红色或橘红色。夏季开花，花序扁平，由黄色星状花组成。

观叶效果

拥有装饰性冬季叶片的宿根植物

如果说拥有鲜艳秋色叶的宿根植物在花园中很有用处，那么那些拥有装饰性冬季叶片的种类就更宝贵了。当许多植物的地上部分已经枯死或失去叶片时，这些宿根植物将肩负起点亮花境和花坛的重任，它们的叶片有黄色或白色花斑，大面积呈现红色，银色被毛，或者拥有美丽的大理石斑纹。

红叶淫羊藿
Epimedium x *rubrum*
☼✻✻✻✻ ↕↔ 30 厘米

深裂叶片丛生，幼嫩时有红晕，秋季再次变成红色并持续整个冬季。春季开花，花色为鲜红色和黄色。

‘云纹’美果芋
Arum italicum ‘Marmoratum’
✻✻✻✻ ↕ 30 厘米 ↔ 25 厘米

表现最可靠也是最吸引眼球的冬季观叶植物之一，箭形叶具浅脉纹，有光泽。早春开花，花色绿白。

银叶寒菀
Celmisia semicordata
☼✻✻✻✻ pH ↕ 50 厘米 ↔ 30 厘米

叶呈剑形，正面为灰绿色，背面为银色，丝绸质感，有毛，醒目莲座状生长或簇生。夏季开花，表面有灰毛的茎长出硕大的头状花序。

拥有装饰性冬季叶片的其他宿根植物
舌状铁角蕨皱波群（*Asplenium scolopendrium* Crispum Group），见 149 页
‘森宁代尔’岩白菜（*Bergenia* ‘Sunningdale’）
‘紫金’轮花大戟（*Euphorbia characias* subsp. *wulfenii* ‘Purple and Gold’）
‘太平洋之霜’尖叶铁筷子（*Helleborus argutifolius* ‘Pacific Frost’）
‘日落酒’麻兰（*Phormium* ‘Sundowner’）
‘豹’白斑叶肺草（*Pulmonaria saccharata* ‘Leopard’）见 121 页
大總杯花红花群（*Tellima grandiflora* Rubra Group）

‘巴拉伟’岩白菜
Bergenia ‘Ballawley’
☼✻✻✻✻ ↕ 60 厘米 ↔ 45 厘米

植株低矮丛生，绿色叶片有光泽，革质，冬季变成浓郁的古铜紫色或紫红色。春季开花，直立的红色枝条上簇生鲜红色钟形花。

早花仙客来灰叶群
Cyclamen coum Pewter Group
✻✻✻✻ ↕ 8 厘米 ↔ 10 厘米

一种很受欢迎的冬花仙客来属植物，甚为美观。叶呈肾形，表面浮现一层银白，中央常为深绿色。粉红色花更增添了它的魅力。

‘银边’常绿大戟 *Euphorbia characias* subsp. *characias* ‘Burrow Silver’
☼✻✻ ↕↔ 1.2 米

灌丛状，茎基部木质化，会形成一丛圆形叶片，醒目的叶片呈蓝绿色并有奶油色边缘。可将花序去除以维持观叶效果。

特定植物类群

某些特定种类的宿根植物如今成为了人们最有热情去收集的花园植物。它们因为叶片、花朵或株型而备受重视，越来越高的易得性也让专门化收藏的建立变得更加容易。

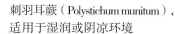

刺羽耳蕨（Polystichum munitum），适用于湿润或阴凉环境

△铁筷子　非常适合做地被，杂种铁筷子（Helleborus x hybridus）的实生苗是最宜人的宿根植物之一。

想象一下，一座花园里种满了100种不同的耐寒老鹳草，或者50种芍药属植物，抑或是多种耐寒蕨类。实际上，这样的花园有很多，而且随着园丁们依旧热衷于收集单属或单科的植物，它们的数量还在增加。花卉栽培者和妇女热衷于收集植物的历史在欧洲已经持续了至少400年，在中国和日本的历史还要多出好多个世纪，不过对特定宿根植物的热情最近又有了大幅增加。

本节中的宿根植物属于最受追捧的种类。部分植物，如雪花莲和老鹳草，很早就开始流行，已经存在数量众多的品种，而且每年还会推出更多品种。另外一些植物，如观赏草，结合了优雅的株型、叶片和花序，以及铁筷子和淫羊藿，都是较晚才"发现"的，不过如今正在被热心地收集。

混合和搭配

虽然寻找某种宿根植物尽可能多的品种会是一件充满乐趣和冒险精神的活动，但整座花园并不一定非得种满一种植物及其变异品种。如果你能够仔细挑选，只选择最佳品种或者对你有吸引力的品种，就可以将收集到的特种植物和其他花园植物种在一起，营造出全年都美观的别样效果。

建立收藏

不同种类的宿根植物极为丰富，很容易建立起适合你的花园的大小和状况的收藏。例如，景天属或虎耳草属植物可以用种植槽或容器种在市区里的小后院，而如果你选择的植物包括大型灌木或灌丛月季，就可以在它们下面种植地被植物，如耐寒老鹳草。在合适的条件下，几种不同种类的收藏可以种植在一起：耐寒蕨类、雪花莲、肺草和淫羊藿都能在对方的陪伴下茁壮生长。

△芍药　因其叶片和花而闻名，杂种芍药（Paeonia x smouthii）之类的经典品种会在花园中惊艳登场。

◁老鹳草　十分流行且种植极为简单，非常适合作为地被或者用于花境和花坛。

▷混植禾草　用于营造对比效果时，观赏草能够成为非常壮观的特种收藏。

小型禾草和莎草

长期以来遭到忽视的宿根禾草和莎草如今被重新发现了它们的观赏价值，并越来越多地得到栽培。下列推荐种类非常适用于较小的花园，能够成为花境中醒目的存在，或者用作标本植物，尤其是种在容器中。

马斯京根苔草
Carex muskingumensis
※◐❋❋❋　　　　　$\updownarrow$60 厘米 ↔ 45 厘米

这种莎草科植物有点像微型的新西兰朱蕉（*Cordyline australis*）或某种竹类，植株松散丛生，枝条直立多叶，叶片水平伸展。

'斑叶'宽叶苔草
Carex siderosticha 'Variegata'
※◐❋❋❋　　　　　$\updownarrow$30 厘米 ↔ 40 厘米

最具观赏性的苔草之一，蔓生习性很适合做地被。植株低矮，浓密丛生，叶为拱形，带状，有白色边缘。

丛花草
Chionochloa conspicua
※❋❋　　　　　$\updownarrow$1.2 米 ↔ 1 米

夏季开花，奶油白色小穗组成优雅的分枝花序，成熟时逐渐变成淡银棕色，高耸在花茎上，下方是丛生红棕色叶片。

'钻石'头序苔草
Carex phyllocephala 'Sparkler'
※◐❋❋　　　　　$\updownarrow$↔ 45 厘米

这种苔草有醒目的花斑，直立茎顶端是浓密丛生的狭长叶片，叶伸展，似禾草，有奶油色边缘。喜处于温暖地点的湿润土壤。

其他小型禾草

格兰马草（*Bouteloua gracilis*）
'金色假发'蓝羊茅（*Festuca glauca* 'Golden Toupee'）
'鲜红'白茅（*Imperata cylindrica* 'Rubra'），见 138 页
'苏人'芒（*Miscanthus sinensis* 'Sioux'）
细叶针茅（*Stipa tenuissima*），见 77 页

新西兰丛花草
Chionochloa rubra
※❋❋❋　　　　　$\updownarrow$↔ 60~90 厘米

这种粗粝的宿根植物来自山区和沼泽，适应性很强，其魅力主要在于浓密丛生的铜红色刺毛状叶片。喜湿润土壤。盆栽效果极佳。

特定植物类群

'金色施莱尔'发草

Deschampsia cespitosa 'Goldschleier'

☼ ❊ ❊ ❊ ❊ 🏵 ↕↔1 米

每到夏季，细长的茎就会长出绿色小穗组成的花序，小穗成熟后变成明亮的银黄色，高耸在醒目丛生的狭窄常绿叶片上。

蓝麦草

Elymus magellanicus

☼ ❊ ❊ ❊ ↕60 厘米 ↔ 30 厘米

无论是丛生细长叶片，还是夏季长出狭长穗状花序的茎，都呈极深的几乎有金属光泽的蓝色。作为标本植物效果很好。

'青狐'蓝羊茅

Festuca glauca 'Blaufuchs'

☼ ❊ ❊ ❊ ↕30 厘米 ↔ 25 厘米

适合营造对比效果，是最好的小型蓝叶禾草之一。它的品种名'青狐'恰如其分地描述了浓密丛生的狭窄亮蓝色叶片和坚硬的茎。🏵

芒颖大麦草

Hordeum jubatum

☼ ❊ ❊ ↕45~75 厘米 ↔ 30~45 厘米

短命宿根植物，常作为一年生植物栽培。最好用种子片植，这样才能更好地欣赏夏季具长须的肉粉色穗状花序。

东方狼尾草

Pennisetum orientale

☼ ❊ ❊ ↕60 厘米 ↔ 75 厘米

一流的标本植物，叶片狭窄浓密，整齐丛生。夏季开花，拱形枝条上的穗状花序由柔软的具长刚毛的粉红色小穗组成。🏵

线形针茅

Stipa barbata

☼ ❊ ❊ ❊ ↕75 厘米 ↔ 15 厘米

小型植株，狭窄叶片丛生。夏季开花，细长弯曲的羽状花序由具长须的小穗组成。最好和低矮灌木一起种植在排水通畅或多石砂的土壤中。

针茅属植物

Stipa pulcherrima

☼ ❊ ❊ ❊ ↕75 厘米 ↔ 45~60 厘米

"针茅"之名来自夏季精致的细长羽状弯曲花序，它们最初是绿色，然后变成白色并蓬松起来，此时是种子借助风力传播的时候。

其他小型莎草

'霜卷'膨囊苔草（*Carex comans* 'Frosted Curls'）
苔草属植物（*Carex grayi*）
'费舍尔'苔草（*Carex morrowii* 'Fisher's Form'）
金叶苔草（*Carex oshimensis* 'Evergold'），见130 页
苔草（*Carex plantaginea*）

大型观赏草

无论是作为标本植物种植在草坪中，还是和更小的宿根植物种植在林下花坛中，这些醒目的禾草都能创造出蔚为壮观的景致，尤其是在夏末或秋季的花期。它们都很容易栽培，可以孤植或群植以获得更立竿见影的效果。

'卡巴莱'芒

Miscanthus sinensis 'Cabaret'

☼❅❅❅　　　　　　‡1.8 米 ↔ 1.2 米

漂亮的丛生禾草，叶片上有醒目的白色条纹。秋季开花，羽状花序高耸在叶片上方。

宽叶拂子茅

Calamagrostis brachytricha

☼❅❅❅❅　　　　　　‡1.2 米 ↔ 1 米

夏末或秋季开花，浓密丛生的直立茎上长出狭长的穗状花序，小穗发紫。小穗随后变成温暖的棕色，非常适合营造冬季效果。❀

悍芒

Miscanthus sinensis 'Malepartus'

☼❅❅❅　　　　　　‡2.1 米 ↔ 1.5 米

一种令人印象深刻的禾草，直立茎浓密丛生，拱形弯曲叶片有时在秋季变为金橙色。银色羽状花序出现在秋季。

理氏蒲苇

Cortaderia richardii

☼❅❅❅　　　　　　‡3 米 ↔ 2 米

每到夏季，高高的茎从簇生弯曲常绿叶片中伸出，飘扬着优雅低垂的奶油白色羽状花序，冬季仍宿存于枝头。❀

'乳白穗'蒲苇

Cortaderia selloana 'Sunningdale Silver'

☼❅❅❅　　　　　　‡3 米 ↔ 2.5 米

硕大醒目的常绿蒲苇，强健的茎上有硕大的银白色羽状花序，能够持续到冬季。这是一种很受欢迎而且非常可靠的品种。❀

'晨光'芒

Miscanthus sinensis 'Morning Light'

☼❅❅❅　　　　　　‡↔ 1.2 米

由于其整齐的株型，被认为是最佳的全年观赏芒之一。叶片有白边，丛生外观似喷泉，秋季开花，羽状花序泛红。❀

'舞风'莫离草

Molinia caerulea susbp. *arundinacea* 'Windspiel'

☼ ❀❀❀   ↕2.1 米 ↔ 40 厘米

拱形弯曲叶片丛生成圆形的一团。夏末开花，细长直立的茎上长出硕大的圆锥花序，在风中摇曳，闪闪发亮。

'重金属'柳枝稷

Panicum virgatum 'Heavy Metal'

☼ ❀❀❀   ↕1.5 米 ↔ 45 厘米

一种表面有白霜的蓝色禾草，紧密簇生，茎坚硬直立，多叶，雨后也不会被压倒。仲夏开花，花序疏松，小花会从绿色变成粉色。

'武士'柳枝稷

Panicum virgatum 'Warrior'

☼ ❀❀❀   ↕1.5 米 ↔ 45 厘米

适应性强的丛生禾草，茎密集，直立，多叶。仲夏开花，茎顶端长出松散的羽状花序。秋季，全株变为金黄色。

非洲狼尾草

Pennisetum macrourum

☼ ❀❀   ↕1.8 米 ↔ 1.2 米

常绿丛生禾草，夏末秋初开花，长长的穗状花序似拨火棍。花序从浅绿色变成浅棕色，最后变成紫色。

其他大型观赏草

'大叶'芦竹（*Arundo donax* 'Macrophylla'），见 122 页
'伦达特勒里' 蒲苇（*Cortaderia selloana* 'Rendatleri'），见 28 页
荻（*Miscanthus sacchariflorus*）
'银羽毛'芒（*Miscanthus sinensis* 'Silberfeder'）
'斑叶'芒（*Miscanthus sinensis* 'Zebrinus'），见 131 页

巨针茅

Stipa gigantea

☼ ❀❀❀   ↕2~2.4 米 ↔ 1 米

最可爱的大型禾草之一，常绿叶片丛生，夏季开花，叶片上方是浓密的花序，小穗有长须，金黄色，颜色逐渐变浅。

适合湿润或阴凉区域的蕨类

在所有不开花的宿根植物中，蕨类无疑是最值得种在花园中的，提供种类多样的形状和高度，既可以用作标本植物，也可以醒目地群植。下列大多数蕨类都是中型至大型植株，只要有腐殖质丰富的土壤、合适的湿度和荫蔽环境，就能茁壮生长。

舌状铁角蕨
Asplenium scolopendrium
☀ ❋ ❋ ❋ ❋   ↕↔ 60 厘米

这种醒目蕨类的辨识度很高，常绿羽状复叶细长、革质、带状，叶背有条形棕色孢子囊。喜碱性土壤。♈

适合湿润或阴凉区域的其他蕨类

金冠鳞毛蕨（*Dryopteris affinis* 'Cristata'）
阔基鳞毛蕨（*Dryopteris dilatata*）
欧洲绵马鳞毛蕨（*Dryopteris filix-mas*）
硕鳞毛蕨（*Dryopteris goldieana*）
荚果蕨（*Matteuccia struthiopteris*），见 71 页
分株紫萁（*Osmunda cinnamomea*）
欧紫萁（*Osmunda regalis*），见 67 页
布朗耳蕨（*Polystichum braunii*）

红盖鳞毛蕨
Dryopteris erythrosora
☀ ❋ ❋ ❋ ❋   ↕↔ 60 厘米

最鲜艳多彩的耐寒蕨类之一，春夏的铜红色幼叶和有光泽的深绿色成熟越冬羽状复叶形成鲜明的对比。♈

蹄盖蕨
Athyrium filix-femina
☀ ❋ ❋ ❋   ↕ 1.2 米 ↔ 60 厘米

鲜绿色细裂羽状复叶羽毛球状丛生，姿态优雅，中央茎干为绿色或红棕色，尤其适合种在水畔。♈

大羽鳞毛蕨
Dryopteris wallichiana
☀ ❋ ❋ ❋ ❋   ↕ 90 厘米 ↔ 75 厘米

这种可爱蕨类的直立羽状复叶构成一大丛半常绿的羽毛球状植株，叶柄深色、具鳞。如果提供肥沃的土壤和遮蔽环境，它的蕨叶还能长得更高。♈

刺羽耳蕨
Polystichum munitum
☀ ❋ ❋ ❋ ❋   ↕ 90 厘米 ↔ 1.2 米

一旦形态建成，这种繁茂的蕨类就能让本来沉闷的角落或花境改头换面。它的二列状常绿复叶会形成一大丛漂亮的植株。♈

棕鳞耳蕨
Polystichum polyblepharum
☀ ❋ ❋ ❋ ❋   ↕ 60 厘米 ↔ 90 厘米

蕨叶有刺状锯齿，深裂，表面最开始被金毛，形成独特的羽毛球状植株。和其他蕨类搭配种植时，效果特别好。♈

'海伦豪森'多鳞耳蕨
Polystichum setiferum 'Herrenhausen'
☀ ❋ ❋ ❋ ❋   ↕↔ 60~75 厘米

常绿蕨类，冠幅通常大于株高，羽状复叶为浓绿色，三角形至矛形，向四周伸展。这是一种可靠且漂亮的蕨类，尤其适合搭配小型球根植物种植。

适合墙壁和岩缝的蕨类

喜欢生长在野外岩缝和悬崖上的蕨类大部分都很矮小。将它们种植在花园中条件类似的地方,例如潮湿的石墙上(如果相邻石头之间有足够空间的话)或者花盆和种植槽中,也能得到很迷人的效果。

铁角蕨
Asplenium trichomanes
☼☀❄❄❄　　　　　‡15 厘米 ↔ 20 厘米

这种常绿小型蕨类看起来精致纤弱,但生命力很强。蕨叶丛生,叶细长,叶柄为黑色,裂片整齐对生。喜碱性条件。♈

黑色铁角蕨
Asplenium adiantum-nigrum
☼☀❄❄❄　　　　　‡15 厘米 ↔ 20 厘米

生命力强的小型常绿蕨类,黑色叶柄细长坚硬,三角形绿色蕨叶有光泽、深裂、革质。在碱性土壤中生长良好。

卵叶铁角蕨
Asplenium ruta-muraria
☼☀❄❄❄❄　　　　‡10 厘米 ↔ 12.5 厘米

在野外常常和铁角蕨(*A. trichomanes*)共同生长,密集生长成一片。蕨叶小,深裂,革质,常绿。喜碱性条件。

齿缘水龙骨细叶群
Polypodium cambricum Pulcherrimum Group
☼☀❄❄❄　　　　　‡45 厘米 ↔ 60 厘米

蕨叶呈三角形至矛形,富有装饰性,深裂且裂刻齐整,尖端有顶饰。叶片在夏季萌发,直到冬末之前都保持绿色。

药用铁角蕨
Asplenium ceterach
☼☀❄❄❄　　　　　‡12.5 厘米 ↔ 25 厘米

和任何其他耐寒蕨类都很不一样,小丛簇生的常绿蕨叶背部具鳞片、深裂、带状。叶片干旱时卷曲,雨后恢复正常。

适合墙壁和岩缝的其他蕨类

铁线蕨(*Adiantum capillus-veneris*)
欧亚铁角蕨(*Asplenium viride*)
毛碎米蕨(*Cheilanthes tomentosa*)
冷蕨(*Cystopteris fragilis*)
暗紫旱蕨(*Pellaea atropurpurea*)
齿缘水龙骨(*Polypodium cambricum*)
'复裂'欧亚水龙骨(*Polypodium interjectum* 'Cornubiense'),见121页

舌状铁角蕨皱波群
Asplenium scolopendrium Crispum Group
☼☀❄❄❄　　　　　‡50 厘米 ↔ 60 厘米

一种有趣又漂亮的常绿蕨类,蕨叶呈条形,边缘为波浪状,有光泽,逐渐形成醒目的一丛,非常适用于荫蔽花境的前景。

耳羽岩蕨
Woodsia polystichoides
☼❄❄❄　　　　　　‡20 厘米 ↔ 25 厘米

适用于墙壁或岩缝的最漂亮的蕨类之一,蕨叶小簇丛生、矛状、深裂、浅绿色。可能会被春末的霜冻伤害。♈

高且茁壮的竹类

这些高大竹类茁壮而茂盛，常绿叶片有光泽，总是在风中摆动，是理想的屏障，尤其适宜种植在避风、湿润、排水通畅的土壤中。很适合用于大型花园或林地，在这些地方，它们的灌丛状生长习性不会造成问题。

业平竹
Semiarundinaria fastuosa

☀❄❄❄   ↕5米 ↔4米

株型庄严的直立竹类，茎秆有紫棕色条纹，叶片浓密。在气候冷凉地区丛生，在较温暖地区大片扩张。♀

高且茁壮的其他竹类
人面竹（*Phyllostachys aurea*）
黄槽竹（*Phyllostachys aureosulcata*）
金镶玉竹（*Phyllostachys aureosulcata* f. *spectabilis*）
毛竹（*Phyllostachys edulis*）
'博雅纳'紫竹（*Phyllostachys nigra* 'Boryana'）
黄秆乌哺鸡竹（*Phyllostachys vivax* f. *aureocaulis*）
川竹（*Pleioblastus simonii*）
业平竹属植物（*Semiarundinaria yashadake*）
斑壳玉山竹（*Yushania maculata*）

方竹
Chimonobambusa quadrangularis

☀❄❄   ↕5米 ↔ 无限

这种竹类生长迅速，老茎是奇特的四棱形，成熟时从绿色变成棕色。茎上生长一大丛拱形弯曲的绿色叶片，有光泽。

矢竹
Pseudosasa japonica

☀❄❄❄❄   ↕6米 ↔ 无限

这种漂亮的竹类通常用作屏障。植株成熟时，引人注目的成簇沉重绿色叶片将密集绿色茎干的顶端压弯。♀

粉绿竹
Phyllostachys viridiglaucescens

☀❄❄❄   ↕5米 ↔ 无限

像所有刚竹属（*Phyllostachys*）物种一样，在茎节上有对生分枝。在有光泽的茂盛叶片的重力下，大片绿色枝条被压成宽阔的拱形。

筇竹
Chimonobambusa tumidissinoda

☀❄❄❄   ↕5米 ↔ 无限

这种拥有膨大茎节的竹类源自中国，以用作手杖的原料而闻名。狭窄叶片的理想生长条件是荫蔽环境。

喜马玉山竹
Yushania anceps

☀❄❄❄   ↕4米 ↔ 无限

最受欢迎的屏障用竹类，形成一丛浓密的茎秆，茎细长而有光泽，分枝拱形弯曲或低垂，厚厚地覆盖着鲜绿色叶片。♀

丛生竹

这些竹类缓慢地长出单丛茎秆，很少有其他常绿宿根植物能够比它们更优雅、更令人印象深刻。它们的最佳展示方式是在遮阳背风草坪、花坛或林间空地中作为标本植物孤植。而且，只要不种植在潮湿的土壤中，用在水畔的效果也很好。

其他丛生竹
'纤细' 朱丝贵竹（*Chusquea culeou* 'Tenuis'）
缺苞箭竹（*Fargesia denudata*）
拐棍竹（*Fargesia robusta*）
'达马拉帕' 尼泊尔筱竹（*Himalayacalamus falconeri* 'Damarapa'）
'邱园美人' 筱竹（*Thamnocalamus crassinodus* 'Kew Beauty'）
筱竹（*Thamnocalamus spathiflorus*）

朱丝贵竹
Chusquea culeou
☀ ❊ ❊ ❊ ❊   ↕6 米 ↔ 2.5 米

密集丛生的泛黄或绿色茎秆形成令人难忘的花瓶状株丛，茎秆节间处簇生分枝，似狐尾。♡

龙头竹
Fargesia murielae
☀ ❊ ❊ ❊ ❊   ↕4 米 ↔ 3 米

很受欢迎的标本植物，形成一丛花瓶状茎秆，茎秆弯曲，被粉衣，最初为白色，先后变成绿色至黄绿色，叶片细长。♡

业平竹属植物
Semiarundinaria yamadorii
☀ ❊ ❊ ❊ ❊   ↕3 米 ↔ 2 米

装饰着漂亮的浓密绿色叶片，是一种极具个性且宝贵的竹类，高而细的绿色茎秆形成浓密直立的株丛。

华西箭竹
Fargesia nitida
☀ ❊ ❊ ❊ ❊   ↕5 米 ↔ 3 米

英文名意为"喷泉竹"，有一大丛醒目的细长拱形弯曲紫色茎秆，成熟后变成黄绿色，上面生长着许多狭窄叶片。

筱竹属植物
Thamnocalamus tessellatus
☀ ❊ ❊ ❊ ❊   ↕4 米 ↔ 2 米

醒目的纸质白色叶鞘包裹着这种密集丛生竹类高高的茎秆，产生一种条带效果。它们曾被南非祖鲁族用来制作盾牌。

精选老鹳草

　　耐寒老鹳草属植物是所有宿根植物中最受欢迎的类群之一。这部分是因为它们在花园中有很多用途，还有一部分原因在于它们丰富多样的生长习性、叶片和花朵。任何花园都应该至少有下列一部分种类。

'重瓣'喜马拉雅老鹳草
Geranium himalayense 'Plenum'
☼ ☀ ❈ ❈ ❈　　　‍‍↕25 厘米 ↔ 60 厘米

又名'伯奇重瓣'（'Birch Double'），这种漂亮的老鹳草很适合用在花境的前景。它拥有裂刻整齐的叶片，夏季开花，花松散重瓣，非常传统。

老鹳草属植物
Geranium kishtvariense
☼ ☀ ❈ ❈ ❈　　　‍‍↕30 厘米 ↔ 60 厘米

匍匐地下茎长出一片低矮的具皱深裂叶片。夏秋开花，花为鲜艳的粉紫色，有精致的线纹。

> **其他精选老鹳草**
>
> '布鲁克塞德'老鹳草（*Geranium* 'Brookside'），见 33 页
> '喀什米尔粉'克氏老鹳草（*Geranium clarkei* 'Kashmir Pink'）
> 白花斑点老鹳草（*Geranium maculatum* f. *albiflorum*）
> 掌裂老鹳草（*Geranium palmatum*），见 129 页
> '罗塞尔·普里查德'老鹳草（*Geranium* x *riversleaianum* 'Russell Prichard'），见 106 页
> 中华老鹳草（*Geranium sinense*）
> 灰背老鹳草（*Geranium wlassovianum*），见 140 页

'光环'老鹳草
Geranium 'Nimbus'
☼ ☀ ❈ ❈ ❈　　　‍‍↕40 厘米 ↔ 60 厘米

植株低矮，地下匍匐茎蔓生，形成一丛漂亮的深裂叶片，幼叶泛黄。夏季开花，花色紫粉。♡

'莉莉·洛弗尔'暗色老鹳草
Geranium phaeum 'Lily Lovell'
☼ ☀ ❈ ❈ ❈　　　‍‍↕80 厘米 ↔ 45 厘米

暗色老鹳草的一个迷人品种，浅绿色叶片裂刻美观，夏季开花，花色深紫，有白色花心。

'莎乐美'老鹳草
Geranium 'Salome'
☼ ☀ ❈ ❈ ❈　　　‍‍↕30 厘米 ↔ 2 米

植株低矮，叶片有淡淡的大理石脉纹，幼叶泛黄。暗淡的紫粉色花有深色脉纹和花心，夏秋开放。

'艾米·唐卡斯特'森林老鹳草
Geranium sylvaticum 'Amy Doncaster'
☼ ☀ ❈ ❈ ❈　　　‍‍↕70 厘米 ↔ 50 厘米

每到夏季，森林老鹳草的这个可爱的品种就会开出拥有白色花心的深蓝紫色花。它的品种名是为了纪念在花园中将它选育出来的女园丁。

华莱士老鹳草
Geranium wallichianum
☼ ☀ ❈ ❈ ❈　　　‍‍↕30 厘米 ↔ 90 厘米

植株匍匐生长，花淡紫色，有漂亮的脉纹，花期漫长，从夏季持续进入秋季。叶浅裂，有大理石状斑纹。

精选玉簪

　　玉簪属植物的品种数量已经多得数不胜数，而且每年都在增加，随之在叶形、大小、质感和颜色上带来新的变异，此外还有美丽的花。这里的精选品种非常适合孤植，或者群植或片植。它们还可以作为漂亮的盆栽植物用于铺装区域。

'巴克绍蓝'玉簪

Hosta 'Buckshaw Blue'

✺✹❆❆❆　　　↕35厘米 ↔ 60厘米

心形叶片中央略微凹陷，有醒目的脉纹和美丽的粉衣，长成引人注目的株丛。夏季开花，花低垂，开放在短柄总状花序上。

玉簪属植物

Hosta gracillima

✺✹❆❆❆　　　↕5厘米 ↔ 18厘米

种在容器中、岩石园中或墙壁上的效果都很迷人，这种微型玉簪的狭长伸展叶片拥有波浪状边缘。秋季开花，细长花序由粉紫色花组成。

其他精选玉簪

'阿佛洛狄忒'玉簪（*Hosta* 'Aphrodite'）
'厚望'玉簪（*Hosta* 'Great Expectations'）
'北方光环'玉簪（*Hosta* 'Northern Halo'）
'爱国者'玉簪（*Hosta* 'Patriot'）
'神圣'玉簪（*Hosta* 'Sagae'）
'斯诺登'玉簪（*Hosta* 'Snowden'）
'诚信'玉簪（*Hosta* 'Sum and Substance'），见71页
'夏日芳香'玉簪（*Hosta* 'Summer Fragrance'）
'褶波'玉簪（*Hosta* 'Zounds'）

狭叶玉簪

Hosta lancifolia

✺✹❆❆❆　　　↕45厘米 ↔ 75厘米

这种玉簪在花园中的栽培由来已久，表现可靠。叶松散丛生，狭长有光泽，深绿色，适合做地被。夏季开花，总状花序由紫色花组成。♥

'金边'山地玉簪

Hosta montana 'Aureomarginata'

✺✹❆❆❆　　　↕70厘米 ↔ 90厘米

形态建成缓慢，但值得等待，是适用于容器或花境的一流标本植物。叶具长柄，硕大有光泽，有形状不规则的鲜艳金色边缘。

'金冠'玉簪

Hosta 'Golden Tiara'

✺✹❆❆❆　　　↕30厘米 ↔ 50厘米

最好的小型玉簪之一，心形叶片有黄色边缘，紧凑丛生。夏季开花，花淡紫至紫色，组成高高的总状花序。♥

白背叶玉簪

Hosta hypoleuca

✺✹❆❆❆　　　↕45厘米 ↔ 90厘米

这个迷人的物种拥有硕大的浅绿色叶片，叶表面有灰色粉衣，背面呈醒目的粉白色。夏季开淡紫至白色花。

蓝叶玉簪

Hosta tokudama

✺✹❆❆❆　　　↕35厘米 ↔ 90厘米

美丽但生长缓慢，这种玉簪夏季开浅紫至白色花，叶紧凑丛生，圆形至心形，有波状皱纹，蓝绿色。

153

精选雪花莲

如果你沉醉于冬末的花园或林地中一片雪花莲开放的景象，那就准备好迎接一场惊喜吧。雪花莲属植物共有数十个不太为人所知的种类，各具特色和美丽，而且大多数种类的种植都很简单。

'奥古斯都'克里米亚雪花莲

Galanthus plicatus 'Augustus'

☀ ❋❋❋   ↕15 厘米 ↔ 8 厘米

这种健壮的雪花莲拥有相对较宽且具银色凹槽的叶片，花大且呈独特的圆形，内层花被片的尖端为绿色。

其他精选雪花莲

'本霍尔美人'雪花莲（*Galanthus* 'Benhall Beauty'）

'彗星'大雪花莲（*Galanthus elwesii* 'Comet'）

'吉因斯'雪花莲（*Galanthus* 'Ginns'）

'梅林'雪花莲（*Galanthus* 'Merlin'）

'埃尔芬斯通夫人'雪花莲（*Galanthus nivalis* 'Lady Elphinstone'）

雪花莲桑德群（*Galanthus nivalis* Sandersii Group），见104 页

'S. 阿诺特'雪花莲（*Galanthus* 'S. Arnott'）

'磁体'雪花莲

Galanthus 'Magnet'

☀ ❋❋❋   ↕20 厘米 ↔ 6 厘米

花典雅且有香味，即使是最轻微的风，也会让它们在极为细长的花梗上左右摇摆。它是最好最可靠的雪花莲之♀

雪花莲沙洛克群

Galanthus nivalis Scharlockii Group

☀ ❋❋❋   ↕↔ 10 厘米

雪花莲的有趣类型，低垂的花朵有绿色尖端，佛焰苞裂成两片，像兔子的耳朵那样立在花上。

'奥费利娅'雪花莲

Galanthus 'Ophelia'

☀ ❋❋❋   ↕15 厘米 ↔ 20 厘米

所有雪花莲收藏都不可或缺的品种，这种花期极早的雪花莲在细长的花梗上开放完全重瓣的花。外层花被片的尖端收缩，有时有绿色标记。

'约翰·格雷'雪花莲

Galanthus 'John Gray'

☀ ❋❋❋   ↕15 厘米 ↔ 8 厘米

外形精致且花期早，是最适于收藏的雪花莲之一。花梗细长、花低垂，内层花被片有绿色标记。

'铁臂阿童木'雪花莲

Galanthus 'Mighty Atom'

☀ ❋❋❋   ↕12 厘米 ↔ 8 厘米

这种杰出的雪花莲种植简单，拥有漂亮的细长花梗，内层花被片的尖端有独特的绿色斑纹。

雪花莲属植物

Galanthus reginae-olgae

☀ ❋❋   ↕10 厘米 ↔ 8 厘米

花期最早的雪花莲，通常在秋季开花，然后再萌发出具有银色凹槽的绿色叶片。生在速度慢，在阳光充足的地点表现最好。

特定植物类群

精选铁筷子

铁筷子属植物是适用于花园中半阴地点的最时髦且具有收藏价值的宿根植物类群之一。物种数量并不多，但尽管如此，仍然有越来越多的命名杂种和选育实生苗正在出现。

'鲍顿美人' 斯特恩铁筷子
Helleborus x *sternii* 'Boughton Beauty'
☼ ❈ ❈ ❈ ‖↔ 50 厘米

每到冬末，有绿色晕的粉花开放在丛生常绿叶片上方，叶灰绿色，有美丽的脉纹和大理石状斑纹。在寒冷地区需要保护。

紫花铁筷子
Helleborus atrorubens
☼ ❈ ❈ ❈ ‖ 30 厘米 ↔ 45 厘米

精选原生物种，叶圆形、深裂，具长柄，幼叶常呈紫色。冬末开星状花，花色从深紫色至绿色不一。

铁筷子属植物
Helleborus multifidus subsp. *hercegovinus*
☼ ❈ ❈ ❈ ‖ 30 厘米 ↔ 45 厘米

以细裂叶片的花边效果著称，这种铁筷子还拥有漂亮的黄绿色或浅绿色花，冬末或初春开花。

铁筷子
Helleborus thibetanus
☼ ❈ ❈ ❈ ‖↔ 30~50 厘米

精选植物，叶片海绿色，小叶有尖锯齿。钟形花低垂或倾斜，白色至粉色，随着时间颜色加深。开花后夏季休眠。

暗色铁筷子
Helleborus lividus
☼ ❈ ❈ ‖ 45 厘米 ↔ 30 厘米

叶常绿，具银色脉纹，叶背呈粉色。冬季开苹果绿色花，有粉色晕。在寒冷地区最好种植在高山植物温室中。♥

香铁筷子
Helleborus odorus
☼ ❈ ❈ ❈ ‖↔ 50 厘米

该物种引人注目且种植简单，冬末或初春开花，开花量大，花有香味，绿色至黄绿色。醒目的丛生植物。

其他精选铁筷子

铁筷子属植物（*Helleborus dumetorum*）
银月铁筷子（*Helleborus* x *ericsmithii*），见 33 页
杂种铁筷子巴拉德群（*Helleborus* x *hybridus* Ballard's Group）
'陶轮' 暗叶铁筷子（*Helleborus niger* 'Potter's Wheel'），见 105 页
'雪花石膏' 铁筷子（*Helleborus* x *nigercors* 'Alabaster'）
紫红铁筷子（*Helleborus purpurascens*）
镶边铁筷子（*Helleborus torquatus*）

水泡铁筷子
Helleborus vesicarius
☼ ❈ ❈ ❈ ‖ 45 厘米 ↔ 30 厘米

这种铁筷子奇特而宜人，冬末和早春开花，花小，杯状，呈绿色和紫色。蓇葖果膨大。夏季休眠。

特定植物类群

精选淫羊藿

从中国引进的许多新物种已经让淫羊藿成为最具收藏价值的宿根植物类群。作为拥有漂亮常绿或落叶叶片的林地植物，它们能够形成优良地被，而且种在落叶灌木下方的效果非常出色。

紫距淫羊藿

Epimedium epsteinii

☀❋❋❋　　　↕ 至 25 厘米 ↔ 至 30 厘米

匍匐常绿植物，叶片丛生成片，有精致的流苏状边缘。春季开花，花朵低垂，白色和深紫色相间，非常醒目，有长而弯曲的距。

尖叶淫羊藿

Epimedium acuminatum

☀❋❋❋　　　↕45 厘米 ↔ 75 厘米

华丽的丛生常绿植物，小叶硕大，呈矛状或箭头状。春夏开花，花具长距，浅紫色或紫白相间。

'玫瑰皇后'大花淫羊藿

Epimedium grandiflorum 'Rose Queen'

☀❋❋❋　　　↕30 厘米 ↔ 45 厘米

小叶呈心形，具刺状锯齿，低矮丛生，幼叶呈现漂亮的色泽。春季开花，花具长距，深玫瑰粉色。♈

'武当之星'星花淫羊藿

Epimedium stellulatum 'Wudang Star'

☀❋❋❋　　　↕40 厘米 ↔ 30 厘米

春季开花，在细长坚硬的茎上开放大量白色星状小花，花有醒目的黄色喙。花下是心形常绿小叶，叶有光泽，边缘有刺状锯齿。

川滇淫羊藿

Epimedium davidii

☀❋❋❋　　　↕30 厘米 ↔ 45 厘米

该精选物种在黑色发亮的枝条上长出常绿裂刻叶片，春季至夏季开花，总状花序由低垂的黄色花组成，花具长距。

其他精选淫羊藿

木鱼坪淫羊藿（*Epimedium franchetii*）
'利拉菲'大花淫羊藿（*Epimedium grandiflorum* 'Lilafee'）
紫色大花淫羊藿（*Epimedium grandiflorum* f. *violaceum*）
'白后'大花淫羊藿（*Epimedium grandiflorum* 'White Queen'）
芦山淫羊藿（*Epimedium ogisui*）
齿瓣淫羊藿（*Epimedium pinnatum* subsp. *colchicum*），见 52 页
'硫黄'变色淫羊藿（*Epimedium* x *versicolor* 'Sulphureum'）

黔岭淫羊藿

Epimedium leptorrhizum

☀❋❋❋　　　↕25 厘米 ↔ 45 厘米

假以时日，这种匍匐常绿植物就会长出一片片枝条，枝条上的小叶有漂亮的脉纹和刺状锯齿。春季和初夏开花，花具长距。

'异色'变色淫羊藿

Epimedium x *versicolor* 'Discolor'

☀❋❋❋　　　↕↔ 30 厘米

非常可爱，常绿叶片低矮丛生，幼叶呈现漂亮的色彩。春季开花，花序松散，黄色花有大片粉晕。

精选芍药

　　野生草本芍药开单瓣花，通常单生，由纤弱的花瓣和金黄色的雄蕊组成，它们总是能够为花园带来一抹品质感。虽然它们的花期相对短暂，但它们常常拥有漂亮的叶片，能够延长它们在花园中的观赏期。

杂种芍药

Paeonia x *smouthii*

☼❉❉❉　　　　　　　　↕↔70 厘米

一种很没有名气但表现可靠的杂种芍药，植株丛生，叶细裂。春末夏初开花，花有芳香，杯状，鲜红色。

康氏芍药

Paeonia cambessedesii

☼❉❉❉　　　　↕55 厘米 ↔60 厘米

这种芍药非常独特，茎上有紫红相间的晕斑，叶片灰绿色，有金属光泽，叶背红色或紫色。春季开玫瑰粉色花。♀

羊角状芍药

Paeonia mascula subsp. *arietina*

☼❉❉❉❉　　　　↕75 厘米 ↔60 厘米

植株矮壮丛生，漂亮的深裂叶片呈灰绿色。春季开花，花碗状，粉色花泛红，有奶油黄色雄蕊。

> **其他精选芍药**
>
> 滇牡丹（*Paeonia delavayi*）
> '白翼'芍药（*Paeonia lactiflora* 'White Wings'）
> '大白瓣'芍药（*Paeonia lactiflora* 'Whitleyi Major'）
> 草芍药（*Paeonia obovata*）
> 白花草芍药（*Paeonia obovata* var. *alba*）
> '奥托·福禄贝尔'欧洲芍药（*Paeonia peregrina* 'Otto Froebel'）
> '玫红'细叶芍药（*Paeonia tenuifolia* 'Rosea'）
> 毛赤芍（*Paeonia veitchii* var. *woodwardii*）
> '姚黄'牡丹（*Paeonia* 'Yao Huang'）

细叶芍药

Paeonia tenuifolia

☼❉❉❉　　　　　　　　↕↔45 厘米

和任何其他物种都很不一样，美丽的细裂叶片醒目丛生。春末夏初开花，杯状花呈深红色。

多花芍药

Paeonia emodi

☼❉❉❉　　　　　　　　↕↔80 厘米

漂亮的丛生分叉枝条上生长深裂叶片，春季开花，杯状花微微低垂，花白色，有芳香。喜半阴。

黄花牡丹

Paeonia mlokosewitschii

☼❉❉❉❉　　　　　　　↕↔70 厘米

这种著名的芍药属植物矮壮丛生，叶灰绿色，被粉衣。春末和夏季开柠檬黄色花，然后结出鲜红色蓇葖。♀

川鄂芍药

Paeonia wittmanniana

☼❉❉❉❉　　　　　　　↕↔90 厘米

杰出的原生物种，深绿色叶有光泽，醒目丛生。春末至夏季开花，花呈碗状，浅黄色。蓇葖红色。

攀援植物

最常见的攀援植物是茎木质化的宿根植物，或茎蔓生或细长的灌木。无论是通过具有黏性的卷须末端或气生根自主攀附，还是需要铁丝或框格棚架进行人为支撑，它们都可以整枝在乔木和灌木上，或者用来覆盖墙壁或其他建筑结构。

△红萼苘麻（*Abutilon megapotamicum*）

攀援植物之美

- 可以用来覆盖树桩或不美观的建筑。
- 为每个季节提供鲜花。
- 灌木可以兼作攀援植物。
- 提供醒目或富于装饰性的叶片。
- 提供香花。
- 为鸟类提供遮蔽或筑巢场所。
- 提供绚烂的秋色叶。
- 提供富于装饰性的果实。
- 如果一种植物用作另一种植物的支撑，可创造多季效果。

本章节中推荐的所有植物要么是真正的攀援植物，要么是适合整枝在墙壁上的灌木。它们能够提供多种多样的效果，从鲜艳或繁多的花朵到富于装饰性或奇异的果实。许多种类有漂亮的叶片，而某些落叶攀援植物也以其秋色叶著称。一旦形态建成，贴墙灌木和攀援植物都能作为其他植物的支撑，如果搭配得当，就能创造出连续的多季景观。下列所有推荐攀援植物都是落叶植物，除非另作说明是常绿植物。

向阳光攀援

众多观花攀援植物都在阳光充足的地点生长得最好，例如大多数忍冬属植物，以及攀援月季。两类最受欢迎的攀援植物铁线莲和紫藤，都喜欢将树冠沉浸在阳光中，而根系处于荫

常春藤覆盖的小屋 '象耳花叶'科西加常春藤（Hedera colchica 'Dentata Variegata'）叶片醒目——非常适合用来遮盖不美观的墙壁。

蔽之下（在它们的根上放置一块大石头或砖瓦）。在贴墙生长时，攀援植物能从墙壁反射的热量中获益，这有助于它们的枝叶成熟，启动花芽形成。

林地阴凉

对于许多天然林地攀援植物来说，阴面墙壁较凉爽的条件，再加上常常湿润但排水通畅的土壤，为它们营造了理想的家园。常春藤就是不错的例子，尤其是彩叶品种，它们会在荫蔽或半阴墙壁上茁壮生长。同样如此的还包括可爱的南美林地攀援植物、智利钟花属植物（*Lapageria*）和智利藤属植物（*Berberidopsis*）。

△伪装之下的支撑 常绿春花鼠李和枝条缠绕的忍冬将这根柱子装点得分外美丽。

◁ 可爱的窗户 紫藤、月季和两种铁线莲互相搭配，为这扇窗户提供了赏心悦目的框架。

▷夏日狂欢 生机勃勃的初夏景象，铁线莲、紫藤萝和蛇麻将这面墙壁遮得严严实实。

适合温暖、全日照墙壁和栅栏的攀援植物

　　阳光充足的墙壁和栅栏非常适合种植攀援植物。如果精心选择搭配，可以将几种攀援植物整枝在一面墙壁上，营造出连续的观赏效果。墙壁（尤其是砖墙或石墙）的表面会吸引热量，有助于促进植物生长和开花。这里列出的所有攀援植物都需要铁丝或网的支撑。

美洲忍冬
Lonicera x *americana*
☼ ❈❈❈　　　　　↕↔7 米

这种攀援植物花量繁多，夏季至初秋开花，花簇生，管部粉色，裂片奶油黄色，有芳香。幼叶泛紫。

狗枣猕猴桃
Actinidia kolomikta
☼ ❈❈❈　　　　　↕↔4.5 米

这种引人注目的攀援植物形态建成的速度较慢，但值得等待。它拥有醒目的心形叶，常常带有奶油色和粉色晕斑，夏季开白花。♀

西番莲
Passiflora caerulea
☼ ❈❈　　　　　↕↔ 10 米

这种生长迅速，叶掌状裂，小叶细长如指。夏季至秋季开花，花奇异而美丽。花后结的果也很漂亮。♀

'比尔·麦肯齐' 铁线莲
Clematis 'Bill MacKenzie'
☼ ❈❈❈　　　　　↕↔7 米

长势苗壮且具攀援性，这种铁线莲拥有美丽的灯笼状低垂花朵，夏末和秋季开花。随后结出漂亮的丝质果实。♀

'杰克曼尼' 铁线莲
Clematis 'Jackmanii'
☼ ❈❈❈　　　　　↕↔3 米

这种铁线莲是花园中最受喜爱的老品种，通过叶柄的缠绕进行攀爬。夏季开花，花量繁多，花硕大，丝绒质感，深紫色，逐渐变成紫色。♀

'都柏林' 月季
Rosa Dublin Bay（'Macdub'）
☼ ❈❈❈　　　　　↕↔2.2 米

'都柏林' 是一种攀援丰花月季，枝叶茂密，深绿色叶片有光泽，夏季至初秋开花，花簇生，重瓣，有芳香。♀

'紫叶'葡萄

Vitis vinifera 'Purpurea'

☀❄❄❄   ↕↔ 7 米

葡萄的一个健壮品种，幼叶逐渐变成酒红色至紫色。秋季叶色绚烂，并长出许多小串蓝黑色成熟葡萄。♈

'格雷戈里·斯塔科林夫人'月季

Rosa 'Madame Grégoire Staechelin'

☀❄❄❄   ↕↔ 3 米

最美丽的攀援月季之一，长势苗壮，绿色叶片有光泽，夏季开花，花大量簇生，圆形，有微弱香味。♈

'五月金'月季

Rosa 'Maigold'

☀❄❄❄   ↕↔ 4 米

这种健壮的攀援月季拥有多刺茎干和茂盛的叶片。铜黄色花有香味，花蕾泛红，初夏和秋季各开一次花，第二次花量较少。♈

> **其他喜阳攀援植物**
>
> 白蛾藤（*Araujia sericifera*）
> '盖伦夫人'杂凌霄（*Campsis* x *tagliabuana* 'Madame Galen'）
> 小木通（*Clematis armandii*），见 170 页
> 苦绳（*Dregea sinensis*）
> 大花素方花（*Jasminum officinale* f. *affine*）
> '格雷姆·托马斯'普通忍冬（*Lonicera periclymenum* 'Graham Thomas'），见 169 页
> 飘香藤（*Mandevilla laxa*）
> 冬青叶帚菊木（*Mutisia ilicifolia*）
> 重瓣黄木香（*Rosa banksiae* 'Lutea'）
> 异叶索拉藤（*Sollya heterophylla*）
> 紫藤（*Wisteria sinensis*），见 173 页

> **适合全日照墙壁和栅栏的自主攀附攀援植物**
>
> 美国凌霄（*Campsis radicans*）
> 条纹白粉藤（*Cissus striata*）
> 芭芭拉赤壁草（*Decumaria barbara*）
> 赤壁草（*Decumaria sinensis*），见 172 页
> 薜荔（*Ficus pumila*）
> '洛氏'爬山虎（*Parthenocissus tricuspidata* 'Lowii'）
> 亚洲络石（*Trachelospermum asiaticum*），见 175 页
> 络石（*Trachelospermum jasminoides*），见 171 页
> '花叶'络石（*Trachelospermum jasminoides* 'Variegatum'）

'白花'星茄藤

Solanum laxum 'Album'

☀❄❄   ↕↔ 6 米

半常绿植物，茎细长，这种攀援植物能够在任何支撑结构上苗壮生长。夏季至秋季开花，星状花松散簇生。♈

'白花'多花紫藤

Wisteria floribunda 'Alba'

☀❄❄❄   ↕↔ 9 米

这种强壮的攀援植物拥有漂亮的多裂叶片。初夏开花，白色豌豆状花组成长长的穗状花序。在中性至弱酸性土壤中苗壮生长。♈

攀援植物

适合阴面墙壁和栅栏的攀援植物

不受阳光直射的地点通常比较凉爽，这种条件适合众多攀援植物的生长，很多此类攀援植物天然生长在林地或类似的野外环境中。大多数种类需要绑扎在铁丝或框格支撑结构上，即使是常春藤等有自主攀附能力的植物，在种植后的头一两年里若得到支撑，也是对它们有益的。

智利藤

Berberidopsis corallina

☀ ☀ ☀ ☀ ☀ ☀   ↕↔ 4.5 米

智利藤的茎长而蔓生，长着心形常绿叶片，需要绑扎在支撑结构上。夏季至秋季开花，花低垂，球形。

大花绣球藤

Clematis montana var. *grandiflora*

☀ ☀ ☀ ☀ ☀   ↕↔ 10 米

假以时日，这种健壮的攀援植物会长出大片密集如毯的枝叶，叶片幼嫩时为铜紫色。春季开花，花白色，大而多。☑

'象耳花叶'科西加常春藤

Hedera colchica 'Dentata Variegata'

☀ ☀ ☀ ☀ ☀   ↕↔ 5 米

这种壮观的常绿植物拥有基部宽阔的革质叶片，每枚叶片的边缘都有形状不规则的奶油白色彩斑。茎上的气生根攀附在支撑物的表面。☑

适合阴面墙壁的其他落叶攀援植物

三叶木通（*Akebia trifoliata*）
大叶马兜铃（*Aristolochia macrophylla*）
多蕊冠盖绣球（*Hydrangea anomala* subsp. *petiolaris*），见 175 页
花叶地锦（*Parthenocissus henryana*），见 175 页
'洛氏'爬山虎（*Parthenocissus tricuspidata* 'Lowii'）
'健壮'爬山虎（*Parthenocissus tricuspidata* 'Robusta'）
绣球钻地风（*Schizophragma hydrangeoides*）
'月光'绣球钻地风（*Schizophragma hydrangeoides* 'Moonlight'）
'粉红'绣球钻地风（*Schizophragma hydrangeoides* 'Roseum'）

'早发'铁线莲

Clematis 'Praecox'

☀ ☀ ☀ ☀ ☀   ↕↔ 3 米

健壮蔓生，这种枝叶茂密的攀援植物应该被整枝在支撑结构上。夏末开花，粗糙的叶片映衬着大团小小的管状花，花有芳香。☑

'内利·莫舍'铁线莲

Clematis 'Nelly Moser'

☀ ☀ ☀ ☀   ↕↔ 3.5 米

这是一种很受欢迎的铁线莲，缠绕攀援。初夏开花，届时全株被花覆盖，花硕大，单瓣，淡紫色，每片花瓣中央有一条深红色条纹。花在强烈阳光下会褪色。☑

'硫黄心'科西加常春藤

Hedera colchica 'Sulphur Heart'

☀ ☀ ☀ ☀ ☀   ↕↔ 5 米

这种引人注目的常春藤与'象耳花叶'科西加常春藤（上）相似，叶片呈醒目的金色。这两种植物种在一起时效果最好。☑

‘伊娃’洋常春藤

Hedera helix ‘Eva’

☀ ☀ ❄ ❄   ↕↔ 1.2 米

这是一个非常受欢迎的花叶洋常春藤品种，它的常绿叶片呈绿色和灰绿色，有宽阔的奶油白色边缘。有自攀附能力。

智利钟花

Lapageria rosea

☀ ☀ ❄ ❄ ▥   ↕↔ 5 米

强烈缠绕的茎上长出革质的常绿叶片，从夏季至秋季，茎上还会开出美丽的低垂管状花，花瓣肉质。♑

‘霍尔’忍冬

Lonicera japonica ‘Halliana’

☀ ☀ ❄ ❄ ❄   ↕↔ 10 米

常绿或半常绿，从夏季至秋季，这种花量丰富的缠绕攀援植物松散簇生，有芳香的花朵，花初开为白色，逐渐变成黄色。♑

‘绿波’洋常春藤

Hedera helix ‘Green Ripple’

❄ ☀ ❄ ❄ ❄   ↕↔ 1.2 米

这是个独特的洋常春藤品种，明亮的常绿叶片有浅脉纹，深裂锐尖。有自攀附能力，很适合用于低矮墙壁。

‘黄叶’啤酒花

Humulus lupulus ‘Aureus’

☀ ☀ ❄ ❄ ❄   ↕↔ 6 米

长势苗壮的草本攀援植物，缠绕茎多毛，黄绿色叶片有醒目的裂刻。秋季结果（啤酒花），绿色果簇生。♑

适合阴面墙壁的其他常绿攀援植物
‘安阿拉’常春藤（*Hedera pastuchovii* ‘Ann Ala’） 八月瓜（*Holboellia latifolia*），见 171 页 智利木通（*Lardizabala biternata*） 冠盖藤（*Pileostegia viburnoides*），见 171 页

钻地风

Schizophragma integrifolium

❄ ☀ ❄ ❄ ❄   ↕↔ 12 米

假以时日，这种生长缓慢的自攀附攀援植物会长得很高。夏季开花，锐尖绿色叶片之中长出奶油白色花组成的扁平花序。♑

适合温暖、全日照墙壁和栅栏的灌木

阳光充足的墙壁和栅栏是园丁的一大福利，因为它们能够为不那么耐寒的植物提供必需的温暖和遮挡。对于枝条蔓生或细弱的灌木，它们也是理想的支撑。如果靠墙生长，大部分此类灌木的平均株高都会大大提升。可能必须将它们进行仔细的修剪并整枝到铁丝或框格棚架上。

红萼苘麻

Abutilon megapotamicum

☀ ❋❋   ↕↔ 3 米

这种生长迅速的灌木株型非常松散，枝条细长。春末至秋季开花，花朵似鲜艳的中国灯笼。☝

皱叶醉鱼草

Buddleja crispa

☀ ❋❋   ↕↔ 2.5 米

这种精选灌木的卵圆形叶片上覆盖着一层柔软的灰白色绒毛。夏季开花，小而芳香的花浓密簇生。

淡白瓶刷树

Callistemon pallidus

☀ ❋❋❋▼   ↕↔ 3 米

开花时的瓶刷树是最具异域风情的常绿灌木之一。这种当然也不例外，奶油黄色花组成的毛刷状花序出现在夏季。

适合温暖、全日照墙壁和栅栏的其他落叶灌木
朝鲜白连翘（*Abeliophyllum distichum*）
密蒙花（*Buddleja officinalis*）
纪氏云实（*Caesalpinia gilliesii*）
'华美'红千层（*Callistemon citrinus* 'Splendens'），见196页
'大花'蜡梅（*Chimonanthus praecox* 'Grandiflorus'），见236页
耀花豆（*Clianthus puniceus*）
火把花（*Colquhounia coccinea*）
结香（*Edgeworthia chrysantha*）
异花木蓝（*Indigofera heterantha*），见194页
紫薇（*Lagerstroemia indica*）
海花葵（*Lavatera maritima*）
'贝尼-施道里'梅（*Prunus mume* 'Beni-shidore'）
'红重瓣'石榴（*Punica granatum* 'Rubrum Flore Pleno'）
美丽茶藨子（*Ribes speciosum*）
绣球荚蒾（*Viburnum macrocephalum*）
宽叶穗花牡荆（*Vitex agnus-castus* var. *latifolia*），见179页
文冠果（*Xanthoceras sorbifolium*），见195页

'深蓝'美洲茶

Ceanothus arboreus 'Trewithen Blue'

☀ ❋❋❋   ↕↔ 6 米

这种长势苗壮的常绿灌木很适合用来覆盖一大片区域。冬末和春季开花，花期持续多周。喜排水通畅的无石灰土壤。☝

总序金雀花

Cytisus battandieri

☀ ❋❋   ↕↔ 4 米

总序金雀花光是叶片就值得种植，每枚叶片裂成三枚小叶，叶表面覆盖柔软的丝质银色毛。夏季开花，花有凤梨香味。☝

凤榴

Acca sellowiana

☀❄❄　　　　　　↕↔ 3 米

这种有趣的常绿灌木在夏季开花，花瓣肉质，可食用，雄蕊鲜红色。炎热的夏季过后结果，果卵形，可食用。

毛刺槐

Robinia hispida

☀❄❄❄　　　　　　↕↔ 2.5 米

春末至夏季开花，硕大的玫瑰粉色豌豆状花成簇垂吊下来。复叶由众多茂盛的绿色小叶组成，着生在细弱的茎上。🌱

'加州之光'法兰绒花

Fremontodendron 'California Glory'

☀❄❄　　　　　　↕↔ 8 米

这种生长迅速的常绿植物从春季至秋季开美丽的黄色花。如果种在一面小型栅栏或墙壁上，需要定期修剪，确保根部不会太过潮湿。🌱

'变色'香水月季

Rosa x *odorata* 'Mutabilis'

☀❄❄❄　　　　　　↕↔ 3 米

这种来自中国的苗壮月季很受欢迎，茎深紫色，幼叶古铜色，夏季开出可爱的芳香花朵。若靠墙生长，会比平时长得更高。🌱

适合温暖、全日照墙壁和栅栏的其他常绿灌木

多花六道木（*Abelia floribunda*）
茶花常山（*Carpenteria californica*），见 228 页
'贝壳'美洲茶（*Ceanothus* 'Concha'）
日本珊瑚树（*Viburnum awabuki*）

圆锥山蚂蟥

Desmodium elegans

☀❄❄　　　　　　↕↔ 2~3 米

夏末至秋季开花，从柔软被毛的叶片中伸出粉色花组成的长总状花序。除非在寒冷地区，否则每年春季最好将老枝剪短。

冬青叶鼠刺

Itea ilicifolia

☀❄❄　　　　　　↕↔ 5 米

在夏末至秋季的温暖夏夜，长长的绿色茉黄花序散发出蜂蜜似的气味。叶常绿，深绿有光泽，似冬青。🌱

'秋花'智利藤茄

Solanum crispum 'Glasnevin'

☀❄❄　　　　　　↕↔ 6 米

苗壮蔓生，在较温暖地区为常绿灌木。夏季开花，花期长，星状花松散簇生。需要支撑。🌱

165

适合阴面墙壁和栅栏的灌木

　　有些园丁可能觉得没有阳光直射的墙壁或栅栏非常棘手，并认为它不美观。然而只要它能收到一些光照，并不一定会出问题。这样的地点通常比较凉爽，许多灌木（和攀援植物）都能在这样的环境中苗壮生长，有些甚至更喜欢这种环境，而另外一些种类无论有无阳光直射都能大量开花。

连翘

Forsythia suspensa

☼☀❋❋❋　　　　　　　　↕↔3 米

作为长势苗壮的蔓生灌木，它需要定期修剪和整枝，以防过于强势。春季开花，星状黄花布满枝头。

小叶阿查拉

Azara microphylla

☼☀❋❋　　　　　　　　↕↔6 米

如果放任其生长，这种优雅的常绿植物能长到小乔木的尺寸。拱形弯曲的小枝上覆盖着叶片，冬末或春季还会开出香子兰气味的小花。♧

'罗瓦兰'华丽木瓜

Chaenomeles x *superba* 'Rowallane'

☼☀❋❋❋　　　　　　　　↕↔1.5 米

在春季非常美丽，上一年的枝条被簇生鲜红色花遮盖。像'莫尔洛斯'贴梗海棠一样，最好修剪并整枝后，紧贴墙壁生长。♧

丝缨花

Garrya elliptica（雄株）

☼☀❋❋❋　　　　　　　　↕↔5 米

从仲冬至早春，树枝上挂满长长的流苏状花序，在微风中摇曳。这种灌木拥有革质常绿叶片。

'莫尔洛斯'贴梗海棠

Chaenomeles speciosa 'Moerloosei'

☼☀❋❋❋　　　　　　　　↕↔2.5 米

一种表现可靠、适应性强且长势苗壮的灌木，春季和初夏开花，花大簇生，然后结有香味的果实。修剪并整枝在铁丝上。♧

'银后'扶芳藤

Euonymus fortunei 'Silver Queen'

☼☀❋❋❋　　　　　　　　↕↔2.5 米

漂亮的常绿灌木，在花坛中植株低矮，灌丛状，但如果贴墙整枝，能够长得更高。有光泽的深绿色叶片拥有形状不规则而宽阔的奶油色边缘。

日本莽草

Illicium anisatum

☼☀❋❋　　　　　　　　↕↔2.5 米

这种常绿植物生长缓慢，叶片有芳香，春季开花，黄色星状花松散簇生。枝条有一种强烈的宜人香味。

矮探春

Jasminum humile

☼☀❋❋❋ ↕↔2 米

灌丛状常绿植物，数量众多的绿色枝条上覆盖着漂亮的多裂叶片。春季至秋季开花，黄色花簇生。

适合阴面墙壁和栅栏的其他常绿灌木

锯齿阿查拉（*Azara serrata*）
'灵感'山茶（*Camellia* 'Inspiration'）
红百合木（*Crinodendron hookerianum*），见 200 页
银边扶芳藤（*Euonymus fortunei* 'Emerald Gaiety'），见 184 页
'酒红'杂种丝缨花（*Garrya* x *issaquahensis* 'Glasnevin Wine'）
'外卷'矮探春（*Jasminum humile* 'Revolutum'）
'橙光'火棘（*Pyracantha* 'Orange Glow'），见 239 页

重瓣棣棠花

Kerria japonica 'Pleniflora'

☼☀❋❋❋ ↕↔3 米

这种健壮的灌木很受欢迎且种植简单，长而绿的枝条需要支撑，枝上生长着具尖锯齿的叶片，春季开深黄色的花。♀

罗氏火棘

Pyracantha rogersiana

☼☀❋❋❋ ↕↔3 米

长势苗壮的常绿植物，分枝多刺，覆盖着狭窄有光泽的叶片。初夏开花，花簇生，然后结橘红色浆果。♀

适合阴面墙壁和栅栏的其他落叶灌木

'艺妓'贴梗海棠（*Chaenomeles speciosa* 'Geisha Girl'）
'赛雪'贴梗海棠（*Chaenomeles speciosa* 'Nivalis'）
'白雪'贴梗海棠（*Chaenomeles speciosa* 'Snow'）
'红金'华丽木瓜（*Chaenomeles* x *superba* 'Crimson and Gold'）
'粉红女郎'华丽木瓜（*Chaenomeles* x *superba* 'Pink Lady'）
平枝栒子（*Cotoneaster horizontalis*）
结香（*Edgeworthia chrysantha*）
'冬美人'桂香忍冬（*Lonicera* x *purpusii* 'Winter Beauty'），见 237 页

迎春花

Jasminum nudiflorum

☼☀❋❋❋ ↕↔3 米

最受欢迎且表现最可靠的冬花灌木，长长的枝条上开黄花，从冬季开放到春季。花后修剪以保持整洁。♀

尼泊尔黄花木

Piptanthus nepalensis

☼☀❋❋❋ ↕↔3 米

这种长势苗壮的灌木拥有茂盛的半常绿或常绿叶片。春季至夏季开花，鲜黄色蝶形花簇生。

桂叶茶藨子

Ribes laurifolium（雄株）

☼☀❋❋ ↕↔2 米

一种外形奇特、生长缓慢的常绿茶藨子，需要整枝才能长高。从冬末至早春，垂吊簇生的花伴随着醒目的绿色叶片。

整枝在乔木和灌木上的攀援植物

如果你没有墙壁或栅栏，可以诱使攀援植物攀爬到乔木或大型灌木上，它们的花或叶能够创造出壮观的效果。每种攀援植物和它的支撑植物必须匹配：让强壮的攀援植物生长在大乔木上，而长势较弱的攀援植物可以长在小乔木或灌木上。为了控制生长，可能必须进行仔细的修剪。

长花铁线莲

Clematis rehderiana

☀ ❀ ❀ ❀ ↕↔ 7 米

从夏末至秋季，除了密集的深裂叶片，这种缠绕攀援植物还被松散簇生的浅黄色花覆盖，花有黄花九轮草的香味。🌱

木通

Akebia quinata

☀ ❀ ❀ ❀ ↕↔ 10 米

春季开花，泛棕色的紫花散发类似香子兰的气味，然后结出香肠形状的果实。这种健壮的半常绿植物通过缠绕的方式攀爬。

'朱丽亚·科内翁'铁线莲

Clematis 'Madame Julia Correvon'

☀ ❀ ❀ ❀ ↕↔ 3.5 米

这种缠绕攀援植物拥有细长的茎，从夏季至初秋大量开花，4枚花瓣组成华丽的酒红色花，有奶油色雄蕊。🌱

整枝在乔木上的其他观叶攀援植物

乌头叶白蔹（*Ampelopsis aconitifolia*）
大叶马兜铃（*Aristolochia macrophylla*）
'象耳花叶'科西加常春藤（*Hedera colchica* 'Dentata Variegata'），见 162 页
'黄叶'啤酒花（*Humulus lupulus* 'Aureus'），见 163 页
'紫叶'葡萄（*Vitis vinifera* 'Purpurea'），见 161 页

南蛇藤两性群

Celastrus orbiculatus Hermaphrodite Group

☀ ❀ ❀ ❀ ❀ ↕↔ 20 米

这种攀援植物长势健壮，叶片在秋季变成黄色，橙色种子的蒴果也开始出现；种子冬季宿存。🌱

鲁本斯绣球藤

Clematis montana var. *rubens*

☀ ❀ ❀ ❀ ↕↔ 10 米

缠绕攀援植物，枝叶浓密如帘，春末夏初覆盖着大片粉色花。这种植物有很多优良品种。

科西加常春藤

Hedera colchica

☀ ❀ ❀ ❀ ❀ ❀ ↕↔ 10 米

科西加常春藤是一种长势苗壮的常绿自攀附攀援植物，也能作为一种华丽的地被植物。深绿色叶片有光泽，革质，锐尖。🌱

'格雷姆·托马斯'普通忍冬

Lonicera periclymenum 'Graham Thomas'

☼ ❋❋❋　　　　　　　　　　↕↔ 7 米

这种缠绕型攀援植物长势苗壮，枝叶茂密。夏季开花，花量大，花松散簇生，有芳香，从白色逐渐变成黄色。☙

巴尔德楚藤蓼

Fallopia baldschuanica

☼ ❋❋❋　　　　　　　　　　↕↔ 12 米

这种缠绕型攀援植物非常著名和受欢迎，长势迅猛，夏季和初秋开花，条形穗状花序由白色或浅粉色小花组成。不喜干旱土壤。

'阿尔伯丁'月季

Rosa 'Albertine'

☼ ❋❋❋　　　　　　　　　　↕↔ 5 米

一种古老且很受欢迎的健壮蔓生月季，'阿尔伯丁'拥有泛红多刺茎，以及香味浓郁的重瓣肉粉色花，夏季大量开花。☙

'幸运'腺梗蔷薇

Rosa filipes 'Kiftsgate'

☼ ❋❋❋　　　　　　　　　　↕↔ 10 米

如果不修剪的话长势迅猛，这种蔷薇属植物拥有光泽的鲜绿色叶片，夏季开花，分叉花序由带黄色花心的白色花组成，花有香味，结红色小蔷薇果。☙

六裂叶旱金莲

Tropaeolum speciosum

☼ ❋❋❋　　　　　　　　　　↕↔ 3 米

从夏季至秋季，具长距的鲜红色花装点着这种攀援植物，它拥有肉质缠绕茎和具长柄的叶片。结亮蓝色果实。☙

紫葛葡萄

Vitis coignetiae

☼ ❋❋❋　　　　　　　　　　↕↔ 20 米

这种健壮的葡萄属植物通过缠绕卷须攀爬，主要观赏价值在于其漂亮的心形叶片，秋季变成鲜红色。☙

整枝在乔木上的其他开花攀援植物

'杰克曼尼'铁线莲（*Clematis* 'Jackmanii'），见 160 页
'蓝珍珠'铁线莲（*Clematis* 'Perle d'Azur'）
'雅重紫'铁线莲（*Clematis* 'Purpurea Plena Elegans'）
多蕊冠盖绣球（*Hydrangea anomala* subsp. *petiolaris*），见 175 页
素方花（*Jasminum officinale*）
'长蔓'月季（*Rosa* 'Rambling Rector'）
红花五味子（*Schisandra rubriflora*）
紫藤（*Wisteria sinensis*），见 173 页

'密叶'多花紫藤

Wisteria floribunda 'Multijuga'

☼ ❋❋❋　　　　　　　　　　↕↔ 10 米

每到初夏，这种健壮的缠绕型攀援植物就会开出有芳香的淡紫色蝶形花，花朵有深色晕，组成漂亮的垂吊穗状花序，长可达1.2米。

常绿攀援植物

与落叶攀援植物的丰富种类相比，适宜种植在冷温带和温带地区花园中的常绿攀援植物的数量相对很少，只有常春藤除外。这让它们愈发宝贵，尤其是在冬季的时候，它们持久不凋的叶片提供了一抹宜人的色彩，而且它们还能用来掩盖不美观的建筑，为野生动物提供有效的庇护。大部分常绿攀援植物都需要支撑；不过这里明确说明了哪些有自攀附能力。

'毛茛'洋常春藤
Hedera helix 'Buttercup'
☀ ❋ ❋ ❋　　　　　　　↕↔ 6 米

这种自攀附攀援植物的三裂叶片形成浓密的覆盖。它们会在夏季变成深黄色，而过多的阳光可能会灼伤它们。

小木通
Clematis armandii
☀ ❋ ❋ ❋　　　　　　　↕↔ 5 米

一种健壮的攀援植物，小叶呈现有光泽的深绿色。早春开花，花醒目簇生，有芳香，白色或有粉晕。最好种植在有遮蔽的位置。

卷须铁线莲
Clematis cirrhosa
☀ ❋ ❋ ❋　　　　　　　↕↔ 3 米

细长的缠绕茎和小小的似蕨叶片浓密生长如帘。冬末至早春开花，花松散簇生，低垂，钟形，奶油色。

'雪崩'铁线莲
Clematis x *cartmanii* 'Avalanche'
☀ ❋ ❋ ❋　　　　　　　↕↔ 3~5 米

这种长势苗壮的铁线莲拥有细裂的似蕨叶片，春季大量开花，花大而白。需要稳固的支撑和精心的整枝。♥

'银斑'阿尔及利亚常春藤
Hedera algeriensis 'Gloire de Marengo'
☀ ❋ ❋ ❋　　　　　　　↕↔ 5 米

一种应用历史悠久且表现可靠的常春藤，适合用于温暖、有遮挡的墙壁。叶大，浅裂，有奶油色花斑，与绿叶类型形成醒目的对比。

'卡文迪什'洋常春藤
Hedera helix 'Cavendishii'
☀ ❋ ❋ ❋　　　　　　　↕↔ 8 米

表现一流且可靠，具自攀附能力的茎上密集覆盖着裂刻整齐的叶片，叶边缘呈奶油黄色。盆栽或作为地被种植的效果也很好。

'枫叶'洋常春藤

Hedera helix 'Maple Leaf'

☼ ❋ ❋ ❋ ❋   ↕↔ 2 米

很不寻常的品种，叶片深裂且有锯齿。能够密集覆盖，可作为地被种植，与叶片小的花叶常春藤搭配效果很好。♈

其他常绿攀援植物

条纹白粉藤（*Cissus striata*）
卷须铁线莲变种（*Clematis cirrhosa* var. *balearica*）
滑叶藤（*Clematis fasciculiflora*）
'花叶'阿尔及利亚常春藤（*Hedera algeriensis* 'Marginomaculata'）
'硫黄心'科西加常春藤（*Hedera colchica* 'Sulphur Heart'），见 162 页

八月瓜

Holboellia latifolia

☼ ❋ ❋ ❋ ❋   ↕↔ 7 米

长势苗壮的缠绕型攀援植物，叶常绿，掌状复叶由多枚指状小叶组成，形成浓密的覆盖。春季开花，钟形花有香味，白色花有紫晕。

西曼绣球

Hydrangea seemannii

☼ ❋ ❋ ❋   ↕↔ 10 米

长势苗壮的自攀附攀援植物，能够形成密集的深绿色覆盖。夏季开花，花序浅穹顶状，中央是白色丝状花，四周是一圈绿白色花朵。

冠盖藤

Pileostegia viburnoides

☼ ☼ ❋ ❋   ↕↔ 6 米

绣球属植物的近亲，生长缓慢，具自攀附能力，通过气生根攀爬。夏末和秋初开花，分叉花序由微小的奶油色花组成。♈

络石

Trachelospermum jasminoides

☼ ❋ ❋   ↕↔ 6 米

最好在支撑铁丝上开始生长，这种自攀附攀援植物的深绿色叶片在冬季会变成红色。夏季开花，奶油白色花簇生，有芳香。♈

花朵芳香的攀援植物

　　提到香花攀援植物，许多人立刻想起的是蔓延在绿篱上或沿着村舍小屋的门边生长的忍冬。没有人会否认它的吸引力，不过花朵散发香味的攀援植物还有很多，一旦体验过它们的芬芳，便难以忘怀。

香花铁线莲
Clematis flammula

☀ ❁❁❁　　　　　　　↕↔ 5 米

长势苗壮的攀援植物，草本茎上覆盖着深裂绿色叶片，在夏末和秋初还会开放杏仁味的白色花。

'梅林'铁线莲
Clematis 'Mayleen'

☀ ❁❁❁　　　　　　　↕↔ 8~10 米

一种极为强健的攀援植物，适合生长在乔木上。春末开花，古铜色幼叶映衬着大团粉色花，相得益彰。✿

圆锥铁线莲
Clematis terniflora

☀ ❁❁❁　　　　　　　↕↔ 5 米

如果不加修剪，这种健壮的攀援植物会形成一丛凌乱的茂盛枝叶。在经过一个炎热夏季的秋季，星状白色小花会开放在上一年长出的枝条上。

赤壁草
Decumaria sinensis

☀ ❁❁　　　　　　　↕↔ 4 米

自攀附常绿攀援植物，拥有气生根，叶片相当狭窄且锐尖，春季大量开花，花序由微小的绿白色花组成，花有蜂蜜气味。

八月瓜（*Holboellia latifolia*）

☀ ❁❁❁❁　　　　　　　↕↔ 7 米

一种长势苗壮的常绿、缠绕型攀援植物，叶片幼嫩时柔软无力地耷拉着。春季开花，有时结香肠形紫色果。

花朵芳香的其他攀援植物

'春香'铁线莲（*Clematis* 'Fragrant Spring'）
威尔逊绣球藤（*Clematis montana* var. *wilsonii*）
长花铁线莲（*Clematis rehderiana*），见 168 页
苦绳（*Dregea sinensis*）
淡红素馨（*Jasminum* x *stephanense*）
轮叶忍冬（*Lonicera caprifolium*）
飘香藤（*Mandevilla laxa*）
络石（*Trachelospermum jasminoides*），见 171 页

'婚日'月季
Rosa 'Wedding Day'
☀❋❋❋　　　　　　　$\updownarrow\leftrightarrow$ 8 米

这种攀援月季拥有绿色的有光泽的叶片和多刺枝条，黄色花蕾在夏季开放，成为香味浓郁的奶油白色花朵。花逐渐变为浅粉色。

'晚花'普通忍冬
Lonicera periclymenum 'Serotina'
☀☀❋❋❋　　　　　　$\updownarrow\leftrightarrow$ 5 米

长势苗壮，缠绕茎，幼嫩枝条为紫色，这种攀援植物在夏季开花，花具长管，有香味，紫色，逐渐变成黄色。结红色浆果。♀

白花藤萝
Wisteria brachybotrys 'Shiro–kapitan'
☀☀❋❋❋　　　　　　$\updownarrow\leftrightarrow$ 10 米

最可爱的紫藤属植物之一，春末夏初开花，硕大的芳香白色花垂吊簇生。从前的拉丁学名是 *W. venusta*。

素方花
Jasminum officinale
☀❋❋❋　　　　　　　$\updownarrow\leftrightarrow$ 5 米

生长健壮，半常绿，这种攀援植物拥有缠绕茎、深裂奶油色边缘叶片，以及有浓郁香味的白色夏花，花蕾为粉色。♀

'亲爱的休'普通忍冬
Lonicera periclymenum 'Sweet Sue'
☀☀❋❋❋　　　　　　$\updownarrow\leftrightarrow$ 2~3 米

一种漂亮的缠绕型攀援植物，适合用在高堤上。夏季，枝叶覆盖簇生白色花，花有甜香气味；秋季结红色浆果。

紫藤
Wisteria sinensis
☀❋❋❋　　　　　　　$\updownarrow\leftrightarrow$ 20 米

如果将这种缠绕型攀援植物靠墙种植的话，就需要对它进行修剪。叶片鲜绿色，夏季开花，浓密的穗状花序有芳香，浅紫色。♀

攀援植物

攀援一年生和二年生植物

在气候冷凉地区使用种子播种并作为一年生植物栽培的攀援植物中，如果在野外生长或者在气候较温暖地区栽培，大多数种类都是宿根植物。如果将它们种植在容器中，许多种类都能转移到温室里越冬，有些还能在温暖背风处生长数年之久，尤其是在冬季比较温和的地区。

缠柄花
Rhodochiton atrosanguineus
☼❄　　　　　　　　↕↔5 米

这种健壮生长的攀援植物拥有有趣的低垂花朵，从春季开放到秋季，每朵花都由玫瑰粉色钟形花萼和栗黑色管状花瓣组成。❧

电灯花
Cobaea scandens
☼❄　　　　　　　　↕↔6 米

通过卷须攀爬，这种长势苗壮的多叶宿根植物拥有奇特的黄绿色杯状花，花朵逐渐变成紫色。每朵花的基部都有盏形绿色花萼。❧

'天蓝'三色牵牛
Ipomoea tricolor 'Heavenly Blue'
☼❄　　　　　　　　↕↔3 米

可爱硕大的天蓝色花朵从夏季开放到秋季，这种苗壮的一年生或宿根植物拥有缠绕茎和长而锐尖的心形叶片。

其他一年生攀援植物

月光花（*Ipomoea alba*）
扁豆（*Lablab purpureus*）
毛籽草（*Maurandya barclayana*）
红花菜豆（*Phaseolus coccineus*）
加那利旱金莲（*Tropaeolum peregrinum*）

智利悬果藤
Eccremocarpus scaber
☼❄　　　　　　　　↕↔3 米

这种长势苗壮的常绿蔓生亚灌木通过卷须攀爬。叶片似蕨，夏季开花，管状花呈红色或黄色。

香豌豆

'安纳贝尔'香豌豆（*Lathyrus odoratus* 'Annabelle'）
'纪念日'香豌豆（*Lathyrus odoratus* 'Anniversary'）
'舞会皇后'香豌豆（*Lathyrus odoratus* 'Dancing Queen'）
'赤蛱蝶'香豌豆（*Lathyrus odoratus* 'Painted Lady'）
'白极品'香豌豆（*Lathyrus odoratus* 'White Supreme'）

翼叶山牵牛
Thunbergia alata
☼❄　　　　　　　　↕↔3 米

长势苗壮的缠绕型一年生植物，橘黄色花，有黑色花心，极为引人注目，连续不断地开花，花期贯穿整个夏季并进入秋季。叶繁多，心形。

有自攀附能力的攀援植物

除了无处不在的常春藤，很少有自攀附攀援植物拥有足够强的耐寒性，能够种植在冷温带和温带花园中，尤其是和大量通过其他方式攀爬的众多攀援植物相比。因此，耐寒的自攀附物种拥有它们独特的价值，不但可用于覆盖墙壁和栅栏，还能沿着适宜乔木的树干向上生长。本节包括使用气生根攀爬以及卷须末端有吸盘的攀援植物。

花叶地锦

Parthenocissus henryana

☀☀❋❋❋   ↕↔6 米

这种生长迅速的观赏藤蔓植物通过有黏性的卷须末端攀附在墙壁表面。叶片深裂成5枚具银色脉纹的小叶，叶有丝绒质感，绿色或古铜色，秋季叶色浓郁。☙

多蕊冠盖绣球

Hydrangea anomala subsp. *petiolaris*

☀☀❋❋❋   ↕↔10 米

健壮灌木，茎通过气生根的方式攀爬，有深棕色剥落状树皮。夏季开花，花序四周是一圈白色花，中央是簇生丝状花。☙

'维奇'爬山虎

Parthenocissus tricuspidata 'Veitchii'

☀☀❋❋❋   ↕↔15 米

常被称作"弗吉尼亚爬山虎"（Virginia Creeper），但这种叫法并不准确。这种长势苗壮的藤蔓植物会迅速用自己似常春藤的叶片覆盖墙壁。叶片有绚烂的秋色。

'金心'洋常春藤

Hedera helix 'Oro di Bogliasco'

☀☀❋❋❋   ↕↔3 米

这种常春藤引人注目，辨识度高，叶片深绿有光泽，中央有一大块金色色斑。一旦有叶片全绿的逆转枝叶，应立即除去。

其他自主攀附攀援植物

美国凌霄（*Campsis radicans*）
芭芭拉赤壁草（*Decumaria barbara*）
赤壁草（*Decumaria sinensis*），见 172 页
'多色'扶芳藤（*Euonymus fortunei* 'Coloratus'）
薜荔（*Ficus pumila*）
'银斑'阿尔及利亚常春藤（*Hedera algeriensis* 'Gloire de Marengo'），见 170 页
科西加常春藤（*Hedera colchica*），见 168 页
'硫黄心'科西加常春藤（*Hedera colchica* 'Sulphur Heart'），见 162 页
'卡文迪什'洋常春藤（*Hedera helix* 'Cavendishii'），见 170 页
'鸟足'洋常春藤（*Hedera helix* 'Pedata'）
尼泊尔常春藤（*Hedera nepalensis*）
冠盖绣球（*Hydrangea anomala* subsp. *anomala*）
西曼绣球（*Hydrangea seemannii*），见 171 页
齿叶绣球（*Hydrangea serratifolia*）
'洛氏'爬山虎（*Parthenocissus tricuspidata* 'Lowii'）
冠盖藤（*Pileostegia viburnoides*），见 171 页
'粉红'绣球钻地风（*Schizophragma hydrangeoides* 'Roseum'）
钻地风（*Schizophragma integrifolium*），见 163 页

亚洲络石

Trachelospermum asiaticum

☀❋❋   ↕↔6 米

在无风条件下可自主攀附，这种攀援植物的细长枝条可以缠绕在任何支撑物上。夏季开花，成簇开放的奶油白色香花逐渐变为黄色。☙

灌木

花园中的观赏灌木是乔木和宿根植物之间的桥梁，构成混合花境或花坛的中间层。它们在应用上极具灵活性。许多灌木的株型非常特别，或观花或观叶效果出色，能够在草坪或花境中充当优秀的孤植标本树，并自由发挥自己最大的潜力。

△'巴豆叶'东瀛珊瑚（*Aucuba japonica* 'Crotonifolia'）

灌木之美

- 开花和结果的灌木会吸引野生动物，如鸟类和昆虫。
- 提供众多样式和形状。
- 为每个季节贡献鲜花，包括冬季。
- 常绿灌木在冬季很美观。
- 草坪或花坛的理想标本植物。
- 与宿根植物、攀援植物和/或松柏类植物混植，效果极好。
- 适合营造大面积春季效果。
- 提供良好地被。

从小型地被植物一直到更高大的健壮植物，灌木的种类多种多样。在两种极端类型之间存在各种各样的灌木类型，它们的生长习性能够在花园设计中发挥很大作用。无论是枝条水平伸展如'玛丽'雪球荚蒾（*Viburnum plicatum* 'Mariesii'），拱形弯曲或下垂如金雀儿（*Cytisus*），还是株型直立如'奥农多加'天目琼花（*Viburnum sargentii* 'Onondaga'），都能够各司其能，创造出令人愉悦和有效的结构效果。

有些坚强，有些柔弱

该章节的大部分灌木都能忍耐冬季的寒冷，不过有些更喜欢种植在较温暖的地点。在寒冷地区，可以将不耐寒灌木种植在花盆中，冬季转移到室内。有些灌木在夏季旺盛生长，

△昆虫天堂 大叶醉鱼草（*Buddleja davidii*）充满花蜜的花朵会吸引蜜蜂和其他昆虫。

但会被冬季冰霜冻死地上的很大一部分。这些植物称作亚灌木，当春季重新生长时应该将所有枯死部分去除。

稳定性或多样性

常绿植物能够为花园带来宝贵的稳定感和连续感，尤其是当落叶或草本植物没有叶片或隐藏于地下时。除非专门指出是常绿植物，否则本章节中的灌木都是落叶植物。很多落叶灌木仅凭叶片就值得种植，尤其是那些叶片醒目或效果突出的种类，如花叶或彩叶灌木。有些灌木拥有鲜艳的秋色叶，只要一株就能在花园中营造令人难忘的效果。

△地被 倾卧白珠树（*Gaultheria procumbens*）是一种非常有效且美丽的地被植物，需要无石灰土壤。

◁春之盛会 各种杜鹃在野外生长在一起，在花园中也能配合出良好的效果。

▷夏末魔力 这株树冠松散的绣球（*Hydrangea macrophylla*）表现可靠，提供了美丽的夏末景观。

适合标本式孤植的大型灌木

　　大多数花园都至少有一个地方适合种植某种极为特别的植物——或许是在草坪上，庭院里或者作为花境景观来种植。乔木常常用于这种特殊的位置，不过下列令人难忘的大型灌木也是让人耳目一新的别样选择。除了能够提供鲜花，它们也都极具个性和存在感。

三花六道木

Abelia triflora

☼❋❋　　　　　↕4~5 米 ↔3 米

长势强健的灌木，成熟后植株横向伸展。初夏开花，花小，粉白色，簇生，有芳香。瓦楞状灰色枝条冬季可观。

小花七叶树

Aesculus parviflora

☼❋❋❋❋　　　↕3 米 ↔5 米

枝叶醒目丛生，幼叶铜红色，秋季变黄。夏季开花，穗状花序长，顶端渐尖。✿

锯齿阿查拉

Azara serrata

☼❋❋　　　　　↕↔3~4 米

茂密球形常绿灌木，叶鲜绿色，有锯齿，春末至仲夏开花，松软的黄色花开放在枝条上端。✿

'邱园'大花醉鱼草

Buddleja colvilei 'Kewensis'

☼❋❋❋❋　　　↕↔6 米

长势健壮的灌木，在寒冷地区常常靠墙生长。叶片醒目，初夏开花，深粉色或红色钟形花成簇开放。

美国流苏树

Chionanthus virginicus

☼❋❋❋　　　　↕3 米 ↔4 米

这种大型灌丛状灌木拥有醒目的深绿色叶片，并在秋季变成黄色。夏季开花，花序生长在枝头，由有芳香的白色花组成。不喜干旱土壤。

海州常山

Clerodendrum trichotomum

☼❋❋❋　　　　↕3 米 ↔4 米

株型扩张的灌木，叶片有芳香。夏末成簇开花，花蕾粉色或泛绿，开放后为白色，有芳香。结蓝绿色浆果。

髭脉桤叶树

Clethra barbinervis

☼❋❋❋❋✿　　　↕↔3 米

叶大且具有醒目脉纹，夏末开花，分叉簇生花序硕大，由白色钟形小花组成，花有芳香。叶片在秋季变成红色和黄色。✿

'紫黑'紫玉兰
Magnolia liliiflora 'Nigra'

☀✻✻✻✤   ↕↔3 米

最令人满意也是表现最可靠的玉兰之一，有光泽的叶片紧凑丛生。一年中两次开花，第一次从春季延续至夏季，第二次是初秋。♀

'韦克赫斯特'长苞美丽马醉木
Pieris formosa var. *forrestii* 'Wakehurst'

☀✻✻✤   ↕↔3 米

漂亮的丘形常绿植物，春季幼嫩新叶呈鲜红色。叶片萌发之前开花，花序下垂，小花似铃兰。♀

浙江七子花
Heptacodium miconioides

☀✻✻✻`   ↕3~5 米 ↔3 米

长势强健的灌木，拥有漂亮的剥落状树皮和醒目的叶片。夏末至秋季开花，有香味的白色花朵组成硕大的花序，花瓣凋落后留下红色花萼。

适合标本式孤植的其他大型灌木

加州七叶树（*Aesculus californica*）
'世外桃源'威氏山茶（*Camellia* x *williamsii* 'Brigadoon'）
'水银'胡颓子（*Elaeagnus* 'Quicksilver'），见294页
偃山小金雀（*Genista aetnensis*）
'粉钻'圆锥绣球（*Hydrangea paniculata* Pink Diamond）
'玛丽'绣球（*Hydrangea macrophylla* 'Mariesii'）
'莱昂内尔·福蒂斯丘'间型十大功劳（*Mahonia* x *media* 'Lionel Fortescue'）
刺海棠（*Malus sargentii*）
'红知更鸟'杂种石楠（*Photinia* x *fraseri* 'Red Robin'）
'美丽'反折丁香（*Syringa* x *josiflexa* 'Bellicent'）

小蜡
Ligustrum sinense

☀✤✻✻✻   ↕↔5 米

长势健壮的半常绿植物，先直立生长，成熟后向四周扩张。枝条拱形弯曲，多叶。夏季开花，硕大的花序由具有香味的白色小花组成，生长在枝条末端。

宽叶穗花牡荆
Vitex agnus-castus var. *latifolia*

☀✻✻   ↕↔3~4 米

长势苗壮，叶片美观，有香味，秋季开花，大型圆锥花序由蓝色小花组成，有芳香。冬末需要进行重剪，刺激强壮枝条的萌发。

中型灌木

在所有灌木中，一些最可爱、最宜人的种类都是株高1.5~2.5米的中型灌木。如果空间不是问题，可以将它们进行群植或片植，营造壮观的效果。在空间有限的较小的花园里，下面列出的任何一种灌木都能够成为草坪上令人瞩目的孤植标本树。它们还可以和更小的灌木或地被植物配合，在花坛或花境中创造不规则的群体效果。

'淡紫玛丽'绣球

Hydrangea macrophylla 'Mariesii Lilacina'

☀❆❆❆ ↕1.5米 ↔2米

这种灌木在夏末开花时特别可爱。细长锐尖叶片丛生成丘状，花边帽子状花序开放在叶片上方。不喜干旱土壤。♥

臭牡丹

Clerodendrum bungei

☀❆❆❆ ↕2米 ↔无限

从夏末至秋季，有芳香的心形叶片之间长出散发香味的深粉色花序。有萌蘖习性，拥有直立的紫色枝条。

'新娘'白鹃梅

Exochorda 'The Bride'

☀❆❆❆ ↕1.5米 ↔2.5米

冠幅大于株高，这种丘状灌木在春季和初夏会被纯白色的花朵覆盖。拱形弯曲或下垂的枝条上叶片浓密。♥

'粉簇'雅致溲疏

Deutzia x *elegantissima* 'Rosealind'

☀❆❆❆ ↕↔1.5米

适合小型花园的最佳花灌木之一。枝条拱形弯曲，多叶，丛生成丘状，夏季开花，粉色花成簇开放，盖满枝头。♥

马桑绣球

Hydrangea aspera

☀❆❆❆❆ ↕↔2.5米

这种灌木令人印象深刻，叶片大，被毛，为夏末和秋季的花序提供了良好的背景。花序中央为绣球状可育小花，四周有一圈不育小花。不喜干旱土壤。

'玫红'克氏花葵

Lavatera x *clementii* 'Rosea'

☀❆❆❆ ↕↔2米

所有花园灌木中花期最绵延不绝、花量最大的之一，粉色花持续开放整个夏季。叶浅裂，被毛。♥

'极品'小叶丁香

Syringa pubescens subsp. *microphylla* 'Superba'

☀❀❀❀　　　　　　　　↕↔2 米

枝条细长且伸展，叶片带尖。这种丁香的花期从春末一直延续到初秋，粉色花序有香味，花蕾颜色更深。♈

'粉丽人'雪球荚蒾

Viburnum plicatum 'Pink Beauty'

☀❀❀❀❀　　　　　　↕2 米↔1.5 米

层状分枝优雅伸展，叶片整齐有皱纹。初夏开花，花边帽状花序最初为白色，成熟后变成粉色。♈

其他常绿中型灌木

'橙王'线叶小檗（*Berberis linearifolia* 'Orange King'）

毛花瑞香（*Daphne bholua*）

'苹果花'南美鼠刺（*Escallonia* 'Apple Blossom'），见 206 页

'外卷'矮探春（*Jasminum humile* 'Revolutum'）

'花叶'欧洲山梅花

Philadelphus coronarius 'Variegatus'

☀❀❀❀　　　　　　　↕↔2.5 米

茂密的灌丛状灌木，引人注目的白边叶片是它的主要吸引力所在。春末初夏成簇开花，香味浓郁，是额外的福利。♈

滇牡丹

Paeonia delavayi

☀❀❀❀❀　　　　　　↕2 米↔1.5 米

初夏开花，杯状深红色花基部有叶片苞片，开放在长长的花枝上，下方是醒目的深裂鲜绿色叶片。♈

马醉木

Pieris japonica

☀❀❀❀❀❀^pH　　　　↕↔2 米

这种紧凑的常绿灌木拥有狭窄的革质叶片，幼嫩时为古铜色。冬末初春开花，白色小花组成下垂的穗状花序。

'奥农多加'天目琼花

Viburnum sargentii 'Onondaga'

☀❀❀❀❀　　　　　　↕2.5 米↔1.5 米

长势苗壮的灌木，叶片似枫叶，幼嫩时为古铜色，秋叶绚烂。春季开花，美丽的花边帽状花序为白色，而花蕾为粉色。♈

小型灌木

园丁们可以使用的漂亮小型灌木的种类多得令人兴奋，甚至有点令人目不暇接。在大型花园中，许多小型灌木可以三五成群或更多地群植在一起，不过在空间更加有限的地方，下列任何一种灌木的单株都能够成为漂亮且令人满意的景致，无论是单独使用还是用作混合花境中的中心景观。它们包括一些最棒的小型灌木，而且大多数都是喜阳植物。

'沃明斯特'黄雀花

Cytisus x *praecox* 'Warminster'

☼ ❄❄❄   ↕1.2 米 ↔ 1.5 米

所有小型灌木中表现最可靠的灌木之一。春末开花，细长的绿色枝条上开满了奶油黄色豌豆状花，花小，有香味。♥

'亚瑟西蒙兹'克兰顿莸

Caryopteris x *clandonensis* 'Arthur Simmonds'

☼ ❄❄❄   ↕↔75 厘米

夏末秋初，众多簇生紫蓝色小花点缀着这种灌丛状丛生灌木。它拥有细长的枝条和灰绿色叶片。♥

'红斑'岩蔷薇

Cistus x *aguilarii* 'Maculatus'

☼ ❄❄   ↕↔1.2 米

华丽的白色花开放在夏季，每一朵花都有深红色斑点和一个黄色花心。叶片给人以湿冷之感，边缘波浪状，覆盖着这种灌丛状常绿植物。♥

其他小型落叶灌木

'石榴红'鸡爪槭（*Acer palmatum* 'Garnet'），见 224 页

三颗针（*Berberis sieboldii*）

'金叶'小檗（*Berberis thunbergii* 'Aurea'），见 220 页

'首选'克兰顿莸（*Caryopteris* x *clandonensis* 'First Choice'）

'博斯科普红宝石'金雀儿（*Cytisus* 'Boskoop Ruby'）

'萨默塞特'伯氏瑞香（*Daphne* x *burkwoodii* 'Somerset'），见 228 页

欧亚瑞香（*Daphne mezereum*）

'花园'显苞绣球（*Hydrangea involucrata* 'Hortensis'）

'白重瓣'麦李（*Prunus glandulosa* 'Alba Plena'）

网皱柳（*Salix reticulata*），见 211 页

'黄金公主'粉花绣线菊（*Spiraea japonica* 'Golden Princess'），见 221 页

岷江蓝雪花

Ceratostigma willmottianum

☼ ❄❄   ↕↔1 米

这种松散半球形灌木的钴蓝色花从夏末一直开到秋季，整齐带尖的叶片也在秋季变成红色。地上部分在严寒的冬季会被冻死。♥

杂种岩蔷薇

Cistus x *hybridus*

☼ ❄❄❄   ↕75 厘米 ↔ 1.2 米

植株呈宽阔的丘状，叶具皱纹且边缘呈波浪状，夏季开花，花大而多，花蕾粉色，开放后白色，有黄色花心。是最耐寒的岩蔷薇之一。

细梗溲疏

Deutzia gracilis

☼ ❄❄❄   ↕↔1 米

这种雅致的灌木拥有鲜绿色叶片，为它的簇生白色花朵提供了最漂亮的背景。花期从春末持续到夏初。

'波普尔夫人'倒挂金钟

Fuchsia 'Mrs Popple'

☼❄❄　　　　　　　　↕↔1.2 米

这种长势苗壮的灌木是最耐寒的倒挂金钟之一，叶片有光泽，花似中国灯笼，从夏季持续不断地开放到秋季。♥

'白鼬'山梅花

Philadelphus 'Manteau d' Hermine'

☼❄❄❄　　　　　　　↕75 厘米 ↔1.5 米

这种宽阔低矮的灌木呈株型紧凑的灌丛状，夏季开花，奶油白色花簇生且持续时间长，有香味，重瓣。♥

'阿伯茨伍德'金露梅

Potentilla fruticosa 'Abbotswood'

☼❄❄❄　　　　　　　↕75 厘米 ↔1.2 米

每到夏季和初秋，这种低矮半球形灌木就会被盖满仿佛微型月季的小白花。深裂叶片为灰绿色。♥

'和田一郎'屋久杜鹃

Rhododendron yakushimanum 'Koichiro Wada'

☼❄❄❄❄ pH　　　　　↕1 米 ↔1.5 米

最受欢迎且表现最可靠的小型杜鹃之一，常绿植物，植株呈紧密的半球形。春末夏初成簇开花，初开粉红色，逐渐变为白色。♥

反曲长阶花

Hebe recurva

☼❄❄　　　　　　　　↕60 厘米 ↔1.2 米

这种常绿长阶花属植物呈低矮的半球形，叶片狭窄，蓝灰色。夏季大量开白花，生长在细长的小型穗状花序上。

其他小型常绿灌木

小木艾（*Artemisia arborescens*）
'绿角'东瀛珊瑚（*Aucuba japonica* 'Rozannie'），见 214 页
'阿兹特克珍珠'杂种墨西哥橘（*Choisya x dewitteana* 'Aztec Pearl'），见 212 页
唐古特瑞香狭徐组（*Daphne tangutica* Retusa Group），见 210 页
科西嘉欧石楠（*Erica terminalis*）
'苏珊'半日花（*Halimium* 'Susan'）
'诗画'洋常春藤（*Hedera helix* 'Poetica Arborea'）
意大利糙苏（*Phlomis italica*），见 199 页
'小石南'马醉木（*Pieris japonica* 'Little Heath'），见 213 页
木薄荷（*Prostanthera cuneata*），见 230 页
美丽野扇花（*Sarcococca confusa*）

'顶桅小方帆'杂种避日花

Phygelius x *rectus* 'Moonraker'

☼❄❄　　　　　　　　↕↔1.5 米

引人注目的常绿或半常绿植物，夏季至秋季开花，长而直立的花序由低垂的管状奶油黄色花组成。有萌蘖习性。

'韦氏'戟叶柳

Salix hastata 'Wehrhahnii'

☼❄❄❄　　　　　　　↕1 米 ↔1.5 米

这种漂亮的灌木状小型柳属植物很值得种植，因为在春季展叶之前，它会长出粗短的银色荑黄花序。不喜干旱土壤。♥

灌木

适合用作地被的灌木

　　能够作为优良地被的灌木有很多种。有些种类的枝条伸到远处、蔓延或低垂，距离土壤表面很近，而另外一些种类的短分枝向上生长或呈拱形，呈现低矮的丘状效果。不过更多种类则有萌蘖的习性。要想尽快得到良好的效果，应该将三或五株甚至更多地被灌木群植，具体数量取决于覆盖面积的大小。在种植前去除杂草。

'金翡翠'扶芳藤
Euonymus fortunei 'Emerald'n' Gold'

☼ ☀ ❈ ❈ ❈ ❈　　　　↕60 厘米 ↔ 1.2 米

一种叶片颜色鲜艳的常绿灌木，绿色枝条和带金边的叶片浓密丛生，叶片通常在冬季变为粉色。如果提供支撑，能够攀援生长。❦

加拿大草茱萸
Cornus canadensis

☼ ☀ ❈ ❈ ❈ ❈ 叶　　　↕13 厘米 ↔ 30 厘米

每到春末夏初，这种覆地宿根植物具有白色总苞的星状花序就会开放在成簇卵圆形叶片上方。结红色浆果。❦

适合用作地被的其他常绿灌木

'白玉'熊果（*Arctostaphylos uva-ursi* 'Vancouver Jade'）
华丽美洲茶（*Ceanothus gloriosus*）
'洋基点'美洲茶（*Ceanothus griseus* 'Yankee Point'）
匍匐聚花美洲茶（*Ceanothus thyrsiflorus* var. *repens*）
'雪崩'鼠尾草叶岩蔷薇（*Cistus salviifolius* 'Avalanche'）
喀什米尔栒子（*Cotoneaster cochleatus*）
爱尔兰欧石南（*Daboecia cantabrica*）
倾卧白珠树（*Gaultheria procumbens*）
三色莓（*Rubus tricolor*）
'米曾角'高尔荆豆（*Ulex gallii* 'Mizen Head'）

矮生栒子
Cotoneaster dammeri

☼ ☀ ❈ ❈ ❈　　　　↕8 厘米 ↔ 2 米

最佳常绿地被灌木之一。叶片浓密的蔓生枝条在夏季开满白花，冬季结出红色的浆果。❦

银边扶芳藤
Euonymus fortunei 'Emerald Gaiety'

☼ ☀ ❈ ❈ ❈ ❈　　　　↕1 米 ↔ 1.5 米

坚韧，适应性强，种植简单，这种浓密低矮的灌木用圆形叶片覆盖地面，叶片有白色边缘和灰色大理石脉纹。叶片常常在冬季变成粉色。❦

半日花胶蔷树杂交种
x *Halimiocistus sahucii*

☼ ❈ ❈ ❈　　　　↕30 厘米 ↔ 1.2 米

密生狭窄的深绿色叶片，每到春末夏初，这种浓密低矮的灌丛状常绿植物就会覆盖一层蔷薇状白色小花，有黄色花心。

灌木

'冰川'洋常春藤

Hedera helix 'Glacier'

☼ ✹ ✲ ✲ ✲　　　　　　‡10 厘米 ↔ 3 米

适宜用作地被的最佳花叶常春藤之一,如果提供支撑,能够攀援生长。叶常绿、银灰色,有形状不规则的白色边缘。♡

'饰边'洋常春藤

Hedera helix 'Ivalace'

☼ ✹ ✲ ✲ ✲　　　　　　‡10 厘米 ↔ 1.5 米

颇为美观的地被,有光泽的深绿色叶片浓密簇生成团或成片。叶片浅裂,具皱。若提供支撑,即可攀援生长。♡

大萼金丝桃

Hypericum calycinum

☼ ✹ ✲ ✲ ✲　　　　　　‡30 厘米 ↔ 1.5 米

这种常绿植物的匍匐根会长出一片浓密的绿色茎叶。夏季至秋季开花,金黄色花开在枝条顶端,雄蕊末端红色。

岩生细子木

Leptospermum rupestre

☼ ✲ ✲ ✲　　　　　　‡8 厘米 ↔ 2 米

这种常绿灌木的微小深绿色叶片会创造出浓密的毯状效果,夏季开满白色小花。叶片在寒冬会变为古铜色。♡

适合用作地被的其他落叶灌木
葡萄枸子（ *Cotoneaster adpressus* ）
矮沙樱桃（ *Prunus pumila* var. *depressa* ）
柳属植物（ *Salix nakamurana* var. *yezoalpina* ）
柳属植物（ *Salix uva-ursi* ）

川西荚蒾

Viburnum davidii

☼ ✹ ✲ ✲ ✲　　　　　　‡1 米 ↔ 1.5 米

常绿叶片具醒目脉纹,植株呈宽阔丘状,需要生长空间。花小、白色,授粉雌株从秋季开始结醒目的蓝色浆果。♡

小蔓长春花

Vinca minor

☼ ✹ ✲ ✲ ✲　　　　　　‡10 厘米 ↔ 1.5 米

细长的伏卧枝条和对生有光泽的叶片提供了可靠的地面覆盖。春季至夏季开花,迷人的花呈蓝色、紫色或白色。

适合有限空间的小型灌木月季

　　数量众多的灌木月季是中型至大型灌木，需要相当大的空间才能充分发挥自己的潜力。幸运的是，某些月季较为小巧，因此适合种植在空间有限的地方。下列有些种类可能需要支撑，以免它们细长的茎在开花时被沉重的花朵坠弯到地面上。

药用法国蔷薇 *Rosa gallica* var. *officinalis*
☼ ❀❀❀　　　　　　　　　↕↔1 米

在夏季，茂盛的枝叶和丰富的深粉色半重瓣花覆盖着这种分枝点低、株型伸展的蔷薇属物种。蔷薇果颇可观。♥

'鸡冠'百叶蔷薇
Rosa x *centifolia* 'Cristata'
☼ ❀❀❀　　　　　　　↕1.5 米 ↔1.2 米

绿色花蕾呈独特的苔藓状，粉色花有浓郁香味，夏季开放在低垂的花梗上。这种多刺灌丛的茎相当松弛，可能需要支撑。♥

'丽黄'月季
Rosa 'Buff Beauty'
☼ ❀❀❀　　　　　　　　↕↔1.2 米

一种深受欢迎且表现可靠的月季，绿色叶片有光泽，幼叶铜棕色。夏季大量开花，花有甜香气味，完全重瓣。♥

'普通苔'百叶蔷薇
Rosa x *centifolia* 'Muscosa'
☼ ❀❀❀　　　　　　　↕1.5 米 ↔1.2 米

苔藓状花蕾在夏季开放，粉色花有浓郁香味，粗糙的叶片为花朵提供了良好的背景。这种枝条松散的灌丛可能需要支撑。

'变色'法国蔷薇
Rosa gallica 'Versicolor'
☼ ❀❀❀　　　　　　　　↕↔1 米

这种著名的蔷薇属植物来自药用法国蔷薇的一个突变，和母株的区别在于花朵呈淡粉色并带有深红条纹。需要修剪来维持尺寸。♥

其他小型灌木月季
卡罗来纳蔷薇（*Rosa carolina*） '塞西尔·布伦纳'月季（*Rosa* 'Cécile Brünner'） '基安蒂'蔷薇 [*Rosa* Chianti（'Auswine'）] '变色'大马士革蔷薇（*Rosa* x *damascena* 'Versicolor'） '德雷什特'月季（*Rosa* 'De Resht'） '极黄'哈里森月季（*Rosa* x *harisonii* 'Lutea Maxima'） '克诺尔夫人'月季（*Rosa* 'Madame Knorr'） '马尔凯萨·博切拉'月季（*Rosa* 'Marchesa Boccella'） '金露'月季（*Rosa* 'Perle d'Or'） '邓尼奇蔷薇'密刺蔷薇（*Rosa spinosissima* 'Dunwich Rose'） '白宠物'月季（*Rosa* 'White Pet'）

适合用作地被的低矮月季

在阳光充足的条件下，株型低矮伸展或枝条蔓生的蔷薇属植物能够提供有效且迷人的地被。它们特别适合用在陡峭的堤岸、墙顶或其他月季的下层种植，尤其是那些枝条成熟后逐渐不美观的种类。近些年来，市面上出现了一批大量开花的新品种。在空间允许的地方，你可以用群体种植得到令人难忘的效果，不过在小型花园中，一棵植株也能带来同样程度的愉悦。

'松鸡'蔷薇

Rosa Grouse ('Korimro')

☼ ❀❀❀　　　　　↕45 厘米 ↔ 3 米

这种生长迅速的蔷薇属植物拥有长长的蔓生枝条和有光泽的常绿叶片，夏季开花，连续开放一系列有芳香的淡粉色小花。♀

'马克斯·格拉芙'杰克逊蔷薇

Rosa x jacksonii 'Max Graf'

☼ ❀❀❀　　　　　↕45 厘米 ↔ 3 米

夏季开花，花大、单瓣，有苹果气味。这种蔷薇属植物枝叶茂密，鲜绿色叶片有光泽，生长在长长的蔓生枝条上。

'岩蔷薇'蔷薇

Rosa 'Nozomi'

☼ ❀❀❀　　　　　↕45 厘米 ↔ 1.2 米

迷人的蔓生月季，拱形弯曲的枝条上覆盖着小而整齐的深绿色叶片，夏季开花，花单瓣，粉白相间。♀

其他地被月季

'伯克郡'月季 [*Rosa* Berkshire ('Korpinka')]
'邦尼卡'蔷薇 [*Rosa* Bonica ('Meidomonac')]
'兰开夏郡'月季 [*Rosa* Lancashire ('Korstesgli')]
'大花'月季 (*Rosa* 'Macrantha')
'魔毯'月季 [*Rosa* Magic Carpet ('Jaclover')]
'牛津郡'月季 [*Rosa* Oxfordshire ('Korfullwind')]
'包利'月季 (*Rosa* 'Paulii')
'山鸡'月季 [*Rosa* Pheasant ('Kordapt')]
'红垫'蔷薇 [*Rosa* Rosy Cushion ('Interall')]，见 241 页
'白花地毯'月季 [*Rosa* White Flower Carpet ('Noaschnee')]
'威尔特郡'月季 [*Rosa* Wiltshire ('Kormuse')]

'鹧鸪'月季

Rosa Partridge ('Korweirim')

☼ ❀❀❀　　　　　↕45 厘米 ↔ 3 米

这种蔷薇属植物的花期贯穿整个夏季，纯白色花大量开放，花小，有香味。株型类似亲缘关系很近的'松鸡'蔷薇。

微型月季

'安娜·福特'月季 [*Rosa* Anna Ford ('Harpiccolo')]
'贝贝乐'月季 [*Rosa* Baby Love ('Scrivluv')]
'切尔西伤兵'月季 [*Rosa* Chelsea Pensioner ('Mattche')]
'苹果酒杯'月季 [*Rosa* Cider Cup ('Diclulu')]
'温柔触碰'月季 [*Rosa* Gentle Touch ('Dicladida')]
'小勃-皮普'月季 [*Rosa* Little Bo-peep ('Poullen')]
'漂亮波莉'月季 [*Rosa* Pretty Polly ('Meitonje')]
'知更鸟'月季 [*Rosa* Robin Redbreast ('Interrob')]
'甜魔'月季 [*Rosa* Sweet Magic ('Dicmagic')]
'泪珠'月季 [*Rosa* Tear Drop ('Dicomo')]
'白云'月季 [*Rosa* White Cloud ('Korstacha')]

'海鸥'月季

Rosa 'Seagull'

☼ ❀❀❀　　　　　↕60 厘米 ↔ 4 米

'海鸥'月季是一种长势健壮的攀援月季，在空间充足的地方很适合用作地被。夏季开花，半重瓣白色花大团簇生在分叉枝条上，花有芳香。♀

适合标本式种植的大型灌木月季

　　野外的大多数灌木蔷薇属植物都以单株散生的形式存在，有充分空间自由伸展并展示它们的花朵。在花园中空间允许的地方，灌木月季应该以同样的方式种植，或单株孤植，或在混合花境中小丛群植。将株型伸展的种类孤植在草坪上，从各个方向欣赏它们的效果。

'佩雷尔'蔷薇

Rosa 'Madame Isaac Pereire'

☼ ✿✿✿　　　　　↕2.2 米 ↔ 2 米

这种可爱的波旁蔷薇拥有健壮多刺的拱形枝条。夏季至秋季开花，花有浓郁芳香，深玫瑰粉色并有洋红色晕。♈

'折叠'蔷薇

Rosa 'Complicata'

☼ ✿✿✿　　　　　↕2.2 米 ↔ 2.5 米

一种醒目、可靠的法国蔷薇，拱形弯曲枝条健壮多刺。夏季开花，花单瓣，粉色，有白色花心，略有香味。还可以整枝到乔木上。♈

可观果的其他灌木月季
西北蔷薇（*Rosa davidii*）
腺果蔷薇（*Rosa fedtschenkoana*）
'希莱尔'月季（*Rosa* 'Hillieri'）
大叶蔷薇（*Rosa macrophylla*）
'休大师'大叶蔷薇（*Rosa macrophylla* 'Master Hugh'）
华西蔷薇（*Rosa moyesii*）
缫丝花（*Rosa roxburghii*）
'斯卡布罗萨'月季（*Rosa* 'Scabrosa'）
刺梗蔷薇（*Rosa setipoda*）
扁刺蔷薇（*Rosa sweginzowii*）
'温顿'月季（*Rosa* 'Wintoniensis'）

'亚历山大'月季

Rosa Alexander（'Harlex'）

☼ ✿✿✿　　　↕1.7 米 ↔ 75 厘米

这种长势强健的杂种香水月季拥有直立枝条，能够作为优良的不规则绿篱。花期从夏季延续至秋季，红色重瓣花略有香味。♈

'冰山'月季

Rosa Iceberg（'Korbin'）

☼ ✿✿✿　　　↕1.5 米 ↔ 1.2 米

'冰山'是一种很受欢迎且可靠的丰花月季，枝条强壮直立，叶片有光泽。夏季和秋季开花，重瓣花簇生，略有香味。♈

'雏菊堆'月季

Rosa 'Marguerite Hilling'

☼ ✿✿✿　　　　　↕↔ 2.2 米

这是一种长势苗壮的灌木，枝叶茂密。在夏季和早秋，植株开满有香味的大花，深粉色花有浅色花心。♈

灌木

'老鹳草'蔷薇

Rosa 'Geranium'

☀❀❀❀   ↕3米 ↔2.2米

高而苗壮的原种蔷薇，株型直立。分枝宽拱形，夏季开花，花小，盏状，结酒壶形红色蔷薇果。☘

'花坛'蔷薇

Rosa 'Roseraie de l'Haÿ'

☀❀❀❀   ↕2.2米 ↔2米

长势强健的玫瑰品种，植株茂密，拥有漂亮的绿色叶片。夏季至秋季开花，花有浓郁香味，丝绒质感，深红色。☘

'旋瓣'蔷薇

Rosa 'Tour de Malakoff'

☀❀❀❀   ↕2米 ↔1米

枝条苗壮且开张的百叶蔷薇，夏季开花，花芳香，呈松散的莲座状。花初开洋红色，逐渐变成灰紫色。可能需要支撑。

'内华达'月季

Rosa 'Nevada'

☀❀❀❀   ↕↔2.2米

这种健壮的多叶灌木月季在夏季大量开花——秋季花量较少，奶油白色花有香味。花在炎热的天气下变成粉色。☘

川滇蔷薇

Rosa soulieana

☀❀❀❀   ↕↔3米

这种蔷薇的独特枝条上有很多刺，叶片蓝绿色。夏季开花，花繁多，有香味，花蕾黄色，开放后白色。可能需要支撑。☘

'粉红荷罗顿道斯特'月季

Rosa 'Pink Grootendorst'

☀❀❀❀   ↕2米 ↔1.5米

玫瑰参与杂交的杂种，灌丛状，枝条直立，茎多刺，叶皱。浓密簇生的莲座状花从夏季开始出现，一直延续到秋季。☘

适合标本式孤植的其他大型灌木月季

'白半重瓣'蔷薇（*Rosa* 'Alba Semiplena'）
'库伯特白重瓣'月季（*Rosa* 'Blanche Double de Coubert'）
'雪白'蔷薇（*Rosa* 'Dupontii'）
'弗里茨诺比斯'月季（*Rosa* 'Fritz Nobis'）
'金花'月季（*Rosa* 'Frühlingsgold'）
紫叶蔷薇（*Rosa glauca*），见223页
'哈蒂'蔷薇（*Rosa* 'Madame Hardy'）
'宁芬堡'月季（*Rosa* 'Nymphenburg'）
锈红蔷薇（*Rosa rubiginosa*），见239页
'白荷罗顿道斯特'月季（*Rosa* 'White Grootendorst'）

'金丝雀'黄刺玫

Rosa xanthina 'Canary Bird'

☀❀❀❀   ↕↔2.2米

长势苗壮的蔷薇属物种，拱形枝条上长出小小的似蕨叶片。春季开黄色花，秋季二次开花，花量较少，花有麝香气味。☘

适合重黏土的灌木

如果你花园中的土壤是典型的黏土，潮湿时非常黏重，干燥后收缩开裂，那么你最好对它进行改良，精心地布置排水，频繁大量增加粗砂以及粗有机质，尤其是含纤维的有机质。不要在黏土潮湿的时候对它动工。不过尽管重黏土通常问题重重，但仍然有一大批种类多样的灌木能够在这种土壤中茁壮生长。

‘基利尼红’金雀儿
Cytisus ‘Killiney Red’
☼ ❋ ❋ ❋ ❦   ↕1 米 ↔ 1.2 米

耐黏土的众多金雀儿属植物之一，‘基利尼红’是一个植株低矮紧凑的品种。春末夏初，细长的绿色枝条上开出许多花来。

达尔文小檗
Berberis darwinii
☼ ❋ ❋ ❋   ↕3 米 ↔ 4 米

这种大型丘状常绿灌木覆盖着浓密的深绿色小叶片。春季成簇开放橘黄色花，然后结出黑色浆果。❦

适合重黏土的其他落叶灌木

‘古铜美人’中型灯笼槐（*Colutea* x *media* ‘Copper Beauty’）

美国红栌（*Cotinus coggygria* ‘Royal Purple’），见 224 页

‘全金’黄雀花（*Cytisus* x *praecox* ‘Allgold’），见 196 页

‘粉筬’雅致溲疏（*Deutzia* x *elegantissima* ‘Roselind’），见 180 页

重瓣棣棠花（*Kerria japonica* ‘Pleniflora’），见 167 页

‘苏珊’玉兰（*Magnolia* ‘Susan’）

‘白重瓣’麦李（*Prunus glandulosa* ‘Alba Plena’）

奥科斯丹特尔杜鹃（*Rhododendron occidentale*），见 202 页

‘白冰柱’血红茶藨子 [*Ribes sanguineum* White Icicle (‘Ubric’)]

‘紫叶’西洋接骨木（*Sambucus nigra* ‘Guincho Purple’），见 225 页

菱叶绣线菊（*Spiraea* x *vanhouttei*），见 203 页

‘乔里’欧丁香（*Syringa vulgaris* ‘Charles Joly’）

‘奥农多加’天目琼花（*Viburnum sargentii* ‘Onondaga’），见 181 页

美丽溲疏
Deutzia pulchra
☼ ❋ ❋ ❋   ↕ 至 3 米 ↔ 至 2.5 米

长势健壮的华丽灌木，剥落的肉桂状树皮是冬季一景。叶狭长，柳叶状，夏季大量开花，总状花序由白色钟形花组成。

‘尼科林’华丽木瓜
Chaenomeles x *superba* ‘Nicoline’
☼ ❋ ❋ ❋   ↕1 米 ↔ 1.5 米

坚韧可靠的灌木，枝条在春季开满硕大的鲜红色花。然后结出小小的黄色果，果实似苹果。❦

‘大花’乔木绣球
Hydrangea arborescens ‘Grandiflora’
☼ ❋ ❋ ❋   ↕1.5 米 ↔ 2 米

从夏季一直到初秋，白色小花组成的硕大球形花序开放在枝头。宽卵形叶片覆盖着这种坚韧且可靠的丘状灌木。不喜干燥土壤。❦

'睡莲'星花木兰

Magnolia stellata 'Waterlily'

☀ ❄❄❄　　　　　↕3 米 ↔ 4 米

这种迷人的灌木生长缓慢，最终冠幅会超过株高。春季开花，花有香味，花瓣繁多，覆盖住它的枝条。叶片在秋季变成黄色。❦

'伊丽莎白'金露梅

Potentilla fruticosa 'Elizabeth'

☀ ❄❄❄　　　　　↕75 厘米 ↔ 1.5 米

植株呈宽阔低矮的丘状，分枝茂密，叶小，深裂。花期从春末一直持续到秋季，枝叶表面覆盖明亮的黄色花。

'安东尼·沃特尔'粉花绣线菊

Spiraea japonica 'Anthony Waterer'

☀ ❄❄❄　　　　　↕↔ 1.2 米

直立，株型紧凑，是一种极受欢迎的花灌木。它长出深绿色的锯齿叶片，并在夏季开放扁平的粉红色花序。

西康绣线梅

Neillia thibetica

☀ ❄❄❄　　　　　↕↔ 2.5 米

这种灌木长势健壮，从春末至初夏开花，松散的尾状穗状花序开在拱形弯曲的枝条上，掩映于带锯齿的锐尖叶片之间。

'处子'山梅花

Philadelphus 'Virginal'

☀ ❄❄❄　　　　　↕3 米 ↔ 2.5 米

长势健壮的灌木，它理所当然地成为最受欢迎的花灌木之一，因为它在夏季会大量开放有浓郁香味的白色重瓣或半重瓣大花。

夏蜡梅

Sinocalycanthus chinensis

☀ ❄❄❄❄　　　　　↕↔ 2.7~3 米

这种灌木的植株和叶片都硕大醒目，叶片宽阔有光泽。春末至夏初开花，花相对较大，钵状，似玉兰，有黄色花心。

适合重黏土的其他常绿灌木
'巴豆叶'东瀛珊瑚（*Aucuba japonica* 'Crotonifolia'），见 218 页
刺黑珠（*Berberis sargentiana*）
墨西哥橘（*Choisya ternata*），见 228 页
'红尖'粉红南鼠刺（*Escallonia rubra* 'Crimson Spire'）
中裂桂花（*Osmanthus* x *burkwoodii*），见 229 页
'橙光'火棘（*Pyracantha* 'Orange Glow'），见 239 页
'邱园之绿'易混茴芋（*Skimmia* x *confusa* 'Kew Green'），见 205 页
川西荚蒾（*Viburnum davidii*），见 185 页

'雪堆'日本绣线菊

Spiraea nipponica 'Snowmound'

☀ ❄❄❄　　　　　↕↔ 2 米

成簇白色花沿着浓密多叶拱形枝条的上半侧开放，让它在初夏成为最壮观的灌木之一。❦

适合无石灰土壤的灌木

　　偏爱（如果不是要求的话）无石灰或酸性土壤的灌木的种类相对较少，不过其中包括一些最可爱、最受欢迎的灌木。杜鹃、山茶和石南都以不喜碱性土壤著称，不过也有许多其他灌木拥有类似的需求。虽然它们在天然酸性土壤中生长得最好，但是许多此类植物在特别准备的苗床中或者填充无石灰基质的容器中也能生长得相当不错。

'双色'爱尔兰欧石南

Daboecia cantabrica 'Bicolor'

☼ ❄ ❄ ❄ ⛉　　　　　↕45 厘米 ↔60 厘米

这种低矮的灌丛状常绿灌木枝条茂密且细长坚硬，春末至秋季开花，低垂的白色、紫色或带有紫色条纹的花组成松散的穗状花序。♀

'安妮玛丽'帚石南

Calluna vulgaris 'Annemarie'

☼ ❄ ❄ ❄ ⛉　　　　　↕↔45 厘米

表现可靠，花量繁多，这种石南会形成浓密的灌丛。秋季开花，长长的穗状花序由重瓣亮粉色小花组成，生长在深色常绿的叶片上方。♀

'赠品'威氏山茶

Camellia x *williamsii* 'Donation'

☼ ❄ ❄ ❄ ⛉　　　　　↕3 米 ↔2 米

常规栽培的最佳山茶之一，这种生长迅速、株型直立的常绿灌木从冬末至春季开花，花大而多。♀

多刺迪氏木

Desfontainea spinosa

☼ ❄ ❄ ⛉　　　　　↕2 米 ↔1.5 米

生长缓慢的常绿灌木，从仲夏至秋季，红色管状花开放在叶腋。叶小，似冬青。不喜干燥土壤。♀

'阿道夫·伍道森'山茶

Camellia japonica 'Adolphe Audusson'

☼ ❄ ❄ ❄ ⛉　　　　　↕3 米 ↔2.5 米

这种表现可靠的山茶是茂密的灌丛状常绿植物，叶片深绿色，有光泽。冬末至春季开花，花大、深红色，有金黄色雄蕊。♀

云南山柳

Clethra delavayi

☼ ❄ ❄ ⛉　　　　　↕4 米 ↔3 米

浓密的水平穗状花序由有香味的白色花组成，花蕾为粉色，让这种灌木在夏季开花时呈现最出众的效果。不喜干燥土壤。

红吊钟花

Enkianthus cernuus f. *rubens*

☼ ❄ ❄ ❄ ⛉　　　　　↕2.5 米 ↔2 米

每到春末，成串流苏状深红色钟形花就开放在整齐的丛生叶片下方。秋季叶色浓郁。不喜干燥土壤。♀

灌木

'伊森'灰色石南

Erica cinerea 'C.D. Eason'

☼✽✽✽✽ ⇕30厘米 ↔60厘米

从夏季至秋季，这种茂密、低矮的常绿植物就会覆盖着浓密的穗状花序，小花深粉色，形状似水罐。叶针状。♀

'森林之火'马醉木

Pieris 'Forest Flame'

☼✽✽✽✽ ⇕4米 ↔2米

株型直立的常绿灌木，新叶萌发时为深红色，然后变淡成为粉色和奶油色，最后变成有光泽的绿色。白色花序在春季出现。♀

'五朔节'杜鹃

Rhododendron 'May Day'

☼✽✽✽✽ ⇕↔1.5米

除最冷的地区之外都适合种植，这种平顶或半球形常绿植物拥有深绿色叶片，春季成簇开放喇叭状红色花。♀

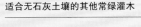

适合无石灰土壤的其他常绿灌木

'金诺赫瑞'帚石南(*Calluna vulgaris* 'Kinlochruel')

'春节'山茶(*Camellia* 'Spring Festival')

'圣埃维'威氏山茶(*Camellia* x *williamsii* 'Saint Ewe')

红百合木(*Crinodendron hookerianum*)，见200页

'大草地'西班牙石南(*Erica australis* 'Riverslea')

硫黄桧叶银桦(*Grevillea juniperina* f. *sulphurea*)

'奥斯特伯红'宽叶山月桂(*Kalmia latifolia* 'Ostbo Red')

'红玫瑰'帚状细子木(*Leptospermum scoparium* 'Red Damask')

'梅吉特'杜鹃(*Rhododendron* 'Peter John Mezitt')

屋久杜鹃(*Rhododendron yakushimanum*)

宽叶山月桂

Kalmia latifolia

☼✽✽✽✽ ⇕↔3米

花量繁多，令人难忘，这种灌木覆盖着令人愉悦的有光泽的常绿叶片，初夏成簇开花，花小，粉色，花蕾颜色较深。♀

适合无石灰土壤的其他落叶灌木

'蜂鸟'桤叶山柳(*Clethra alnifolia* 'Humming Bird')

红脉吊钟花(*Enkianthus campanulatus*)

白花吊钟花(*Enkianthus perulatus*)

桤叶北美瓶刷树(*Fothergilla gardenii*)

紫花璎珞杜鹃(*Menziesia ciliicalyx*)

'霍姆布什'杜鹃(*Rhododendron* 'Homebush')，见213页

'急性子'杜鹃(*Rhododendron* 'Hotspur')

大字杜鹃(*Rhododendron schlippenbachii*)

伞房花越橘(*Vaccinium corymbosum*)，见203页

白铃木(*Zenobia pulverulenta*)

'伊诺梅奥'杜鹃

Rhododendron 'Hinomayo'

☼✽✽✽✽✽ ⇕↔1.5米

小枝茂密的常绿灌木，叶小而茂密，春季大量开放小小的漏斗状粉色花。不耐干燥土壤。♀

'水仙花'杜鹃

Rhododendron 'Narcissiflorum'

☼✽✽✽✽ ⇕↔2米

长势茁壮的灌木，春季和初夏大团开花，花浅黄色并有深色晕，有甜香气味。叶片常常在秋季变成古铜色。♀

灌木

适合碱性土壤的灌木

碱性土壤远远称不上问题土壤，因为它们适合一大批灌木的生长，事实上，其中的许多灌木种类在高 pH 值、温暖、排水通畅的碱性土壤环境中生长得非常茁壮。许多此类植物还耐干旱，不过这并不意味着水分就不重要。碱性土壤同样需要补充有机质，最好是以护根的形式补充。足够的水和充分的有机质能够改善大多数花园灌木的生长状况，让叶片保持健康的绿色。

异花木蓝
Indigofera heterantha
☼ ❋❋❋   ↕1.5 米 ↔ 1.7 米

多干灌木，分枝拱形弯曲，覆盖着似蕨叶片。花期贯穿整个夏季并进入秋季，花小，似豌豆花，呈浓郁的紫粉色。♈

'达特穆尔'大叶醉鱼草
Buddleja davidii 'Dartmoor'
☼ ❋❋❋   ↕↔2.5 米

每到夏末和秋季，深受蝴蝶和蜜蜂喜爱的独特花序覆盖着这种长势茁壮的灌木。长而锐尖的叶片长在拱形弯曲的枝条上。♈

'粉云'猬实
Kolkwitzia amabilis 'Pink Cloud'
☼ ❋❋❋   ↕↔3 米

长势茁壮的丘状灌木，叶小、卵圆形，春季和初夏大量开放钟形花。结有刚毛的浅色果。♈

'维奇'长叶溲疏
Deutzia longifolia 'Veitchii'
☼ ❋❋❋   ↕2.2 米 ↔ 1.7 米

所有溲疏中表现最可靠的种类之一，拥有拱形弯曲枝条和狭窄叶片。夏季开花，星状花大团簇生，花为浓郁的粉色并有淡紫色晕。♈

'红心'木槿
Hibiscus syriacus 'Red Heart'
☼ ❋❋❋   ↕↔2.2 米

这种灌木生长缓慢，分枝成熟后向四周伸展。展叶较晚，叶有醒目的裂片。仲夏至秋季开花，花大。♈

适合碱性土壤的其他常绿灌木

达尔文小檗（*Berberis darwinii*），见 190 页
'阿兹特克珍珠'杂种墨西哥橘（*Choisya x dewitteana* 'Aztec Pearl'），见 212 页
'艾维基'南美鼠刺（*Escallonia* 'Iveyi'）
冬青叶鼠刺（*Itea ilicifolia*），见 165 页
矮探春（*Jasminum humile*），见 167 页
'巴克兰'间型十大功劳（*Mahonia x media* 'Buckland'），见 237 页
大齿橄榄叶菊（*Olearia macrodonta*），见 214 页
中裂桂花（*Osmanthus x burkwoodii*），见 229 页
双蕊野扇花（*Sarcococca hookeriana* var. *digyna*），见 237 页

山桂花

Osmanthus delavayi

☼❄❄❄　　　　　　　↕↔2.2 米

丘状常绿灌木，拱形弯曲枝条细长，深绿色叶片密集，叶小。春季开花，小而甜香的管状花成簇开放。♥

‘硫黄’柠檬羽裂圣麻

Santolina pinnata subsp. *neapolitana* ‘Sulphurea’

☼❄❄❄　　　　　　　↕70 厘米 ↔1 米

仲夏开花，具长柄的纽扣状簇生花序由微小的单花组成，开放在狭窄的羽状叶片上方。低矮的半球形常绿灌木，植株茂密。

‘路易曼金叶’锦带花

Weigela ‘Looymansii Aurea’

☼❄❄❄　　　　　　　↕1.5 米 ↔1.1 米

这种灌木的种植主要是为了观赏其叶片，叶片最初为金色，然后变成黄绿色。春末夏初开漏斗状花。

‘银梨晶’山梅花

Philadelphus ‘Boule d'Argent’

☼❄❄❄　　　　　　　↕↔1.5 米

适宜小型花园的几种山梅花之一，拥有灌丛状株型和拱形弯曲枝条。夏季开花，成簇开放的花朵引人注目，略有香味。

红丁香

Syringa villosa

☼❄❄❄　　　　　　　↕↔4 米

大型灌木，株型相对紧凑，叶大。五月和六月，引人注目的粉色顶端圆锥花序出现在枝头，花有香味。是一种坚韧可靠的丁香。

文冠果

Xanthoceras sorbifolium

☼❄❄❄　　　　　　　↕3 米 ↔2.2 米

一种极不寻常的灌木，枝条直立，叶多裂，春末长出直立穗状花序。经历炎热的夏季后会长出硕大果实。♥

矮扁桃

Prunus tenella

☼❄❄❄　　　　　　　↕70 厘米 ↔1.2 米

低矮的灌丛状灌木，枝条繁多细长，绿色叶片狭窄有光泽，春季开花，亮粉色花密集开放在枝上。‘火山’（‘Fire Hill’）是个一流品种。

波斯丁香

Syringa x *persica*

☼❄❄❄　　　　　　　↕↔2.2 米

一种表现可靠且极受欢迎的丁香，假以时日就能形成大型灌丛。春末开花，细长枝条上长出壮观的圆锥花序，有香味。♥

适合碱性土壤的其他常绿灌木

三花六道木（*Abelia triflora*），见 178 页
‘银叶’互叶醉鱼草（*Buddleja alternifolia* ‘Argentea’）
‘莫尔洛斯’贴梗海棠（*Chaenomeles speciosa* ‘Moerloosii’），见 166 页
‘诺特卡特品种’欧洲黄栌（*Cotinus coggygria* ‘Notcutt's Variety’）
双盾木（*Dipelta floribunda*）
‘林伍德品种’间型连翘（*Forsythia* x *intermedia* ‘Lynwood Variety’），见 204 页
‘粉钻’圆锥绣球（*Hydrangea paniculata* Pink Diamond [‘Interhydia’]）
‘贝内登’悬钩子（*Rubus* ‘Benenden’），见 235 页

适合沙质土的灌木

　　很多灌木都喜欢沙质土，因为这种土壤通常温暖且排水通畅。然而在干旱的时候，沙质土会变成粉尘状，生长在其中的植物可能需要大量灌溉。当然，通过增添草炭替代物或大量频繁加入保水有机质，改变它们的结构，就能对它们进行改良，不过选择耐干旱和迅速排水的灌木进行种植仍然是个好主意。

'华美'红千层

Callistemon citrinus 'Splendens'

☼ ❀❀　　　　　　　　　　↕↔2米

每到夏季，紧凑的鲜红色毛刷状花序装点着这种常绿植物。它有很多拱形弯曲的枝条，绿色叶片狭长，革质，有光泽。☒

'全金'黄雀花

Cytisus x *praecox* 'Allgold'

☼ ❀❀❀　　　　　　　　　↕↔2米

这种灌木细长的拱形弯曲枝条形成紧凑的丘状植株。灰绿色小枝在春季密布黄色豌豆状花，花小，开放时间长。☒

碟叶宽萼苏

Ballota acetabulosa

☼ ❀❀　　　　　　　↕60厘米↔75厘米

灰绿色被毛植物，直立枝条上长着圆形叶片，夏季开花，花微小，二唇形，粉色。如果在寒冷的冬季被冻伤，需要重剪。☒

适合沙质土的其他灌木

'阳光'常春菊（*Brachyglottis* 'Sunshine'），见204页
大杨叶岩蔷薇（*Cistus populifolius* subsp. *major*）
欧洲金雀花（*Cytisus nigricans*）
'金晃'柔枝小金雀（*Genista tenera* 'Golden Shower'）
铃铛刺（*Halimodendron halodendron*）
马蹄豆（*Hippocrepis emerus*）
木蓝属植物（*Indigofera ambylantha*）
木羽扇豆（*Lupinus arboreus*），见207页
'伊丽莎白'金露梅（*Potentilla fruticosa* 'Elizabeth'），见191页
'大叶'毛刺槐（*Robinia hispida* 'Macrophylla'）
圣麻（*Santolina chamaecyparissus*），见223页

沿海常春菊

Brachyglottis monroi

☼ ❀❀❀　　　　　　　↕1米↔1.5米

低矮半球形，株型紧凑，这种常绿灌木覆盖着密集的叶片，叶小、边缘波浪状、深绿色，叶背白色。夏季开花，小型头状花序为黄色。☒

紫花岩蔷薇

Cistus x *purpureus*

☼ ❀❀　　　　　　　　　　↔1米

每到初夏，这种球形灌丛状常绿植物就会开出蔷薇状单瓣花。狭窄的灰绿色叶片为深紫粉色花提供了完美的背景。☒

硬毛百脉根

Lotus hirsutus

☼ ❀❀❀　　　　　　　　　↕↔60厘米

这种小型丘状灌木全株覆盖银灰色毛。夏季成簇开放小而白的豌豆状花，然后结出漂亮的红色荚果。☒

‘堪培拉宝石’银桦

Grevillea ‘Canberra Gem’

☼❄❄pH　　↕↔2 米

‘堪培拉宝石’是最耐寒的银桦之一，植株呈丘状，叶常绿，针状，绿色。花松散簇生，从冬末开到春季。♡

‘伍德布里奇’木槿

Hibiscus syriacus ‘Woodbridge’

☼❄❄❄　　↕2.5 米 3 米

这种灌木生长缓慢且叶片萌发晚，植株最初直立，成熟后伸展扩张。夏末和秋季开花，美丽的碟状花呈粉色。♡

美丽胡枝子

Lespedeza thunbergii

☼❄❄❄　　↕1.5 米↔2.5 米

最佳秋花灌木之一。紫色豌豆状花组成的硕大花序将长长的拱形弯曲枝条压低。可能需要支撑。♡

‘巴恩斯利’克氏花葵

Lavatera x *clementii* ‘Barnsley’

☼❄❄　　↕↔2 米

贯穿整个夏季，这种半常绿灌木陆续开放一系列可爱的花，花色浅粉几乎为白色，有红色花心。叶浅裂，灰绿色，被毛。

‘满族’金露梅

Potentilla fruticosa ‘Manchu’

☼❄❄❄　　↕45 厘米↔60 厘米

细枝繁茂，覆盖银灰色叶片，植株呈低矮的丘状。春末至初秋开花，灌丛浓密覆盖小小的白色单瓣花。

裂叶罂粟

Romneya coulteri

☼❄❄❄　　↕↔2 米

这种长势健壮的植物拥有蓝灰色茎和深裂叶片，夏末开白色罂粟状大花，金黄色雄蕊醒目，花有芳香。♡

适合干旱、全日照地点的灌木

　　无数种灌木能够在阳光充足且相对干旱的情况下茁壮生长；如果冬季气候温和，你就会有极为广泛且令人兴奋的选择。在冬季温度不是那么适宜的地方，注意使用任何可用的遮蔽，无论是背靠着的墙壁，还是附近更耐寒的植物提供的保护。许多在干旱、全日照条件下茁壮生长的灌木都来自地中海气候区，那里阳光充足、气候炎热，多石砾的土壤排水通畅。

艳斑岩蔷薇

Cistus x *cyprius*

☼ ❀ ❀ ❀　　　　　　　　↕2 米 ↔1.5 米

夏初开花，花大而白，有黄色雄蕊和红色斑点。这种常绿植物长势茁壮，枝条和叶片都有黏稠的触感。♀

轮花大戟

Euphorbia characias subsp. *wulfenii*

☼ ❀ ❀　　　　　　　　　　↕↔1 米

这种常绿植物拥有直立的二年生茎和长在茎上的灰绿色叶片，第二年春季茎顶端长出硕大花序，由黄绿色杯状小花组成。♀

适合干旱、全日照地点的其他灌木

‘堇色’大风铃花（*Abutilon* x *suntense* ‘Violetta’）

茶花常山（*Carpenteria californica*），见 228 页

莸（*Caryopteris incana*）

火把花（*Colquhounia coccinea*）

‘加州之光’法兰绒花（*Fremontodendron* ‘California Glory’），见 165 页

‘堪培拉宝石’银桦（*Grevillea* ‘Canberra Gem’），见 197 页

硫黄桧叶银桦（*Grevillea juniperina* f. *sulphurea*）

文冠果（*Xanthoceras sorbifolium*），见 195 页

‘都柏林’加州朱巧花（*Zauschneria californica* ‘Dublin’），见 37 页

鸡冠刺桐

Erythrina crista-galli

☼ ❀　　　　　　　　　　↕↔2 米

夏末开花，引人注目的穗状花序由蜡质珊瑚红色花组成。多刺枝条上长出3枚小叶组成的复叶。在寒冷的冬季地上部分会被冻死。

梳黄菊

Euryops pectinatus

☼ ❀　　　　　　　　　　↕↔1 米

常绿丘状植物，叶片灰绿色，深裂。花期从冬末延续到初夏，长柄鲜黄色头状花序开放在叶片上方。♀

智利胶草

Grindelia chiloensis

☀❄❄　　　　　　　　　　↕75厘米 ↔60厘米

这种常绿植物仿佛花色金黄的矢车菊,冬末至初夏开花,头状花序鲜黄色,具长柄。触感黏稠。

'蓝鸟'木槿

Hibiscus syriacus 'Oiseau Blue'

☀❄❄❄　　　　　　　　　↕2.5米 ↔2米

生长缓慢且萌叶较晚的灌木,植株最初直立,成熟后株型扩展。夏末和秋季大量开花,花大,淡紫蓝色。♀

橙花糙苏

Phlomis fruticosa

☀❄❄　　　　　　　　　　　↕↔1米

低矮的丘状常绿灌木,光是其有香味的灰绿色被毛叶片就值得种植;夏季的金黄花朵是额外福利。♀

意大利糙苏

Phlomis italica

☀❄❄　　　　　　　　　　↕1米 ↔60厘米

低矮直立的常绿灌木,茎叶覆盖着灰绿色的绵毛。夏季开花,二唇形花轮生在茎上,呈可爱的紫粉色。

紫柏枝花

Fabiana imbricata f. *violacea*

☀❄❄　　　　　　　　　　↕2.5米 ↔2米

株型直立或花瓶状,这种常绿植物的枝条上覆盖着细小的石南状叶片,初夏密集开放浅紫色花。避免种植在浅白垩土中。♀

'道伦-史密斯'赛龙榄叶菊

Olearia x *scilloniensis* 'Dorrien-Smith'

☀❄❄　　　　　　　　　　　↕↔1.5米

春末时分,这种茂密常绿植物的茎和狭窄的波缘叶片几乎被大团白色头状花序完全覆盖。♀

白刺花

Sophora davidii

☀❄❄❄　　　　　　　　　↕1.5米 ↔2米

这种灌木幼年时枝条松散,随着成熟变得茂密多刺。叶小,深裂,夏季开花,豌豆状花白色泛蓝。

灌木

耐阴灌木

你可能会惊讶于适合种植在庇荫中的灌木种类的广泛。很多此类灌木在野外本身就是林地植物，喜欢生长在不受阳光直射的地方。这并不意味着它们可以不需要任何光照而存活——所有绿叶植物都需要阳光进行光合作用。不过和其他种类相比，某些灌木能够忍耐更低的光照水平，它们最适合种植在落叶乔木或建筑投射的阴影下。

大果卫矛

Euonymus myrianthus

☼❋❋❋   ↕3 米 ↔4 米

大型常绿灌木，叶苹果绿色，革质。稠密的绿黄色花序出现在初夏，秋季结果，果实橘黄色，结橘红色种子。

扶芳藤变种

Euonymus fortunei var. *vegetus*

☼☼❋❋❋   ↕30 厘米 ↔2 米

匍匐茎和直立茎的同时存在让这种坚韧的灌丛状常绿植物形成一大片植株。绿色叶片和粉色果实都数量丰富。

红百合木

Crinodendron hookerianum

☼❋❋❋❋⚲   ↕3 米 ↔2 米

从春末到夏初，这种漂亮的常绿植物的枝条上悬挂着美丽的红色花，好似灯笼一般。不喜干燥土壤。♀

其他耐阴落叶灌木

加拿大草茱萸（*Cornus canadensis*），见184页
卫矛属植物（*Euonymus obovatus*）
'子爵夫人'绣球（*Hydrangea macrophylla* 'Générale Vicomtessa de Vibraye'）
观果金丝桃（*Hypericum androsaemum*）
棣棠（*Kerria japonica*）
鸡麻（*Rhodotypos scandens*），见203页
香花悬钩子（*Rubus odoratus*）
'奥林匹克重瓣'美洲大树莓（*Rubus spectabilis* 'Olympic Double'）
'汉考克'金叶毛核木（*Symphoricarpos* x *chenaultii* 'Hancock'）

菲利浦瑞香

Daphne laureola subsp. *philippi*

☼☼❋❋❋❋   ↕30 厘米 ↔60 厘米

一种林地常绿植物的低矮亚种，种植在全日照下同样长得很好。冬末和初春开花，淡绿色花密集簇生。

'维奇'绣球

Hydrangea macrophylla 'Veitchii'

☼☼❋❋   ↕1.5 米 ↔2.5 米

冠幅大于株高，这种叶片醒目的灌丛在仲夏至夏末开花，花序中央是一团微小的可育花，四周是一圈较大的不育小花。不喜干燥土壤。♀

'蓝鸟'粗齿绣球

Hydrangea serrata 'Bluebird'

☀ ☀ ❄ ❄   ↕1.2 米 ↔ 1.5 米

茂密的灌丛状灌木，叶片锐尖，秋季常常变成漂亮的颜色。夏季开花，紫蓝色帽状花序四周有一圈浅色花。不喜干燥土壤。♀

顶花板凳果

Pachysandra terminalis

☀ ☀ ❄ ❄ ❄   ↕10 厘米 ↔ 20 厘米

这种常绿萌蘗小灌木喜湿润土壤，是一种优秀的耐阴地被。春季，深绿色叶片为小白花组成的穗状花序提供了背景。

'韦克赫斯特白'日本茵芋

Skimmia japonica 'Wakehurst White'

☀ ☀ ❄ ❄ ❄   ↕↔ 75 厘米

茂密低矮的常绿灌木，如果你在附近种植一株雄性用来授粉的话，这种春花茵芋属品种就会结出丰富的白色浆果。

蕊帽忍冬

Lonicera pileata

☀ ☀ ❄ ❄   ↕60 厘米 ↔ 2 米

低矮扩张的株型让它成为一种优良的常绿地被。春末开花，花细小，不显眼，偶尔结紫色浆果。

'密枝'桂樱

Prunus laurocerasus 'Otto Luyken'

☀ ☀ ❄ ❄ ❄   ↕75 厘米 ↔ 1.2 米

这种低矮常绿灌木的枝条覆盖着狭窄有光泽的革质叶片。春末开花，直立穗状花序由白色花组成，结黑色果实。♀

脉叶十大功劳

Mahonia nervosa

☀ ☀ ❄ ❄ ❄ ♥   ↕60 厘米 ↔ 1 米

常绿萌蘗灌木，茎短而直立，漂亮的叶片在冬季变成红色或紫色。黄色穗状花序出现在初夏。

其他耐阴常绿灌木

'绿角'东瀛珊瑚（*Aucuba japonica* 'Rozannie'），见 214 页
金叶黄杨（*Buxus sempervirens* 'Latifolia Maculata'）
黑海瑞香（*Daphne pontica*）
熊掌木（x *Fatshedera lizei*），见 212 页
八角金盘（*Fatsia japonica*），见 216 页
柊树（*Osmanthus heterophyllus*）
三色莓（*Rubus tricolor*）
舌苞假叶树（*Ruscus hypoglossum*）
美丽野扇花（*Sarcococca confusa*）
川西荚蒾（*Viburnum davidii*），见 185 页

'花叶'蔓长春花

Vinca major 'Variegata'

☀ ☀ ❄ ❄ ❄   ↕30 厘米 ↔ 1.5 米

醒目的花叶植物，叶片边缘有奶油白色斑纹，是一种优良地被，如果不加抑制，长势会过于旺盛。蓝色花从春季开放到秋季。♀

耐潮湿地点和水畔的灌木

永久性湿润的土壤或者偶尔被淹没的地方，都不是理想的种植环境。因此，花园中如果有潮湿或涝渍区域，耐水湿的灌木就会显得特别重要。如果可行的话，你可以通过排水改善此类土壤，但是如果你决定不改变土壤条件，下列植物通常能够在此茁壮生长。

灌木

荔莓叶腺肋花楸
Aronia arbutifolia

☼✽✽✽✽　　　　　　↕3 米 ↔ 2 米

这种茁壮的灌木会形成簇生枝条，枝条最初直立，最终变为宽拱形。春季开花，花小而白，结红色浆果。叶片在秋季变成红色。

桤叶山柳
Clethra alnifolia

☼✽✽✽✽　　　　　　↕2 米 ↔ 1.5 米

夏末开花，穗状花序由散发甜香气味的白色小花组成。这种灌木株型直立，常常萌蘖，叶片有锯齿，秋季变成黄色。

北美山胡椒
Lindera benzoin

☼✽✽✽✽　　　　　　↕↔ 3 米

这种灌木生长迅速，鲜绿色叶片有芳香，并在秋季变成透亮的黄色。春季开花，花小，绿黄色，簇生。

耐潮湿地点和水畔的其他灌木

加拿大唐棣（*Amelanchier canadensis*）
黑果腺肋花楸（*Aronia melanocarpa*）
美国夏蜡梅（*Calycanthus floridus*）
风箱树（*Cephalanthus occidentalis*）
'红香料'桤叶山柳（*Clethra alnifolia* 'Ruby Spice'）
'金叶'红瑞木（*Cornus alba* 'Aurea'），见220 页
'雅致'红瑞木（*Cornus alba* 'Elegantissima'）
'黄枝'偃伏株木（*Cornus sericea* 'Flaviramea'），见238 页
春金缕梅（*Hamamelis vernalis*）
蜡果杨梅（*Myrica cerifera*）
西康绣线梅（*Neillia thibetica*），见191 页
柔毛石楠（*Photinia villosa*），见303 页
'空竹'美国风箱果（*Physocarpus opulifolius* 'Diabolo'）
狭叶毛叶珍珠梅（*Sorbaria tomentosa* var. *angustifolia*）
美国绵毛荚蒾（*Viburnum lantanoides*）
'黄果'欧洲荚蒾（*Viburnum opulus* 'Xanthocarpum'）
席氏荚蒾（*Viburnum sieboldii*）

香杨梅
Myrica gale

☼✽✽✽✽　　　　　　↕↔ 1 米

小型芳香灌木，春季先长出大量荑黄花序，再萌发蓝绿色叶片，然后结出穗状果序（上）。耐极端涝渍条件。

'金翅'美国风箱果
Physocarpus opulifolius 'Dart's Gold'

☼✽✽✽　　　　　　↕↔ 2 米

坚韧且适应性良好的灌木，春季和整个夏季的金黄色叶片让晚春开放的花相形见绌。老枝树皮剥落。▽

奥科斯丹特尔杜鹃
Rhododendron occidentale

☼✽✽✽✽　　　　　　↕↔ 2 米

醒目簇生的漏斗状花出现在初夏，花色不一，为白色至粉色或浅黄色，有芳香。有光泽的绿色叶片在秋季变成浓郁的彩叶。▽

鸡麻

Rhodotypos scandens

☼·☀·❋ ❋ ❋　　　　　↕↔2 米

花期从春末持续整个夏季，纯白色花凋谢后结闪闪发亮的黑色小果。这是一种长势苗壮的灌木，叶片有锯齿和醒目的脉纹。

耐潮湿地点或水畔的柳属灌木

尖叶柳（*Salix acutifolia*）
迷迭香型垂柳（*Salix elaeagnos*）
小柳（*Salix exigua*），见 223 页
黑穗细柱柳（*Salix gracilistyla* 'Melanostachys'）
胡克氏柳（*Salix hookeriana*）
露珠柳（*Salix irrorata*）
尖叶紫柳（*Salix koriyanagi*）
'矮生'地中海紫柳（*Salix purpurea* 'Nana'）
三蕊柳（*Salix triandra*）
'扇尾'于登柳（*Salix udensis* 'Sekka'）

菱叶绣线菊

Spiraea x *vanhouttei*

☼·❋ ❋ ❋　　　　　↕↔1.5 米

长势健壮的灌木，拱形枝条构成浓密的丘状植株。夏季开花，白色花沿着枝条的上半侧成簇开放。

瑞香柳

Salix daphnoides

☼·❋ ❋ ❋　　　　　↕↔6 米

这种灌木长势苗壮，种植它是为了观赏浅紫色的冬季枝条。雄性品种如'阿格莱亚'（'Aglaia'）在春季有漂亮的葇荑花序，最初为银色，然后变成黄色。

伞房花越橘

Vaccinium corymbosum

☼·☀·❋ ❋ ❋ ❋ ❦　　　↕↔1.5 米

春末成簇开花，花小、白色或浅粉色，然后结出可食用的黑色浆果。秋季，这种灌丛状灌木的叶片会变成深红色。♡

欧洲荚蒾

Viburnum opulus

☼·☀·❋ ❋ ❋ ❋　　　↕↔4 米

夏季长出白色的花边帽状花序，然后结出成簇闪闪发光的红色浆果。这是一种长势苗壮的灌木，叶片在秋季呈现橙色、紫色或红色。

耐空气污染的灌木

从前，工业污染在大多数制造业城镇是常态。谢天谢地，这样的日子如今已经结束了。不过其他形式的污染仍然存在，尤其是来自汽车尾气的污染，因此对空气污染有一定耐性的灌木就显得尤为重要。下列灌木是最有耐性的种类。

耐空气污染的其他常绿灌木

'绿角'东瀛珊瑚（*Aucuba japonica* 'Rozannie'），见 214 页

'阿道夫·伍道森'山茶（*Camellia japonica* 'Adolphe Audusson'），见 192 页

斯腾栒子（*Cotoneaster sternianus*），见 232 页

'金边'埃氏胡颓子（*Elaeagnus* x *ebbingei* 'Gilt Edge'），见 219 页

银边扶芳藤（*Euonymus fortunei* 'Emerald Gaiety'），见 184 页

双蕊野扇花（*Sarcococca hookeriana* var. *digyna*），见 237 页

'阳光'常春菊

Brachyglottis 'Sunshine'

☀ ❄❄❄　　　　　↕1 米 ↔ 1.5 米

在所有开花灌木中，这是最可靠、最受欢迎的种类之一，醒目的灰绿色叶片幼嫩时为银色，夏季开鲜黄色花。♀

'林伍德品种'间型连翘

Forsythia x *intermedia* 'Lynwood Variety'

☀ ❄❄❄❄　　　　↕3 米 ↔ 2.5 米

开花时非常壮观，因此很受欢迎；每到春季，这种健壮灌木的枝条上就会覆盖大量深黄色钟形星状花。♀

'粉之悦'醉鱼草

Buddleja 'Pink Delight'

☀ ❄❄❄　　　　　↕3 米 ↔ 4 米

华丽的灌木，有拱形弯曲枝条和银灰色叶片。花期持续整个夏季，渐尖圆锥花序硕大而密集，长达30厘米或更长，由有香味的亮粉色小花组成，小花有橙色花心。

'粉闪闪'圆锥绣球

Hydrangea paniculata Pinky-Winky（'Dvppinky'）

☀ ❄❄❄❄　　　　↕1.2 米 ↔ 1.5 米

这种灌木株型直立，植株紧凑，枝条泛红，8至10月开花，圆锥形花序非常浓密，小花最初为白色，然后变成深粉色，有类似香料的辛辣香味。♀

'祖母绿'冬青叶十大功劳

Mahonia aquifolium 'Smaragd'

☀ ❄❄❄❄　　　　↕75 厘米 ↔ 1.5 米

植株低矮、株型扩展的常绿植物，绿色叶片有光泽，有刺状锯齿，幼叶古铜色。春季开花，鲜黄色花簇生。

哈氏榄叶菊

Olearia x *haastii*

☀ ❄❄❄　　　　　　　　↕↔2 米

夏季开花，密集簇生的白色头状花序覆盖着这种坚韧、可靠、株型紧凑的常绿灌木，花有芳香。叶小、卵圆形，背面有白色毡毛。

耐空气污染的其他落叶灌木

拉马克唐棣（*Amelanchier lamarckii*），见 264 页
'古铜美人'中型灯笼槐（*Colutea* x *media* 'Copper Beauty'）
红苞忍冬（*Lonicera involucrata* var. *ledebourii*）
'紫叶'西洋接骨木（*Sambucus nigra* 'Guincho Purple'），见 225 页
狭叶毛叶珍珠梅（*Sorbaria tomentosa* var. *angustifolia*）
鹰爪豆（*Spartium junceum*），见 207 页
'诺特卡特品种'欧洲荚蒾（*Viburnum opulus* 'Notcutt's Variety'）
海仙花（*Weigela coraeensis*）

'邱园之绿'易混茵芋

Skimmia x *confusa* 'Kew Green'

☀◐❄❄❄　　　　　　↕75 厘米 ↔ 1.2 米

春季，深绿色的芳香叶片上方长出稠密的圆锥花序，由奶油白色小花组成，花有香味。一种优秀且适应性良好的丘状常绿灌木。♡

'苏珊'杜鹃花

Rhododendron 'Susan'

☀ ❄❄❄❄👂　　　　　　↕↔3 米

株型紧凑的灌丛状常绿植物，长势非常茁壮，春季开花，花圆形簇生。花初开时有深色边缘和紫色斑点，然后逐渐褪成白色。♡

'勒蒙利夫人'欧丁香

Syringa vulgaris 'Madame Lemoine'

☀ ❄❄❄　　　　　　　↕4 米 ↔ 3 米

春末夏初开花，芳香白色小花组成密集的花序，十分壮观。幼年株型直立，成熟后逐渐扩展。♡

'优雅'山梅花

Philadelphus 'Beauclerk'

☀ ❄❄❄　　　　　　↕2.5 米 ↔ 2 米

这种可爱的灌木很值得种植，从初夏至仲夏大量开放白色花朵，花大且花瓣宽阔。花朵有芳香。♡

'白心'血红茶藨子

Ribes sanguineum 'Pulborough Scarlet'

☀ ❄❄❄　　　　　　↕2.5 米 ↔ 2 米

长势苗壮的灌木，幼树株型相当直立，成熟之后逐渐扩展。叶片有芳香，春季开花，先叶后花或花叶同放，红色花低垂簇生。♡

四蕊柽柳

Tamarix tetrandra

☀ ❄❄❄　　　　　　　　↕↔4 米

枝条松散的灌木，深色枝条上覆盖着鳞状绿色叶。春末夏初，微小的花朵构成密集的羽状花序。♡

耐海滨暴露环境的灌木

　　和普遍观念截然相反，事实上有很多灌木都可以种植在海边的花园里。有些灌木实际上很喜欢承受海滨的风，甚至海水咸沫。而另外一些虽然能够在一定程度上忍耐这种环境，但更喜欢在一定的遮挡中茁壮生长。这里列出的灌木是在海滨花园中表现最可靠的种类。

‘苹果花’南美鼠刺
Escallonia ‘Apple Blossom’
☀ ❀ ❀ ❀ 　　　　　　　↕↔2 米

闪闪发亮的深绿色叶片覆盖着这种茂密的常绿灌木。夏季开花，花簇生，花色是苹果花的红白相间。❀

地中海滨藜
Atriplex halimus
☀ ❀ ❀ ❀ 　　　　　　　↕↔2 米

这种灌丛状常绿植物拥有漂亮的银灰色叶片，在寒冷地区表现为半落叶。是一种优秀的标本植物，也可以作为不规则绿篱。

灌木柴胡
Bupleurum fruticosum
☀ ❀ ❀ 　　　　　　　　↕↔2 米

灌丛状常绿灌木，主要观赏价值在于其闪闪发亮的深蓝绿色叶片，它也会在夏季至秋季长出小小的黄色花序。

耐海滨暴露环境的其他落叶灌木

‘古铜美人’中型灯笼槐(*Colutea* x *media* ‘Copper Beauty’)
‘基利尼红’金雀儿(*Cytisus* ‘Killiney Red’)，见 190 页
沙枣(*Elaeagnus angustifolia*)
‘水银’胡颓子(*Elaeagnus* ‘Quicksilver’)，见 294 页
铃铛刺(*Halimodendron halodendron*)
‘阿以莎’绣球(*Hydrangea macrophylla* ‘Ayesha’)
宁夏枸杞(*Lycium barbarum*)
玫瑰(*Rosa rugosa*)，见 209 页
‘鲜红’多枝柽柳(*Tamarix ramosissima* ‘Rubra’)
四蕊柽柳(*Tamarix tetrandra*)，见 205 页

球花醉鱼草
Buddleja globosa
☀ ❀ ❀ ❀ 　　　　　　　↕↔3 米

夏季开花时，紧凑的小型橘黄色球状花序让这种灌木分外出众。植株健壮，叶片醒目，在气候温和地区是半常绿植物。❀

鱼鳔槐
Colutea arborescens
☀ ❀ ❀ 　　　　　　　　↕↔2.5 米

长势苗壮的灌木，株型开阔，拥有小而多裂的叶片。夏季簇生黄色豌豆状花，然后结膨大的荚果。

短筒倒挂金钟
Fuchsia magellanica
☀ ❀ ❀ ❀ 　　　　　　　↕↔2 米

茂密多叶的丘状植株让它成为一种理想的标本植物或不规则绿篱。仲夏至秋季大量开放灯笼般的垂吊花朵。

'蓝宝石'长阶花

Hebe x *franciscana* 'Blue Gem'

☼ ❈ ❈   ↕60 厘米 ↔1.2 米

这种常绿灌木是海滨城镇步行街两侧的常见景致。花期从夏季持续到初冬,穗状花序短,由紫色小花组成。

'拉纳斯白'绣球

Hydrangea macrophylla 'Lanarth White'

☼ ❈ ❈ ❈ ❈   ↕1.5 米 ↔2 米

表现可靠、株型紧凑的丘状灌木,每到夏季,深蓝色可育小花和星状白色不育花组成的半球状花序开放在枝头,开放持续时间长。叶片为浅绿色。

圆叶榄叶菊

Olearia nummularifolia

☼ ❈ ❈ ❈   ↕2 米 ↔2 米

这种圆形灌木的特点是密集生长着小型革质常绿叶片的坚硬枝条。夏季开花,小而芳香的花开放在枝条末端附近。

灌木

鹰爪豆

Spartium junceum

☼ ❈ ❈ ❈   ↕↔2.5 米

鹰爪豆是一种长势苗壮的灌木,枝条光滑、深绿色,几乎不长叶片。有香味的黄色豌豆状花从初夏开到秋季。♡

多枝柽柳

Tamarix ramosissima

☼ ❈ ❈ ❈   ↕↔4 米

枝条开张且健壮,这种灌木在长长的枝条上长着羽状蓝绿色叶片。夏末至秋初开花,小小的粉色花构成密集的羽状花序。

耐海滨暴露环境的其他常绿灌木

'阳光'常春菊(*Brachyglottis* 'Sunshine'),见 204 页

大叶胡颓子(*Elaeagnus macrophylla*)

'艾维基'南美鼠刺(*Escallonia* 'Iveyi')

'少枝'大齿榄叶菊(*Olearia macrodonta* 'Major')

木羽扇豆

Lupinus arboreus

☼ ❈ ❈ ❈   ↕↔1 米

长势苗壮的丘状半常绿植物,拥有羽扇豆典型的掌状复叶。初夏开花,黄色穗状花序渐尖,数量繁多,有芳香。♡

用作屏障或绿篱的灌木

对适宜用作绿篱的灌木可以每年进行修剪以营造规则式效果，或者任其发展出更自然的外观。它们的强健长势和最终的大型植株很适合作为屏障，用来遮挡不美观的景致、过滤噪音，或者减弱风力。书中给出的尺寸指的是单株灌木不经修剪的大小。

用作屏障或绿篱的其他常绿灌木
达尔文小檗（*Berberis darwinii*），见 190 页
大叶胡颓子（*Elaeagnus macrophylla*）
'红尖'粉红南美鼠刺（*Escallonia rubra* 'Crimson Spire'）
红花南美鼠刺（*Escallonia rubra* var. *macrantha*）
大叶黄杨（*Euonymus japonicus*）
地中海冬青（*Ilex aquifolium*）
大齿榄叶菊（*Olearia macrodonta*），见 214 页
海桐花属植物（*Pittosporum colensoi*）
厚叶海桐花（*Pittosporum crassifolium*）
月桂荚蒾（*Viburnum tinus*）

狭叶小檗

Berberis x *stenophylla*

☀ ❀ ❀ ❀　　　　　　↕↔ 2.5 米

作为一种很受欢迎的不规则绿篱，这种顽强且适应性良好的常绿灌木拥有细长的拱形枝条，狭窄的深绿色叶片，以及小小的金黄色春花。♀

团花栒子

Cotoneaster lacteus

☀ ❀ ❀ ❀　　　　　　↕ 4 米 ↔ 3 米

营建规则式绿篱或不规则屏障的最佳常绿灌木之一，叶片有脉纹，夏季开白花，秋季和冬季有红色浆果。♀

'汉德沃斯'锦熟黄杨

Buxus sempervirens 'Handsworthiensis'

☀ ❀ ❀ ❀ ❀　　　　　　↕↔ 3 米

这种常绿植物的株型直立、枝叶茂密、长势健壮，这使它成为一种可靠的规则式绿篱或屏障。叶片革质、深绿色、圆形或椭圆形。

用作小型绿篱的其他灌木
'红柱'小檗（*Berberis thunbergii* 'Red Pillar'）
'矮灌'锦熟黄杨（*Buxus sempervirens* 'Suffruticosa'），见 240 页
'蓝宝石'长阶花（*Hebe* x *franciscana* 'Blue Gem'），见 207 页
'伯福德'枸骨（*Ilex cornuta* 'Burfordii'）
龟甲冬青（*Ilex crenata* 'Convexa'）
'海德柯特'薰衣草（*Lavandula angustifolia* 'Hidcote'）
袖珍银香梅（*Myrtus communis* subsp. *tarentina*）

西蒙氏栒子

Cotoneaster simonsii

☀ ❀ ❀ ❀　　　　　　↕ 2.5 米 ↔ 2 米

闪闪发亮的落叶或半常绿叶片覆盖着这种长势苗壮的灌木，它是一种理想的绿篱。夏季开白花，红色浆果在秋季成熟。♀

灌木

埃氏胡颓子

Elaeagnus x *ebbingei*

☼❀❀❀   ↕↔4 米

一到秋季，芳香的银白色小花就密集开放在枝条上，伴随着闪闪发亮的绿色叶片。这种长势苗壮的常绿植物适合营造规则式和不规则屏障。

滨覆瓣梾木

Griselinia littoralis

☼❀❀   ↕6 米 ↔5 米

长势苗壮的常绿灌木，拥有鲜绿色叶片，单独种植效果优良，或者和'黑叶'樱桃李（*Prunus cerasifera* 'Nigra'）搭配种植。很适合用在海滨花园。♥

'圆叶'桂樱

Prunus laurocerasus 'Rotundifolia'

☼☀❀❀❀   ↕3 米 ↔2 米

桂樱是最常用于规则式绿篱的月桂类植物，常绿叶片引人注目，绿色有光泽，株型直立。还可以进行不规则种植。

灌木

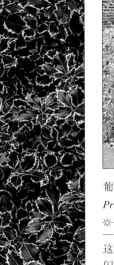

'银边'地中海冬青

Ilex aquifolium 'Argentea Marginata'

☼❀❀❀   ↕8 米 ↔4 米

作为最好的规则式绿篱或屏障之一，这种灌木或乔木的常绿叶片拥有奶油色边缘和刺状锯齿，如果有雄株授粉会结红色果实。♥

葡萄牙桂樱

Prunus lusitanica

☼☀❀❀❀   ↕↔6 米

这种灌丛状常绿灌木在红色枝条上长出闪闪发亮的细长锐尖叶片，春季开白花时尤其令人难忘。♥

'里卡顿'倒挂金钟

Fuchsia 'Riccartonii'

☼❀❀   ↕↔2 米

这种长势苗壮的灌木是一流的不规则绿篱，特别是在滨海区域，它会很快形成茂密的灌丛，夏末开花，垂吊着似灯笼的花。♥

用作屏障或绿篱的其他落叶灌木

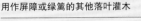

紫叶小檗 *Berberis thunbergii* f. *atropurpurea*）
欧洲鹅耳枥（*Carpinus betulus*）
贴梗海棠（*Chaenomeles speciosa*）
普通山楂（*Crataegus monogyna*）
欧洲山毛榉（*Fagus sylvatica*），见 281 页
'多叶'弗朗鼠李（*Frangula alnus* 'Aspleniifolia'）
'约瑟夫·班克斯'绣球（*Hydrangea macrophylla* 'Joseph Banks'）
黑刺李（*Prunus spinosa*）
'白篱'杜勒布毛核木（*Symphoricarpos* x *doorenbosii* 'White Hedge'）

玫瑰

Rosa rugosa

☼❀❀❀   ↕↔1.5 米

该蔷薇属物种是一种很受欢迎的不规则绿篱，叶大而皱，紫红色花从夏季开到秋季，然后结出番茄红色的蔷薇果。

适合岩石园、抬升苗床和岩屑的灌木

　　许多灌木株型整齐，花朵、叶片和果实都很漂亮，然而因为尺寸太小，无法用在混合花境中，除非使其远离更大更强壮的临近植物的压迫。这些灌木非常适合种植在岩石园或抬升苗床中，它们小巧玲珑的魅力值得更好的欣赏。

矮丛小金雀
Genista lydia

☀ ❉ ❉ ❉　　　‡ 55 厘米 ↔ 75 厘米

这种灌木在春末夏初蔚为可观，此时覆盖着成簇开放的豌豆状花，花微小。非常适合用于干垒石墙的墙顶，让它的枝条垂下来。❧

'珊瑚'鸡爪槭
Acer palmatum 'Corallinum'

☀ ❋ ❉ ❉ ❉　　　‡ 75 厘米 ↔ 45 厘米

一种引人注目、株型低矮紧凑的灌木，在湿润、肥沃、排水良好的土壤中能够长到上述尺寸的两倍。主要观赏价值在于其春季鲜艳的珊瑚粉色新枝叶。

唐古特瑞香犰狳组
Daphne tangutica Retusa Group

☀ ❋ ❉ ❉ ❉　　　‡ ↔ 70 厘米

拥有革质常绿叶片的半球形灌木，簇生紫色花蕾在春末开花，有芳香，结亮红色浆果。❧

其他岩石园灌木

'袖珍'黄花岩豆（*Anthyllis hermanniae* 'Minor'）
'紧密珊瑚'狭叶小檗（*Berberis* x *stenophylla* 'Corallina Compacta'）
银毛旋花（*Convolvulus cneorum*），见 222 页
肉茎神刀（*Crassula sarcocaulis*）
瑞香科利纳群（*Daphne sericea* Collina Group）
'柠檬'奥林匹亚金丝桃（*Hypericum olympicum* 'Citrinum'）
柏枝新蜡菊（*Ozothamnus selago*）
松叶钓钟柳（*Penstemon pinifolius*）
侏儒花楸（*Sorbus poteriifolia*）
灰白香科（*Teucrium polium*）

岩高兰小檗
Berberis empetrifolia

☀ ❉ ❉ ❉ ❧　　　‡ 30 厘米 ↔ 45 厘米

这种低矮常绿灌木的枝条细长、坚硬且多刺，分枝覆盖细小叶片，叶尖端具刺。春末开花，花小、金黄色。

梳黄菊属植物
Euryops acraeus

☀ ❉ ❉ ❉　　　‡ ↔ 30 厘米

独特的灌木，形成一小丛丘状狭窄的银色叶片。叶片上方，春末黄花开放在细而被毛的花梗上。在阳光充足、土壤排水通畅的地方生长苗壮。❧

'鲍顿'柏状长阶花
Hebe cupressoides 'Boughton Dome'

☀ ❉ ❉　　　‡ 30 厘米 ↔ 45 厘米

这种漂亮的常绿丘状灌木拥有细小的深灰绿色叶片，仿佛一株低矮的桧柏，夏季大量簇生白色花。需要良好的排水。

灌木

'火龙'半日花

Helianthemum 'Fire Dragon'

☼❋❋❋　　　　　‡28 厘米 ↔ 55 厘米

常绿覆地灌木,有狭窄的灰绿色叶片。花期从春末持续到夏季,植株开满鲜艳的橘红色花。♡

钓钟柳属植物

Penstemon serrulatus

☼❋❋❋　　　　　‡60 厘米 ↔ 30 厘米

株型松散的半常绿灌木,深绿色叶片簇生。夏季开花,直立茎上长出分叉花序,管状花呈蓝色至紫色。

矮石榴

Punica granatum var. *nana*

☼❋❋❋　　　　　‡↔ 60 厘米

这是一种迷人的小型石榴,叶片有光泽,在秋季变成金黄色。初秋开漏斗状花。喜温暖和良好的排水。♡

木本亚麻

Linum arboreum

☼❋❋❋　　　　　‡28 厘米 ↔ 30 厘米

只要在阳光照射的时候,簇生亮黄色花就会在整个夏季持续开放。这种低矮的半球形常绿灌木需要温暖和良好的排水。♡

拟长阶花

Parahebe catarractae

☼❋❋　　　　　‡↔ 30 厘米

精选可靠植物,常绿叶片松散丛生成丘状。夏末秋初开花,花小,有深红色和白色花心。

覆地生长的其他灌木

'紫黑'紫山雀花 (*Chamaecytisus purpureus* 'Atropurpureus')
'雪崩'鼠尾草叶岩蔷薇 (*Cistus salviifolius* 'Avalanche')
翅茎小金雀 (*Genista sagittalis*)
亚平宁半日花 (*Helianthemum apenninum*)
金丝桃属植物 (*Hypericum empetrifolium* subsp. *oliganthum*)

网皱柳

Salix reticulata

☼❋❋❋　　　　　‡4 厘米 ↔ 30 厘米

毯状俯卧茎覆盖着卵圆形叶片,叶背颜色浅,正面有网状脉纹。雄株在春季长出漂亮的荑黄花序。在湿润土壤中生长得最好。

盆栽灌木

　　几乎任何一种灌木都可以种植在容器中，不过有些种类更适合。一般而言，最好不要将长势苗壮的大型灌木种在容器中，除非你经常修剪它们。在露台和庭院上，花盆和桶特别有用，可以用来种植不耐寒的灌木，以便在寒冷的天气将它们搬到室内。有些花园中的土壤不适宜种植园丁想要种植的植物，此时盆栽就为这个问题提供了一个实用的解决方案。

轮叶橙香木

Aloysia triphylla

☀❉❉　　　　　　　　　　　↕↔2 米

枝条细长的灌丛，种植它主要是因为它的散发甜美柠檬香味的叶片。夏季长出细弱的穗状花序。冬末修剪以控制尺寸。✿

瓶儿花

Cestrum elegans

☀❉　　　　　　　　　　　↕3 米↔2 米

长势苗壮的常绿灌木，从春季至夏季，拱形茎干和多叶枝条都掩映在大量簇生的红色管状花下。

'阿兹特克珍珠'杂种墨西哥橘

Choisya x *dewitteana* 'Aztec Pearl'

☀❉❉❉❉　　　　　　　　　↕↔1.2 米

生长强健的常绿植物，叶细长如指，有芳香。春末和夏末两次开花，白色花簇生，有香味，花蕾为粉色。✿

熊掌木

x *Fatshedera lizei*

❉❉❉❉　　　　　　　　　　↕↔2 米

漂亮的常绿灌木，植株呈松散的丘状，叶有醒目的裂片，深绿色，闪闪发光。秋季开花，奶油色小花组成松散的花序。✿

'圣阿尼塔'蓝菊

Felicia amelloides 'Santa Anita'

☀❉　　　　　　　　　　　↕↔30 厘米

从春末一直到秋季，都会有许多长柄黄心蓝色头状花序高耸在一丛丘状卵圆形常绿叶片上方。✿

适合盆栽的其他不耐寒灌木

'金丝雀'苘麻（*Abutilon* 'Canary Bird'）
'奈特'木本曼陀罗（*Brugmansia* x *arborea* 'Knightii'）
夜香树（*Cestrum nocturnum*）
夹竹桃（*Nerium oleander*）

'西莉亚·史沫特莱'倒挂金钟

Fuchsia 'Celia Smedley'

☀❉❉　　　　　　　　　↕1.5 米↔1 米

长势苗壮，株型直立，是最耐寒的倒挂金钟之一。花期持续整个夏季，花垂吊，粉白色和红色相间，有绿白色花筒。

灌木

灌木

'塔利亚'倒挂金钟
Fuchsia 'Thalia'

☀ ❄   ↕↔ 1 米

这种直立灌木理所应当地颇受欢迎,夏季开花,花朵细长低垂,簇生在深色泛红叶片上方,叶片有丝绒质感。♥

马缨丹
Lantana camara

☀ ❄   ↕↔ 1.5 米

这种茎干多刺、夏季开花的常绿灌木在炎热气候下生长得极为迅猛,不过通过顶端修剪的方式很容易控制。有数种花色,并会随时间而变化。

适合盆栽的其他耐寒灌木

'阿道夫·伍道森'山茶(*Camellia japonica* 'Adolphe Audusson'),见 192 页
'春节'山茶(*Camellia* 'Spring Festival')
'黛比'威氏山茶(*Camellia* x *williamsii* 'Debbie')
'皮娅'绣球(*Hydrangea macrophylla* 'Pia')
'阿波罗'冬青叶十大功劳(*Mahonia aquifolium* 'Apollo')
'密枝'桂樱(*Prunus laurocerasus* 'Otto Luyken'),见 201 页
'海登黎明'杜鹃(*Rhododendron* 'Hydon Dawn')
'沃克红'杜鹃(*Rhododendron* 'Vuyk's Scarlet')
'神奇马洛特'日本茵芋(*Skimmia japonica* 'Magic Marlot')

圆叶木薄荷
Prostanthera rotundifolia

☀ ❄   ↕↔ 1.5 米

茂密的球形常绿灌木,叶小,擦伤后散发甜香气味。大团钟形花从春季开放到初夏。♥

橙黄沟酸浆
Mimulus aurantiacus

☀ ❄   ↕ 60 厘米 ↔ 1 米

从春末至秋季连续开放一系列二唇形橙黄色花。这种低矮灌丛拥有狭窄的常绿叶片,触感黏稠。♥

'小石南'马醉木
Pieris japonica 'Little Heath'

☀ ❄ ❄ ❄   ↕ 1.2 米 ↔ 1 米

这种马醉木是株型紧凑的精选常绿植物,主要观赏价值在于其细小的白边叶片,春季萌发时为红色。生长缓慢。♥

'霍姆布什'杜鹃
Rhododendron 'Homebush'

☀ ❄ ❄ ❄ ❄   ↕ 2 米 ↔ 1.5 米

这种株型相对紧凑的漂亮灌木很受欢迎,因为在春末会紧密簇生喇叭状花,花序呈圆形。♥

常绿灌木

在冬季低温而不至于严重阻碍它们生长的地方，拥有常绿叶片的灌木会为花园提供一些最有价值的观赏性。它们呈现出一系列令人印象深刻的形状、尺寸、质感和色彩，同时为混合花坛或花境增添了多样性和持久性。大多数种类有花，部分种类还有果。某些常绿灌木非常出色，是理想的庭院或草坪标本植物，而株型低矮扩张的其他种类则是全日照或庇荫条件下有效的地被。种植在其他灌木或一面墙壁的保护下，不那么耐寒的常绿植物通常会生长得更好。

灌木

'斑纹'胡颓子
Elaeagnus pungens 'Maculata'
☼ ❄❄❄　　　　　　　　‡2.5 米 ↔ 3 米

这种灌木健壮茂密，小枝棕色，被鳞片，长着醒目的洒金绿色叶片。秋季开花，花小，成簇开放，奶油白色，有芳香。

'绿角'东瀛珊瑚
Aucuba japonica 'Rozannie'
☼ ❄❄❄❄　　　　　　　‡↔ 75 厘米

紧凑低矮的灌木，微小的雌花出现在春季，授粉后结红果。该品种在花坛或容器中表现优良。♀

'瓦尔达尔河谷'锦熟黄杨
Buxus sempervirens 'Vardar Valley'
☼ ❄❄❄❄　　　　　　　‡75 厘米 ↔ 1.2 米

锦熟黄杨的这个宝贵品种拥有低矮宽阔的株型。革质叶片浓密有光泽，能够在大多数土壤类型中成为优良地被。

'金边'瑞香
Daphne odora 'Aureomarginata')
☼ ❄❄　　　　　　　　‡1.1 米 ↔ 1.2 米

对于温暖、有遮蔽的角落，它是最可靠的常绿植物。有甜香气味的花从冬季开放至春季，叶片有狭窄的黄色边缘。♀

大齿榄叶菊
Olearia macrodonta
☼ ❄❄❄　　　　　　　　‡↔ 3.5 米

这种强健的灌木拥有漂亮的浅棕色树皮和类似冬青的树叶。初夏开花，白色头状花序有芳香。♀

其他常绿灌木

'金发'小檗（*Berberis* 'Goldilocks'），见239页
'羽衣'山茶（*Camellia japonica* 'Hagoromo'）
墨西哥橘（*Choisya ternata*），见228页
红溪比（*Cleyera japonica* 'Fortunei'）
达娜厄鹃（*Danae racemosa*）
大叶胡颓子（*Elaeagnus macrophylla*）
八角金盘（*Fatsia japonica*），见216页
'巴克兰'间型十大功劳（*Mahonia* x *media* 'Buckland'），见237页
锈红杜鹃（*Rhododendron bureavii*）
'邱园之绿'易混茵芋（*Skimmia* x *confusa* 'Kew Green'），见205页

迷迭香新蜡菊
Ozothamnus rosmarinifolius

☼※※ ⬧2 米 ↔1.5 米

长势苗壮的灌木，直立茎上密生线形叶片。初夏开花，花微小，有香味。需要温暖、排水良好的生长地点。

短序桂樱
Prunus lusitanica subsp. *azorica*

☼※※※ ⬧↔6 米

葡萄牙桂樱的亚种，长势苗壮，有茂密的分枝和浅绿色叶片，叶片最初为红色。夏季开花，花香，然后结闪闪发亮的深紫色果。

'伊林娜·佩特森'薄叶海桐花
Pittosporum tenuifolium 'Irene Paterson'

☼※※ ⬧2.5 米 ↔1.1 米

宽圆柱形灌木，枝条细而黑，叶小、蜡质、有波缘，成熟后有白色大理石状斑纹，冬季变成粉色。非常适合盆栽。❦

常绿地被灌木
紫金牛（*Ardisia japonica*）
'白玉'熊果（*Arctostaphylos uva-ursi* 'Vancouver Jade'）
华丽美洲茶（*Ceanothus gloriosus*）
葡匐聚花美洲茶（*Ceanothus thyrsiflorus* var. *repens*）
柠檬叶白珠树（*Gaultheria shallon*）
大萼金丝桃（*Hypericum calycinum*），见 185 页
脉叶十大功劳（*Mahonia nervosa*），见 201 页
三色莓（*Rubus tricolor*）
小叶野扇花（*Sarcococca hookeriana* var. *humilis*）
川西荚蒾（*Viburnum davidii*），见 185 页

日本珊瑚树
Viburnum awabuki

☼※※※※ ⬧↔3~5 米

长势苗壮的灌木，枝条结实，叶大，呈有光泽的绿色，革质。在温暖地点，成年植株会在夏末长出白色圆锥花序，花有芳香。在不那么温暖的地方应靠墙种植。

'埃特娜'桂樱
Prunus laurocerasus 'Etna'

☼※※※※ ⬧1.5 米 ↔1 米

生命力顽强的直立灌木，植株浓密紧凑。绿色革质叶片硕大，有光泽，幼叶为古铜色。春末开花，白色小花组成直立总状花序。黑色果闪闪发亮。

'多拉·阿玛泰斯'杜鹃
Rhododendron 'Dora Amateis'

☼※※※※⬚ ⬧↔60 厘米

这种大量开花的杜鹃株型紧凑，叶片有光泽，春末开花，漏斗状花簇生于枝头顶端，白色花着淡粉色晕。❦

'普拉格'荚蒾
Viburnum 'Pragense'

☼※※※ ⬧↔2.5 米

长势苗壮的灌木，狭窄绿色叶片有醒目脉纹。春季开花，半球形花序由奶油白色小花组成，花蕾泛粉。❦

灌木

叶片醒目的灌木

有经验的园丁在选择植物时会明智地注重叶片观赏效果，而不仅关注它们漂亮的花。对于灌木这样比一般宿根植物占据的面积更大的大型植物来说，这一点尤其重要。如果一种灌木同时拥有值得注意的花和叶，就可以认真考虑它的加入；这些实现双重目的的植物当然能够在花园中挣得一席之地。下列灌木不过是其中的一小部分，更多种类不胜枚举。

'大叶'马桑绣球
Hydrangea aspera 'Macrophylla'
☀ ❀ ❀ ❀　　　　　　　　↕↔2.5 米

这种醒目灌木大而粗糙的叶片上被有粗毛。从夏末开始，枝头覆盖着宽半球形花边帽状花序，蓝白相间。♥

'金边'辽东楤木
Aralia elata 'Aureovariegata'
☀ ❀ ❀ ❀　　　　　　　　↕↔4 米

这种宽阔的灌丛拥有结实的分枝，叶片硕大且有漂亮的黄色边缘。秋季长出硕大的白色花序。如果出现绿色萌蘖条，立即将其去除。

猫儿屎
Decaisnea fargesii
☀ ❀ ❀ ❀　　　　　　　　↕↔3~6 米

枝条细长的灌木，有萌蘖习性。叶大似梣，秋季变成黄色。群植以促进秋季蓝色荚果的产生。

浅裂叶绣球
Hydrangea quercifolia
❀ ❀ ❀ ❀　　　　　　↕1.5 米 ↔ 2.5 米

叶片裂刻醒目，并有浓郁的秋色，覆盖住这种灌丛状灌木，形成宽丘状植株。浓密的白色花序出现在夏季至秋季。♥

枇杷
Eriobotrya japonica
☀ ❀ ❀　　　　　　　　↕↔4 米

有显著脉纹的革质深绿色叶片让这种常绿灌木或小乔木显得非常特别。秋季开有香味的白花，然后结橘黄色果实。♥

八角金盘
Fatsia japonica
☀ ❀ ❀ ❀ ❀　　　　　　　↕↔3 米

这种半球形常绿植物拥有漂亮的长柄深裂叶片，叶绿色，有光泽。秋季开花，白色花分叉簇生，结黑色浆果。♥

叶片醒目的其他灌木

粗毛绣球（*Hydrangea aspera* subsp. *sargentiana*）
山玉兰（*Magnolia delavayi*）
长小叶十大功劳（*Mahonia lomariifolia*）
'宽叶'桂樱（*Prunus laurocerasus* 'Latifolia'）
'最大'加拿大接骨木（*Sambucus canadensis* 'Maxima'）

灌木

216

灌木

南天竹
Nandina domestica

☀ ❄❄❄   ↕↔ 2 米

丛生直立常绿灌木，叶大、多裂，幼叶泛紫。仲夏开白色，然后结红色浆果。♀

大花黄牡丹
Paeonia ludlowii

☀ ❄❄❄❄   ↕↔ 2.5 米

叶具长柄，裂刻明显，鲜绿色，春末夏初开黄花。开深红色花的滇牡丹（P. *delavayi*）与其叶片类似。♀

无毛火炬树
Rhus glabra

☀ ❄❄❄   ↕↔ 2.5 米

枝条光滑，复叶整齐，深蓝绿色，秋色浓郁。夏季开花，雌株结红棕色果。

川鄂柳
Salix fargesii

☀ ❄❄❄   ↕↔ 3 米

株型扩展或呈花瓶状，幼枝光滑，呈棕红色，漂亮的锯齿叶片有光泽。是秀美的标本式灌木。

花叶灌木

花叶存在许多样式。通常是绿色叶片有白色或黄色边缘；有时候是白色或黄色叶片有绿色边缘。不过，还有一批灌木的绿色、灰色或紫色叶片上有颜色较浅的斑点或条纹。双色花叶可能还有主要颜色的较浅或较深晕斑。花叶越醒目，与叶片单色植物种植在一起时的效果越扣人心弦。

灌木

'雅致'锦熟黄杨
Buxus sempervirens 'Elegantissima'
☼ ❋ ❋ ❋　　　　　↕1.7 米 ↔ 1.1 米

株型整齐，生长缓慢，无疑是锦熟黄杨的最佳花叶类型。灌丛半球状，小型常绿叶片有白边。ᵂ

'金树篱'偃伏梾木
Cornus sericea 'Hedgerows Gold'
☼ ❋ ❋ ❋ ❋　　　　↕3 米 ↔ 3~4 米

这种灌木长势苗壮，常有萌蘖，冬季可观深红色枝条，叶片鲜艳，幼叶的黄色边缘在夏季变成奶油白色。

'假面舞会'大叶醉鱼草
Buddleja davidii Masquerade（'Notbud'）
☼ ❋ ❋ ❋　　　　　　↕↔ 2.5 米

长势苗壮的漂亮灌木，枝条拱形弯曲，叶片有奶油白色边缘。夏季至秋季开花，红紫色穗状花序大而稠密。

其他落叶花叶灌木
————————————————

'玫瑰红'小檗（*Berberis thunbergii* 'Rose Glow'）
'卡罗尔·麦琪'伯氏瑞香（*Daphne* x *burkwoodii* 'Carol Mackie'）
'乳斑'短筒倒挂金钟（*Fuchsia magellanica* 'Sharpitor'）
'三色'摩斯金丝桃（*Hypericum* x *moserianum* 'Tricolor'）
'花叶'小蜡（*Ligustrum sinense* 'Variegatum'）
'银美人'光亮忍冬（*Lonicera nitida* 'Silver Beauty'）
'花叶'欧洲山梅花（*Philadelphus coronarius* 'Variegatus'）

'巴豆叶'东瀛珊瑚
Aucuba japonica 'Crotonifolia'
☼ ❋ ❋ ❋ ❋　　　　　↕2 米 ↔ 1.7 米

壮观茂密的灌丛状灌木，翠绿色枝条长出闪闪发亮的革质绿色叶片，表面有黄色斑点。最可靠的常绿植物之一。ᵂ

'银边'欧洲山茱萸
Cornus mas 'Variegata'
☼ ❋ ❋ ❋ ❋　　　　　　　↕↔ 4 米

茂密的灌丛状灌木，叶片有醒目的白边。冬末开花，先花后叶，黄色小花簇生在小枝上。ᵂ

'花边'平枝栒子

Cotoneaster atropurpureus 'Variegatus'

☀ ❄❄❄　　　　　　　↕45 厘米 ↔ 1.2 米

又名*C. horizontalis* 'Variegatus'，低矮扩张的枝条上密集覆盖有奶油色边缘的微小叶片。叶片在秋季变红。

'小刺银边'地中海冬青

Ilex aquifolium 'Ferox Argentea'

☀ ❄❄❄　　　　　　　↕4 米 ↔ 1.5 米

一种极具吸引力的灌丛状常绿冬青，小而多刺的叶片具奶油白色边缘。它是一个雄性类型，可以用来作为授粉者，令其他雌性冬青结出浆果。

'镶边'意大利鼠李

Rhamnus alaternus 'Argenteovariegata'

☀ ❄❄❄　　　　　　　↕2.5 米 ↔ 1.7 米

一种漂亮的灌丛状常绿植物，叶小、灰绿色有光泽，有奶油白色边缘。在炎热的夏季，不起眼的黄色花会结出红色浆果。

'斑叶'月桂荚蒾

Viburnum tinus 'Variegatum'

☀ ❄❄❄　　　　　　　↕2.5 米 ↔ 2 米

丘状或圆锥形常绿灌木，叶片有醒目的不规则花斑。花期从秋季持续到冬季，白色花有香味，花蕾红色。

'金边'埃氏胡颓子

Elaeagnus x *ebbingei* 'Gilt Edge'

☀ ❄❄❄　　　　　　　↕↔2.5 米

健壮的常绿灌木，枝条棕色被鳞片，绿色叶片闪闪发亮，有金黄色边缘。秋季开花，花小，有甜香气味。

其他常绿花叶灌木

'金闪'威氏山茶（*Camellia* x *williamsii* 'Golden Spangles'）

'银后'扶芳藤（*Euonymus fortunei* 'Silver Queen'），见166页

'花叶'大叶黄杨（*Euonymus japonicus* 'Chollipo'）

金边大叶黄杨（*Euonymus japonicus* 'Ovatus Aureus'）

'小石南'马醉木（*Pieris japonica* 'Little Heath'），见213页

'加里特'海桐（*Pittosporum* 'Garnettii'）

'银边'柊树

Osmanthus heterophyllus 'Variegatus'

☀ ❄❄❄❄　　　　　　↕2.2 米 ↔ 1.2 米

这种常绿灌丛生长速度相对较慢，叶小，有白边，冬青状。秋季开花，白色小花成簇开放，有甜香气味。

'白边'锦带花

Weigela 'Florida Variegata'

☀ ❄❄❄　　　　　　　↕↔1.5 米

最受欢迎且种植最简单的花叶灌木之一，边缘独特的叶片为春末夏初的粉色花提供了完美的背景。

灌木

叶片金色或黄色的灌木

再也没有什么别的东西能够像金黄色的叶片那样，为花园带来一抹最宜人的温暖，尤其是在严冬之中。无论常绿或落叶，都有大量灌木的叶片呈现各种色调的黄。对它们加以精心使用，能够创造出与紫叶或绿叶植物的强烈对比。

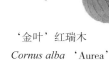

'金叶'红瑞木

Cornus alba 'Aurea'

☼ ❀ ❀ ❀   ↕↔ 3 米

这种茁壮的红瑞木形成一丛尺寸可观的丘状深红色枝条，从夏季到秋季，枝上覆盖着可爱的宽阔嫩黄色叶片。♥

'金叶'小檗

Berberis thunbergii 'Aurea'

☼ ❀ ❀ ❀   ↕↔ 75 厘米

植株低矮茂密，呈紧凑的丘状，叶小而圆，最初为鲜黄色，然后变成黄绿色。在全日照下容易被灼伤，除非是在凉爽的夏季。

'艾伯特金'欧石南

Erica arborea 'Albert's Gold'

☼ ❀ ❀ ❀   ↕↔ 2 米

枝条细长，密集生长细小叶片，全年呈金黄色。春季开花，花白色，有蜂蜜香气。♥

'金雾'帚石南

Calluna vulgaris 'Gold Haze'

☼ ❀ ❀ ❀   ↕50 厘米 ↔45 厘米

作为苗圃中出售的众多相似的石南植物之一，'金雾'的紧密叶片呈现出金黄色调，冬季更显鲜艳。夏末开白花。♥

金叶墨西哥橘

Choisya ternata Sundance ('Lich')

☼ ❀ ❀ ❀   ↕1.5 米 ↔2 米

常绿丘状灌木，鲜黄色芳香叶片会随着时间逐渐褪色。春末开花，花白色，有香味。不喜冷风。♥

'魔仆'倒挂金钟

Fuchsia 'Genii'

☼ ❀ ❀ ❀ ❀   ↕1.4 米 ↔75 厘米

小型直立灌木，色彩鲜艳，拥有红色枝条和鲜艳的绿黄色叶片。花期从夏季延续至秋季，花小，垂吊生长，呈紫红双色。♥

灌木

维氏女贞
Ligustrum ‘Vicaryi’

☀❄❄❄   ↕↔3 米

长势健壮的半常绿灌木，植株茂密，灌丛状。甜香白色花和鲜黄色叶片贯穿整个夏季。

叶片金色或黄色的其他落叶灌木

‘黄叶’鸡爪槭(*Acer palmatum* ‘Aureum’)，见292页
‘金叶’克兰顿莸(*Caryopteris* x *clandonensis* ‘Worcester Gold’)
‘沙漠天穹’岷江蓝雪花[*Ceratostigma willmottianum* Desert Skies (‘Palmgold’)]
‘金叶’欧洲山茱萸(*Cornus mas* ‘Aurea’)
‘戈尔登·玛卡’倒挂金钟(*Fuchsia* ‘Golden Marinka’)
‘金翅’美国风箱果(*Physocarpus opulifolius* ‘Dart's Gold’)，见202页
‘金叶’榆橘(*Ptelea trifoliata* ‘Aurea’)，见293页
‘金叶’高山茶藨子(*Ribes alpinum* ‘Aureum’)
金叶华中悬钩子(*Rubus cockburnianus* ‘Goldenvale’)
‘洒金’小花悬钩子(*Rubus parviflorus* ‘Sunshine Spreader’)
‘金叶’西洋接骨木(*Sambucus nigra* ‘Aurea’)，见241页
‘黄羽’西洋接骨木(*Sambucus racemosa* ‘Plumosa Aurea’)
‘烛光’粉花绣线菊(*Spiraea japonica* ‘Candlelight’)
‘金叶’欧丁香(*Syringa vulgaris* ‘Aureua’)
‘金叶’黑果荚蒾(*Viburnum lantana* ‘Aureum’)
‘路易曼金叶’锦带花(*Weigela* ‘Looymansii Aurea’)，见195页

‘萨瑟兰金’欧洲接骨木
Sambucus racemosa ‘Sutherland Gold’

☀❄❄❄   ↕↔3 米

长势茁壮的接骨木，硕大的黄色深裂叶片不容易被灼伤。春季开花，黄色花成簇开放，然后结红色浆果。☑

‘巴格森金’光亮忍冬
Lonicera nitida ‘Baggesen's Gold’

☀❄❄❄   ↕↔5 米

茂密的灌丛状常绿植物，漂亮的黄色小型叶片密集地生长在细长拱形枝条上。如果贴墙整枝的话，能够长得更高。☑

‘黄叶’血红茶藨子
Ribes sanguineum ‘Brocklebankii’

☀❄❄❄❄   ↕1 米 ↔1.2 米

虽然这种灌丛状灌木会在春季成簇开出粉色花，但有香味的金黄色叶片才是其主要的观赏价值所在。叶容易在全日照下被灼伤。

叶片金色或黄色的其他常绿灌木

‘黄边’东瀛珊瑚(*Aucuba japonica* ‘Sulphurea Marginata’)
‘比利金’帚石南(*Calluna vulgaris* ‘Beoley Gold’)
‘金女士’地中海石南(*Erica erigena* ‘Golden Lady’)
‘沃勒列之光’英国石南(*Erica vagans* ‘Valerie Proudley’)
‘金色布莱恩’南美鼠刺(*Escallonia laevis* ‘Gold Brian’)
‘金色艾伦’南美鼠刺(*Escallonia laevis* ‘Gold Ellen’)
‘阳光’狭冠冬青(*Ilex* x *attenuata* ‘Sunny Foster’)
‘金宝石’波缘冬青(*Ilex crenata* ‘Golden Gem’)
‘金叶’卵叶女贞(*Ligustrum ovalifolium* ‘Aureum’)

‘黄金公主’粉花绣线菊
Spiraea japonica ‘Golden Princess’

☀❄❄❄   ↕↔60 厘米

小型丘状灌木，夏末开花，粉紫色小花构成松散花序。铜红色叶片在夏季变成亮黄色，秋季变为橙色。☑

‘金叶’欧洲山梅花
Philadelphus coronarius ‘Aureus’

☀❄❄❄   ↕2.5 米 ↔1.5 米

春季的黄色叶片在夏季变成黄绿色，在全日照下可能会被灼伤。春末夏初开花，奶油白色花有香味。☑

‘金叶’欧洲荚蒾
Viburnum opulus ‘Aureum’

☀❄❄❄   ↕2.5 米 ↔2 米

形似枫叶的鲜黄色叶片在幼嫩时为红古铜色。白色花序出现在夏季，然后在秋季结红色浆果。叶片在炎热的阳光下会被灼伤。

灌木

221

叶片银色或蓝灰色的灌木

　　蓝灰色叶片在微风中摇曳，阳光照射在叶片上，折射出点点银光，这在任何一座花园中都是十分宜人的景象。叶片银色的灌木还可以种植在叶色较深或较鲜艳的植物附近，起到柔和、软化的作用。银色可能来自表面覆盖的丝状毛或绵毛、银色鳞片或白色粉衣。

灌木

银毛旋花

Convolvulus cneorum

☀❄❄　　　　　‡75 厘米 ↔1 米

质感如丝的银色叶片和枝条让它成为最可爱的低矮常绿灌木之一。春末至夏末，植株被白色花覆盖，花喉部为黄色。✿

刺红珠

Berberis dictyophylla

☀❄❄❄　　　　　‡↔2 米

这种优雅的灌木拥有表面被泛白粉衣的醒目枝条和叶片。夏季开浅黄色花，浆果和叶片一起在秋季变成鲜红色。✿

'银后'帚石南

Calluna vulgaris 'Silver Queen'

☀❄❄❄❁　　　　　‡40 厘米 ↔45 厘米

虽然它会在夏末秋初长出淡紫粉色穗状花序，但是这种低矮常绿植物之所以颇受青睐，主要还是因为其银灰色的被毛叶片。✿

'水银'长阶花

Hebe pimeleoides 'Quicksilver'

☀❄❄❄　　　　　‡25 厘米 ↔60 厘米

株型低矮扩展，这种常绿灌木拥有坚硬细长的深色枝条，叶小，银蓝色。夏季开花，淡紫色小花组成短穗状花序。✿

叶片银色或蓝灰色的其他常绿灌木

贝利相思树（*Acacia baileyana*）

小木艾（*Artemisia arborescens*）

'波维斯城堡'蒿（*Artemisia* 'Powis Castle'），见 26 页

圆叶宽萼苏（*Ballota pseudodictamnus*），见 26 页

'阳光'常春菊（*Brachyglottis* 'Sunshine'），见 204 页

绒背叶滨篱菊（*Cassinia leptophylla*）

'格雷斯伍德粉'杂种岩蔷薇（*Cistus* x *lenis* 'Grayswood Pink'）

罂粟木（*Dendromecon rigida*）

大叶胡颓子（*Elaeagnus macrophylla*）

梳黄菊属植物（*Euryops acraeus*），见 210 页

莫利斯榄叶菊（*Olearia* x *mollis*）

铜叶钟花杜鹃（*Rhododendron campanulatum* subsp. *aeruginosum*）

黄铃杜鹃（*Rhododendron cinnabarinum* subsp. *xanthocodon* Concatenans Group）

水果蓝（*Teucrium fruticans*）

小丝兰（*Yucca glauca*）

凤尾兰（*Yucca gloriosa*），见 37 页

'佩吉·沙蒙斯'岩蔷薇

Cistus x *argenteus* 'Peggy Sammons'

☀❄❄　　　　　‡↔1 米

可爱的灌丛状常绿植物，浅粉色花在夏季大量开放，似小型单瓣蔷薇。灰绿色叶片和枝条被有绒毛。✿

叶片银色或蓝灰色的其他落叶灌木

'银叶'互叶醉鱼草（*Buddleja alternifolia* 'Argentea'）

金沙江醉鱼草（*Buddleja nivea*）

'水银'胡颓子（*Elaeagnus* 'Quicksilver'），见 294 页

沙棘（*Hippophae rhamnoides*），见 284 页

硬毛百脉根（*Lotus hirsutus*），见 196 页

裂叶罂粟（*Romneya coulteri*），见 197 页

腺果蔷薇（*Rosa fedtschenkoana*）

西藏悬钩子（*Rubus thibetanus*），见 239 页

迷迭香型垂柳（*Salix elaeagnos*）

羊毛柳（*Salix lanata*）

狭叶蜡菊
Helichrysum italicum

☀ ❈ ❈　　　　　　　‡60 厘米 ↔ 1 米

植株低矮的芳香常绿亚灌木，线形叶片密集生长在直立茎上。茎叶银灰色，被毛，夏季开黄花。♀

绵毛细子木
Leptospermum lanigerum

☀ ❈ ❈ ^{PH}　　　　　　‡3 米 ↔ 2 米

这种常绿灌丛的泛红枝条上覆盖着狭窄的灰色或银灰色叶片。初夏大量开花，花小而白。

小柳
Salix exigua

☀ ❈ ❈ ❈　　　　　　‡4 米 ↔ 1.5 米

这种高而直立的灌木拥有细长柔韧的枝条，每根枝条都覆盖着美丽的叶片，银色叶片狭长，质感如丝，在最轻的微风中摇曳不定，闪闪发光。

'蓝塔'分药花
Perovskia 'Blue Spire'

☀ ❈ ❈ ❈　　　　　　‡↔ 1.2 米

夏末和秋季开蓝紫色花，花朵微小，花序从灰白色直立茎上长出。茎被灰绿色深裂叶片覆盖。♀

紫叶蔷薇
Rosa glauca

☀ ❈ ❈ ❈　　　　　　‡↔ 2 米

这种蔷薇属植物的叶片生长在泛红的紫色枝条上，阳光下呈淡灰紫色，在阴影下则披着一层淡紫的灰绿色。初夏的花和秋季的果是额外福利。♀

圣麻
Santolina chamaecyparissus

☀ ❈ ❈ ❈　　　　　　‡75 厘米 ↔ 1 米

这种常绿灌木株型低矮，呈半球形，枝叶茂密，叶片狭长，有芳香，被白色绵毛。夏季开花，黄色花序具长柄，似纽扣。

灌木

叶片紫色、红色或古铜色的灌木

只要不过度使用，紫色或泛红叶片在春季或夏季的花园中会非常有用。这些相对肃穆的颜色在和银灰色叶片形成对比时效果特别突出；如果把它们和叶片金黄的植物种植在一起，还能够营造出更加引人注目的景致。

'红酋长'小檗
Berberis thunbergii 'Red Chief'

☼ ✳✳✳   ↕↔1.2 米

'红酋长'是一种长势苗壮的直立或花瓶形灌木，成年后株型扩张。枝条鲜红色，拱形弯曲，叶片狭窄，红紫色，上表面有光泽。

'石榴红'鸡爪槭
Acer palmatum 'Garnet'

☼ ✳✳✳   ↕↔4 米

长势健壮的灌木，株型开阔伸展，细长的深色枝条上覆盖着硕大的叶片，叶深石榴红色，且裂刻秀美。不喜干燥土壤。✤

'紫叶'大榛
Corylus maxima 'Purpurea'

☼ ✳✳✳   ↕↔6 米

颇受欢迎的榛属植物，植株最初为花瓶形，然后变得开散。观赏性主要在于硕大的深紫色叶片。紫色葇荑花序在冬末从枝头垂下。✤

'红侏儒'鸡爪槭
Acer palmatum 'Red Pygmy'

☼ ✳✳✳   ↕1.5 米 ↔1.2 米

这种灌木分枝茂密，生长缓慢，叶片深紫并逐渐变绿。成年植株的叶片与这里展示的幼年树叶不同。✤

'矮紫'小檗
Berberis thunbergii 'Atropurpurea Nana'

☼ ✳✳✳   ↕↔60 厘米

低矮的半球形灌木，植株茂密，多小枝，叶小而圆，呈红紫色。特别适合种植在岩石园中。✤

美国红栌
Cotinus coggygria 'Royal Purple'

☼ ✳✳✳   ↕↔4 米

最受欢迎的观叶灌木之一，植株呈茂密的丘状，叶圆，深红紫色。夏季开花，微小的粉色花构成蓬松如一团烟雾的花序。✤

灌木

'艾米'长阶花

Hebe 'Amy'

☀❊　　　　　　　　　　↕↔1 米

小型球状常绿灌木，叶片有光泽，深铜紫色，会逐渐变绿。夏季开花，穗状花序短，小花深紫色。

'拇指汤姆'薄叶海桐花

Pittosporum tenuifolium 'Tom Thumb'

☀❊❊　　　　　　　　　↕↔60 厘米

半球形低矮常绿灌木，深色枝条上密集生长着闪闪发亮的叶片，叶片深红紫色，边缘有褶皱。新叶萌发时为绿色。♋

紫叶矮樱

Prunus x *cistena*

☀❊❊❊　　　　　　　　↕↔1.5 米

小型直立灌木，紫色叶片有光泽，最初为红色，成熟后变成泛红的深紫色。春季开花，白色小花有粉晕。♋

'紫叶'黑刺李

Prunus spinosa 'Purpurea'

☀❊❊❊　　　　　　　　↕↔4 米

茂密的灌丛状灌木或小乔木，拥有多刺枝条和鲜红色叶片，叶片会变成泛红的深紫色。春季开花，花小、浅粉色。

'黑紫'樱桃李

Prunus cerasifera 'Hessei'

☀❊❊❊　　　　　　　　↕↔4 米

春季先花后叶，花色雪白，新叶萌发时为绿色，然后变成古铜紫色，有奶油色或粉色花斑。是樱桃李的灌丛类型。

'紫叶'西洋接骨木

Sambucus nigra 'Guincho Purple'

☀❊❊❊　　　　　　　　↕↔4 米

长势苗壮的灌木，深裂叶片最初为绿色，成熟后变为深紫色，然后在秋季变成红色。夏季开白色花，花蕾粉色。

拥有鲜艳秋色叶的灌木

只要条件适宜，大多数落叶灌木都会在秋季落叶之前制造出缤纷多彩的叶色；入选此节的种类是最美观、最可靠的。群植灌木的秋色叶能够带来十分壮观的视觉冲击，不过在小型花园中，只需要一株精心选择且选址恰当的灌木，就能营造出吸引人眼球的效果。

'火焰'黄栌

Cotinus 'Flame'

☀ ❋❋❋   ↕↔ 4 米

长势健壮的灌丛状灌木，夏季长出粉紫色羽状花序。醒目的叶片在秋季变成火焰般的橙色和红色。树液接触皮肤可能会导致皮疹。✿

拥有鲜艳秋色叶的其他灌木

'大叶'鸡爪槭（*Acer palmatum* 'Osakazuki'），见 296 页

'正隆'鸡爪槭（*Acer palmatum* 'Seiryû'）

'鲜艳'桃叶腺肋花楸（*Aronia* x *prunifolia* 'Brilliant'）

三颗针（*Berberis sieboldii*）

红瑞木（*Cornus alba*）

白花吊钟花（*Enkianthus perulatus*）

三桠乌药（*Lindera obtusiloba*）

'科尔内耶'杜鹃（*Rhododendron* 'Corneille'）

伞房花越橘（*Vaccinium corymbosum*），见 203 页

'诺特卡特品种'欧洲荚蒾（*Viburnum opulus* 'Notcutt's Variety'）

小檗

Berberis thunbergii

☀ ❋❋❋   ↕↔ 1.4 米

拱形弯曲的多刺枝条在秋季覆盖着橘红色的小型叶片。春季开黄色小花，秋季结鲜红色浆果。✿

七裂鸡爪槭

Acer palmatum var. *heptalobum*

☀☀❋❋❋   ↕↔ 6 米

大多数鸡爪槭都值得种植，因为它们令人难忘的秋色叶。这种鸡爪槭的叶片较大、七裂，秋季变成红色或橘红色。不喜干燥土壤。

紫珠

Callicarpa japonica

☀ ❋❋❋   ↕↔ 1.4 米

这种灌丛状灌木的叶片在秋季变成淡紫色或玫瑰红色。多株群植时，通常会在同一时间结出小小的紫色浆果。

双花木

Disanthus cercidifolius

☀❋❋❋❋◻   ↕↔ 6 米

株型扩张的灌木，主要观赏价值在于其蓝绿色圆形叶片。秋季，它们会变成浓郁的酒红紫色，然后再变成深红色和橙色。不喜干燥土壤。✿

香茶藨子
Ribes odoratum

☼☀❄❄❄   ↕2 米 ↔ 1.5 米

株型开阔的灌木，直立枝条上松散地覆盖着深裂圆形叶片，秋季变成红色和紫色。春季开花，金黄色花有丁香气味。

灌木

卫矛
Euonymus alatus

☼❄❄❄   ↕2 米 ↔ 3 米

株型紧凑，奇特的枝条具木栓翅，是一种壮观的秋季灌木。叶片变成从粉色一直到鲜艳的深红色之间的一系列色调。♈

大北美瓶刷树
Fothergilla major

☼☀❄❄❄🔻   ↕↔ 2 米

虽然春季的小型白色花序也很漂亮，但是这种北美瓶刷树最令人难忘的无疑仍是秋季鲜艳的橙色、红色和紫色叶片。♈

'桑德拉'春金缕梅
Hamamelis vernalis 'Sandra'

☼☀❄❄❄🔻   ↕↔ 3 米

紫色幼叶成熟后变成绿色，然后在秋季变成黄色、橙色、红色和紫色。冬末开花，黄色花微小密集，花瓣细长，有香味。♈

拥有鲜艳秋色叶的常绿灌木

'博斯库普'帚石南(*Calluna vulgaris* 'Boskoop')
'红叶'木藜芦 [*Leucothoe* Scarletta ('Zeblid')]
脉叶十大功劳(*Mahonia nervosa*)，见 201 页
'火力' 南天竹(*Nandina domestica* 'Fire Power')

香花灌木

在面对可爱鲜花的时候，大多数人都会本能地闻一闻，觉得美丽花朵肯定伴随着宜人的香味。但遗憾的是，事情并不总是如此。不过的确有很多灌木拥有芳香的花朵，而且某些种类的香味比花朵本身更引人注意或更有吸引力。

灌木

粉绿小冠花

Coronilla valentina subsp. *glauca*

☼ ✳ ✳　　　　　　　　　↕↔ 1.4 米

灌丛状常绿植物，叶片蓝绿色、肉质。黄色蝶形花小而簇生，从冬季至初夏连续不断地开放。♈

银荆

Acacia dealbata

☼ ✳ ✳ ❦　　　　　　↕↔ 6 米

这种生长迅速的常绿植物很受园丁的欢迎，拥有蓝绿色羽状复叶，冬季至春季长出蓬松的鲜黄色花序。♈

茶花常山

Carpenteria californica

☼ ✳ ✳　　　　　　　　↕↔ 3 米

灌丛状灌木，常绿叶片革质、深绿色，树皮纸状、剥落。夏季开花，花白色，有黄心。♈

‘萨默塞特’伯氏瑞香

Daphne x *burkwoodii* ‘Somerset’

☼ ✳ ✳ ✳　　　　　　↕↔ 1.2 米

这种叶片狭窄的灌丛状灌木是常规栽培中的最佳瑞香之一。春末，簇生星状粉色和白色小花密集覆盖植株。

‘西山’醉鱼草

Buddleja ‘West Hill’

☼ ✳ ✳ ✳　　　　　　↕↔ 3 米

长势苗壮的灌木，灰绿色叶片被软毛、锐尖。夏季至秋季开花，花序渐尖，管状小花淡紫蓝色，有橙色花心。

墨西哥橘

Choisya ternata

☼ ✳ ✳ ✳　　　　　　↕↔ 2 米

这种美观的常绿植物会形成一丛浓密的丘状芳香叶片，叶有光泽。白色花在春末和秋季各开一次，春末花量大，秋季花量较少。

花朵芳香的其他耐寒灌木

三花六道木（*Abelia triflora*）
皱叶醉鱼草（*Buddleja crispa*），见 164 页
‘凡尔赛之光’美洲茶（*Ceanothus* x *delileanus* ‘Gloire de Versailles’）
‘锥花’桤叶山柳（*Clethra alnifolia* ‘Paniculata’）
‘粉红’智利筒萼木（*Colletia hystrix* ‘Rosea’）
‘杰奎琳·波斯提尔’毛花瑞香（*Daphne bholua* ‘Jacqueline Postill’），见 236 页
欧亚瑞香（*Daphne mezereum*）
‘水银’胡颓子（*Elaeagnus* ‘Quicksilver’），见 294 页
‘金晃’柔枝小金雀（*Genista tenera* ‘Golden Shower’）
山桂花（*Osmanthus delavayi*），见 195 页
‘丽球’山梅花（*Philadelphus* ‘Belle Etoile’）
‘雅致’杜鹃（*Rhododendron* ‘Exquisitum’）
香茶藨子（*Ribes odoratum*），见 227 页
美丽野扇花（*Sarcococca confusa*）
‘芳香’日本茵芋（*Skimmia japonica* ‘Fragrans’）
红丁香（*Syringa villosa*），见 195 页

高山石南

Erica arborea var. *alpina*

☀ ❀❀❀ ⛄   ↕↔ 2 米

茂密紧凑的直立灌木,亮绿色针状常绿叶片密集生长。春季开花,花序由众多有蜂蜜香味的微小花组成。♥

中裂桂花

Osmanthus x *burkwoodii*

☀ ❀❀❀   ↕↔ 3 米

长势强健、株型紧凑的常绿灌木,叶小而浓密、深绿色、革质,春季大量开放白色小花。♥

'安东尼·布赫纳夫人'欧丁香

Syringa vulgaris 'Madame Antoine Buchner'

☀ ❀❀❀   ↕↔ 4 米

灌丛状灌木,株型最初直立,然后扩展。春末夏初开花,粉紫色小花开成壮观而密集的花序,花蕾紫红色。

花朵芳香的其他半耐寒灌木

阿查拉属植物(*Azara petiolaris*)

'安第斯金'锯齿阿查拉(*Azara serrata* 'Andes Gold')

白背枫(*Buddleja asiatica*)

醉鱼草属植物(*Buddleja auriculata*)

密蒙花(*Buddleja officinalis*)

'波洛克'金雀儿(*Cytisus* 'Porlock')

结香(*Edgeworthia chrysantha*)

大叶胡颓子(*Elaeagnus macrophylla*)

'埃克塞特'维奇石南(*Erica* x *veitchii* 'Exeter')

蜜腺大戟(*Euphorbia mellifera*)

利氏授带木(*Hoheria lyallii*)

冬青叶鼠刺(*Itea ilicifolia*),见165页

罗马提亚(*Lomatia myricoides*)

银香梅(*Myrtus communis*)

橄叶菊属植物(*Olearia solandri*)

海桐(*Pittosporum tobira*)

'爱丽丝·菲茨威廉'杜鹃(*Rhododendron* 'Lady Alice Fitzwilliam')

黄花杜鹃

Rhododendron luteum

☀ ❀❀❀ ⛄   ↕↔ 2.5 米

春季开花,圆形簇生的漏斗状花呈可爱的黄色。叶片浓绿色,在秋季变成深红、紫色和橙色等色调。♥

红蕾雪球荚蒾

Viburnum x *carlcephalum*

☀ ❀❀❀   ↕↔ 3 米

长势苗壮的灌丛状灌木,春季开花,白色花组成球形密集花序,花蕾粉色。深绿色叶片常常产生浓郁的秋色。♥

叶片芳香的灌木

园丁们通常会意识到花朵的香味，但叶片的芳香却常常遭到忽视。很多灌木的叶片都有芳香，但是对于大多数种类来说，这种气味是微妙的，只有在叶片被擦伤之后才能闻得到。气温炎热且日照充足的时候，部分灌木的叶片香味会更加明显，如岩蔷薇的黏性叶片。

'贝内登蓝'迷迭香
Rosmarinus officinalis 'Benenden Blue'
☼ ❋❋ ↕↔ 1 米

迷迭香是一种很受欢迎的常绿植物，这是它的一个引人注目的品种，植株低矮茂密，尤其是修剪之后。深绿色叶片极为狭窄，春末夏初开出生机勃勃的蓝色花。☙

岩蔷薇
Cistus ladanifer
☼ ❋❋ ↕↔ 1.2 米

常绿灌木，叶片狭窄似柳叶，深绿色，枝叶均覆盖黏稠的芳香树胶。夏季开花，花白而大。☙

木香薷
Elsholtzia stauntonii
☼ ❋❋❋ ↕↔ 1.5 米

灌丛状亚灌木，叶有尖锯齿，擦伤后散发薄荷气味。夏末至初秋开花，淡紫色花构成浓密的穗状花序。

'邱园红'小叶鼠尾草（*Salvia microphylla* 'Kew Red'）
☼ ❋❋ ↕ 1.2 米 ↔ 1 米

灌丛状灌木，细长直立的茎上覆盖着苹果绿色叶片。夏季至初秋开花，鲜红色花构成穗状花序。☙

木薄荷
Prostanthera cuneata
☼ ❋❋❋ ↕ 1 米 ↔ 1.4 米

这种灌木的枝条上密集生长着小小的深绿色叶片，叶有光泽，气味似冬青油。在春季开放大量白色花。☙

叶片芳香的其他落叶灌木

轮叶橙香木（*Aloysia triphylla*），见 212 页
雅艾（*Artemisia abrotanum*）
洋香蕨木（*Comptonia peregrina*）
香杨梅（*Myrica gale*），见 202 页

叶片芳香的其他常绿灌木

墨西哥橘（*Choisya ternata*），见 228 页
辛辣木（*Drimys lanceolata*）
南美鼠刺（*Escallonia laevis*）
倾卧白珠树（*Gaultheria procumbens*），见 176 页
狭叶蜡菊（*Helichrysum italicum*），见 223 页
日本莽草（*Illicium anisatum*），见 166 页
'皇家宝石'薰衣草（*Lavandula angustifolia* 'Imperial Gem'）
银香梅（*Myrtus communis*）
朱砂杜鹃（*Rhododendron cinnabarinum*）
圣麻（*Santolina chamaecyparissus*），见 223 页

灌木

可观果的灌木

大多数拥有美观果实的灌木，尤其是结浆果的种类，会为花园带来一抹宜人的色彩，并为鸟类和小型啮齿类动物提供有用的食物来源。许多灌木果量丰富，但有些种类需要群植才能授粉结实，而另外一些种类，如冬青和白珠树，只需在一群雌株中种植一棵雄株便可结果。

'蓝公主'蓝冬青
Ilex x *meserveae* Blue Princess（'Conapri'）
☼ ☀ ❅ ❅ ❅　　　　　　　‡3 米 ↔ 1.2 米

植株茂密、株型直立的常绿灌木，叶多刺，着淡紫色。春花被雄株授粉后结出大量红色浆果。

老鸦糊（*Callicarpa bodinieri* var. *giraldii*）
☼ ❅ ❅ ❅　　　　　　　　　　‡2.2 米 ↔ 2 米

枝条在秋季簇生色彩鲜艳的淡紫色浆果，叶片此时也变成淡紫色。将几株种在一起，促进良好的授粉。

'红果'江户卫矛
Euonymus hamiltonianus 'Red Elf'
☼ ❅ ❅ ❅ ❅　　　　　　　　　　‡↔ 3 米

长势强健的灌木，最初株型直立，成熟后逐渐扩展。主要观赏价值在于秋季簇生的深粉色蒴果，蒴果会裂开并露出橙色种子。

其他可观果的灌木

'乔治'小檗（*Berberis* 'Georgii'）
'罗斯柴尔德'栒子（*Cotoneaster* 'Rothschildianus'）
猫儿屎（*Decaisnea fargesii*），见 216 页
'红瀑布'欧洲卫矛（*Euonymus europaeus* 'Red Cascade'）
'黄果'欧洲荚蒾（*Viburnum opulus* 'Xanthocarpum'）

栓翅卫矛
Euonymus phellomanus
☼ ❅ ❅ ❅ ❅　　　　　　　‡3~4 米 ↔ 2 米

这种灌木主干粗壮直立，分枝和枝条上有宽阔的木栓翅。粉色果四裂，果量丰富，果实和叶片都呈现绚烂的秋色。❦

'冬季'短尖叶白珠树
Gaultheria mucronata 'Wintertime'
☼ ❅ ❅ ❅ ▦　　　　　　　　‡1 米 ↔ 1.2 米

在群植雌株中加入一棵雄株，以促进良好的授粉。这种具有萌蘖习性的常绿灌木从秋季进入冬季一直都挂着白色浆果。❦

'海西'浙皖荚蒾
Viburnum wrightii 'Hessei'
☼ ❅ ❅ ❅ ❅　　　　　　　　　　‡↔ 1 米

初夏簇生小白花，并在秋季形成一串串红色浆果。叶宽阔，有脉纹，常常呈现浓郁的秋色。

231

为鸟类提供浆果的灌木

许多人都会同意，一座花园要是没有鸟的存在就是不完整的，无论它们是在花园中安家，或者只是经常造访。叫声婉转的鸟儿尤其受人喜爱。在春季和夏季，吸引鸟类的食物有很多，但在秋季和冬季，食物变得稀少起来，所以最好种植一些能够稳定生产浆果的灌木来吸引鸟类。

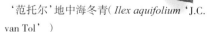

'范托尔'地中海冬青(*Ilex aquifolium* 'J.C. van Tol')

☼ ※ ❀ ❀ ❀　　　　　‡6 米 ↔ 4 米

这种极受欢迎的冬青叶片无刺，紫色枝条在冬季密集簇生红色浆果。即使附近没有雄株也能结实。☙

'克鲁比亚'耐寒枸子

Cotoneaster frigidus 'Cornubia'

☼ ❀ ❀ ❀ ❀　　　　　‡↔6 米

长势强健的半常绿灌木，初夏簇生白色小花，从秋季到初冬结出许多成串的红色浆果。☙

斯腾枸子

Cotoneaster sternianus

☼ ❀ ❀ ❀ ❀　　　　　‡↔3 米

常绿或半常绿灌木，枝条上覆盖着小小的灰绿色叶片，秋季大量簇生橘红色浆果。☙

山楂属植物

Crataegus schraderiana

☼ ❀ ❀ ❀ ❀　　　　　‡↔5 米

大型灌木或小乔木，春末或初夏大量开放白色花。花凋谢后悬垂簇生深紫红色山楂果。

鬼吹箫

Leycesteria formosa

☼ ❀ ❀ ❀ ❀　　　　　‡2 米 ↔ 1.5 米

株型直立的灌木(在较寒冷地区为亚灌木)，夏季开花，白色花垂吊簇生，有深紫红色苞片。结红紫色浆果。☙

灌木

232

灌木

黄粉蝶忍冬
Lonicera xylosteum

☼❋❋❋ ↕↔ 3 米

长势强健的灌丛状灌木，枝条扩张或拱形弯曲，春季或初夏开奶油白色花，然后结红色浆果。

冬青叶十大功劳
Mahonia aquifolium

☼❋❋❋❋ ↕1 米 ↔ 1.5 米

茂密低矮的常绿灌木，绿色叶片有光泽且多刺。春季密集簇生黄色花，然后结出被白色粉衣的蓝黑色浆果。

西洋接骨木
Sambucus nigra

☼❋❋❋❋ ↕↔ 6 米

典型的野生接骨木，初夏开花，奶油白色花有香味，构成形状扁平的花序，然后小小的黑色浆果构成沉甸甸的成串果序。

'卡斯尔韦伦'桂樱
Prunus laurocerasus 'Castlewellan'

☼❋❋❋ ↕↔ 5 米

这种茂密紧凑的常绿灌木拥有颜色鲜艳的树叶，叶片表面有绿色和奶油色相间的大理石状斑纹。春末开白色，然后结闪闪发亮的黑果。

为鸟类提供浆果的其他小型灌木

珊瑚小檗（*Berberis* x *rubrostilla*）
威尔逊小檗（*Berberis wilsoniae*）
草马桑（*Coriaria terminalis*）
平枝栒子（*Cotoneaster horizontalis*）
欧亚瑞香（*Daphne mezereum*）
唐古特瑞香（*Daphne tangutica*）
'粉珍珠'短尖叶白珠树（*Gaultheria mucronata* 'Pink Pearl'）
柠檬叶白珠树（*Gaultheria shallon*）
'木本'洋常春藤（*Hedera helix* 'Arborescens'），见 234 页
脉叶十大功劳（*Mahonia nervosa*），见 201 页
'密枝'桂樱（*Prunus laurocerasus* 'Otto Luyken'），见 201 页
草莓状悬钩子（*Rubus illecebrosus*）
美丽野扇花（*Sarcococca confusa*）
矮丛花楸（*Sorbus reducta*）
伞房花越橘（*Vaccinium corymbosum*），见 203 页
小叶越橘（*Vaccinium parvifolium*）
越橘珊瑚群（*Vaccinium vitis-idaea* Koralle Group）

'紧凑'欧洲荚蒾
Viburnum opulus 'Compactum'

☼❋❋❋❋ ↕↔ 1.5 米

枝叶茂密的灌木，叶片形状似枫叶并拥有浓郁的秋色。在秋季还会结出一串串鲜艳的红色浆果。春季开花，白色花构成花边帽状花序。♀

吸引蝴蝶的灌木

　　任何园丁都不会忽视对蝴蝶有吸引力的花灌木所能提供的好处。许多此类灌木还会散发出甜香气味。除了能够吸引蝴蝶，它们的花蜜还能引来很多其他有益的昆虫，包括食蚜蝇和蜜蜂。所有这些勤奋的小生灵都有助于花园变得更加有趣和生机盎然。

'紫皇'大叶醉鱼草

Buddleja davidii Purple Emperor（'Pyrkeep'）

☼ ❋ ❋ ❋　　　　　　　　↕↔1.2 米

这种株型紧凑的灌丛状灌木是专门为小型花园培育的品种，从夏季开始大量生长紫色小花构成的大型圆锥花序，花有芳香，花期一直持续到初霜。

'安东尼·戴维斯'帚石南

Calluna vulgaris 'Anthony Davis'

☼ ❋ ❋ ❋ ❋ 🖤　　　↕45 厘米 ↔50 厘米

秀丽的灌丛状帚石南，密集生长灰绿色常绿叶片。夏末至初秋开花，白色小花构成长长的花序。🏵

'唐纳德实生'南美鼠刺

Escallonia 'Donard Seedling'

☼ ❋ ❋ ❋　　　　　　　↕↔3 米

表现可靠，拱形弯曲的枝条上密集覆盖着有光泽的常绿叶片。夏季开花，花繁多，花蕾浅粉色，开放后白色或带粉晕。

白长阶花

Hebe albicans

☼ ❋ ❋ ❋　　　　　　↕60 厘米 ↔1 米

株型低矮紧凑，植株呈丘状。夏季开花，白色小花组成的密集穗状花序从枝条上半部分的叶腋中长出。常绿叶片呈蓝绿色。🏵

'木本'洋常春藤

Hedera helix 'Arborescens'

☼ ◐ ❋ ❋ ❋ ❋　　　↕1.4 米 ↔2 米

这种常春藤有光泽的叶片构成浓密的常绿丘状植株。秋季的棕绿色花序为活动时间较晚的昆虫提供了宝贵的蜜源。

'海德柯特'薰衣草

Lavandula angustifolia 'Hidcote'

☼ ❋ ❋ ❋　　　　　↕60 厘米 ↔75 厘米

受欢迎且名不虚传的芳香常绿灌木，每到夏季，散发香味的紫色小花组成的长柄穗状花序就会出现在狭窄的灰绿色叶片上方。🏵

瓦氏火棘

Pyracantha 'Watereri'

☼❄❄❄   ↕↔ 2.5 米

长势苗壮的常绿灌木，伸展的枝条上长着狭窄有光泽的深绿色叶片。白色花簇生于初夏，冬季结红色浆果。

'贝内登'悬钩子

Rubus 'Benenden'

☼❄❄❄   ↕↔ 3 米

这种灌木的强壮直立枝条先是拱形弯曲，然后向四周宽阔地伸展。春末夏初开花，花似小型白色蔷薇，煞是可爱。☘

'斯塔利'杂种丁香

Syringa x *hyacinthiflora* 'Esther Staley'

☼❄❄❄   ↕4 米↔3 米

长势强健的灌丛状灌木，植株最初直立，然后向四周扩展。春季至初夏开花，引人注目的密集花序由紫粉色花组成，花有香味。☘

吸引蝴蝶的其他小型灌木
小舌紫菀（*Aster albescens*）
猩红果枸子（*Cotoneaster conspicuus* 'Decorus'）
西班牙熏衣草（*Lavandula stoechas*）
西班牙鼠尾草（*Salvia lavandulifolia*）

吸引蝴蝶的其他大型灌木
假藿香蓟属植物（*Ageratina ligustrina*）
'粉之悦'醉鱼草（*Buddleja* 'Pink Delight'），见 204 页
'西山'醉鱼草（*Buddleja* 'West Hill'），见 228 页
臭牡丹（*Clerodendrum bungei*），见 180 页
团花枸子（*Cotoneaster lacteus*），见 208 页
斯腾枸子（*Cotoneaster sternianus*），见 232 页
'埃丁'南美鼠刺（*Escallonia* 'Edinensis'）
小蜡（*Ligustrum sinense*），见 179 页
鄂西绣线菊（*Spiraea veitchii*）
桦叶荚蒾（*Viburnum betulifolium*）

小叶女贞

Ligustrum quihoui

☼❄❄❄❄   ↕↔ 2.5 米

最优雅的女贞，拥有细长的拱形枝条和有光泽的常绿叶片。夏末至秋季开花，分叉圆锥花序由微小的白色花组成。☘

药用鼠尾草

Salvia officinalis

☼❄❄❄   ↕60 厘米↔1 米

鼠尾草是一种很受欢迎的烹饪用香草。半常绿植株呈丘状，叶片灰绿色，有芳香。夏季开花，穗状花序由二唇形紫蓝色花组成。

百里香

Thymus vulgaris

☼❄❄   ↕30 厘米↔25 厘米

最常在香草花园中使用，这种低矮亚灌木拥有狭窄的芳香灰绿色叶片。花期持续整个夏季，细长的穗状花序由淡紫粉色花组成。

冬花灌木

花灌木无疑在冬季最受人们的欢迎和重视。这部分是因为冬季开花的灌木数量较少，而且在此时冷冷清清的花园中，它们会得到人们的全部注意力，特别是当它们种植在颜色更深的背景前，使人们能够清晰地观赏它们的花朵的时候。如果花还有吸引人的香味，这会让它们更加宜人，尤其是对于盲人或视力受限的人士来说。

'杰奎琳·波斯提尔'毛花瑞香
Daphne bholua 'Jacqueline Postill'
☀❄❄❄　　　↕2 米 ↔ 1.5 米

长势苗壮的直立常绿灌木，在背风位置表现最好，簇生花朵散发浓郁芳香且持续开放很长一段时间。不喜干燥土壤。♀

'春材白'春石南
Erica carnea 'Springwood White'
☀❄❄❄❄　　　↕15 厘米 ↔ 45 厘米

表现可靠的芳香常绿小灌木，茂密的针状叶片形成良好的低矮地被。小小的白色钟形花构成穗状花序，花期持续到春季。♀

'大花'蜡梅
Chimonanthus praecox 'Grandiflorus'
☀❄❄❄　　　↕2.5 米 ↔ 3 米

生长缓慢的大型灌木，株型开张，以其散发香甜气味的小型杯状花闻名。花浅黄色，花心为紫色。♀

欧洲山茱萸
Cornus mas
☀☀❄❄❄　　　↕↔ 5 米

植株宽阔的丘状灌木或小乔木，小枝上密集开放小簇黄色微的小花朵。小枝适合作为切花在室内观赏。

其他冬花灌木

朝鲜白连翘（*Abeliophyllum distichum*）
'奇异'茶梅（*Camellia sasanqua* 'Narumigata'）
'金边'瑞香（*Daphne odora* 'Aureomarginata'），见214页
'默城红宝石'春石南（*Erica carnea* 'Myretoun Ruby'）
'克拉默红'达尔利石楠（*Erica x darleyensis* 'Kramer's Rote'）
'洒银'达尔利石楠（*Erica x darleyensis* 'Silberschmelze'）
'詹姆斯屋脊'丝缨花（*Garrya elliptica* 'James Roof'）
'叶连娜'间型金缕梅（*Hamamelis x intermedia* 'Jelena'）

'苍白'间型金缕梅
Hamamelis x *intermedia* 'Pallida'
☀❄❄❄❄❄▥　　　↕↔ 4 米

常规栽培中的最佳金缕梅之一。最终长成大而扩张的植株，枝条上密集开放引人注目的硫黄色花，花瓣细长，有香味。秋色绚烂。

水丝梨

Sycopsis sinensis

☼ ❋ ❋ ❋ ❋　　　　　　　　　↕5 米 ↔4 米

不寻常的直立常绿灌木，叶片有光泽、深绿色、锐尖，花小，紧凑簇生。在背风地点生长得最好。

'黎明'杂种荚蒾

Viburnum x *bodnantense* 'Dawn'

☼ ❋ ❋ ❋ ❋　　　　　　　　↕3 米 ↔2.5 米

很受欢迎且表现可靠的灌木，从秋季一直到第二年春季，没有叶片的小枝上开满了成簇的粉色花，花有强烈芳香，花蕾颜色更深。☑

'巴克兰'间型十大功劳

Mahonia x *media* 'Buckland'

☼ ❋ ❋ ❋ ❋　　　　　　　　　↕↔3 米

硕大醒目的常绿灌木，植株最初直立，成熟后逐渐扩展。叶深裂，具刺状锯齿，叶上方长出黄色小花构成的长圆柱形穗状花序，花有芳香。☑

'冬美人'桂香忍冬

Lonicera x *purpusii* 'Winter Beauty'

☼ ❋ ❋ ❋ ❋　　　　　　　　↕2 米 ↔4 米

长势健壮，株型开张，这种忍冬属植物的主要价值在于其散发甜香气味的白色小花。花朵开放时间很长。☑

双蕊野扇花

Sarcococca hookeriana var. *digyna*

☼ ❋ ❋ ❋ ❋ ❋　　　　　　↕1.2 米 ↔1 米

有萌蘖习性的常绿灌木，假以时日，就会形成密集簇生的直立枝条。白色花细小，有甜香气味，簇生于它的狭窄叶片的叶腋中。

'普赖斯'月桂荚蒾

Viburnum tinus 'Eve Price'

☼ ❋ ❋ ❋ ❋　　　　　　　　　↕↔2.5 米

从秋季开始开花，泛红花蕾组成的花序开出许多白色花朵，有微妙的香味。植株呈整齐的球形，叶片深绿色，有光泽。☑

灌木

冬季可观赏枝条的灌木

给冬季花园带来生机的观赏特性总是受到欢迎的。冬季鲜花和常绿叶片的吸引力固然无可置疑，不过许多植物的茎干和树枝也能提供令人惊喜的漂亮色彩和形状。某些种类如红瑞木和柳树的效果可以通过重剪的方式加以改善。

'黄枝' 偃伏梾木
Cornus sericea 'Flaviramea'
☀❀❀❀❀   ↕2 米 ↔ 3 米

长势茁壮的灌木，有萌蘖和压条习性，绿黄色冬季枝条如果经常修剪或在全日照下会更鲜艳。叶片在秋季变成黄色。♈

'西伯利亚' 红瑞木
Cornus alba 'Sibirica'
☀❀❀❀❀   ↕↔ 2 米

这种红瑞木是园艺栽培中的最佳观干灌木。冬季枝条血红色，修剪后夏季长出硕大的叶片，并有浓郁的秋色。♈

'冬美人' 欧洲红瑞木
Cornus sanguinea 'Winter Beauty'
☀❀❀❀❀   ↕1.5 米 ↔ 2 米

只要经常修剪，这种灌木就会长出鲜艳的冬季枝条，枝条基部呈炽烈的橘黄色，到末端逐渐变成粉色和红色。叶片在秋季变成金黄色。

'扭枝' 欧洲榛
Corylus avellana 'Contorta'
☀❀❀❀❀   ↕↔ 5 米

长势强健的灌木，在冬末，迷人的羊尾状柔荑花序会为扭曲的枝条增添几分生气。萌蘖条出现后立即将其除去。

冬季树皮有观赏价值的灌木

三花六道木（*Abelia triflora*），见 178 页
髭脉桤叶树（*Clethra barbinervis*），见 178 页
美丽溲疏（*Deutzia pulchra*），见 190 页
双盾木（*Dipelta floribunda*）
卫矛（*Euonymus alatus*），见 227 页
栓翅卫矛（*Euonymus phellomanus*），见 231 页
浙江七子花（*Heptacodium miconioides*），见 179 页
页硬刺杜鹃（*Rhododendron barbatum*）
缫丝花（*Rosa roxburghii*）
日本小米空木（*Stephanandra tanakae*）

冬季可观赏彩色枝条的其他灌木

'紫枝' 红瑞木（*Cornus alba* 'Kesselringii'）
重瓣棣棠花（*Kerria japonica* 'Pleniflora'），见 167 页
鬼吹萧（*Leycesteria formosa*），见 232 页
宽刺绢毛蔷薇（*Rosa sericea* f. *pteracantha*）
粉枝莓（*Rubus biflorus*）
西藏悬钩子（*Rubus thibetanus*），见 239 页
黄枝白柳（*Salix alba* var. *vitellina*）
'布里茨' 黄枝白柳（*Salix alba* var. *vitellina* 'Britzensis'）
川鄂柳（*Salix fargesii*），见 217 页
露珠柳（*Salix irrorata*）

灌木

枝条多刺的灌木

对许多园丁来说，茎干或树枝多刺的灌木能够提供积极的安保价值，因为它们能逼走小偷和其他不速之客。而另外一些人认为它们颇为棘手，甚至会造成危险。无论你对这种触感不佳的植物是什么态度，它们当中无疑包括一些非常美丽的观赏灌木。

西藏悬钩子
Rubus thibetanus
☼☀❄❄❄　　　　　↕2.5 米 ↔ 3 米

簇生多刺枝条冬季露出被白色粉衣的紫色树皮，春季长出裂刻漂亮的似蕨叶片，叶表面被银色毛。夏季开花，花小、粉色。✿

'金发'小檗
Berberis 'Goldilocks'
☼❄❄❄　　　　　↕↔ 4 米

灌丛状常绿灌木，茎干和分枝上布满尖刺。拥有闪闪发亮的深绿色叶片，叶有刺状齿，春季开金黄色花。

'橙光'火棘
Pyracantha 'Orange Glow'
☼☀❄❄❄　　　　　↕↔ 4 米

长势苗壮的常绿灌木，拥有多刺枝条和有光泽的绿色椭圆形叶片。夏季成簇开白色花，秋季和冬季结橙色浆果。✿

锈红蔷薇
Rosa rubiginosa
☼❄❄❄　　　　　↕↔ 2.5 米

长势苗壮的灌木，多刺枝条拱形弯曲，布满散发苹果香味的叶片。夏季开单瓣粉色花，秋季结小小的红色蔷薇果。

秦椒
Zanthoxylum piperitum
☼❄❄❄❄　　　　　↕↔ 2.5 米

灌丛状灌木，直立向上的多刺枝条上长出有光泽的绿色叶片，叶有芳香，秋季变成黄色。秋季结红果，种子有辛辣味。

239

免遭野兔危害的灌木

被野兔忽略的灌木无疑非常值得考虑，特别是对于乡村地区的园丁来说。可能是叶片和枝条的味道或质地不合野兔的口味，不过无论原因如何，在这些毛茸茸的小动物泛滥成灾的地方，这些植物都非常宝贵。下列灌木种类的其他类型以及与它们亲缘关系极近的植物，都是免遭野兔危害的。

贵州金丝桃

Hypericum kouytchense

☀❄❄❄　　　　　↕75 厘米 ↔ 1.2 米

从夏季至秋季，这种丘状半常绿灌木的拱形弯曲枝条上开放无数黄色花朵。花落后结铜红色蒴果。♀

东瀛珊瑚

Aucuba japonica

☼☀❄❄❄　　　↕2.5 米 ↔ 2 米

茂密的常绿植物，叶片长而锐尖，呈深绿色，有光泽。雄株授粉后，雌株结红色浆果。存在数个类型，部分是花叶类型。

'大拇指汤姆'倒挂金钟

Fuchsia 'Tom Thumb'

☼❄❄　　　　　↕↔50 厘米

植株低矮直立，这种株型整齐的倒挂金钟拥有小而有光泽的绿色叶片。夏季至初秋开花，红紫相间的垂吊花朵十分迷人。♀

红花狭叶山月桂

Kalmia angustifolia f. *rubra*

☼❄❄❄❄　　　↕45 厘米 ↔ 1 米

狭窄的常绿叶片形成低矮的灌丛状丘形植株。初夏开花，花小簇生，呈深红色。不喜干燥土壤。♀

'矮灌'锦熟黄杨

Buxus sempervirens 'Suffruticosa'

☼❄❄❄　　　　　↕↔75 厘米

所有类型的黄杨都不合野兔的口味。这个茂密紧凑的品种长期用作花坛和花境的低矮常绿镶边，还用于花坛花园中。♀

'桑葚酒'短尖叶白珠树

Gaultheria mucronata 'Mulberry Wine'

☼❄❄❄❄　　　　↕↔1 米

这种低矮的常绿灌木在细长坚硬的枝条上长出锐尖革质叶片，枝条最终会向四周扩展。如有雄株授粉，从秋季到整个冬季都会结硕大浆果。♀

'草莓冰'杜鹃

Rhododendron 'Strawberry Ice'

☼❄❄❄❄　　　　　↕↔2.5 米

春季开花，浅粉色花醒目簇生，花喉部为黄色。这种灌丛状杜鹃的叶片在秋季落叶前会变成迷人的颜色。♀

'金叶'西洋接骨木

Sambucus nigra 'Aurea'

☼ ❀❀❀   ↕↔ 4 米

大型灌丛状灌木，叶片金黄色，夏季开花，扁平花序由小小的白色花构成，花有芳香。秋季结出亮晶晶的黑色浆果。🌿

'红垫'蔷薇

Rosa Rosy Cushion ('Interall')

☼ ❀❀❀   ↕1 米 ↔1.2 米

整个夏季，有光泽的绿色叶片都衬托着成簇开放的粉色花，花有香味。这种蔷薇长势强健，植株低矮茂密，株型伸展。🏆

免遭鹿危害的灌木
狭叶小檗（*Berberis* x *stenophylla*），见 208 页
'洛辛克'醉鱼草（*Buddleja* 'Lochinch'）
川滇金丝桃（*Hypericum forrestii*）
'巴克兰'间型十大功劳（*Mahonia* x *media* 'Buckland'），见 237 页
'雅致'杜鹃（（*Rhododendron* 'Exquisitum'）
裂叶罂粟（*Romneya coulteri*），见 197 页
'雪堆'日本绣线菊（*Spiraea nipponica* 'Snowmound'），见 191 页
'奥农多加'天目琼花（*Viburnum sargentii* 'Onondaga'），见 181 页
'维多利亚'锦带花（*Weigela* 'Victoria'）

日本茵芋

Skimmia japonica

☼❀ ❀❀❀   ↕↔ 1.2 米

灌丛状灌木，植株丘形，有芳香的常绿叶片在春季点缀着簇生白花。如果两种性别的树种在一起，雌株会结出红色浆果。

免遭野兔危害的其他灌木
匍匐聚花美洲茶（*Ceanothus thyrsiflorus* var. *repens*）
'冬美人'欧洲红瑞木（*Cornus sanguinea* 'Winter Beauty'），见 238 页
平枝枸子（*Cotoneaster horizontalis*）
唐古特瑞香（*Daphne tangutica*）
'密枝'桂樱（*Prunus laurocerasus* 'Otto Luyken'），见 201 页
'安东尼·沃特尔'粉花绣线菊（*Spiraea japonica* 'Anthony Waterer'），见 191 页
'花叶'蔓长春花（*Vinca major* 'Variegata'），见 201 页
小蔓长春花（*Vinca minor*），见 185 页

迷迭香

Rosmarinus officinalis

☼ ❀❀   ↕↔ 1.5 米

迷迭香是一种很受欢迎的芳香常绿灌木。在整个夏季，除了狭窄的灰绿色叶片，枝条上还覆盖着小小的紫蓝色花。

假叶树

Ruscus aculeatus

☼ ❀❀❀❀   ↕75 厘米 ↔1 米

生命力强，适应性好，这种常绿灌木的直立枝条簇生，密集生长尖端带刺的叶片。雌株授粉后结果，果期很长。

松柏类植物

所有松柏类植物都是乔木或灌木，但我选择将它们单独列出。它们是一类独特的原始木本植物，能够为花园增添一种个性化的元素。除少数种类之外，大多数松柏类都是常绿植物。落叶种类将在描述中专门提及，它们能够提供有趣的秋色叶景观。

△穹顶状标本树　在较大的草坪中，'金线柏'日本花柏（*Chamaecyparis pisifera* 'Filifera Aurea'）是一种理想的金黄色标本植物。

△异叶铁杉（*Tsuga heterophylla*）

由于在尺寸、形状、色彩和质感上的丰富多样，松柏类植物的用途极为广泛。你可以把它们用在各种地方，营造出数之不尽的效果。许多松柏类植物比例匀称，姿态优雅，可以用作重要位置的标本树。

富有装饰性的叶

松柏类植物的叶要么小并呈鳞片状，例如在柏木属和崖柏属植物（*Thuja*）中，要么长且呈针状，例如在松属、云杉属和雪松属植物中。刺柏属植物拥有针状叶或鳞状叶，某些种类二者兼有。紫杉拥有狭窄的条形叶，而很多松柏类品种拥有可爱的青苔状或柔软的羽状幼叶。在颜色方面，除了各种色调的蓝色、绿色和黄色，还存在有趣的花叶类型，所以显

而易见的是，松柏类植物在花园植物中占有如此特别的地位。落叶松属、水杉属（*Metasequoia*）和银杏属（*Ginkgo*）等落叶松柏类植物在叶片凋落之前用最后一抹金黄点亮秋季。

过大，过快

正如使用阔叶树时一样，在选择松柏类植物时，也要考虑其生长速度、最终的株高和形状以及使用意图。例如，某些用作绿篱的物种生长迅速，需要经常修剪才能达到最佳效果。如果无法控制它们的长势，不要种植生长迅速的绿篱——因为还有很多适用于有限空间的小型至中型松柏类植物可供选择。

△冬季景致　落叶松柏类植物水杉（*Metasequoia glyptostroboides*）的红棕色树干颇为引人注目。

◁松柏类植物和石南　在这里，松柏类植物和冬末开花的石南灌木种植在一起，效果非常好。

▷色彩和质感　只需要几种精心选择的松柏类植物，就能制造出色彩缤纷且很吸引眼球的景观。

大型松柏类植物

世界上有一部分最壮观的大型乔木都是松柏类植物。

除了一小部分例外，它们大多数是常绿植物，能够为大型花园或庄园带来一种稳定性和持续性。大多数松柏类植物的寿命相对较长。通常而言，它们在深厚、湿润，但排水通畅的土壤中生长得最好，不过它们对大多数种植地点都有相当好的适应性。少数种类能够忍耐潮湿地点，但极少有松柏类植物能够在完全涝渍的条件下生存。

日本柳杉

Cryptomeria japonica

☀❄❄❄❄   ↕20 米 ↔ 7 米

植株柱形至圆锥形，细叶轮生在枝条上。纤维状树皮呈红棕色，球果小，幼嫩时为绿色，成熟后为棕色。🌿

高加索冷杉

Abies nordmanniana

☀❄❄❄   ↕25 米 ↔ 9 米

植株呈柱形至圆锥形，树枝水平伸展，密生细长的绿色叶。夏季，上部枝条结出直立的绿棕色球果。🌿

黎巴嫩雪松

Cedrus libani

☀❄❄❄   ↕24 米 ↔ 15 米

这种松柏类植物在公园中很常见。幼年植株圆锥形，然后逐渐长成典型的平顶分层株型。叶尖，绿色至蓝绿色。🌿

智利南洋杉

Araucaria araucana

☀❄❄❄   ↕18 米 ↔ 12 米

幼年植株为圆锥形，分枝轮生且分枝点接近地面。成年后有卵形树冠和高高的树干。枝条密生宽而尖的叶。

其他大型圆柱形或狭长圆锥形松柏类植物

大冷杉（*Abies grandis*）
紫果冷杉（*Abies magnifica*）
香肖楠（*Calocedrus decurrens*）
窄冠北非雪松（*Cedrus atlantica* 'Fastigiata'）
'阿鲁米'美国花柏（*Chamaecyparis lawsoniana* 'Alumii'）
'垂枝'美国花柏（*Chamaecyparis lawsoniana* 'Intertexta'）
'维西尔'美国花柏（*Chamaecyparis lawsoniana* 'Wisselii'），见248页
'内勒蓝'杂扁柏（x *Cupressocyparis leylandii* 'Naylor's Blue'）
意大利柏（*Cupressus sempervirens*）
水杉（*Metasequoia glyptostroboides*），见252页
柏状挪威云杉（*Picea abies* 'Cupressina'）
'塔形'北美乔松（*Pinus strobus* 'Fastigiata'）
落羽杉（*Taxodium distichum*），见253页
'垂果'池杉（*Taxodium distichum* var. imbricatum 'Nutans'），见251页
'深绿'北美乔柏（*Thuja plicata* 'Atrovirens'）

银杏

Ginkgo biloba

☀❄❄❄❄   ↕20 米 ↔ 7 米

这种独特的松柏类植物十分古老。幼年植株圆锥形，枝条上翘，逐渐水平伸展。扇形叶在秋季变成黄色。🌿

北美红杉

Sequoia sempervirens

☼ ❄ ❄ ❄ ❄　　　↕30 米 ↔ 8 米

幼年植株圆锥形，而后这种特别的松柏类植物会长成圆柱形。深红色树皮呈纤维状，质感似海绵，枝条覆盖着茂盛的紫杉状叶。♀

东方云杉

Picea orientalis

☼ ❄ ❄ ❄　　　↕30 米 ↔ 至 10 米

最佳大型松柏类之一。植株呈对称的宽圆锥形，树枝层层下垂，绿色针状叶小而整齐、深绿色，有光泽。球果小而下垂，紫色至棕色。♀

成年后植株开展的其他大型松柏类植物
粉蓝北非雪松（*Cedrus atlantica* Glauca Group），见 263 页
大果柏木（*Cupressus macrocarpa*），见 254 页
欧洲落叶松（*Larix decidua*）
日本落叶松（*Larix kaempferi*）
'蓝兔'日本落叶松（*Larix kaempferi* 'Blue Rabbit'）
北美云杉（*Picea sitchensis*）
墨西哥松（*Pinus ayacahuite*）
霍氏松（*Pinus x holfordiana*）
蒙特松（*Pinus montezumae*）
加州沼松（*Pinus muricata*），见 255 页
欧洲黑松（*Pinus nigra*），见 257 页
西黄松（*Pinus ponderosa*）
辐射松（*Pinus radiata*），见 257 页
什未林杂交松（*Pinus x schwerinii*）
欧洲赤松（*Pinus sylvestris*）
乔松（*Pinus wallichiana*）
北美黄杉（*Pseudotsuga menziesii*）
异叶铁杉（*Tsuga heterophylla*），见 253 页

杰弗里松

Pinus jeffreyi

☼ ❄ ❄ ❄　　　↕20 米 ↔ 9 米

这种健壮、卓越的松属植物最初呈圆锥形或球形，然后逐渐长成宽圆柱形。树皮多裂缝，呈深灰棕色，针状叶长、蓝绿色。♀

巨杉

Sequoiadendron giganteum

☼ ❄ ❄ ❄　　　↕30 米 ↔ 11 米

该物种以其长寿闻名世界，植株呈高高的圆柱形，分枝向下弯曲，覆盖着蓝绿色叶片。树皮红棕色。♀

株型宽展及宽底花瓶状松柏类植物

　　很多松柏类植物的分枝都向上或宽展生长，最终的冠幅大于株高。在僵直的或呈现规则线条的地方，如果想打破或软化这种僵直，松柏类植物是很棒的选择。或者可以将它们作为独立的景观树种植在草坪中，让人欣赏它们的全貌。

'金叶展枝'大果柏木

Cupressus macrocarpa 'Gold Spread'

☀❄❄ 　　　　　　↕1 米 ↔2.5 米

大果柏木的株型低矮紧凑，极具观赏性。水平或稍稍上扬的分枝密生鲜黄色树叶。

'蓝金'间型圆柏

Juniperus x *pfitzeriana* 'Blue and Gold'

☀❄❄❄ 　　　　　　↕↔1.5 米

一种优美的桧属植物，枝条从基部密集生长出来，蓝灰色叶片茂密，散布奶油黄色斑点。有时整个枝条可以变成奶油黄色。

'灰叶'间型圆柏

Juniperus x *pfitzeriana* 'Pfitzeriana Glauca'

☀❄❄❄ 　　　　　　↕2 米 ↔4 米

这种桧属植物株型茂密，长势健壮，向上伸展的树枝密集生长着刺状蓝灰色叶片。

'展枝杂色'圆柏

Juniperus chinensis 'Expansa Variegata'

☀❄❄❄ 　　　　　↕75 厘米 ↔2 米

植株低矮而宽展，是一种长势苗壮的桧属植物，分枝接近水平生长，密生刺状蓝绿色叶片，间有奶油白色花斑。

'黄梢'间型圆柏

Juniperus x *pfitzeriana* 'Pfitzeriana Aurea'

☀❄❄❄ 　　　　　　↕2 米 ↔4 米

长势健壮的桧属植物，末梢枝条和密集生长的树叶在夏季变成金黄色，冬季变成黄绿色。

'黄羽'圆柏

Juniperus chinensis 'Plumosa Aurea'

☀❄❄❄ 　　　　　　↕1.5 米 ↔2 米

这种株型紧凑的桧属植物由多条羽状分枝构成，每条分枝都密集生长着黄色鳞状叶，并在冬季变成铜金色。♀

其他株型宽展的松柏类植物

‘俯卧展枝’三尖杉（*Cephalotaxus fortunei* ‘Prostrate Spreader’）
‘柽柳叶’美国花柏（*Chamaecyparis lawsoniana* ‘Tamariscifolia’）
‘金叶平枝’大果柏木（*Cupressus macrocarpa* ‘Horizontalis Aurea’）
‘塔布莉’欧洲云杉（*Picea abies* ‘Tabuliformis’）
‘粉蓝平铺’硬尖云杉（*Picea pungens* ‘Glauca Procumbens’）
‘道氏’欧洲红豆杉（*Taxus baccata* ‘Dovastoniana’）
‘夏金’欧洲红豆杉（*Taxus baccata* ‘Summergold’）

‘蓝地毯’高山柏

Juniperus squamata ‘Blue Carpet’

☀ ❋❋❋　　　　　　　↕30 厘米 ↔ 2 米

长势苗壮的桧属植物，枝条宽展，形成一大片低矮的毯状枝叶，叶刺状、粉蓝色。这是同类中观赏效果最好的植物之一。☙

‘灰猫头鹰’柏

Juniperus ‘Grey Owl’

☀ ❋❋❋　　　　　　　↕2.5 米 ↔ 4 米

一种漂亮且长势健壮的桧属植物，上升枝条密集覆盖着柔软的银灰色树叶。一种最终会长得很大的灌木。☙

其他株型宽展的桧属植物

‘布拉奥’圆柏（*Juniperus chinensis* ‘Blaauw’）
‘贝塚’圆柏（*Juniperus chinensis* ‘Kaizuka’）
‘黄金海岸’间型圆柏（*Juniperus* x *pfitzeriana* ‘Gold Coast’）
‘古金’间型圆柏（*Juniperus* x *pfitzeriana* ‘Old Gold’）
‘紧凑’间型圆柏（*Juniperus* x *pfitzeriana* ‘Pfitzeriana Compacta’）
‘硫雾’间型圆柏（*Juniperus* x *pfitzeriana* ‘Sulphur Spray’）
‘威廉·普菲舍’间型圆柏（*Juniperus* x *pfitzeriana* ‘Wilhelm Pfitzer’）
‘蓝云’北美圆柏（*Juniperus virginiana* ‘Blue Cloud’）

‘柽柳叶’欧亚圆柏

Juniperus sabina ‘Tamariscifolia’

☀ ❋❋❋　　　　　　　↕1 米 ↔ 2 米

欧亚圆柏的低矮品种，枝条向四周伸展并松散分层，每一根枝条都密集地覆盖着鲜绿色的刺状叶。

其他株型宽展的垂枝松柏类植物

‘粉蓝垂枝’北非雪松（*Cedrus atlantica* ‘Glauca Pendula’）
‘垂枝’雪松（*Cedrus deodara* ‘Pendula’）
‘垂枝’日本落叶松（*Larix kaempferi* ‘Pendula’）
小侧柏（*Microbiota decussata*），见 260 页

‘道氏金’欧洲红豆杉

Taxus baccata ‘Dovastonii Aurea’

☀ ◐ ❋❋❋❋　　　　　↕5 米 ↔ 6 米

株型优雅的灌木或小乔木，拥有层状水平分枝和长而连绵的小分枝。小枝金黄色，树叶有鲜黄色边缘。不结果。☙

圆柱形或狭长圆锥形松柏类植物

在松柏类植物中，细长或狭窄的树冠有很大优势，它可以使这些植物能被种植在有限的空间内。通常情况下，紧凑的生长习性意味着它们很少或者根本不需要修剪，而它们强烈的垂直线条适用于打破本来低矮的植物种植群，提供醒目的视线焦点。

智利柏
Austrocedrus chilensis
☀ ❀ ❀ ❀   ↕12 米 ↔ 3 米

这是一种非比寻常的茂盛松柏，短而向上伸展的分枝覆盖着一束束绿色或蓝绿色鳞状叶。

其他圆柱形松柏类植物

香肖楠（*Calocedrus decurrens*）
金叶意大利柏（*Cupressus sempervirens* 'Swane's Gold'），见262页
'金叶'圆柏（*Juniperus chinensis* 'Aurea'）
'灰蓝'北美圆柏（*Juniperus virginiana* 'Glauca'）
'灰绿'巨杉（*Sequoiadendron giganteum* 'Glaucum'）
'斯坦迪什'欧洲红豆杉（*Taxus baccata* 'Standishii'）
'霍姆斯特拉普'北美香柏（*Thuja occidentalis* 'Holmstrup'）
'马洛尼阿娜'北美香柏（*Thuja occidentalis* 'Malonyana'）
'螺旋'北美香柏（*Thuja occidentalis* 'Spiralis'）
'绿金'北美乔柏（*Thuja plicata* 'Collyer's Gold'），见262页

其他圆柱形柏树

'阿鲁米华丽'美国花柏（*Chamaecyparis lawsoniana* 'Alumii Magnificent'）
'柱冠'美国花柏（*C. lawsoniana* 'Columnaris'）
'埃尔伍德之柱'美国花柏［*C. lawsoniana* Elwood's Pillar（'Flolar'）］
'弗雷泽'美国花柏（*C. lawsoniana* 'Fraseri'）
'格雷斯伍德之柱'美国花柏（*C. lawsoniana* 'Grayswood Pillar'）
'绿柱'美国花柏（*C. lawsoniana* 'Green Pillar'），见256页
'希莱尔'美国花柏（*C. lawsoniana* 'Hillieri'）
'柱形'美国花柏（*C. lawsoniana* 'Kilmacurragh'）
'温斯顿·丘吉尔'美国花柏（*C. lawsoniana* 'Winston Churchill'）

'维西尔'美国花柏
Chamaecyparis lawsoniana 'Wisselii'
☀ ❀ ❀ ❀   ↕15 米 ↔ 3 米

作为美国花柏的一个独特的品种，它拥有直立而紧凑的分枝和一束束十分立体的蓝绿色叶片。春季长出微小的砖红色球果。♀

意大利柏直立组
Cupressus sempervirens Stricta Group
☀ ❀ ❀ ❀   ↕15 米 ↔ 3 米

植株呈极具个性的狭窄柱状，树叶成束直立生长。球果相当大，呈灰棕色，有光泽，在长出之后的第二年成熟。♀

'凯特利尔'圆柏
Juniperus chinensis 'Keteleeri'
☀ ❀ ❀ ❀   ↕15 米 ↔ 5 米

圆柱形至窄圆锥形乔木，植株茂密紧凑，叶灰绿色、鳞状，紧密成束生长。适用于规则式种植。

'爱尔兰'欧洲刺柏

Juniperus communis 'Hibernica'

☀ ❋ ❋ ❋   ↕4 米 ↔ 50 厘米

这是一种种植广泛、深受大众喜爱的桧属植物，植株呈细长的圆柱形，针状叶密集生长。每一枚叶的内表面都有一条银线。♀

塞尔维亚云杉

Picea omorika

☀ ❋ ❋ ❋ ❋   ↕18 米 ↔ 5 米

这种尖塔状云杉向下伸展的枝条末端弯曲，密集生长的狭窄的深绿色叶。簇生紫色长球果，成熟后变为棕色。♀

'健塔'欧洲红豆杉

Taxus baccata 'Fastigiata Robusta'

☀ ❋ ❋ ❋ ❋   ↕10 米 ↔ 1.5 米

这种红豆杉植株直立，呈圆柱形，最终长成雪茄状，紧凑的分枝向上伸展。狭窄的深绿色叶生长在整根枝条上。

'烟柱'洛基山桧

Juniperus scopulorum 'Skyrocket'

☀ ❋ ❋ ❋   ↕8 米 ↔ 75 厘米

一种高而细长的株形桧属植物，是株型最狭窄的松柏类植物之一，枝叶紧凑。分枝上密集地生长着成束蓝灰色鳞状叶。

欧洲赤松塔形群

Pinus sylvestris Fastigiata Group

☀ ❋ ❋ ❋   ↕6 米 ↔ 1 米

这是欧洲赤松的一个柱形类型。树皮红棕色，直立、紧凑的分枝上覆盖着蓝绿色针状叶。不喜暴露的地点。

'亮绿'北美香柏

Thuja occidentalis 'Smaragd'

☀ ❋ ❋ ❋   ↕2.5 米 ↔ 75 厘米

茂密的窄圆锥状松柏类植物，深绿色叶片呈扁平束状生长。叶片擦伤后有宜人的果香味。♀

松柏类植物

249

中型松柏类植物

　　株高处于6~15米范围内的松柏类植物丰富多样，其中包括同时具有植物学研究价值和观赏价值的野生物种。数量更丰富的是另一些松柏类植物的品种，例如美国花柏、日本扁柏和崖柏属（*Thuja*）各物种。除了非常小的花园，它们可以应用在所有地方。大多数种类耐寒冷，那些不太耐寒的种类能够在气候较温和的地区或背风处生长得很好。

喀什米尔柏木
Cupressus cashmeriana

☼ ❋ ❋ ❋　　　　　　　↕12 米 ↔ 5.5 米

美丽的圆锥状乔木，株型随着树龄的增加而平展。蓝绿色叶片成束生长并优雅地低垂。不喜干燥土壤。♀

朝鲜冷杉
Abies koreana

☼ ❋ ❋ ❋ ❋　　　　　　↕10 米 ↔ 5 米

宽阔的圆锥形乔木，向上或平展的树枝茂密地生长着深绿色针状叶，叶背为银色。即使是幼年小植株也会长出紫蓝色球果。

'洒金孔雀柏'日本扁柏
Chamaecyparis obtusa 'Tetragona Aurea'

☼ ❋ ❋ ❋　　　　　　　↕10 米 ↔ 5 米

辨识度高，很受欢迎，这种日本扁柏幼年时呈灌丛状，然后逐渐长成松散的圆锥形。分枝颇具棱角感，覆盖着成束生长的苔藓状黄色树叶。

其他中型松柏类植物

塔斯马尼亚密叶杉（*Athrotaxis laxifolia*）
'柱冠'美国花柏（*Chamaecyparis lawsoniana* 'Columnaris'）
'垂枝'努特卡扁柏（*Chamaecyparis nootkatensis* 'Pendula'）
'金字塔'绿干柏（*Cupressus arizonica* 'Pyramidalis'）
'金叶'圆柏（*Juniperus chinensis* 'Aurea'）
日本五针松（*Pinus parviflora*）
欧洲赤松金叶群（*Pinus sylvestris* Aurea Group），见262页
金钱松（*Pseudolarix amabilis*）
金松（*Sciadopitys verticillata*）
'螺旋'北美香柏（*Thuja occidentalis* 'Spiralis'）
高山铁杉（*Tsuga mertensiana*）

'黄叶'日本扁柏
Chamaecyparis obtusa 'Crippsii'

☼ ❋ ❋ ❋　　　　　　　↕10 米 ↔ 5 米

色彩鲜艳，颇受欢迎，呈松散的圆锥形，鲜艳的金黄色芳香叶片生长在扁平排列的枝条上。球果棕色、球形。不喜干燥土壤。♀

杉木
Cunninghamia lanceolata

☼ ❋ ❋ ❋ ❋　　　　　　↕13 米 ↔ 5 米

这种柱状松柏类植物的树枝上都排列着两行狭窄的绿色尖锐叶，叶片有光泽，下表面为银色。不喜暴露的地点或干燥土壤。

智利乔柏（南国柏）
Fitzroya cupressoides

❋ ❋ ❋ ❋　　　　　　　↕10 米 ↔ 5 米

这是一种似桧属植物的灌丛状乔木，幼年植株圆柱形，然后植株变得更加松散。红棕色树皮易于剥落，鳞状叶上有白色条带。

'垂果'池杉

Taxodium distichum var. *imbricatum* 'Nutans'

☀❅❅❅　　　　　　↕15 米 ↔ 5 米

池杉是一种圆柱形的落叶乔木。它向上伸展的分枝上密集生着一束束细长的鲜绿色叶片。适合生长在深厚或湿润土壤中。♈

芒松

Pinus aristata

☀❅❅❅　　　　　　↕8 米 ↔ 5 米

除了最小的花园外都适合种植，这种生长缓慢、枝叶茂密的灌丛状松属植物的枝条上密集生长着深蓝绿色且有白色斑点的针状叶。球果具芒。

布鲁尔氏云杉

Picea breweriana

☀❅❅❅❅　　　　　↕12 米 ↔ 6 米

它是最独特的云杉之一。它向四周伸展的分枝支撑着长而低垂的小分枝，上面覆盖着狭窄的叶。球果圆柱形、棕色。♈

柳叶罗汉松

Podocarpus salignus

☀❅❅　　　　　　　↕10 米 ↔ 6 米

作为一种最漂亮的圆柱形乔木（逐渐变为宽圆锥形），这种罗汉松属植物拥有纤维状红棕色树皮和有光泽的狭长柳叶状树叶。不喜干燥土壤。♈

加拿大铁杉

Tsuga canadensis

☀❅❅❅❅　　　　　↕15 米 ↔ 10 米

多干型乔木，树枝下垂或拱形，叶小、深绿色，叶背银色。球果数量丰富，成熟后变成棕色。不喜干燥土壤。

适合重黏土的松柏类植物

很多种类的松柏类植物都能在重黏土中生长，只要生长地点不是一直处于涝渍环境。它们涵盖了范围极为广泛的尺寸和形状，叶的颜色和质感也非常多样。下列种类耐寒，种植简单，除特别说明外均为常绿树。

'密枝'日本柳杉

Cryptomeria japonica 'Elegans Compacta'

☀ ❀❀❀　　　　　↕ 3 米 ↔ 2 米

这是日本柳杉的一个茂密的灌丛状品种，枝叶外貌如波涛汹涌。鲜绿色叶片触感柔软，并在冬季变成浓郁的红铜色。❦

水杉

Metasequoia glyptostroboides

☀ ❀❀❀❀　　　　↕ 20 米 ↔ 5 米

华丽的落叶松柏，羽状叶片在秋季变成粉褐色。这是一种古老的树木，长势苗壮，株型为窄圆锥形至柱形。❦

波斯尼亚松

Pinus heldreichii

☀ ❀❀❀　　　　　↕ 18 米 ↔ 9 米

漂亮的松属乔木，植株茂密，幼年圆锥形，随着年龄的增长逐渐宽展。它的特点是具有深绿色的针叶、白色带毛叶芽和钴蓝色的球果。❦

'拖把'中欧山松

Pinus mugo 'Mops'

☀ ❀❀❀　　　　　↕ 1 米 ↔ 1.2 米

这种低矮的中欧山松最终会形成一团紧凑的丘状深绿色针叶。非常适用于大型岩石园或大型花盆，但生长缓慢。❦

巴尔干松

Pinus peuce

☀ ❀❀❀　　　　　↕ 18 米 ↔ 6 米

在空间充足的地方值得种植，这种令人印象深刻的松属植物拥有浓密丛生的湖绿色针叶，圆柱形球果下垂弯曲并分泌树脂。

适合重黏土的其他常绿松柏类植物

朝鲜冷杉（*Abies koreana*），见 250 页
'灰蓝'美国花柏（*Chamaecyparis lawsoniana* 'Triomf van Boskoop'）
丽江云杉（*Picea likiangensis*）
紫果云杉（*Picea purpurea*）
芒松（*Pinus aristata*），见 251 页
哥德松（*Pinus coulteri*）
西黄松（*Pinus ponderosa*）
智利杉（*Saxegothaea conspicua*）
北美乔柏（*Thuja plicata*），见 257 页

北美乔松

Pinus strobus

☀ ❀❀❀　　　　　↕ 20 米 ↔ 9 米

非常著名的松属植物，最初为圆锥形，随年龄增长而宽展。开阔的分枝上生长着细长的灰绿色针叶和下垂的球果。不耐空气污染。

日本黑松
Pinus thunbergii

☼ ❋❋❋   ↕13t ↔ 8 米

深绿色针叶和带毛银色叶芽让这种容易种植的松属植物脱颖而出。幼年圆锥形，随年龄增长而宽展，是一种优良的海滨树种。

落羽杉
Taxodium distichum

☼ ❋❋❋   ↕20 米 ↔ 9 米

这种漂亮的圆锥形落叶松柏植物非常适合种植在潮湿地点。它拥有纤维状红棕色树皮，羽状绿色叶片在秋季变为金黄色。♀

朝鲜崖柏
Thuja koraiensis

☼ ❋❋❋   ↕7 米 ↔ 3 米

株型松散，生长缓慢，这种柱形松柏植物的鲜绿色鳞叶聚集成宽束状生长，叶背银白色。擦伤后，叶背散发出巴旦木的气味。

松柏类植物

适合重黏土的其他落叶松柏类植物
银杏（*Ginkgo biloba*），见 244 页
欧洲落叶松（*Larix decidua*）
'垂果' 池杉（*Taxodium distichum* var. *imbricatum* 'Nutans'），见 251 页

欧洲红豆杉金叶群
Taxus baccata Aurea Group

☼ ◐ ❋❋❋   ↕5 米 ↔ 3 米

欧洲红豆杉的金叶品种，叶在第一年为黄色，第二年变成绿色。每年进行修剪以保持整齐的圆锥株型。

异叶铁杉
Tsuga heterophylla

☼ ◐ ❋❋❋ ▣   ↕20 米 ↔ 10 米

细长的枝条密集生长着背面为银色的绿色针叶，枝条末端下垂，形成层层叠叠优雅的枝叶。这是一种生长迅速的圆锥形松柏植物，球果小。♀

适合干旱、全日照地点的松柏类植物

　　很多松柏类植物原产于世界各地的温暖、干燥气候区，而且很多种类都可以种植在夏季温暖干燥的花园中。有些种类长势苗壮，很快就能形成树荫；有些则生长缓慢。下列所有种类都是常绿树，而且最好在年幼时种植，有利于它们顺利地建立形态。

墨西哥岩松

Pinus cembroides

☀❈❈　　　　　‡6 米 ↔ 5 米

这种不同寻常的松属植物十分漂亮，生长速度缓慢，幼年时为灌丛状且呈圆锥形，随着树龄的增长而变成球形。树枝上密集生长着短粗坚硬的灰绿色针叶。

适合干旱、全日照地点的其他松属植物
芒松（*Pinus aristata*），见 251 页
华山松（*Pinus armandii*）
埃尔达松（*Pinus brutia* var. *eldarica*）
白皮松（*Pinus bungeana*）
旋叶松（*Pinus contorta*）
哥德松（*Pinus coulteri*）
食松（*Pinus edulis*）
海岸松（*Pinus pinaster*）
欧洲赤松（*Pinus sylvestris*）
云南松（*Pinus yunnanensis*）

雪松

Cedrus deodara

☀❈❈❈　　　　　‡25 米 ↔ 12 米

作为一种漂亮且长势苗壮的松柏类植物，它在幼年时拥有长而下垂的枝条，最终长成典型的平顶雪松形，树枝分层。♡

叙利亚圆柏

Juniperus drupacea

☀❈❈❈　　　　　‡12 米 ↔ 1.5 米

特色鲜明、辨识度高，这种刺柏属植物呈紧凑的柱形，非常适合用作草坪中的标本树，或者用于边界。它拥有鲜绿色的针状叶。

大果柏木

Cupressus macrocarpa

☀❈❈❈　　　　　‡20 米 ↔ 22 米

这种广受欢迎、生长迅速的松柏植物常常被用作风障种在海滨地区，羽状绿色叶成束生长。幼年时为圆柱状，但随着树龄的增长而变得平展。

杜松

Juniperus rigida

☀❈❈❈　　　　　‡8 米 ↔ 5 米

乔木或大灌木，分枝松散且常蔓生，绿色针叶成束下垂并在冬季变成古铜色，树皮呈剥落状。

阿勒颇松

Pinus halepensis

☀❈❈❈　　　　　‡14 米 ↔ 6 米

这种松属植物非常适合种植在沙质土中，随着树龄的增长逐渐变成球形。幼树的针叶为蓝绿色；树龄更大的树则拥有鲜绿色针叶。球果卵圆形，呈橙色，有光泽。

加州沼松

Pinus muricata

☼❆❆❆❅　　　　　　　↕18 米 ↔ 9 米

这种生长迅速的松属植物生命力顽强且适应性好，一开始为圆柱形，然后逐渐宽展并常常形成平顶。在贫瘠或无石灰沙质土中表现良好。❧

意大利伞松

Pinus pinea

☼❆❆❆　　　　　　　↕12 米 ↔ 10 米

幼树为圆锥形，然后逐渐长成典型的伞形，密集的树冠由辐射状分枝组成。成年树拥有深绿色的叶，幼树的叶为蓝绿色。❧

维州松

Pinus virginiana

☼❆❆❆❅　　　　　　　↕14 米 ↔ 9 米

株型松散且常常较为凌乱，这种松属植物的灰色至黄灰色密集丛生针叶生长在粉白色的枝条上。橙色至棕色的冬季球果多刺，球果小。

东北红豆杉

Taxus cuspidata

☼☼☼❆❆❆　　　　　　　↕↔ 5 米

这种多分枝灌木随着树龄的增长而逐渐开展。枝上密生黄绿色叶，有时会在冬季变成红棕色。雌株结红果。

加州榧树

Torreya californica

☼❆❆❆　　　　　　　↕18 米 ↔ 8 米

一种令人印象深刻的直立松柏类植物，拥有轮生分枝和狭长且尖端带刺的叶片。如果得到授粉，雌树会结出下垂的橄榄状果实。

适合干旱、全日照地点的其他松柏类植物

苞片冷杉（*Abies bracteata*）
白冷杉（*Abies concolor*）
西班牙冷杉（*Abies pinsapo*）
'粉蓝'西班牙冷杉（*Abies pinsapo* 'Glauca'），见 263 页
冷杉属植物（*Abies vejarii*）
绿干柏（*Cupressus arizonica*）
'金字塔'绿干柏（*Cupressus arizonica* 'Pyramidalis'）
干香柏（*Cupressus duclouxiana*）
墨西哥柏木（*Cupressus lusitanica*）
意大利柏（*Cupressus sempervirens*）
圆柏（*Juniperus chinensis*）
'银塔'德普刺柏（*Juniperus deppeana* 'Silver Spire'）
台湾柏（*Juniperus formosana*）
大果刺柏（*Juniperus oxycedrus*）
北美圆柏（*Juniperus virginiana*）
丽江云杉（*Picea likiangensis*）
紫果云杉（*Picea purpurea*）
异叶铁杉（*Tsuga heterophylla*），见 253 页

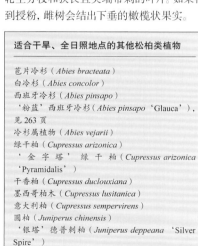

适合绿篱、防风林或屏障的松柏类植物

松柏类植物是适用于绿篱或屏障的绝佳树种，因为它们大多数是常绿植物，一旦形态建成就能提供漂亮的永久性效果。它们对风的过滤作用以及由此对它们所保护的植物产生的益处，人们已经非常熟悉了。用于规则式绿篱或屏障的大多数松柏类植物最终都会长得很大，需要经常修剪。

适合绿篱和屏障的其他松柏类植物

'蓝夹克' 美国花柏（*Chamaecyparis lawsoniana* 'Blue Jacket'）

'弗雷泽' 美国花柏（*Chamaecyparis lawsoniana* 'Fraseri'）

'金黄' 美国花柏（*Chamaecyparis lawsoniana* 'Golden Wonder'）

'孔雀' 美国花柏（*Chamaecyparis lawsoniana* 'Pembury Blue'），见263页

'金色骑手' 杂扁柏（x *Cupressocyparis leylandii* 'Gold Rider'）

'欧罗巴金' 北美香柏（*Thuja occidentalis* 'Europa Gold'）

'绿篱' 美国花柏

Chamaecyparis lawsoniana 'Green Hedger'

☼ ❀❀❀　　　　　　↕15 米 ↔ 6 米

深绿色叶一直覆盖到基部，是用于屏障的最佳柏木属植物之一。作为标本树单独种植时为圆锥形。不喜干燥土壤。♥

'绿柱' 美国花柏

Chamaecyparis lawsoniana 'Green Pillar'

☼ ❀❀❀　　　　　　↕15 米 ↔ 3 米

适用于屏障或绿篱，这种圆柱形柏木属植物尺寸中等，几乎不需要修剪。绿色叶一束束直立生长，早春时呈淡金色。

杂扁柏

x *Cupressocyparis leylandii*

☼ ❀❀❀　　　　　　↕24 米 ↔ 5.5 米

生长最迅速的松柏类植物之一，或许对于小型家庭花园过于生长迅速了。是临时屏障或高树篱的理想用材。叶为深绿色或灰绿色。♥

'黄绿' 杂扁柏

x *Cupressocyparis leylandii* 'Castlewellan'

☼ ❀❀❀　　　　　　↕25 米 ↔ 5.5 米

通常作为绿篱或屏障种植。它生长迅速，不过可以承受重度修剪。密集生长的青铜黄色树叶在幼年植株上为金黄色。

云杉

Picea asperata

☼ ❀❀❀　　　　　　↕15 米 ↔ 10 米

这种圆锥形云杉属植物拥有顽强的生命力，黄棕色的枝条上密集生长着蓝灰色的针状叶。适应大多数土壤，是一种很有用的防风林树种。

松柏类植物

欧洲黑松

Pinus nigra

☼ ❋ ❋ ❋　　　　　　　　‡25 米 ↔ 20 米

这种顽强、粗糙的植物最终会长成巨大的乔木，非常适合在暴露区域用作风障。它有穹顶状的树冠和伸展的枝条。不喜干燥土壤。♀

欧洲红豆杉

Taxus baccata

☼ ❋ ❋ ❋ ❋　　　　　　‡12 米 ↔ 10 米

拥有狭窄墨绿色叶片的欧洲红豆杉常被用作绿篱。经常修剪能促进植株长出茂密的枝叶，这在植物造型中特别有用。♀

'希克斯'间型红豆杉

Taxus x *media* 'Hicksii'

☼ ❋ ❋ ❋ ❋　　　　　　‡6 米 ↔ 2 米

生命力顽强，适应性好，生长缓慢，这种红豆杉很适合用来营造屏障或绿篱。年幼时为圆柱状，成年植株为宽底花瓶状。授粉后结红果。♀

适合防风林的其他松柏类植物
大果柏木（*Cupressus macrocarpa*），见 254 页
欧洲落叶松（*Larix decidua*）
日本落叶松（*Larix kaempferi*）
北美云杉（*Picea sitchensis*）
瑞士五针松（*Pinus cembra*）
旋叶松（*Pinus contorta*）
宽叶旋叶松（*Pinus contorta* var. *latifolia*）
波斯尼亚松（*Pinus heldreichii*），见 252 页
欧洲赤松（*Pinus sylvestris*）
日本黑松（*Pinus thunbergii*），见 253 页
巨杉（*Sequoiadendron giganteum*），见 245 页

辐射松

Pinus radiata

☼ ❋ ❋ ❋ ❋ ▣　　　　　‡25 米 ↔ 20 米

一种令人印象深刻的大型松属植物，可以在暴露地点提供保护，除寒冷内陆地区外皆可使用。它拥有一丛丛醒目的绿色针叶，春季结出漂亮的雄球果。♀

适合小型绿篱的松柏类植物
'圆球'美国花柏（*Chamaecyparis lawsoniana* 'Globosa'）
'欧石楠'美国尖叶扁柏（*Chamaecyparis thyoides* 'Ericoides'）
'优雅矮'日本柳杉（*Cryptomeria japonica* 'Elegans Nana'）
'罗斯达利斯'侧柏（*Platycladus orientalis* 'Rosedalis'）

北美乔柏

Thuja plicata

☼ ❋ ❋ ❋ ❋　　　　　　‡25 米 ↔ 8 米

这种漂亮的圆锥形松柏植物是一流的绿篱或屏障用材，有光泽的鳞状叶紧密成束生长，擦伤后散发出凤梨的气味。

松柏类植物

257

生长缓慢或低矮的松柏类植物

生长缓慢或自然株型低矮的松柏类植物非常适用于小型花园、岩石园、高苗床或容器。大部分种类是正常尺寸品种的突变，然后通过嫁接到砧木上的方式来繁殖。很少有其他耐寒木本植物能够全年提供这样一系列丰富多样的形状、样式和色彩。

'侏儒'美国花柏

Chamaecyparis lawsoniana 'Gnome'

☼ ❀❀❀   ↕↔ 30 厘米

一种茂密、生长缓慢的美国花柏，鳞片呈扁平状生长。偶发的粗糙簇生枝叶应当清除以保持株型。

'矮生'香脂冷杉

Abies balsamea 'Nana'

☼ ❀❀❀   ↕ 50 厘米 ↔ 75 厘米

香脂冷杉的矮冠品种，植株茂密而紧凑。有光泽的绿色叶片短而平展，叶背有两条灰色条带，密生于小枝上。

'金叶'高加索冷杉

Abies nordmanniana 'Golden Spreader'

☼ ❀❀❀   ↕ 45 厘米 ↔ 1.2 米

这种高加索冷杉株型低矮扩展，顶部平齐。叶片密集生长，正面呈黄色，背面呈黄白色，冬季变成金黄色。🏵

其他株型为圆形或半球形的低矮松柏类植物

- '格雷戈里'挪威云杉(*Picea abies* 'Gregoryana')
- '俄斐'中欧山松(*Pinus mugo* 'Ophir')
- '袖珍'北美乔松(*Pinus strobus* 'Minima')
- '伯夫龙'欧洲赤松(*Pinus sylvestris* 'Beuvronensis')
- '伞形'乔松(*Pinus wallichiana* 'Umbraculifera')
- '梅尔登'侧柏(*Platycladus orientalis* 'Meldensis')
- '桑科斯特'北美香柏(*Thuja occidentalis* 'Sunkist')
- '小蒂姆'北美香柏(*Thuja occidentalis* 'Tiny Tim')
- '矮生'罗汉柏(*Thujopsis dolabrata* 'Nana')
- '加德洛'加拿大铁杉(*Tsuga canadensis* 'Jeddeloh')

'紧凑'白冷杉

Abies concolor 'Compacta'

☼ ❀❀❀   ↕ 1.1 米 ↔ 1.3 米

白冷杉的一个株型紧凑的品种，十分漂亮，适用于较大的岩石园。它的株型不太规则，树枝上伸展着狭长的灰蓝色叶片。🏵

'圆冠'黎巴嫩雪松

Cedrus libani 'Sargentii'

☼ ❀❀❀   ↕ 75 厘米 ↔ 2.5 米

黎巴嫩雪松的低矮半球形品种，拥有长而下垂的分枝，针叶蓝绿色。对主干进行整枝可以增加高度。

'矮金'日本扁柏

Chamaecyparis obtusa 'Nana Aurea'

☼ ❀❀❀   ↕ 1.3 米 ↔ 65 厘米

作为常规栽培中的优良金叶矮生松柏，这种圆锥形日本扁柏生长缓慢，鳞状叶呈扇形束状生长。🏵

'蓝星' 高山柏

Juniperus squamata 'Blue Star'

☼ ❋❋❋　　　　　↕45 厘米 ↔ 50 厘米

这种刺柏属植物生长缓慢，植株低矮，树枝上密集地生长着蓝灰色针状叶。是最令人满意的一种蓝灰色低矮松柏。♡

'尖塔' 白云杉

Picea glauca var. albertiana 'Conica'

☼ ❋❋❋　　　　　↕1.3 米 ↔ 60 厘米

一个很受欢迎的白云杉品种，如果将长偏的侧枝去除，植株就会长成紧凑的圆锥形。针状绿色叶密生于小枝上。

'蒙哥马利' 硬尖云杉

Picea pungens 'Montgomery'

☼ ❋❋❋　　　　　↕↔ 1.1 米

硬尖云杉的穹顶状品种，表现可靠，非常适用于较大的岩石园或作为标本树种植。树枝上密集生长着尖锐的灰绿色针叶。♡

其他圆柱或圆锥株型的低矮松柏类植物

'紧密' 亚利桑那冷杉（*Abies lasiocarpa* var. *arizonica* 'Compacta' ）

'埃尔伍德金' 美国花柏（*Chamaecyparis lawsoniana* 'Ellwood's Gold' ）

'海德庄园' 杂扁柏（x *Cupressocyparis leylandii* 'Hyde Hall' ）

'津山桧' 欧洲刺柏（*Juniperus communis* 'Compressa' ）

'哨兵'欧洲刺柏(*Juniperus communis* 'Sentinel')

'艾伯特蓝' 白云杉 [*Picea glauca* Alberta Blue（'Haal')]

'劳林' 白云杉（*Picea glauca* var. *albertiana* 'Laurin' ）

'根岸' 日本五针松（*Pinus parviflora* 'Negishi' ）

'史密提' 波斯尼亚松

Pinus heldreichii 'Smidtii'

☼ ❋❋❋　　　　　↕1 米 ↔ 75 厘米

波斯尼亚松的一个生长缓慢的品种，植株为球形或圆锥形的灌丛状，株型紧凑。树枝短，密生针状绿色叶。

生长缓慢或低矮的其他松柏类植物

'簇生' 日本扁柏（*Chamaecyparis obtusa* 'Caespitosa' ）

'矮壮'日本扁柏（*Chamaecyparis obtusa* 'Rigid Dwarf' ）

'矮球' 日本柳杉（*Cryptomeria japonica* 'Vilmoriniana' ）

'艾伯特球形' 白云杉（*Picea glauca* var. *albertiana* 'Alberta Globe' ）

'矮金' 北美乔柏

Thuja plicata 'Stoneham Gold'

☼ ❋❋❋　　　　　↕1.7 米 ↔ 75 厘米

北美乔柏的一个精选品种，植株为圆锥形。鳞状叶有芳香气味，扁平成束生长，成熟后颜色变深。♡

适合用作地被的松柏类植物

　　许多松柏类植物，包括几种刺柏属植物在内，都有自然蔓生的生长习性，除此之外，植株较高的松柏类植物还有一些适宜用作地被的突变。它们主要通过嫁接繁殖，有时候扦插繁殖，枝叶在地面上低矮地伸展，形成浓密的毯状地被。它们的叶有好几种颜色，在排列方式和形状上都存在差异。在空间允许的地方，可以将数种松柏地被种在一起，制造出引人注目的织锦效果。

'反曲'挪威云杉

Picea abies 'Reflexa'

☼❋❋❋　　　　　　↕45 厘米 ↔ 5 米

是挪威云杉中的一个不同寻常的品种，植株低矮，株型不规则。分枝长，俯卧生长，并密生绿色针叶，形成浓密的垫状地被。

适合用作地被的其他松柏类植物
'蓝筹股'平枝圆柏（*Juniperus horizontalis* 'Blue Chip'）
'玉带河'平枝圆柏（*Juniperus horizontalis* 'Jade River'）
'翠绿展枝' 平枝圆柏（*Juniperus horizontalis* 'Turquoise Spreader'）
'匍枝'挪威云杉（*Picea abies* 'Repens'）
'平铺'硬尖云杉（*Picea pungens* 'Procumbens'）
'卡文迪什' 欧洲红豆杉（*Taxus baccata* 'Cavendishii'）
'展枝'欧洲红豆杉（*Taxus baccata* 'Repandens'）
'夏金' 欧洲红豆杉（*Taxus baccata* 'Summergold'）

'绿毯'欧洲刺柏

Juniperus communis 'Green Carpet'

☼❋❋❋　　　　　　↕12 厘米 ↔ 1.2 米

这种俯卧生长的刺柏属植物是一种优良地被，而且和其他同类植物混搭在一起效果很好。树枝密集生长刺人的针状鲜绿色叶片。🌿

'矮生'铺地柏

Juniperus procumbens 'Nana'

☼❋❋❋　　　　　　↕30 厘米 ↔ 2 米

低矮的刺柏属植物，分枝紧凑并俯卧生长，形成稍高的垫状或毯状地被。枝条密生蓝绿色针状叶。🌿

'羽状'平枝圆柏

Juniperus horizontalis 'Plumosa'

☼❋❋❋　　　　　　↕15 厘米 ↔ 2 米

与平枝圆柏粉蓝群（*J.horizontalis* Glauca Group）搭配效果很好，这种地被表现可靠，拥有成束灰绿色叶片，冬季变成青铜紫色。

小侧柏

Microbiota decussata

☼❋❋❋❋　　　　　↕30 厘米 ↔ 2 米

这种松柏类植物植株低矮而宽展，拱形喷雾状枝条上密生鲜绿色鳞状叶，叶在冬季变成古铜色。🌿

'金叶匍枝'欧洲红豆杉

Taxus baccata 'Repens Aurea'

☼❋❋❋❋　　　　　↕45 厘米 ↔ 2 米

欧洲红豆杉的低矮平展品种，长长的分枝上生长着短而重叠的小枝，小枝密生带黄色边缘的叶，叶在阴影下为深绿色。🌿

花叶松柏类植物

松柏类植物的花斑通常呈现为散布于绿色叶中的白色或黄色成束叶。不过有时候其他颜色会呈条带状，如'金绿'北美乔柏（见右图），或者整体效果呈斑点状。这些彩斑或许并不合所有园丁的口味，但它们能够提供和绿色树叶的宜人对比，尤其是在冬季。这些松柏在草坪中也会是有趣的孤植标本树。

'金绿'北美乔柏
Thuja plicata 'Zebrina'
☀ ❄❄❄   ↕20米 ↔12米

一种引人注目的圆锥形松柏，辨识度很高。成束生长的深绿色叶片有凤梨气味，并带有醒目的奶油黄色条带，红色树皮呈纤维状。

'乳斑'杂扁柏
x *Cupressocyparis leylandii* 'Harlequin'
☀ ❄❄❄   ↕20米 ↔6米

这个花叶品种和原种一样种植简单且长势苗壮，其密集的羽状灰绿色叶中点缀着奶油白色的簇生叶。

<table>
<tr><td>其他花叶松柏类植物</td></tr>
</table>

- '镶边'美国花柏（*Chamaecyparis lawsoniana* 'Argenteovariegata'）
- '埃尔伍德白'美国花柏（*Chamaecyparis lawsoniana* 'Ellwood's White'）
- '弗莱彻白'美国花柏（*Chamaecyparis lawsoniana* 'Fletcher's White'）
- '洒金'努特卡扁柏（*Chamaecyparis nootkatensis* 'Aureovariegata'）
- '酷金'间型圆柏（*Juniperus* x *pfitzeriana* 'Kuriwao Gold'）
- '帕尔马勒特尔'中欧山松（*Pinus mugo* 'Pal Maleter'）
- '爱尔兰金'北美乔柏（*Thuja plicata* 'Irish Gold'）

'黄斑'香肖楠
Calocedrus decurrens 'Aureovariegata'
☀ ❄❄❄   ↕12米 ↔3米

该香肖楠品种生长缓慢，短而伸展的分枝覆盖着成束生长的绿色叶并间有黄色带叶小枝，叶有芳香。

'花叶'努特卡扁柏
Chamaecyparis nootkatensis 'Variegata'
☀ ❄❄❄   ↕15米 ↔6米

绿色叶片呈束状下垂，有刺鼻气味，触感粗糙，点缀着一簇簇奶油白色树叶。努特卡扁柏呈松散的圆锥形，不喜干燥土壤。

'贝冢花叶'圆柏
Juniperus chinensis 'Variegated Kaizuka'
☀ ❄❄❄   ↕3米 ↔2米

这种生长缓慢的刺柏属植物拥有特色鲜明的棱角，突出的分枝上密集地生长着鲜绿色叶，叶近苔藓状，点缀着奶油白色斑块。

'花叶'罗汉柏
Thujopsis dolabrata 'Variegata'
☀ ❄❄❄   ↕10米 ↔6米

宽阔平整的绿色芳香叶片背面有银色标记，并点缀着奶油白色簇生叶。生长缓慢，不喜干燥土壤。

叶色金黄的松柏类植物

可用于大型或小型花园的金黄色叶松柏类植物有很多种类。在有些种类中，只有枝叶尖端显露出黄色；而在另外的种类中，所有树叶全年都保持着这种活泼的颜色，为色彩单调的冬季增添一抹暖意。下面列出的这些表现都很可靠。

叶色金黄的其他小型或生长缓慢的松柏类植物

'金色地平线'雪松（Cedrus deodara 'Golden Horizon'）
'鸡冠'日本柳杉（Cryptomeria japonica 'Cristata'）
'金叶展枝'大果柏木（Cupressus macrocarpa 'Gold Spread'），见246页
'金椎'欧洲刺柏（Juniperus communis 'Gold Cone'）
'弗里斯兰金'旋叶松（Pinus contorta 'Frisian Gold'）
'摩氏'欧洲赤松（Pinus sylvestris 'Moseri'），冬季
'金球'北美香柏（Thuja occidentalis 'Golden Globe'）
'特罗姆彭博格'北美香柏（Thuja occidentalis 'Trompenburg'）
'矮金'北美乔柏（Thuja plicata 'Stoneham Gold'），见259页

'金线柏'日本花柏
Chamaecyparis pisifera 'Filifera Aurea'
☼ ✱✱✱　　　　　↕12 米 ↔ 5 米

这种茂密的圆锥形或丘形松柏拥有数量众多的长条形分枝，枝条上覆盖着鲜黄色的微小叶片。生长速度慢。♡

金叶意大利柏
Cupressus sempervirens 'Swane's Gold'
☼ ✱✱✱　　　　　↕10 米 ↔ 60 厘米

对于非常小的花园，它或许是同类株型和色彩中最棒的松柏类植物。植株呈高而细长的柱形，浓密簇生的叶略带金色。♡

欧洲赤松金叶群
Pinus sylvestris Aurea Group
☼ ✱✱✱　　　　　↕12 米 ↔ 5 米

这种宽圆柱形乔木生长缓慢，针叶通常为蓝绿色，冬季至第二年春季变成深黄色。冬季越冷，它的颜色越浓郁。♡

黄叶日本柳杉
Cryptomeria japonica 'Sekkan-sugi'
☼ ✱✱　　　　　↕5~6 米 ↔ 3~5 米

灌丛状小乔木或大灌木。针叶覆盖的半下垂枝条在春季呈淡奶油黄色，全年保持这种色彩并持续到冬季。春季效果尤佳。

叶色金黄的其他中型至大型松柏类植物

'金叶'雪松（Cedrus deodara 'Aurea'）
'拉尼金叶'美国花柏（Chamaecyparis lawsoniana 'Lanei Aurea'）
'黄叶'美国花柏（Chamaecyparis lawsoniana 'Lutea'）
'黄叶'日本扁柏（Chamaecyparis obtusa 'Crippsii'），见250页
'金发'日本扁柏（Chamaecyparis obtusa 'Goldilocks'）
'金叶'圆柏（Juniperus chinensis 'Aurea'）
'金叶'东方云杉（Picea orientalis 'Skylands'）
'金叶'北美乔柏（Thuja plicata 'Aurea'）
'爱尔兰金'北美乔柏（Thuja plicata 'Irish Gold'）

'绿金'北美乔柏
Thuja plicata 'Collyer's Gold'
☼ ✱✱✱　　　　　↕2 米 ↔ 1 米

生长缓慢的松柏类植物，植株紧凑茂密，穹顶形或圆锥形。呈束状密集生长的叶刚长出时为浓郁的金黄色，然后变成淡绿色。

松柏类植物

叶银色或蓝灰色的松柏类植物

在花园中有更深颜色的背景时，蓝灰色或银色松柏类植物会产生一种引人注目的效果。粉蓝北非雪松和'科斯特'硬尖云杉或许是此类常规栽培中最著名的两种松柏，不过幸运的是，还有许多其他种类拥有类似的效果和同样的观赏价值，有些适种于小型花园。

'蓝天'白云杉

Picea glauca 'Coerulea'

☼ ❄❄❄   ↕13 米 ↔6 米

一种长势茁壮的圆锥形云杉，分枝最初向上伸展，随着树龄的增大逐渐平展。树枝上密生蓝灰色至银色短针叶。不喜干燥土壤。

'粉蓝'西班牙冷杉

Abies pinsapo 'Glauca'

☼ ❄❄❄   ↕至25米 ↔至8米

一种独特且卓著的圆锥形乔木，植株紧凑，树枝分层且覆盖着短而硬的蓝灰色针叶。春末或夏初结绿色球果，球果直立，呈圆柱形。♈

'孔雀'美国花柏

Chamaecyparis lawsoniana 'Pembury Blue'

☼ ❄❄❄   ↕15 米 ↔6 米

作为一种优秀的蓝灰色扁柏属植物，'孔雀'美国花柏是圆锥形乔木，在松散的拱形分枝上生长着众多成束鳞状叶。不喜干燥土壤。♈

叶银色或蓝灰色的其他松柏类植物

'卡尔·富克斯'雪松（*Cedrus deodora* 'Karl Fuchs'）
'奇尔沃思银'美国花柏（*Chamaecyparis lawsoniana* 'Chilworth Silver'）
'佩尔特蓝'美国花柏（*Chamaecyparis lawsoniana* 'Pelt's Blue'）
蓝冰柏（*Cupressus arizonica* var. *glabra* 'Blue Ice'）
'金字塔'绿干柏（*Cupressus arizonica* 'Pyramidalis'）
'胖艾伯特'硬尖云杉（*Picea pungens* 'Fat Albert'）
'灰蓝'偃松（*Pinus pumila* 'Glauca'）
'邦纳'欧洲赤松（*Pinus sylvestris* 'Bonna'）

粉蓝北非雪松

Cedrus atlantica Glauca Group

☼ ❄❄❄   ↕24米 ↔15米

这种壮观的松柏类植物很有特点，幼年时生长速度快，株型宽展，球果呈桶状，针叶银蓝色。不喜干燥土壤。♈

'蓝色多瑙河'欧亚圆柏

Juniperus sabina 'Blaue Donau'

☼ ❄❄❄   ↕25 厘米 ↔1.5 米

低矮宽展的株型让它成为最适用于岩石园或岩屑堆的松柏类植物之一。枝条尖端向上伸展，并密集生长浅蓝灰色叶。

'科斯特'硬尖云杉

Picea pungens 'Koster'

☼ ❄❄❄   ↕13 米 ↔5 米

一种引人注目的云杉属植物。它拥有脱落状灰色树皮，分枝轮生，针状叶很扎人，从银蓝色褪成绿色。♈

乔木

我相信无论大小，所有植物都是重要的，但我也要坦白，乔木对于我来说是最鼓舞人心的。部分原因在于它们的尺寸，不过最重要的是它们为花园带来的连续性和永久感：种植一棵乔木，尤其是能够长得很大的或者寿命很长的乔木，就是在表达对未来的信心。

△加那利栎（*Quercus canariensis*）

乔木之美

· 为花园提供框架或支柱，将其他植物连接起来。
· 大型乔木赋予花园永久性和持续性。
· 为植物和人提供树荫。
· 落叶乔木会有季相变化。
· 提供一系列不同的形状和尺寸。
· 有些是优良的标本植物。
· 提供保护，抵御恶劣的自然环境、污染、噪音和窥探的目光。
· 为野生动物提供食物和 / 或庇护所。

△鲜艳的海棠果 '红哨兵'八棱海棠（*Malus x robusta* 'Red Sentinel'）樱桃般的果实入冬而不落，甚为娇艳。

乔木在很多花园中都是关键性枢纽，将多种多样的设计元素凝聚在一起。它们能够提供用于季节性展示的花、果或叶，或者某种美观的株型，并为社区提供有用的视线焦点。花楸（*Sorbus*）、山楂（*Crataegus*）和海棠（*Malus*）都拥有这些迷人的特点。

一年一度的盼望

在气候较冷凉的地区，落叶乔木的数量和种类远远超过常绿乔木。不过常绿乔木能够提供很好的烘托效果，常常用作背景树、屏障或风障，不过在条件允许的地方，可以考虑将它们种在重要的位置。落叶乔木每年上演的更新过程——蓓蕾萌发、鲜花绽放、硕果累累、秋叶飘零——从来不会让我们感到厌倦。除非特别说明，本章列出的所有乔木都是落叶乔木。

大并非总是更好

乔木的高度和形状各有不同，为每种类型和大小的花园提供了许多选择。小乔木并不一定非得局限在小型花园中，使用一棵大树取代数棵小树能够提供宜人的视线焦点。无论你最看重什么，可用空间总是最具决定性的因素。大型乔木需要生长发育的空间；在空间有限的地方种植一棵大型乔木实在过于突兀。

△华丽的金色 广受大众欢迎且表现可靠，金叶刺槐（*Robinia pseudoacacia* 'Frisia'）会在夏季点亮花园中阴郁的角落。

◁双重愉悦 拉马克唐棣（*Amelanchier lamarckii*）不但有可爱的雪白春花，也有色彩斑斓的秋叶。

▷高贵的秋季标本树 '柱冠'北美鹅掌楸（*Liriodendron tulipifera* 'Fastigiatum'）非常适合种植在大型草坪上。

大型花园中的醒目标本树

最终尺寸长得很大的乔木——很多种类原产于森林——会在花园中形成一道引人注目的风景，当然，花园必须要大得足以容纳它们。在条件适宜的地方，某些种类可以活很长时间，能让你的后辈们充分享受它们带来的阴凉。

黄金树

Catalpa speciosa 　　　　　　　　　　　生长旺盛

☼ ❋ ❋ ❋ 　　　　　　　　　　　　　　　↕20 米 ↔ 15 米

高耸的乔木，叶片深绿色，有光泽，叶基部宽阔，末端细而尖。夏季开花，钟形白色花内壁有浅斑点，组成硕大花序，蒴果细长下垂。

糖槭

Acer saccharinum 　　　　　　　　　　　生长旺盛

☼ ❋ ❋ ❋ 　　　　　　　　　　　　　　　↕25 米 ↔ 15 米

漂亮的宽圆柱形乔木，随着树龄的增长株型逐渐扩展。小枝细长，叶有深锯齿，在微风吹拂下亮出银色的叶背。叶片在秋季变成黄色。有垂枝品种，且叶裂刻更精致。

'繁茂'异叶欧洲山毛榉

Fagus sylvatica var. heterophylla 'Aspleniifolia' 　生长旺盛

☼ ❋ ❋ ❋ 　　　　　　　　　　　　　　　↕↔ 25 米

作为一种既高大又优雅的乔木，这种山毛榉的冠幅常常大于株高，最终形成硕大的穹顶状树冠。向四周伸展的细长小枝覆盖着细长的锯齿叶片，叶片在秋季先变成金色，然后变成棕色。☙

欧洲栗

Castanea sativa 　　　　　　　　　　　生长旺盛

☼ ❋ ❋ ❋ ❋ 　　　　　　　　　　　　　　↕25 米 ↔ 15 米

一种华丽的乔木，会长出红棕色具棱纹的树皮。夏季长出簇生的细长穗状花序，蒴果多刺，其中含有常见的食用栗子，叶片在秋季变成黄色。在肥沃的无石灰土壤中生长得最好。☙

北美鹅掌楸

Liriodendron tulipifera 　　　　　　　　生长旺盛

☼ ❋ ❋ ❋ 　　　　　　　　　　　　　　　↕25 米 ↔ 15 米

最高贵的观赏乔木之一，引人注目的圆锥株型随着树龄的增加而扩展开来。形似郁金香的花朵开在仲夏时分，树叶形状奇特，并在秋季变成黄色。实生苗在15~20岁之前极少开花。☙

斜叶南水青冈

Nothofagus obliqua　　　　　　　　　生长旺盛

☼ ❋ ❋ ❋ ⌖　　　　　　　　　　　　↕20 米 ↔ 18 米

这种优雅的乔木来自南半球，和山毛榉的亲缘关系很近，略微下垂的分枝构成穹顶状树冠。深绿色叶片在秋季变成红色和橙色。最喜背风处的潮湿但排水通畅的土壤。⌖

匈牙利栎

Quercus frainetto　　　　　　　　　生长旺盛

☼ ❋ ❋ ❋　　　　　　　　　　　　　↕20 米 ↔ 18 米

是所有栎属植物中叶片最漂亮、最独特的物种之一，叶片生长在短粗的枝条上，叶硕大，呈绿色，有光泽，锯齿醒目且有规律。株型扩展，树皮黝黑且有深裂缝。适合大多数地点和土壤类型。

其他醒目标本树

三尾青皮槭（*Acer cappadocicum*）

'鲍曼' 欧洲七叶树（*Aesculus hippocastanum* 'Baumannii'），见 272 页

臭椿（*Ailanthus altissima*）

欧洲鹅耳枥（*Carpinus betulus*）

小糙皮山核桃（*Carya ovata*），见 296 页

土耳其榛（*Corylus colurna*），见 302 页

冈尼桉（*Eucalyptus gunnii*），见 286 页

美国白蜡树（*Fraxinus americana*）

黑核桃（*Juglans nigra*）

尖叶木兰（*Magnolia acuminata*）

二球悬铃木（*Platanus* x *hispanica*），见 283 页

三球悬铃木（*Platanus orientalis*）

加那利栎（*Quercus canariensis*），见 279 页

欧岩栎（*Quercus petraea*）

夏栎（*Quercus robur*），见 273 页

红栎（*Quercus rubra*）

'垂枝' 椴（*Tilia* 'Petiolaris'），见 289 页

沼生栎

Quercus palustris　　　　　　　　　生长旺盛

☼ ❋ ❋ ❋ ⌖　　　　　　　　　　　　↕20 米 ↔ 12 米

拥有穹顶状的漂亮外形，沼生栎是适用于大型草坪的一流乔木。分枝向四周伸展（最低的分枝略下垂），生长着具尖裂片的美丽树叶。叶片在夏季呈有光泽的绿色，秋季变成壮观的古铜色、黄褐色或红色。⌖

雷氏枫杨

Pterocarya x *rehderiana*　　　　　　生长旺盛

☼ ❋ ❋ ❋　　　　　　　　　　　　　↕↔ 20 米

与核桃的亲缘关系近，每到夏季，小枝上就垂吊着长长的荑荑花序，由绿色翅果组成的果序还要更长一些。树叶在秋季变成一种清澈的黄色。在深厚土壤或湿润条件下生长繁茂。株型从小到大都一直高耸。

榆叶榉

Zelkova carpinifolia　　　　　　　　生长缓慢

☼ ❋ ❋ ❋　　　　　　　　　　　　　↕30 米 ↔ 25 米

种下一株这种生长缓慢的乔木，你的后辈们都能享受到它带来的好处。成年植株拥有独特的茂密宽顶状树冠，分枝向上剧烈倾斜，树干短而粗壮。绿色叶片在秋季常常变成橙棕色。

中型乔木

　　某些最可爱的乔木是株高 6~15 米的中型乔木。它们适用于几乎所有花园，非常小的除外。此种类型的乔木囊括了从春花到秋叶再到漂亮的冬季树皮的所有观赏特性。下列所有种类都耐冬寒，不过也有一些种类需要背风。

'伦纳德·麦瑟尔' 洛氏木兰

Magnolia x *loebneri* 'Leonard Messel'　　　　生长稳健

☀ ❀ ❀ ❀　　　　　　　　　　　　　　↕10 米 ↔6 米

作为同类乔木中最可爱的一种，这种木兰属植物的株型为直立至宽底花瓶状，成年后变为圆锥形至球形。春季开花时枝条上不长叶片，花繁多而芳香，重瓣，呈淡紫粉色，花蕾颜色较深。🌣

'红枝' 七叶树

Aesculus x *neglecta* 'Erythroblastos'　　　　生长稳健

☀ ❀ ❀ ❀ ❀　　　　　　　　　　　　↕10 米 ↔6 米

这种精选乔木主要为观赏其春季树叶而种植，株型一开始直立，随后扩展。树叶刚萌发时为亮粉色，先变成黄色，再变成绿色。树叶在秋季变成橙色和黄色。不适合种在暴露地点。🌣

'和田的记忆' 柳叶木兰

Magnolia salicifolia 'Wada's Memory'　　　　生长稳健

☀ ❀ ❀ ❀　　　　　　　　　　　　　　↕10 米 ↔7 米

这种乔木拥有圆锥形或卵圆形树冠。春季开花，浓密的树枝上密集开放白色芳香花朵，花大而松散，重瓣。叶擦伤后散发芳香气味，叶表面深绿色，背面颜色较浅。盛开时景色极为壮观。🌣

楝木

Cornus macrophylla　　　　　　　　　　　生长稳健

☀ ❀ ❀ ❀ ❀　　　　　　　　　　　　↕12 米 ↔10 米

这种乔木拥有一种不常见的伸展株型，枝叶分层生长，树叶茂盛有光泽。夏季开花，奶油白色小花组成扁平的簇生花序，生长在树叶上方，秋季结蓝黑色浆果。是一种拥有松散分层株型的漂亮乔木。

其他观花中型乔木

四照花（*Cornus kousa* var. *chinensis*）
花白蜡树（*Fraxinus ornus*），见 277 页
栾树（*Koelreuteria paniculata*），见 277 页
'梅里尔' 洛氏木兰（*Magnolia* x *loebneri* 'Merrill'）
酸木（*Oxydendrum arboreum*），见 275 页
'沃特尔' 稠李（*Prunus padus* 'Watereri'）
白辛树（*Pterostyrax hispida*）
秋子梨（*Pyrus ussuriensis*）
水榆花楸（*Sorbus alnifolia*），见 273 页
大花紫茎（*Stewartia pseudocamellia*），见 275 页

乔木

湖北海棠

Malus hupehensis　　　　　　　　　　　　　　　生长旺盛

☼ ❀❀❀　　　　　　　　　　　　　　　　　　↕↔ 8 米

这是一种茂密的乔木，树冠圆形，伸展的分枝在春季密集开放大而芳香的白色花，花蕾为粉色。花落后结有细长果梗的深红色小果。叶落后果实宿存枝头，最终会被鸟类吃掉。♈

山樱

Prunus jamasakura　　　　　　　　　　　　　　生长稳健

☼ ❀❀❀　　　　　　　　　　　　　　　　　　↕↔ 12 米

这种美丽的樱桃树拥有宽底花瓶状树冠，树冠逐渐伸展。在春季，枝条上密集开放白色或粉色花。树叶最初为古铜色，并在秋季逐渐变得浓郁。花朵盛开时植株十分醒目，从相当远的距离外都能看到。

‘重瓣’欧洲甜樱桃

Prunus avium ‘Plena’　　　　　　　　　　　生长旺盛

☼ ❀❀❀　　　　　　　　　　　　　　　　　　↕↔ 12 米

这是一种广受欢迎、长势苗壮的观花樱桃，每到春季，圆形至扩展状的树冠上就密密麻麻地缀满成簇的白色重瓣花。树叶在秋季变成漂亮的红色和黄色。可作为优秀的标本树。♈

野茉莉

Styrax japonicus　　　　　　　　　　　　　　生长稳健

☼ ❀❀❀　　　　　　　　　　　　　　　　　　↕↔ 10 米

树冠茂密，向四周伸展的分枝上密集生长着整齐的鲜绿色叶片。初夏开花，分枝下侧密集生长下垂的白色星状花，每朵花都有一撮突出的黄色雄蕊。♈

其他观叶中型乔木

三花槭（*Acer triflorum*），见 270 页
‘帝王’欧洲桤木（*Alnus glutinosa* ‘Imperialis’）
王桦（*Betula maximowicziana*）
美国香槐（*Cladrastis kentukea*），见 278 页
帕罗梯亚木（*Parrotia persica*），见 297 页
‘镶边’土耳其栎（*Quercus cerris* ‘Argenteovariegata’），见 291 页
金叶刺槐（*Robinia pseudoacacia* ‘Frisia’），见 293 页
‘约翰·米切尔’康藏花楸（*Sorbus thibetica* ‘John Mitchell’），见 294 页
蒙椴（*Tilia mongolica*）

乔木

适合有限空间的小乔木

为小型空间挑选一棵树，是一件令人愉悦又很有难度的任务，因为可以选择的漂亮树木实在太多了。下列任何一种树都可以作为标本树种植，或许还可以种在花园的边界，让邻居或路过的行人欣赏。

'暗红'小七叶树

Aesculus pavia 'Atrosanguinea'　　　　生长缓慢

☼ ✽✽✽　　　　　　　　　　　　　　　↕5 米 ↔4 米

这种乔木是理想的草坪标本树，因为它不但生长缓慢，而且拥有紧凑的穹顶状株型。深绿色树叶为夏季开放的红色管状花提供了优良背景。花凋谢后结出表面光滑的浅棕色果实。

朝鲜鸡爪槭

Acer palmatum var. *coreanum*　　　　生长旺盛

☼ ✽✽✽✽　　　　　　　　　　　　　　↕↔5 米

表现可靠且种植简单的乔木，细长的枝条上覆盖着漂亮的绿色树叶，叶片在秋季变成壮观的红橙色。春季花叶同放，花小、簇生、红紫色。不喜干燥土壤。

三花槭

Acer triflorum　　　　　　　　　　　生长缓慢

☼ ✽✽✽　　　　　　　　　　　　　　　↕8 米 ↔7 米

一种漂亮的槭树，粗糙不平的剥落状灰棕色树皮在冬季显得尤为醒目。它的树叶由三枚多毛小叶组成，秋季变成鲜艳的金色、橙色和红色。春末开花，花小簇生，绿黄色。♀

'银斑'互叶梾木

Cornus alternifolia 'Argentea'　　　　生长稳健

☼ ✽✽✽　　　　　　　　　　　　　　　↕3 米 ↔2 米

层状分布的细长分枝上生长着狭长叶片，假以时日会形成宝塔状的株型，让它成为一种绝佳的标本树。可以修剪整枝出一根主干，也可以任其在基部开始分枝。春季开花，花白色，小花簇生。♀

乔木

‘白云’佛州四照花

毛漆树

Cornus florida ‘White Cloud’　　生长稳健

Rhus trichocarpa　　生长稳健

☼❋❋❋　　↕5 米 ↔6 米

☼❋❋❋　　↕↔7 米

　　这种低矮的灌丛状乔木拥有扩展型树冠，需要向四周伸展。它主要有两大观赏价值——首先是春季独特的白色花序，其次是在秋季从深绿色变成浓郁红色和紫色的树叶。

株型宽展，绿色叶片硕大、深裂，似白蜡树叶，在秋季先变成紫色，然后变成橙色和红色，同时长出一簇簇下垂的具刚毛的黄色果实。树液有毒，可能导致过敏反应。

> **其他小乔木**
>
> ‘黄叶’钝翅槭（*Acer shirasawanum* ‘Aureum’），见 292 页
> 拉马克唐棣（*Amelanchier lamarckii*），见 296 页
> 辽东楤木（*Aralia elata*）
> 深裂叶山楂（*Crataegus orientalis*），见 276 页
> 小白蜡树（*Fraxinus sieboldiana*）
> ‘科班·多利’尖叶木兰（*Magnolia acuminata* ‘Koban Dori’）
> ‘红哨兵’八棱海棠（*Malus x robusta* ‘Red Sentinel’），见 298 页
> ‘诺丁汉’欧海棠（*Mespilus germanica* ‘Nottingham’）
> 深山含笑（*Michelia maudiae*）
> 千萨樱（*Prunus* ‘Kursar’）
> 花楸属植物（*Sorbus forrestii*），见 299 页

雪桉

Eucalyptus pauciflora subsp. *niphophila*　　生长稳健

☼❋❋❋　　↕10 米 ↔8 米

作为所有桉属植物中最受欢迎的一种，它的常绿灰绿色树叶以及蓬松簇生的白色夏花都使它值得种植。不过它最出名的还是美丽的树皮——绿色、灰色、奶油色和银色创造出大理石般的花纹。♥

△‘珠母钮王’花楸（*Sorbus* ‘Pearly King’）

羽叶密藏花

Eucryphia glutinosa　　生长稳健

☼❋❋❋⛅　　↕6 米 ↔5 米

这种乔木分枝繁多，颇似灌丛，深绿色小叶有光泽，在秋季变为橙色和红色。仲夏至夏末开花，花芳香，似蔷薇，簇生。喜湿润但排水通畅的土壤，根系最好有遮阴。♥

川滇花楸

Sorbus vilmorinii　　生长稳健

☼❋❋❋　　↕4 米 ↔5 米

这种优雅的乔木拥有拱形下垂的分枝，枝条上覆盖着整齐的成束似蕨树叶，在秋季变为橙色或红色。它在春末开白花，从秋季至初冬有松散簇生的粉色小浆果。‘珠母钮王’花楸（*S.* ‘Pearly King’）与其相似。♥

乔木

耐重黏土的乔木

黏土常常是花园中最肥沃的土壤，虽然它们的物理性质常常制造麻烦。园丁们可以使用下列树种应对这些麻烦，它们全都能够在重黏土中生长良好，只要没有涝渍。

'鲍曼'欧洲七叶树

Aesculus hippocastanum '*Baumannii*'　　　　生长旺盛

☀❄❄❄　　　　　　　　　　　　　$\updownarrow$ 30 米 $\leftrightarrow$ 15 米

作为一种拥有伸展型树冠的大型乔木，'鲍曼'欧洲七叶树拥有醒目的掌状复叶，小叶宽阔。春季开花，直立的圆锥形总状花序由白色重瓣花组成，花有红色或黄色标记。不结果。♥

毛赤杨

Alnus incana　　　　　　　　　　生长稳健

☀❄❄❄　　　　　　　　　　　　$\updownarrow$ 18 米 $\leftrightarrow$ 10 米

生命力顽强，适应性良好，植株呈松散的圆锥形。它的深绿色树叶有明显脉纹，叶背灰绿色，被绒毛。冬末或初春，黄色菜荑花序垂吊在枝条上。不喜干燥土壤。

紫葳楸

Catalpa bignonioides　　　　　　生长稳健

☀❄❄❄　　　　　　　　　　　　$\updownarrow$ 12 米 $\leftrightarrow$ 15 米

冠幅常常大于株高，这是一种向四周伸展的醒目乔木。叶心形、浅绿色，幼叶呈紫色。夏季开花，钟形花有紫色和黄色斑点，组成硕大的松散花序。花凋落后结出细长的荚果。♥

耐寒栒子

Cotoneaster frigidus　　　　　　生长旺盛

☀❄❄❄❄　　　　　　　　　　　$\updownarrow$ $\leftrightarrow$ 10 米

虽然最常见的株型是多树干加一个向四周伸展的树冠，但是这种栒子属植物也可以整枝在一根主干上。叶片大，夏季长出白色花序，秋季和初冬有醒目的成串红色浆果。

'亚当' 毒雀花

+ *Laburnocytisus* 'Adamii'　　　　　　生长稳健

☼ ❋ ❋ ❋　　　　　　　　　　　　↕8 米 ↔ 7 米

这种乔木的株型和叶片像毒豆属植物，不过春末或夏初长出的流苏状黄色和粉色花序会与偶有绒毛的成簇紫色金雀花同时出现。

夏栎

Quercus robur　　　　　　　　　　生长缓慢

☼ ❋ ❋ ❋　　　　　　　　　　　　↕↔ 25 米

名树，而且在民间文化中广受欢迎，当之无愧地成为强韧和长寿的象征。粗糙的树皮，拥有波浪状边缘的树叶，以及具长柄的橡子成就了它的名誉。▽

二乔玉兰▷
（*Magnolia* x *soulangeana*）

二乔玉兰

Magnolia x *soulangeana*

☼ ❋ ❋ ❋　　　　　　　　　　　　↕6 米 ↔ 7 米

从春季一直到夏季，散发芳香的白色、粉色或紫色相间的花朵点缀着这种木兰属植物，让它成为一种华丽的观花乔木。树冠扩展，分枝点低，枝叶醒目。有很多优良品种。

耐重黏土的其他乔木

'辉煌' 欧亚槭（*Acer pseudoplatanus* 'Brilliantissimum'）
'杰利米' 糙皮桦（*Betula utilis* 'Jermyns'）
'塔形'欧洲鹅耳枥（*Carpinus betulus* 'Fastigiata'）
樱叶山楂（*Crataegus persimilis* 'Prunifolia'）
粉绿桉（*Eucalyptus glaucescens*）
'栗叶' 柯氏冬青（*Ilex* x *koehneana* 'Chestnut Leaf'），见 286 页
湖北海棠（*Malus hupehensis*），见 269 页
二球悬铃木（*Platanus* x *hispanica*），见 283 页
'沃特尔' 稠李（*Prunus padus* 'Watereri'）
沼生栎（*Quercus palustris*），见 267 页
五蕊柳（*Salix pentandra*）
瑞典花楸（*Sorbus intermedia*）
蒙椴（*Tilia mongolica*）

辽杨

Populus maximowiczii　　　　　　生长旺盛

☼ ❋ ❋ ❋　　　　　　　　　　　　↕20 米 ↔ 10 米

这种高大杨属植物的分枝先是向上伸展，然后很快平展。醒目的心形鲜绿色叶片在秋季变成黄色。雌株在春季长出荑黄花序并在夏末成熟，变得蓬松且变成白色。不喜干燥土壤。

水榆花楸

Sorbus alnifolia　　　　　　　　生长稳健

☼ ❋ ❋ ❋　　　　　　　　　　　　↕11 米 ↔ 8 米

强韧且适应性良好的乔木，树冠圆锥形或卵圆形，后来开始向四周扩展。鲜绿色树叶在秋季变成橙色和红色。春末簇生白色花，秋季结鲜红色果实。

适合无石灰土壤的乔木

实际上，很少有乔木无法在碱性土壤中生长，但有些种类在这些地方生长得很糟糕，它们更喜欢酸性或中性土壤。这里展示的乔木在无石灰土壤中生长得最好，尤其是在夏季有充足水分的地方。

灰岩密藏花

Eucryphia x *nymansensis* 'Nymansay'　　　　　生长稳健

☀☀❄❄❄❀　　　　　　　　　　　　　　↕13 米 ↔ 6 米

从夏末至初秋，这种紧凑的圆柱形常绿乔木在枝条上密集开放簇生白色花，花似蔷薇。叶通常分裂成有光泽的绿色小叶。喜湿润但排水通畅的土壤，根系位于荫凉下。♀

太平洋四照花

Cornus nuttallii　　　　　　　　　　　　生长旺盛

☀❄❄❄❄❀　　　　　　　　　　　　　　↕13 米 ↔ 8 米

一种恣意生长的美丽乔木，深绿色树叶在秋季变成黄色或红色。春季开花，一丛小花紧凑簇生，围绕着一圈硕大的白色苞片，在炎热的夏季结出红色果序。在湿润但排水通畅的土壤中生长旺盛。

同时耐强酸性和强碱性土壤的乔木
垂枝桦（*Betula pendula*）
普通山楂（*Crataegus monogyna*）
欧洲山毛榉（*Fagus sylvatica*），见 281 页
地中海冬青（*Ilex aquifolium*）
银白杨（*Populus alba*），见 284 页
银灰杨（*Populus* x *canescens*）
土耳其栎（*Quercus cerris*）
夏栎（*Quercus robur*），见 273 页
'吉布西'杂种花楸（*Sorbus* x *hybrida* 'Gibbsii'）
瑞典花楸（*Sorbus intermedia*）

弗雷泽木兰

Magnolia fraseri　　　　　　　　　　　↕10 米 ↔ 8 米

☀❄❄❄❀

这种木兰属植物不常见于常规栽培，松散扩张的植株颇为漂亮，巨大的绿色叶片让它的辨识度很高。春末至夏初开花，花大、有芳香，花落后结红色圆柱形聚合果。

简瓣花披针叶群

Embothrium coccineum Lanceolatum Group　　　生长旺盛

☀❄❄❄　　　　　　　　　　　　　　　↕10 米 ↔ 5 米

在开花时很显然是所有乔木中最壮观、最吸引眼球的一个，幼年植株直立，后来逐渐宽展。叶片狭长似柳叶，初夏开花，似密集的红色爆竹。在湿润但排水通畅的土壤中表现最好。

乔木

毛背南水青冈▷
（*Nothofagus alpina*）

毛背南水青冈

Nothofagus alpina　　　　　　　　　　　生长旺盛

☼ ❄❄❄❄ ㎝　　　　　　　　　　　↕20 米 ↔ 12 米

一种树干直立的漂亮乔木，树枝上覆盖着硕大的叶片，叶有醒目的脉纹。新叶萌发时为青铜色，然后在夏季变成绿色，秋季变成漂亮的橙色和红色。不适合种在暴露地点。

美国檫木

Sassafras albidum　　　　　　　　　　　生长稳健

☼ ❄❄❄❄ ㎝　　　　　　　　　　　↕20 米 ↔ 8 米

使用其具有芳香的根部树皮可煮成一种著名的药茶，这种漂亮的乔木覆盖着常具浅裂的树叶，叶片在秋季变成黄色、橙色或紫色。粗糙的树皮和浅色枝条是冬季一景。

适合无石灰土壤的其他乔木

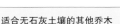

‘乌头叶’羽扇槭（*Acer japonicum* ‘Aconitifolium’）
红槭（*Acer rubrum*）
羽叶密藏花（*Eucryphia glutinosa*），见 271 页
北美枫香（*Liquidambar styraciflua*）
蕨叶梅（*Lyonothamnus floribundus* subsp. *aspleniifolius*）
‘芬芳’木兰（*Magnolia* ‘Heaven Scent’）
榆叶南水青冈（*Nothofagus dombeyi*）
多花蓝果树（*Nyssa sylvatica*）
苦树（*Picrasma quassioides*）
红栎（*Quercus rubra*）

酸木

Oxydendrum arboreum　　　　　　　　　生长稳健

☼ ❄❄❄❄ ㎝　　　　　　　　　　　↕12 米 ↔ 8 米

植株最初为圆锥形，后来逐渐扩展。漂亮的有光泽的绿色叶片在秋季变成鲜艳的黄色、红色或紫色。夏末开有香味的微小花朵，花期持续至秋季。种植在湿润、排水通畅的土壤里且根系处于荫凉中时，生长得最好。

大花紫茎

Stewartia pseudocamellia　　　　　　　生长稳健

☼ ❄❄❄❄ ㎝　　　　　　　　　　　↕12 米 ↔ 6 米

这种一流的观赏乔木拥有很多观赏特性。株型伸展，红棕色树皮随着树龄的增长而剥落并形成斑块，在冬季非常美观。从仲夏开始开白色花，叶片在秋季变成醒目的橙色或红色。▽

乔木

适合碱性土壤的乔木

碱性土壤排水通畅，而且春季回暖的速度比其他大多数类型的土壤更快，它们适合种植种类广泛的观赏乔木，其中有些是很受欢迎且表现可靠的观花乔木。很多种类来自夏季温暖的地区，所以喜阳光和温暖，这样的环境条件有助于它们木质部的成熟并促进开花。

合欢

Albizia julibrissin　　　　　　　　　　生长稳健

☀❄❄　　　　　　　　　　　　　　　　↕↔ 10 米

作为一种年轻的乔木，合欢的冠幅大于株高，分枝向四周伸展，生长着似蕨类的纤细羽状复叶。粉色雄蕊组成的蓬松簇生花序开放于夏末和秋季。'红花'合欢（*A. julibrissin* 'Rosea'）是一个更耐寒的品种。

南欧紫荆

Cercis siliquastrum　　　　　　　　　　生长稳健

☀❄❄❄　　　　　　　　　　　　　　　↕↔ 10 米

偶呈多干式，不过更经常出现的情况是单根主干，这种株型扩展的乔木拥有蓝绿色心形叶片。春季开花，淡紫红色花似豌豆花，结扁平红色荚果。'博德南特'（'Bodnant'）是一个开深紫色花的品种。♀

适合碱性土壤的其他乔木

栓皮槭（*Acer campestre*）
'火烈鸟'复叶槭（*Acer negundo* 'Flamingo'），见 290 页
挪威槭（*Acer platanoides*），见 281 页
'鲍曼'欧洲七叶树（*Aesculus hippocastanum* 'Baumannii'），见 272 页
杂交莓莓（*Arbutus* x *andrachnoides*），见 302 页
小白蜡树（*Fraxinus sieboldiana*）
女贞（*Ligustrum lucidum*），见 286 页
'红哨兵'八棱海棠（*Malus* x *robusta* 'Red Sentinel'），见 298 页
黑桑（*Morus nigra*）
毛泡桐（*Paulownia tomentosa*）
'白妙'樱（*Prunus* 'Shirotae'）
'章月'樱（*Prunus* 'Shôgetsu'）
'郁金'樱（*Prunus* 'Ukon'）
'粉瀑布'玛格丽特花楸（*Robinia* x *margaretta* 'Pink Cascade'）
瑞典花楸（*Sorbus intermedia*）
槐（*Styphnolobium japonicum*）
'勃拉邦'银毛椴（*Tilia tomentosa* 'Brabant'）

△ 深裂叶山楂
（*Crategus orientalis*）

深裂叶山楂

Crataegus orientalis　　　　　　　　　生长缓慢

☀❄❄❄　　　　　　　　　　　　　　　↕↔ 5.5 米

生长缓慢的观赏山楂，最终会长出浓密的圆形树冠，覆盖着深绿色深裂叶片。春末开花，漂亮的白色花团团簇生，秋季结红色果，果大，被绒毛。

乔木

花白蜡树

Fraxinus ornus 生长稳健

☼ ❈ ❈ ❈ ↕15 米 ↔ 13 米

这种漂亮的乔木拥有典型的圆形树冠,浅绿色树叶裂成多枚小叶,春末至初夏开花,奶油白色花有香味,构成硕大的分枝花序。结古铜色果实。一种表现可靠的紧凑型乔木。☑

多花海棠

Malus floribunda 生长稳健

☼ ❈ ❈ ❈ ↕8 米 ↔ 10 米

所有观花海棠中最受欢迎也是表现最稳定的品种之一。浓密的圆形树冠在春季开满了浅粉色花朵。秋季结出大量豌豆大小的果实,果为黄色并有红晕。花期最早的海棠之一。☑

栾树

Koelreuteria paniculata 生长稳健

☼ ❈ ❈ ❈ ↕↔ 10 米

这种树冠穹顶状的乔木有时冠幅大于株高,复叶有规律地分裂成众多带锯齿的小叶,并在秋季变成黄色。夏末长出大而分叉的黄色花序,然后结出显眼的膨大蒴果。☑

东京樱花

Prunus x *yedoensis* 生长稳健

☼ ❈ ❈ ❈ ↕8 米 ↔ 10 米

最终长成宽穹顶形,这种樱花拥有宽展的拱形枝条。每逢早春,枝条上都挂着成簇开放的白色或浅粉色花,花朵有巴旦木的气味,花蕾为粉色。它是所有樱花中开花最早、表现最可靠的种类之一。

高山毒豆

Laburnum alpinum 生长稳健

☼ ❈ ❈ ❈ ↕↔ 7 米

树冠宽阔,茎干短而粗壮,叶片茂盛,深绿色,由三枚小叶组成。春末或夏初开花,黄色豌豆状花组成长而下垂的链式花序,有甜美香味。

'淡黄'白背花楸

Sorbus aria 'Lutescens' 生长稳健

☼ ❈ ❈ ❈ ↕11 米 ↔ 8 米

一种很受欢迎的观花乔木,树冠最初为直立至卵圆形,随后开始扩展。树叶在春季萌发时为奶油白色,成熟后逐渐变成灰绿色。春末至初夏开花,花白色。

乔木

适合干旱、全日照地点的乔木

    对于在干旱、日晒地区拥有花园的人来说，夏季干旱对乔木造成的麻烦他们再熟悉不过了。排水迅速的沙质土壤或多砾石的土壤会让情况更加糟糕。但所幸，有些乔木能够忍耐甚至偏爱这样的生长条件。

欧洲朴

Celtis australis　　　　　　　　　　生长稳健

☼ ✿ ✿ ✿　　　　　　　　　　↕18 米 ↔ 15 米

这种观赏乔木不常见但容易种植，拥有光滑的浅灰色树皮。植株呈宽圆柱形并有穹顶状树冠，不过树龄较大的树分枝常常下垂。叶片细长带尖，触感粗糙。

美国香槐

Cladrastis kentukea　　　　　　　　生长稳健

☼ ✿ ✿ ✿　　　　　　　　　　↕↔ 12 米

这种优秀的观赏乔木拥有众多迷人的特点：圆形或穹顶状树冠，形似白蜡树叶并在秋季变成明亮黄色的叶片，以及夏季由白色芳香蝶形花组成的硕大分叉下垂花序。

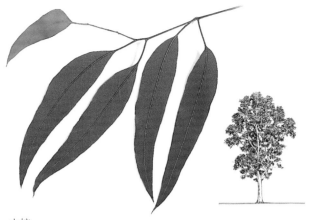

山桉

Eucalyptus dalrympleana　　　　　　生长旺盛

☼ ✿ ✿ ✿　　　　　　　　　　↕20 米 ↔ 9 米

漂亮的山桉幼年时为圆柱形，后来逐渐变宽。常绿树叶在年幼树木上为圆形，随着树龄的增长逐渐变长并下垂。夏末开花，白花簇生。奶油白色树皮颇为美观。♀

'丽光'美国皂荚

Gleditsia triacanthos 'Sunburst'　　生长稳健

☼ ✿ ✿ ✿　　　　　　　　　　↕↔ 12 米

这种乔木株型宽展，树干和分枝都呈灰棕色。由多枚小叶组成的漂亮有光泽的复叶在刚刚萌发时为金黄色，逐渐变成绿色，然后在秋季变成浅黄色。'丽光'美国皂荚能够忍耐极端的空气污染。♀

乔木

朝鲜槐

Maackia amurensis 　　　　　　　　生长缓慢

☼ ❋ ❋ ❋ 　　　　　　　　　　　　　↕↔ 7 米

这种株型宽展的乔木拥有灰棕色树皮和似白蜡树叶的深绿色叶片，幼叶为银蓝色。夏季开花，花白色并有极浅的暗蓝灰色，组成短而粗的茂密花序，成簇开放在树枝上方。

'淡紫'槐

Styphnolobium japonicum 'Violacea' 　　　生长旺盛

☼ ❋ ❋ ❋ 　　　　　　　　　　　　　↕↔ 18 米

这种乔木拥有圆形树冠，灰棕色树皮具有显著的棱纹。叶片似白蜡树叶，萌发时间较晚，夏末至初秋开花，花小，呈豌豆状，白色并带有浅紫粉色晕，构成松散的花序。荚果下垂。

'花叶'厚叶海桐花

Pittosporum crassifolium 'Variegatum' 　　生长稳健

☼ ❋ 　　　　　　　　　　　　　↕ 5 米 ↔ 3 米

除非整枝在单根主干上，否则这种拥有茂密灌丛状树冠的常绿乔木就会一直保持类似灌木的状态。革质叶片呈灰绿色并有白色边缘。春季开花，花小，呈红紫色，有香味。厚叶海桐花适用于气候温和的海滨地区。

适合干旱、全日照地点的乔木

杂交荔莓（*Arbutus* x *andrachnoides*），见 302 页
南欧紫荆（*Cercis siliquastrum*），见 276 页
绒毛白蜡（*Fraxinus velutina*）
偃山小金雀（*Genista aetnensis*）
小果核桃（*Juglans microcarpa*）
栾树（*Koelreuteria paniculata*），见 277 页
女贞（*Ligustrum lucidum*），见 286 页
总序桂（*Phillyrea latifolia*），见 284 页
欧洲栓皮栎（*Quercus suber*）
粘刺槐（*Robinia viscosa*）

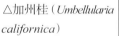

△加州桂（*Umbellularia californica*）

加那利栎

Quercus canariensis 　　　　　　　生长稳健

☼ ❋ ❋ ❋ 　　　　　　　　　　　↕ 20 米 ↔ 12 米

一种独特而漂亮的栎属植物，幼年时呈宽圆柱形，随着树龄的增长逐渐变圆。它向上伸展的树枝密集地覆盖着硕大的叶片，叶边缘裂刻整齐，通常到冬末才开始落叶。♡

加州桂

Umbellularia californica 　　　　　　生长稳健

☼ ❋ ❋ 　　　　　　　　　　　↕ 12 米 ↔ 10 米

和月桂（*Laurus nobilis*）的亲缘关系较近，这种灌丛状树冠的茂密常绿乔木在春季开花，精致黄花簇生。鲜绿色革质叶片搓碎后散发刺鼻气味，吸入后可能导致恶心。

乔木

适合种于水畔的乔木

对我来说，很少有什么景致会比生长在河岸上的一棵垂柳更加迷人。我们当中很少有人幸运到在自家花园中拥有一条流淌的小河，不过我们没有理由不将一棵适宜的树木种植在水池或一片水体旁。只要你控制好尺度，可能性是无穷无尽的。

高加索枫杨
Pterocarya fraxinifolia　　　　　生长稳健
☼ ❄❄❄　　　　　　　　　　　‡25 米 ↔ 20 米

最终长成一株高大宽阔的乔木，拥有类似白蜡树叶的复叶，绿色小花构成长而下垂的穗状花序。结绿色翅果。萌蘖条出现后要立即清除，否则会长出一片小树林。☺

红桤木
Alnus rubra　　　　　　　　　生长旺盛
☼ ❄❄❄　　　　　　　　　　‡15 米 ↔ 10 米

这种乔木生长迅速，植株为圆锥形。在叶片尚未萌发的初春，它的树枝上就会垂吊着黄橙色的雄性葇荑花序，可长达15厘米。带锯齿的叶片拥有醒目的脉纹。较老的树拥有浅灰色树皮。

> **适合种于水畔的其他乔木**
>
> 硬桤木（*Alnus firma*）
> '帝王'欧洲桤木（*Alnus glutinosa* 'Imperialis'）
> '理查德'银白杨（*Populus alba* 'Richardii'）
> 辽杨（*Populus maximowiczii*），见 273 页
> 黄枝白柳（*Salix alba* var. *vitellina*）
> 曲枝垂柳（*Salix babylonica* var. *pekinensis* 'Tortuosa'），见 301 页
> 瑞香柳（*Salix daphnoides*），见 203 页

河桦
Betula nigra　　　　　　　　生长稳健
☼ ❄❄❄　　　　　　　　　　　　‡↔ 15 米

河桦很有特点，与更常见的白色树皮的桦属植物截然不同。树干和主要分枝的树皮呈剥落状，颜色为粉灰色，逐渐变为成熟后的深棕色。叶片钻石形，叶背颜色较浅。

△ 金垂柳（*Salix* x *sepulcralis* var. *chrysocoma*

金垂柳
Salix x *sepulcralis* var. *chrysocoma*　生长旺盛
☼ ❄❄❄　　　　　　　　　　‡20 米 ↔ 25 米

这是一种水边常用的树种，但对于小型花园来说太大了，尽管它经常被种在小型花园中。在冬季，它长长的金黄色枝条低垂下来，好似重重帘幕。枝条在春季和夏季覆盖着鲜绿色细长叶片。

适合用作屏障或风障的乔木

除了松柏类植物，各种中型至大型阔叶也能起到不错的防风效果，而且可以遮挡不美观的风景或丑陋的物体。许多种类也有观赏价值。

欧洲山毛榉

Fagus sylvatica　　　　　　　　　　生长稳健

☀ ❋ ❋ ❋　　　　　　　　　　　↕35 米 ↔ 15 米

温带地区最美丽的乔木之一，成熟后形成穹顶状树冠。冬季有光滑的灰色树皮，春季有浅绿色树叶，夏季树叶变成有光泽的暗绿色，秋季树叶变成金黄色，让它成为一种四季皆可欣赏的乔木。♈

挪威槭

Acer platanoides　　　　　　　　　生长旺盛

☀ ❋ ❋ ❋　　　　　　　　　　　↕25 米 ↔ 15 米

挪威槭是所有乔木中适应性最好且表现最可靠的一种，拥有圆形树冠。仲春尚未萌叶之前，黄色花簇生于枝头，然后结绿色翅果。叶片在秋季变成浓郁的黄色、红色或橙色。♈

适合用作屏障或风障的其他乔木

欧亚槭（*Acer pseudoplatanus*）
'荣光'欧洲白蜡树（*Fraxinus excelsior* 'Westhof's Glorie'）
健杨（*Populus* x *canadensis* 'Robusta'）
钻天杨（*Populus nigra* 'Italica'）
夏栎（*Quercus robur*），见 273 页
欧洲小叶椴（*Tilia cordata*）

△ 晚樱

（*Prunus serotina*）

意大利桤木

Alnus cordata　　　　　　　　　　生长稳健

☀ ❋ ❋ ❋　　　　　　　　　　　↕25 米 ↔ 11 米

这种漂亮的圆柱形乔木会逐渐长成圆柱形。冬末或初春开花，长长的黄色雄性葇荑花序垂吊在枝条上。夏季结果，形似球果的果实掩映在硕大的圆形树叶之中，叶表面有光泽，深绿色。♈

晚樱

Prunus serotina　　　　　　　　　　生长稳健

☀ ☀ ❋ ❋ ❋　　　　　　　　　　↕15 米 ↔ 13 米

这种自由生长的乔木拥有卵圆形树冠，分枝下垂或拱形弯曲。叶片深绿，有光泽，在秋季变成黄色或红色。春季开花，花小而白并构成下垂的花序，结出有光泽的黑色果实。

乔木

耐空气污染的乔木

遭受空气污染的地点好像并非种植树木的理想区域。不过，只要进行足够的土壤准备并加以栽培养护，很多或大或小的乔木都能够像在干净空气中一样生长良好。

狭叶白蜡

Fraxinus angustifolia　　　　　　　　　生长旺盛

☀ ❋ ❋ ❋　　　　　　　　　　　　　‡20 米 ↔ 12 米

大型乔木，株型比欧洲白蜡树（*Fraxinus excelsior*）更优雅，向四周伸展的分枝构成漂亮的卵圆形至圆形树冠。树叶整齐地分裂成狭长光滑的绿色小叶，叶片有光泽，并在秋季变成黄色。

平滑唐棣

Amelanchier laevis　　　　　　　　　生长稳健

☀ ❋ ❋ ❋ ❋　　　　　　　　　　　　　‡↔ 6 米

多干型小乔木或大灌木，春季开花，白色花密集簇生在枝条上。植株茂密，株型伸展，叶片在春季为青铜色，夏季变成绿色，然后在秋季变成红色或橙色。

'黄纹叶'阿耳塔拉冬青

Ilex x altaclerensis 'Belgica Aurea'　　　生长稳健

☀ ❋ ❋ ❋　　　　　　　　　　　　　‡8 米 ↔ 3 米

这种常绿冬青的醒目叶片呈柳叶刀状并偶有刺。树叶呈现出一种斑驳的灰绿色，边缘有形状不规则的浅黄或奶油黄色花纹。入秋之后，这种茂密而紧凑的圆柱状灌木还会结出红色浆果。🌿

'保罗红'钝叶山楂

Crataegus laevigata 'Paul's Scarlet'　　　生长稳健

☀ ❋ ❋ ❋　　　　　　　　　　　　　‡6 米 ↔ 8 米

这是一种很受欢迎的乔木，树冠茂密，圆形或向四周伸展。春末夏初，枝条上覆盖着众多簇生重瓣红色花。叶片为有光泽的深绿色。'石榴红'（'Punicea'）与其相似，花单瓣，呈鲜红色。🌿

耐空气污染的其他乔木

'辉煌'欧亚枫（*Acer pseudoplatanus* 'Brilliantissimum'）
'布里奥特'肉红七叶树（*Aesculus x carnea* 'Briotii'）
臭椿（*Ailanthus altissima*）
意大利桤木（*Alnus cordata*），见 281 页
拉马克唐棣（*Amelanchier lamarckii*），见 296 页
紫葳楸（*Catalpa bignonioides*），见 272 页
樱叶山楂（*Crataegus persimilis* 'Prunifolia'）
二乔玉兰（*Magnolia x soulangeana*），见 273 页
毛山荆子（*Malus baccata* var. *mandschurica*），见 303 页
'丰花'海棠（*Malus x moerlandsii* 'Profusion'）
黄檗（*Phellodendron amurense*）
健杨（*Populus x canadensis* 'Robusta'）
'完美粉'樱（*Prunus* 'Pink Perfection'）
冬青栎（*Quercus ilex*），见 287 页
'大叶'白背花楸（*Sorbus aria* 'Majestica'）
克里米亚椴（*Tilia x euchlora*）
'红枝'阔叶椴（*Tilia platyphyllos* 'Rubra'）

▽ '保罗红'钝叶山楂
（*Crataegus laevigata* 'Paul's Scarlet'）

乔木

'沃斯'瓦氏毒豆

Laburnum x *waterei* '*Vossii*'　　　　　生长稳健

☼❋❋❋　　　　　　　　　　　　　　　↕↔7 米

作为最常见于栽培的毒豆属植物，这种乔木的树冠呈伸展状，枝叶茂盛，树叶由三枚小叶组成。春末或初夏开花，豌豆状花构成长而渐尖的花序，从枝头垂下。全株有毒。⚥

二球悬铃木

Platanus x *hispanica*　　　　　　　生长稳健

☼❋❋❋　　　　　　　　　　　　　↕30 米 ↔20 米

这种巨大的乔木会长出粗壮的斑驳树干和向四周伸展的大型树冠。叶片宽阔似槭树叶，有5个大锯齿，在夏季长出。从夏季开始，扎手的圆形果实挂在长长的果柄上，像是一个个圣诞彩球。⚥

'粉重瓣'扁桃

Prunus dulcis '*Roseoplena*'　　　　　生长稳健

☼❋❋❋　　　　　　　　　　　　　　　↕↔8 米

每逢冬末和初春，这种乔木向四周伸展的分枝就会密集开放浅粉色重瓣花。先花后叶，叶片深绿色，长而尖，似柳叶刀，能够点亮沉郁的冬末时光。

'公鸡'豆梨

Pyrus calleryana '*Chanticleer*'　　　　　生长稳健

☼❋❋❋　　　　　　　　　　　　↕12 米 ↔6 米

生命力顽强、耐寒性好，这种株型紧凑的圆锥形乔木拥有圆形绿色树叶，叶片有光泽并在秋季变成红紫色。树枝在春季密集开放美丽的白色花，此时从远处也能清楚地看到这种树。⚥

刺槐

Robinia pseudoacacia　　　　　　　生长旺盛

☼❋❋❋　　　　　　　　　　　　↕20 米 ↔12 米

这种乔木生命力顽强且适应性良好，树枝多刺，树叶似白蜡树叶，由卵圆形小叶组成。春末至初夏开花，白色豌豆状花组成下垂的簇生花序，花有香味。假以时日会长出粗糙不平的树皮，若进行重度修剪，会长出萌蘖条。

乔木

耐海滨暴露环境的乔木

只有最坚韧的乔木才能忍受存在于海滨花园的两个问题：强烈的海风和飞溅的盐沫。下列种类是忍耐力最好的，值得考虑种植在花园外围，为灌木和宿根植物提供庇护。

银白杨

Populus alba　　　　　　　　　　生长旺盛

☼ ❆ ❆ ❆　　　　　　　　　　↕20 米 ↔ 13 米

株型扩展的著名乔木，树皮令人印象深刻，有灰色裂缝。树叶形状多样，从圆形和锯齿形到浅裂形和似槭树叶形都有，叶表面深绿色，背面有一层白色毡状毛，被风吹拂的时候形成鲜明的对比。

沙棘

Hippophae rhamnoides　　　　　　生长稳健

☼ ❆ ❆ ❆　　　　　　　　　　↕↔6 米

由于其灌丛式的生长习性，它需要精心修剪和整枝才能得到拥有一根或少数几根主干的乔木株型。枝条多刺，密集地生长着狭长的银灰色叶片。将雄株和雌株种在一起才能结出鲜艳的橙色浆果，果实经冬不落。♡

白柳

Salix alba　　　　　　　　　　生长旺盛

☼ ❆ ❆ ❆　　　　　　　　　　↕20 米 ↔ 13 米

漂亮的柳属植物，最初为圆锥形，然后很快扩展到冠幅等同于株高。狭窄的银色叶片在阳光照射下闪闪发光。适用于潮湿地点，但不要种植在地下排水管道或水系或建筑物的附近，因为其根系很有侵略性。

耐海滨暴露环境的其他乔木

红桤木（*Alnus rubra*），见 280 页
健杨（*Populus x canadensis* 'Robusta'）
冬青栎（*Quercus ilex*），见 287 页
欧洲小叶椴（*Tilia cordata*）

总序桂

Phillyrea latifolia　　　　　　生长缓慢

☼ ❆ ❆ ❆　　　　　　　　　　↕↔8 米

这种少有人知但颇为宝贵的常绿乔木很像是冬青栎（*Quercus ilex*）的缩小版本。叶片狭长、革质，呈深绿色，有光泽，有锯齿。春末至夏季开花，花微小，呈奶油黄色，浓密簇生。

鸟花楸

Sorbus aucuparia　　　　　　　生长稳健

☼ ❆ ❆ ❆ ❆　　　　　　　　　　↕10 米 ↔ 7 米

株型扩展，树皮为灰色，叶片形似白蜡树叶，秋季常常变成红色或黄色。春季开花，白花簇生，然后结出一串串下垂的橘红色浆果，果实成熟后变成鲜红色。生命力顽强，适应性好。

乔木

叶片醒目的乔木

　　你可以通过种植一株叶片醒目的乔木来改造自己的花园。叶片尺寸惊人的孤植标本树本身就值得种植，能够为最平凡的种植设计带来一抹热带风情。醒目的树叶还可以和拥有较小叶片的植物形成有趣的对比。很多叶片醒目的乔木还有漂亮的花和果实。

香椿

Toona sinensis　　　　　　　　　　　　生长旺盛

☀ ❄❄❄　　　　　　　　　　　　　　↕15 米 ↔ 10 米

这种生长迅速的乔木拥有硕大且小叶数量繁多的复叶，长度可达60厘米。幼叶为铜红色，秋季变成黄色。每到夏季，成年植株长出由白色小花组成的硕大下垂花序，花有芳香。

叶片醒目的其他乔木

'花叶'辽东楤木（*Aralia elata* 'Variegata'）
紫葳楸（*Catalpa bignonioides*），见 272 页
姬核桃（*Juglans ailantifolia*）
黑核桃（*Juglans nigra*）
椿叶花椒（*Zanthoxylum ailanthoides*）

刺楸

Kalopanax septemlobus　　　　　　　　生长旺盛

☀ ❄❄❄　　　　　　　　　　　　　　↕12 米 ↔ 10 米

一种漂亮的乔木，树枝和主干多刺，叶似槭树树叶，并在秋季变成黄色。白色小花在夏末簇生成球形，经过一个炎热的夏季后结出蓝黑色的浆果。在湿润、排水通畅的土壤中生长得最好。

日本厚朴

Magnolia obovata　　　　　　　　　　生长旺盛

☀ ❄❄❄❄ 🏷　　　　　　　　　　　　↕20 米 ↔ 10 米

华丽的圆锥形乔木，叶大而结实，最宽处位于上半部分，轮生于枝条末端。夏季开花，钵状花有强烈的香味，结圆柱状红色聚合果。♀

棕榈

Trachycarpus fortunei　　　　　　　　生长缓慢

☀ ❄❄　　　　　　　　　　　　　　　↕8 米 ↔ 2.5 米

大概是最耐寒的棕榈植物，适用于气候冷凉的温带地区，尤其是海滨区域。凌乱褴褛的纤维状树皮，扇形多裂叶片构成的圆形树冠，芳香奶油色花朵构成的花序，它们共同形成了一道初夏的常见景致。♀

乔木

285

常绿乔木

在温带地区，常绿乔木（松柏类除外）的数量远远少于落叶乔木。这让常绿乔木在花园中更加宝贵，尤其是在冬季的时候，它们的深绿色、彩色或斑驳树叶会和其他树木的裸露枝条或冬季开花的灌木形成鲜明的对比。它们还能提供全年有效的屏障。

女贞

Ligustrum lucidum　　　　　　　　　　生长稳健

☼ ❋ ❋ ❋ ❋　　　　　　　　　　↕10~12 米 ↔ 10 米

无论在何时女贞都是一种漂亮的乔木，树干有凹槽，树冠浓密，叶大，呈深绿色，有光泽。在初秋，整个树冠覆盖着散发浓郁芳香的奶油色花序。这是大型草坪的理想标本树，但不要用在暴露的地点。

冈尼桉

Eucalyptus gunnii　　　　　　　　　　生长旺盛

☼ ❋ ❋ ❋　　　　　　　　　　↕18~25 米 ↔ 9~15 米

冷温带花园中最常种植的按属植物，它的长势过于旺盛，除最大的花园之外都不适合种植。树皮富于装饰性，片状剥落，呈奶油色和灰色。叶革质，蓝色、灰色或灰绿色。夏季长出蓬松的白色花序。▽

广玉兰

Magnolia grandiflora　　　　　　　　生长稳健

☼ ❋ ❋　　　　　　　　　　↕6~18 米 ↔ 4.5~15 米

辨识度很高，植株为浓密的圆锥形，偶呈灌丛状，叶片革质，硕大，有光泽。很少有乔木的花期会持续这么长时间，夏末至秋季开花，钵形花大，有芳香，呈奶油色。在温暖地带的生长和开花状况最好。

'栗叶' 柯氏冬青

Ilex x koehneana 'Chestnut Leaf'　　　生长稳健

☼ ❋ ❋ ❋ ❋　　　　　　　　　　↕12 米 ↔ 2.5~3.5 米

一种醒目而高贵的冬青，植株紧凑，分枝繁多。以其引人注目、形似栗叶的光滑叶片而著称，叶革质，有刺状锯齿。有雄株授粉时，从秋季至冬季结出大量红色浆果。▽

智利美登木

Maytenus boaria 生长稳健

☀❋❋❋ ↕10 米 ↔8 米

一种非同寻常的优雅乔木，观赏效果很像一株垂柳。幼树植株峭立，然后逐渐宽展并长出圆形树冠。树枝上覆盖着有光泽的狭长绿色叶片，叶片边缘有锯齿。春季开花，花微小，几乎观赏价值。

薄叶海桐

Pittosporum tenuifolium 生长稳健

☀❋❋ ↕6 米 ↔5 米

幼年植株为圆柱形，然后逐渐长成紧凑的穹顶状，细长的小分枝上长着有光泽的树叶。春末开花，钟形花小，呈紫色，有蜂蜜气味。优秀的屏障或孤植标本树，尤其是在滨海区域。♥

尖叶龙袍木

Luma apiculata 生长旺盛

☀❋❋❋

尖叶龙袍木是一种全年都可观赏的华丽乔木。植株茂密，深绿色叶片有光泽，仲夏至秋季开花，树叶间点缀着小小的白色花。金棕色树皮随着树龄的增长而剥落，露出斑块状奶油色新树皮。♥

其他常绿乔木
荔莓（*Arbutus unedo*）
米槠（*Castanopsis cuspidata*）
林仙（*Drimys winteri*）
聚果桉（*Eucalyptus coccifera*）
'罗斯特雷沃'间型密藏花（*Eucryphia x intermedia* 'Rostrevor'）
具柄冬青（*Ilex pedunculosa*）
月桂（*Laurus nobilis*）
总序桂（*Phillyrea latifolia*），见 284 页
葡萄牙桂樱（*Prunus lusitanica*），见 209 页
栎属植物（*Quercus rhysophylla*）
棕榈（*Trachycarpus fortunei*），见 285 页

冬青栎

Quercus ilex 生长稳健

☀☀❋❋❋ ↕18~24 米 ↔18~21 米

一种很受欢迎的乔木，植株最终会长得很大，可作为屏障或大型花园中的标本树。圆形树冠密集生长有光泽的革质深绿色叶片，幼叶形状不定。6月开花，树冠覆盖着成簇的黄色葇荑花序。♥

树形杜鹃

Rhododendron arboreum 生长缓慢

☀❋❋❋ ↕12 米 ↔3 米

这个外形华丽、生长缓慢的杜鹃属物种随着树龄的增长而逐渐变宽。树叶革质、表面深绿色，背面银色或棕色。春季开花，钟形花组成茂密的球状花序，花为红色、粉色，偶见白色。

垂枝乔木

并非所有园丁都喜欢垂枝乔木。有些园丁认为它们太过凌乱，但是如果在草坪、水边或边界上某个精心选择的位置种植一株垂枝乔木，能够增添观赏性和引人注目的效果。为了达到良好的株高，此类乔木通常需要进一步整枝在竹竿或立桩上生长数年，尤其在购买时是年幼的嫁接植株。

'垂枝'欧洲山毛榉
Fagus sylvatica 'Pendula'　　　　　　生长旺盛
☼ ❉ ❉ ❉　　　　　　　　　　　　↕18 米 ↔ 20 米

适合大型草坪的华丽乔木，冠幅通常大于株高。拱形或向四周伸展的分枝上长出长长的像布帘一样下垂的小分枝，而且它全年都可观赏。还有其他几个栽培品种。❡

'杨氏'垂枝桦
Betula pendula 'Youngii'　　　　　　生长旺盛
☼ ❉ ❉ ❉ ❉　　　　　　　　　　　　　↕↔8 米

一种很受欢迎的垂枝乔木，尤其常见于草坪。它最终会长出平顶状或矮穹顶状树冠，细长的分枝和小分枝构成帘幕般的效果，枝条上覆盖着有光泽的绿色叶片，叶小、钻石形，秋季变成黄色。

'垂枝'欧洲白蜡树
Fraxinus excelsior 'Pendula'　　　　　生长旺盛
☼ ❉ ❉ ❉　　　　　　　　　　　　↕15 米 ↔ 10 米

欧洲白蜡树的垂枝品种，生命力强，适应性好，种植广泛，粗壮的拱形分枝和下垂枝条构成穹顶状树冠，并随着树龄的增长而加宽。像对待所有垂枝乔木一样，需要在其年幼时将最高的枝条整枝到高立桩上。❡

'森冈垂枝'连香树
Cercidiphyllum japonicum 'Morioka Weeping'　生长旺盛
☼ ❉ ❉ ❉　　　　　　　　　　　　↕12 米 ↔ 6 米

极少有耐寒乔木比连香树更优雅悦目，尤其是在叶片变成浅黄色的秋季。这个优雅的垂枝品种是绝佳的草坪标本树。不喜干燥土壤。❡

'垂枝'地中海冬青
Ilex aquifolium 'Pendula'　　　　　　生长稳健
☼ ❉ ❉ ❉　　　　　　　　　　　　↕↔ 4.5~5 米

一种可周年观赏的优秀常绿垂枝乔木。树冠穹顶状，树枝浓密而下垂，树皮紫色，叶片深绿色，有光泽且多刺。如果附近有雄株，秋季至冬季结红色浆果。

'菊枝垂'樱

Prunus 'Kiku-shidare-zakura'　　　　　生长稳健

☼ ✽✽✽　　　　　　　　　　　‡2.5 米 ↔ 3 米

通常呈低矮的穹顶状，这种小型垂枝日本樱花在空间有限的花园中极受欢迎。春季，拱形和下垂的分枝密集开放亮粉色重瓣花。种在小型水池边的效果特别好。♡

其他垂枝乔木
'垂枝'桑（*Morus alba* 'Pendula'） '垂枝'柳叶梨（*Pyrus salicifolia* 'Pendula'），见 294 页 金垂柳（*Salix* x *sepulcralis* var. *chrysocoma*），见 280 页 '垂枝'槐（*Styphnolobium japonicum* 'Pendulum'）

'基尔马诺克'黄花柳

Salix caprea 'Kilmarnock'　　　　　生长旺盛

☼ ✽✽✽　　　　　　　　　　　‡2 米 ↔ 1.4 米

黄花柳的一个树冠浓密的品种，适合种植在哪怕是最小的花园里。每到春季，众多下垂枝条就会长出银灰色雄性荑萸花序，成熟后变成黄色。

'基尔马诺克'黄花柳（*Salix caprea* 'Kilmarnock'）▷

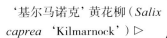

'红垂枝'彼岸樱

Prunus pendula 'Pendula Rubra'　　　　生长稳健

☼ ✽✽✽　　　　　　　　　　　‡5 米 ↔ 6 米

这种美丽、优雅的樱花拥有穹顶状树冠，如果愿意的话，可以将它整枝到高于5米的高度。春季开花，细长的下垂枝条上开满深粉色单瓣花，花小，花蕾为洋红色。♡

'垂枝'椴

Tilia 'Petiolaris'　　　　　　　　生长旺盛

☼ ✽✽✽　　　　　　　　　　　‡30 米 ↔ 20 米

一种最引人注目的乔木，只适用于大型花园——对于宽敞的草坪而言是一流的标本树。穹顶状树冠之下是下垂分枝构成的宽阔圆柱形树体，树枝覆盖着深绿色有光泽的叶片，叶背为白色。夏季开花，花有香味。♡

花叶乔木

除了新奇的外观，叶片拥有花斑的乔木的宝贵之处还在于，它们能够和单一颜色的绿叶树木构成有趣的对比。如果花斑表现为绿色叶片上的醒目白色或黄色边缘，对比效果就更突出了。

'花叶'美国肥皂荚

Gymnocladus dioica 'Variegata'　　　　　生长缓慢

❋ ☀ ❋　　　　　　　　　　　　　　　　↕15 米 ↔ 12 米

如今少见于栽培，不过值得寻觅。硕大的二回羽状复叶萌发得相对较晚，最初为粉色，然后长出白色边缘和大理石状斑纹，产生一种醒目的效果。这是一种大型草坪或边界上的华丽标本树。

'火烈鸟'复叶槭

Acer negundo 'Flamingo'　　　　　　生长旺盛

❋ ❋ ❋ ❋　　　　　　　　　　　　　　　　↕↔ 10 米

所有花叶槭树中种植最简单也是最漂亮的一种。被粉衣的嫩枝和粉色嫩叶成熟后变成绿色，并有醒目的白色边缘。冬季重剪后营造灌丛效果最佳；强壮的枝条会长出更大的叶片。

其他花叶乔木

'维奇'山楂叶槭（*Acer crataegifolium* 'Veitchii'）
'银斑'互叶梾木（*Cornus alternifolia* 'Argentea'），见 270 页
'紫三色'欧洲山毛榉（*Fagus sylvatica* 'Purpurea Tricolor'）
'花叶'洋白蜡（*Fraxinus pennsylvanica* 'Variegata'）
'花叶'光叶榉（*Zelkova serrata* 'Variegata'）

'花叶'灯台树

Cornus controversa 'Variegata'　　　　　生长缓慢

❋ ❋ ❋　　　　　　　　　　　　　　　　↕↔ 10 米

作为一种草坪标本树，这种乔木的魅力是无与伦比的。冠幅常常大于株高，它向四周伸展的枝条会形成平板状的分层树冠，理想状况下可与地面平齐。树冠覆盖带有锐尖的叶片，叶有奶油白色宽边。🌣

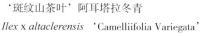

'斑纹山茶叶'阿耳塔拉冬青

Ilex x *altaclerensis* 'Camelliifolia Variegata'　　　　　生长缓慢

❋ ☀ ❋ ❋ ❋　　　　　　　　　　　　　↕8 米 ↔ 3 米

宽圆柱形常绿乔木，分枝短而密集，向四周伸展，分枝点位于基部。长椭圆形叶片深绿色，有光泽，有宽阔的黄色边缘。授粉后结红色浆果。

乔木

'金边'北美鹅掌楸

Liriodendron tulipifera 'Aureomarginatum'　　　　生长旺盛

☼ ❋ ❋ ❋　　　　　　　　　　　　　　　　　　　‡18 米 ↔ 11 米

长势健壮而峭立，植株随着树龄的增长而变宽。日光充足时，形状奇特的树叶呈深绿色并有黄色边缘，在阴影下则褪成浅绿色。树叶在秋季变为金黄色。成年植株开绿白色杯状花。♀

'苏特纳'二球悬铃木

Platanus x *hispanica* 'Suttneri'　　　　　　生长旺盛

☼ ❋ ❋ ❋　　　　　　　　　　　　　　　　　　　‡20 米 ↔ 18 米

这种乔木拥有二球悬铃木的所有品质，但不同之处在于其醒目的奶油白色花斑树叶。最适合用作大型草坪上的标本树，尤其是种植在深色背景前面时。

'金边'女贞

Ligustrum lucidum 'Excelsum Superbum'　　　　生长稳健

☼ ❋ ❋ ❋　　　　　　　　　　　　　　　　　　　‡↔ 10 米

一个引人注目的女贞品种，常绿叶片大而有光泽，边缘为黄色或绿黄色。它拥有浓密的树冠、紧凑的株型，以及秋季芳香的白色花朵。适用于草坪，但是要避开寒冷暴露的地点。

'花叶'北美枫香

Liquidambar styraciflua 'Variegata'　　　　　生长稳健

☼ ❋ ❋ ❋　　　　　　　　　　　　　　　　　　　‡15 米 ↔ 10 米

品种名有时写为'Aurea'，这种迷人的乔木拥有圆锥形植株，覆盖着裂刻显著的有光泽的绿色叶片，叶有黄色斑点和条纹；叶片在秋季先变成粉色，再变成紫色。不适合种在浅白垩土中。

'镶边'土耳其栎

Quercus cerris 'Argenteovariegata'　　　　　生长稳健

☼ ❋ ❋ ❋　　　　　　　　　　　　　　　　　　　‡10 米 ↔ 12 米

这种栎树植株宽展，需要很多空间才能充分生长，是效果最佳的耐寒花叶乔木之一。树枝密生有光泽的深绿色叶片，叶深裂，有刚毛状齿。每一片树叶都有形状不规则的奶油白色边缘。

乔木

金黄色叶片的乔木

除了观花乔木，拥有金黄色叶片的乔木能够为花园带来最明亮的效果。只需一株此类乔木就能立刻吸引人们的注意，尤其是在草坪上，并且能够和普通或深色背景形成醒目的对比。

'黄叶'钝翅槭

Acer shirasawanum 'Aureum'　　　　生长缓慢

☼❋❋❋❋　　　　　　　　　　　　↕5.5 米 ↔ 5 米

这种美丽的槭一开始株型直立，然后向四周伸展。叶圆形，多裂，呈金黄色，常有鲜红色薄边。最佳金叶乔木之一，但可能易被日光灼伤，特别是在炎热、干燥的地点。☙

'黄叶'青皮槭

Acer cappadocicum 'Aureum'　　　　生长旺盛

☼❋❋❋❋　　　　　　　　　　　　↕↔ 15~18 米

最令人满意的大型黄叶乔木之一，最好作为标本树种植在大型草坪上。叶五裂且裂片尖锐，刚刚萌发时呈红紫色，很快变成黄色，然后在夏末变成绿黄色。适宜大多数土壤。☙

其他金黄色叶片的乔木

'金叶'毛赤杨（*Alnus incana* 'Aurea'）

'丽光'美国皂荚（*Gleditsia triacanthos* 'Sunburst'），见 278 页

'金晕'水杉（*Metasequoia glyptostroboides* 'Gold Rush'）

'理查德'银白杨（*Populus alba* 'Richardii'）

'金叶'加拿大杨（*Populus x canadensis* 'Aurea'）

'弗罗茨瓦夫'欧洲椴（*Tilia x europaea* 'Wratislaviensis'）

'黄叶'鸡爪槭

Acer palmatum 'Aureum'　　　　生长旺盛

☼❋❋❋　　　　　　　　　　　　↕8 米 ↔ 5 米

一种可爱的槭树，植株最初峭立，后来更加宽展。叶小，五裂且裂刻整齐，叶边缘呈漂亮的黄色且带有一抹鲜红。夏季长出的新叶更美观，叶片在秋季变成金黄色。

'金叶'紫葳楸

Catalpa bignonioides 'Aurea'　　　　生长稳健

☼❋❋❋　　　　　　　　　　　　↕↔ 10 米

'金叶'紫葳楸最终会长出穹顶状或圆形树冠。叶心形且大，幼叶呈青铜紫色，成熟后变成鲜黄色。夏季开钟形花，白色花带有紫色和黄色斑点。☙

乔木

'兹拉特'欧洲山毛榉

Fagus sylvatica 'Zlatia'　　　　　　　　生长稳健

☀ ❋ ❋ ❋　　　　　　　　　↕20 米 ↔ 15 米

这种乔木的生长速度比常见的绿叶山毛榉慢,树叶最初为嫩黄色,夏末时变成绿色。秋季,树叶变成乔木爱好者们非常熟悉的典型金黄色。

'金叶'月桂

Laurus nobilis 'Aurea'　　　　　　　　生长稳健

☀ ❋ ❋　　　　　　　　　↕12 米 ↔ 5~6 米

月桂的一个漂亮的金叶品种,植株宽圆柱或宽圆锥形。分枝紧凑,枝条上密集生长有香味的常绿金黄色叶片。冬季效果尤为可观。♥

'金叶'榆橘

Ptelea trifoliata 'Aurea'　　　　　　　生长稳健

☀ ❋ ❋ ❋　　　　　　　　　↕↔ 3 米

小乔木,树冠圆形或呈灌丛状,叶片由三枚小叶组成,有芳香,幼叶呈嫩黄色,逐渐变成黄绿色和绿色。和大多数其他金叶乔木相比没有那么扎眼。夏季开绿色花,结翅果。♥

'金叶'红栎

Quercus rubra 'Aurea'　　　　　　　　生长缓慢

☀ ❋ ❋ ❋ ❋ ⬚　　　　　　　↕15 米 ↔ 10 米

虽然现在很少种植,但'金叶'红栎仍然是一种可爱的树木,树冠向四周伸展,叶硕大,裂刻醒目。叶萌发时为清澈的嫩黄色,然后变成绿色。喜不受冷风侵袭的地点。

黄叶夏栎

Quercus robur 'Concordia'　　　　　　生长缓慢

☀ ❋ ❋ ❋ ❋　　　　　　　　↕↔ 10 米

种植这种树木需要耐心,因为它的生长发育极其缓慢。叶片颜色可爱,从春季到夏季都弥漫着金黄色,最终变成绿色。黄叶夏栎是草坪标本树的终极之选。

金叶刺槐

Robinia pseudoacacia 'Frisia'　　　　　生长稳健

☀ ❋ ❋ ❋ ❋　　　　　　　　↕15 米 ↔ 8 米

最受欢迎、最常种植的金叶乔木之一。羽状复叶幼嫩时为浓郁的金色,然后先变成黄色再变成绿黄色。最后树叶在秋季变为橙黄色。♥

乔木

叶片银色或蓝灰色的乔木

与数量丰富的灌木相比，适用于冷温带气候区花园的银色或蓝灰色叶片乔木的种类很少。幸运的是，少数此类乔木涵盖了各种尺寸大小。它们的存在对花园贡献良多。

'水银' 胡颓子

Elaeagnus 'Quicksilver'　　　　　　　　生长稳健

☼ ❀❀❀　　　　　　　　　　　　　　　↕↔5 米

虽然这种胡颓子的植株呈灌丛状生长，但是它也可以整枝出单根主干，形成一株小乔木（和许多大灌木一样）。树冠疏松并向四周伸展，长着狭窄的银灰色叶片。春末或夏季开出奶油黄色星状花，花有芳香。♈

贯叶桉

Eucalyptus perriniana　　　　　　　　　生长旺盛

☼ ❀❀　　　　　　　　　　　　　　　↕6 米 ↔4 米

小型常绿乔木，树干有深色斑点和白色光泽。幼树叶圆，并有银蓝色光泽，随着树龄的增加，树叶变得更大、更长，叶色也向着蓝绿色发展。

'垂枝' 柳叶梨

Pyrus salicifolia 'Pendula'　　　　　　　生长旺盛

☼ ❀❀❀　　　　　　　　　　　　　　↕8 米 ↔6 米

一种很受欢迎的小乔木，拱形弯曲和下垂的枝条形成穹顶状或蘑菇形树冠，树枝覆盖着狭长的灰色被绒毛叶片。春季开白花，结小小的绿色果实。种植简单，表现可靠。♈

其他叶片银色或蓝灰色的乔木

聚果桉（*Eucalyptus coccifera*）
粉绿桉（*Eucalyptus glaucescens*）
蓝桉（*Eucalyptus globulus*）
冈尼桉（*Eucalyptus gunnii*），见 286 页
银白杨（*Populus alba*），见 284 页
雪梨（*Pyrus nivalis*）
绢毛白柳（*Salix alba* var. *sericea*）
小柳（*Salix exigua*），见 223 页
'淡黄' 白背花楸（*Sorbus aria* 'Lutescens'），见 277 页
沃氏花楸（*Sorbus wardii*）

△ '约翰·米切尔' 康藏花楸（*Sorbus thibetica* 'John Mitchell'）

'约翰·米切尔' 康藏花楸

Sorbus thibetica 'John Mitchell'　　　　　生长旺盛

☼ ❀❀❀❀　　　　　　　　　　　　　↕12 米 ↔10 米

这种乔木树形宽阔，最终会长出圆形树冠。叶大，幼叶表面灰绿色，背面有白色绒毛。对于长势苗壮的幼年树木，叶片长度可超过15厘米。春末开花，白花簇生。♈

叶片紫色、红色或古铜色的乔木

并非所有园丁都喜欢紫色叶或古铜色叶乔木，而且如此强烈的色彩如果使用在错误的位置无疑会十分扎眼。不过如果使用得当，紫色树叶能够营造出十分出色的效果，尤其是与银色或蓝灰色色调形成对比时。

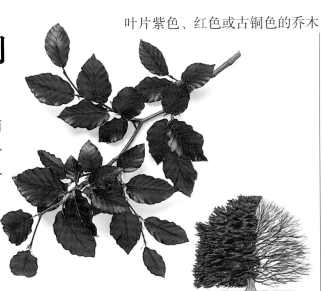

欧洲山毛榉紫叶群

Fagus sylvatica Atropurpurea Group

☀ ❄❄❄　　　　　　　　　　↕30 米 ↔ 22.5 米

这种树冠为圆形的山毛榉非常引人注目，是尺寸最大的紫叶乔木。树叶卵圆形，有波状边缘，呈有光泽的紫色，并在秋季变成浓郁的古铜色。'里弗斯'（'Riversii'）也是一个优秀的品种，有浓郁的秋色。它是最常种植的紫叶乔木之一。

'绯红王' 挪威槭

Acer platanoides 'Crimson King'　　　　　生长旺盛

☀ ❄❄❄　　　　　　　　　　↕18 米 ↔ 15 米

作为此类叶色中最常种植的乔木之一，'绯红王'挪威槭是一种大型乔木，深红紫色叶片有尖锐的锯齿，就连春季开放的簇生深黄色小花都有一抹红晕。♥

叶片紫色、红色或古铜色的其他乔木

'特罗姆彭博格' 鸡爪槭（*Acer palmatum* 'Trompenburg'）

'紫三色' 欧洲山毛榉（*Fagus sylvatica* 'Purpurea Tricolor'）

'利塞特' 海棠（*Malus* x *moerlandsii* 'Liset'）

'森林三色堇' 加拿大紫荆

Cercis canadensis 'Forest Pansy'　　　　生长稳健

☀ ❄❄❄　　　　　　　　　　↕↔ 8 米

小乔木，常为多干式，树冠呈宽阔的圆形。心形叶相对较大，呈浓郁的红紫色。春季开豌豆状花，花小、粉色，在温带气候区不总是每年大量开放。♥

△ '黑叶' 樱桃李
（*Prunus cerasifera* 'Nigra'）

'黑叶' 樱桃李

Prunus cerasifera 'Nigra'　　　　　　　生长稳健

☀ ❄❄❄　　　　　　　　　　↕↔ 10 米

这种乔木种植广泛，树冠茂密。每到春季，树枝就会密集开放粉色花。开花后长出红色幼叶，然后变为黑紫色。'紫叶'（'Pissardii'）与其非常相似，是一个同样受欢迎的品种，花白色，花蕾粉色。♥

乔木

观赏秋色叶的乔木

　　没有什么景致比秋日的一株鸡爪槭更能温暖人心了，它火红的树冠就像一团跳动的火焰。不过许多其他乔木的树叶也会提供同样浓郁的秋色，并且拥有更加微妙的各种黄色、粉色和紫色色调。下面列出一些表现最稳定可靠的种类。

拉马克唐棣

Amelanchier lamarckii　　　　　　　生长稳健

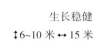

☼☀❄❄❄　　　　　　　　　　　　　↕6~10 米 ↔ 15 米

作为一流的观赏树木，拉马克唐棣有两大观赏价值：春季，灌丛状树冠被白色花朵笼罩成一团白云；秋季，红色和橙色树叶又将它变成一团火焰。不喜干燥土壤。这是秋色叶效果最稳定可靠的乔木之一。

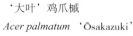

'大叶'鸡爪槭

Acer palmatum 'Ōsakazuki'　　　　　生长稳健

☼☀❄❄❄　　　　　　　　　　　　　　↕↔ 6 米

这种美丽的乔木被广泛认为是同类树木中最令人印象深刻且表现最可靠的一种。灌丛状植株呈圆形，叶七裂，在秋季变成鲜红色。所有鸡爪槭都不喜暴露地点和干燥土壤。

小糙皮山核桃

Carya ovata　　　　　　　　　　　生长稳健

☼☀❄❄❄　　　　　　　　　　　　　↕20 米 ↔ 15 米

长势苗壮的乔木，树冠最终向四周伸展。羽状复叶醒目，似白蜡树叶，秋季变成浓郁的金黄色。灰棕色树皮纵向分层剥落。在叶色斑斓的若干山核桃中是表现最稳定可靠的种类之一。

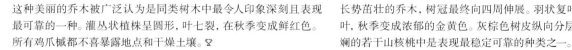

'施莱辛格'红槭

Acer rubrum 'Schlesingeri'　　　　　生长稳健

☼☀❄❄❄　　　　　　　　　　　　　↕15 米 ↔ 12 米

'施莱辛格'是一个老品种，但仍然是此类叶色中表现最佳的品种之一。叶三裂或五裂，秋季变成酒红色，浅色叶背和叶表面对比明显。树叶即使掉落在地面上也依然引人注目。

连香树

Cercidiphyllum japonicum　　　　　生长旺盛

☼☀❄❄❄　　　　　　　　　　　　　↕18 米 ↔ 15 米

一种可爱的乔木，株型优雅开展，分枝细长。叶圆形，整齐对生，萌发时呈古铜色，夏季变为蓝绿色，秋季变成黄色、粉色或紫色。不喜干燥土壤。

乔木

'优雅'黄栌

Cotinus 'Grace'　　　　　　　　　　　　生长旺盛

☼❄❄❄　　　　　　　　　　　　　　　↕5 米 ↔ 5 米

可能是拥有灌丛状圆形树冠的小乔木，也可能是多干式大灌木。醒目的树叶在夏季呈酒红色至紫色，然后逐渐变成鲜艳的橘红色。夏季开花，紫粉色小花构成硕大的蓬松花序。

其他观赏秋色叶的乔木

樱叶山楂（*Crataegus persimilis* 'Prunifolia'）
'雷伍德'狭叶白蜡（*Fraxinus angustifolia* 'Raywood'）
日本海棠（*Malus tschonoskii*）
多花蓝果树（*Nyssa sylvatica*）
大山樱（*Prunus sargentii*），见 303 页
沼生栎（*Quercus palustris*）

'兰罗伯特'胶皮枫香树

Liquidambar styraciflua 'Lane Roberts'　　　　生长稳健

☼❄❄❄　　　　　　　　　　　　　　　↕20 米 ↔ 11 米

作为所有秋季变色乔木中颜色最深、表现最可靠的种类之一，这种漂亮的标本树一开始呈圆锥形，后来逐渐伸展。叶片似槭树叶，绿色有光泽，叶片逐渐变成浅橙色再到深红紫色。不喜干燥土壤。❧

蓝果树

Nyssa sinensis　　　　　　　　　　　　生长稳健

☼❄❄❄　　　　　　　　　　　　　　　↕12 米 ↔ 10 米

这种可爱的乔木在幼年峭立或呈圆锥形，后来逐渐伸展。狭长叶片萌发时为紫色，长大后变成绿色，最后在秋季呈现出明亮的鲜红色；在秋色效果方面至少相当于多花蓝果树（*N. sylvatica*）。不喜干燥土壤。❧

帕罗梯亚木

Parrotia persica　　　　　　　　　　　　生长稳健

☼❄❄❄　　　　　　　　　　　　　　　↕7 米 ↔ 12 米

帕罗梯亚木最终会长成树冠宽阔且伸展的乔木，树皮斑驳。冬末或早春开花，花小而红，簇生。有光泽的绿色叶片在秋季变成黄色、橙色和红紫色。不喜干燥土壤。❧

'深裂叶'火炬树

Rhus typhina 'Dissecta'　　　　　　　　　生长旺盛

☼❄❄❄　　　　　　　　　　　　　　　↕3 米 ↔ 5 米

冠幅通常大于株高，这种树冠低矮的乔木拥有似蕨类的羽状复叶，叶大且被绒毛。树叶在秋季变为橘红色，此时还有茂密的红色果序。这种火炬树的树液会让敏感皮肤发生不良反应。❧

乔木

秋季至冬季可观果的乔木

许多乔木会在秋季长出漂亮的果实，但极少种类的果实能保留到冬季，此时的果实悬吊在常常光秃秃的树枝上，最具观赏价值。鸟类也喜欢冬季宿存在枝头上的果实。

'约翰·唐尼'海棠

Malus 'John Downie'　　　　　　　　生长稳健

☼ ❄❄❄　　　　　　　　　　　　↕8米 ↔5米

作为所有观赏海棠中最受欢迎的种类之一，'约翰·唐尼'的植株最初直立，然后向四周伸展。春季开白花。从秋季开始密集挂在枝头上的橙色果实稍呈椭圆形，带红色晕，可食用。✿

'斯普任格教授'海棠

Malus x *zumi* 'Professor Sprenger'　生长稳健

☼ ❄❄❄　　　　　　　　　　　　↕↔5.5米

这种大量结果的海棠拥有茂密的穹顶状树冠，秋季开始结圆形海棠果，果小，呈橘红色。春季开花，白花带粉色晕。有光泽的绿色叶片在秋季变成黄色。

'劳森'阿耳塔拉冬青

Ilex x *altaclerensis* 'Lawsoniana'　生长稳健

☼ ❄❄❄❄　　　　　　　　　　　↕10米 ↔5米

这是一种茂密的常绿冬青，植株呈宽圆柱形，并随着树龄的增加进一步加宽。叶大，有黄色泼溅状斑点。从秋季开始结出大量红色浆果。可以在附近种植一棵雄株来实现授粉。✿

'红哨兵'八棱海棠

Malus x *robus ta* 'Red Sentinel'　　生长稳健

☼ ❄❄❄　　　　　　　　　　　　↕↔5.5米

适合较小花园的最佳观果海棠之一，圆形树冠十分茂密。春季开白花。秋季簇生表面有光泽的樱桃状果实，成熟后为鲜红色，冬季不落。✿

秋季至冬季可观果的其他乔木

荔莓（*Arbutus unedo*）
'卡里埃'拉氏山楂（*Crataegus* x *lavallei* 'Carrierei'）
华盛顿山楂（*Crataegus phaenopyrum*）
山桐子 [*Idesia polycarpa*（雌株）]
黄果冬青（*Ilex aquifolium* 'Bacciflava'）
'栗叶'柯氏冬青（*Ilex* x *koehneana* 'Chestnut Leaf'），见286页
楝（*Melia azedarach*）
酸木（*Oxydendrum arboreum*），见275页
白辛树（*Pterostyrax hispida*）
'粉塔'湖北花楸（*Sorbus hupehensis* 'Pink Pagoda'）

乔木

298

栯木石楠

Photinia davidiana　　　　　　　　　生长稳健

☼ ❋ ❋ ❋ ❋　　　　　　　　　　　　‡↔ 5 米

虽然常常作为常绿大灌木种植,但它也可以整枝在单根主干上形成小乔木。初夏开白花,秋季簇生鲜红色浆果,果实经冬不落。

花楸属植物

Sorbus forrestii　　　　　　　　　　生长稳健

☼ ❋ ❋ ❋ ❋　　　　　　　　　　　　‡↔ 6 米

树冠为圆形的小乔木,每一片树叶都由众多蓝绿色小叶组成。春末开花,白色花组成形状扁平的花序。秋季结果,白色小浆果构成硕大的果序,经冬不落。

喀什米尔花楸

Sorbus cashmiriana　　　　　　　　生长稳健

☼ ❋ ❋ ❋ ❋　　　　　　　　　　　　‡↔ 8 米

幼树峭立,成年后分枝开展。羽状复叶在秋季变成金色或黄褐色。初夏开放淡粉色花,从秋季开始,枝头装饰着一簇簇弹珠大小的白色浆果。❦

'约瑟夫·罗克'花楸

Sorbus 'Joseph Rock'　　　　　　　生长旺盛

☼ ❋ ❋ ❋ ❋　　　　　　　　　‡ 10 米 ↔ 5.5 米

作为所有花楸中最受欢迎的种类之一,'约瑟夫·罗克'拥有典型的宽底花瓶状树冠,并随着树龄的增加而开展。整齐的深绿色羽状复叶在秋季色彩鲜艳,成串下垂的黄色浆果也在此时成熟。

杂色花楸

Sorbus commixta　　　　　　　　　生长旺盛

☼ ❋ ❋ ❋ ❋　　　　　　　　　‡ 10 米 ↔ 5.5 米

一种漂亮的花楸,分枝最初向上,最终向四周伸展。春季开白色花,整齐的羽状复叶在秋季变成浓郁的彩色。从秋季开始结大串红色浆果。优良品种包括'红叶'('Embley')。

梯叶花楸

Sorbus scalaris　　　　　　　　　　生长稳健

☼ ❋ ❋ ❋ ❋　　　　　　　　　　　　‡↔ 10 米

这种乔木植株宽展,有光泽的绿色叶片长成整齐的莲座状,并在秋季变成红色和紫色。春末长出扁平的白色花序,红色浆果组成硕大而密集的果序,秋冬两季不落。

乔木

拥有冬季观赏性树皮或枝条的乔木

　　很多乔木的树皮在近距离观察时都很漂亮或有趣，有些乔木的彩色或剥落状树皮尤其具有观赏性。还有一些种类的乔木，枝条为彩色或奇异地扭曲，具有一定的视觉吸引力，尤其是在冬季。

乔木

血皮槭

Acer griseum　　　　　　　　　　　　　　生长稳健

☼ ❋ ❋ ❋　　　　　　　　　　　　　‡10 米 ↔ 8 米

这种槭树以其剥落状纸质橙棕色树皮闻名，拥有典型的三裂树叶，叶片在秋季变为橙色和红色。分枝最初直立，然后开展。非常适合用于边界或大型草坪。♥

'红皮'鸡爪槭

Acer palmatum 'Sango-kaku'　　　　　　生长稳健

☼ ❋ ❋ ❋　　　　　　　　　　　　　　　‡↔6 米

这是一种令人瞠目结舌的鸡爪槭，向上伸展的分枝在冬季萌发新的枝条，新枝在第一年呈漂亮的珊瑚粉色，后来颜色加深。叶裂可爱，春季新叶呈橙黄色，成熟后呈绿色，秋季变为黄色。♥

美国荔莓

Arbutus menziesii　　　　　　　　　　　生长稳健

☼ ❋ ❋ ❋　　　　　　　　　　　　　‡15 米 ↔ 12 米

美国荔莓是一种漂亮的常绿乔木，树冠开展，叶片深绿色。光滑的红色树皮剥落后露出豌豆绿色的新树皮。初夏开花，花白色、坛状；结橘红色果实。♥

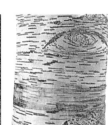

△白糙皮桦（*Betula utilis* var. *jacquemontii*）及其品系

'多伦波斯'白糙皮桦

Betula utilis var. *jacquemontii* 'Doorenbos'　　生长旺盛

☼ ❋ ❋ ❋　　　　　　　　　　　　　‡15 米 ↔ 8 米

长势健壮的桦树，因其茎干和分枝的白色树皮而广受欢迎。树叶在秋季变成黄色。同样拥有白色树皮的品种还包括'银影'（'Silver Shadow'）、'格雷斯伍德幽灵'（'Grayswood Ghost'）和'杰利米'（'Jermyns'）。所有品种在春季都长出下垂的菜荑花序。♥

△雪桉（*Eucalyptus pauciflora* subsp. *niphophila*）

△ 细齿樱桃（*Prunus serrula*）

雪桉

Eucalyptus pauciflora subsp. *niphophila*   生长稳健

☼❀❀❀   ↕10 米 ↔ 8 米

这种常绿乔木的革质灰绿色叶片生长在有光泽的枝条上，嫩枝粉白色。主分枝和主干的树皮呈薄片状剥落，形成斑驳的灰色、奶油色和绿色。蓬松的夏季花序为白色。在幼年时种植。♋

细齿樱桃

Prunus serrula   生长稳健

☼❀❀❀   ↕↔ 10 米

棕红色树皮光滑并呈剥落状，让它成为所有樱桃中最受欢迎的种类之一。春季开白色花，花小，不显眼。叶细长，呈柳叶刀形且锐尖，秋季变成黄色。♋

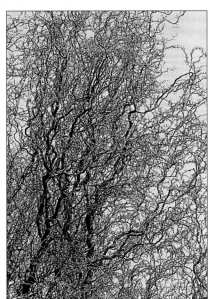

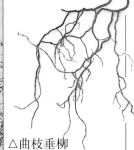

△曲枝垂柳（*Salix babylonica* var. *pekinensis* 'Tortuosa'）

斑叶稠李

Prunus maackii   生长稳健

☼❀❀❀❀   ↕12 米 ↔ 10 米

这种乔木一开始为圆锥形，后来逐渐伸展。树皮光滑有光泽，黄棕色或琥珀色，如同桦树般条带状剥落。春季开白色花，穗状花序小。树叶秋季变成黄色。'琥珀美人'（'Amber Beauty'）也拥有漂亮的树皮。

曲枝垂柳

Salix babylonica var. *pekinensis* 'Tortuosa'   生长旺盛

☼❀❀❀   ↕15 米 ↔ 10 米

幼年植株峭立，后来逐渐开展。这种柳树很容易辨认，长而扭曲的分枝和枝条上覆盖着狭长、扭曲的叶片。冬季无叶时，这种树木的奇特轮廓非常引人注目。♋

乔木

多用途乔木

在为你的花园选择一棵合适的乔木时，可以考虑拥有不止一项观赏特性的种类。在空间有限的小型花园，这一点尤其重要。幸运的是，很多乔木都能提供若干观赏特点的组合，例如富有吸引力的花、果实和树叶，或令人过目难忘的秋色和冬季树皮。

'黄苞'四照花

Cornus 'Porlock'　　　　　　　　　　生长稳健

☼ ❄ ❄ ❄　　　　　　　　　　　　　↕↔8 米

光是花就值得种植。初夏开花，星状奶油白色花序覆盖在向四周开展的分枝上。然后花逐渐变成玫红色，并在秋季结出下垂的草莓状果实。树叶进入冬季不落。❦

△细柄槭（*Acer capillipes*）

细柄槭

Acer capillipes　　　　　　　　　　生长稳健

☼ ❄ ❄ ❄　　　　　　　　　　　↕10 米 ↔ 8 米

这种最迷人的槭树拥有向四周开展的枝条和色彩绚烂的三裂叶片，树皮和秋色是它的主要观赏价值所在。主干和大分枝的树皮呈深绿色，有银色或浅绿色辉纹。❦

土耳其榛

Corylus colurna　　　　　　　　　　生长稳健

☼ ❄ ❄ ❄　　　　　　　　　↕20 米 ↔ 6~10 米

一种华丽的乔木，圆锥状树冠——即使老树也不变形——和冬季粗糙不平的灰色树皮让它很容易辨认。冬末长出下垂的茱萸花序，然后生长硕大的心形叶。秋季树叶变成黄色。❦

杂交荔莓

Arbutus x *andrachnoides*　　　　　　生长稳健

☼ ❄ ❄ ❄　　　　　　　　　↕8 米 ↔ 8~10 米

植株通常为多干式，这种漂亮的常绿乔木以其血红色老树皮闻名，老树皮剥落后露出豌豆绿色的新树皮。绿色叶片有光泽，具锯齿，秋季至春季先后开白色花，结红色浆果，花果均簇生并下垂。❦

珙桐

Davidia involucrata　　　　　　　　　生长稳健

☼ ❄ ❄ ❄ ❄　　　　　　　　↕15 米 ↔ 10~15 米

当之无愧的"全能"乔木，这种令人印象深刻的美丽树木在冬季拥有粗糙不平的树皮，在秋季有绚烂的彩叶，而春末开出引人注目的下垂花朵，花有美丽的白色苞片。它唯一的缺点是需要大约15年才能开花! ❦

乔木

其他多用途乔木

血皮槭（*Acer griseum*），见 300 页
'白老虎'槭（*Acer* 'White Tigress'）
红花荔莓（*Arbutus unedo* f. *rubra*）
广玉兰（*Magnolia grandiflora*），见 286 页
'黄油球'海棠（*Malus* 'Butterball'）
花叶海棠（*Malus transitoria*）
晚绣花楸（*Sorbus sargentiana*）
紫茎（*Stewartia sinensis*）
'火烈鸟'香椿（*Toona sinensis* 'Flamingo'）

△毛山荆子（*Malus baccata*
var. *mandschurica*）

毛山荆子

Malus baccata var. *mandschurica*　　　生长旺盛

☼❋❋❋　　　　　　　　　　　↕↔12 米

这种乔木拥有圆形树冠，细长的分枝在春季开满白色芳香花朵。小而圆的红色果实从秋季挂到冬季，而斑驳的片状剥落树皮也是一道景致。表现可靠，生命力顽强。

弗洛伦萨海棠

Malus florentina　　　　　　　生长稳健

☼❋❋❋❋　　　　　　　↕10 米 ↔ 5~5.5 米

植株一开始为穹顶状，然后变得更加圆润，这种鲜为人知的海棠在冬季拥有灰色和橙棕色相间的片状剥落树皮。叶裂可爱，叶片在秋季变成紫色或红色。春末开花，花小、白色，花蕾粉色。

柔毛石楠

Photinia villosa　　　　　　　　生长稳健

☼❋❋❋❋♚　　　　　　　　　　↕↔5 米

这种小乔木用途多样，树形宽展，叶片深绿色，幼嫩时呈古铜色，并在秋季变成火焰般华丽的橘红色。春末开花，白色花簇生。从夏末开始结果，果小、红色。♚

大山樱

Prunus sargentii　　　　　　　生长旺盛

☼❋❋❋❋　　　　　　↕10~12 米 ↔ 6~10 米

日本樱花中表现最可靠且长势最健壮的种类之一。早春花叶同放，大量单瓣粉色花与铜红色嫩叶同时出现。初秋，树叶呈现出绚烂的红色和橙色。♚

单体蕊紫茎

Stewartia monadelpha　　　　　生长稳健

☼❋❋❋❋♚　　　　　　　　　↕10 米 ↔ 8 米

幼树峭立且呈圆锥形，随着树龄的增加逐渐开展。夏季开花，绿色叶片中开放白色小花。树叶在秋季变为橙色和红色，剥落的树皮呈现出斑驳的效果。不喜干燥土壤。♚

圆柱形乔木

植株呈圆柱形的乔木非常有用。它们可以很容易地容纳于空间受限之地，如小型花园或形状又长又窄的地块。它们还能提供突出的结构性效果，打破原本低矮或水平的种植，并提供视线焦点。大多数种类还有其他观赏特性。

'道维克紫' 欧洲山毛榉

Fagus sylvatica 'Dawyck Purple'　　　　　生长旺盛

☼ ❀ ❀ ❀　　　　　　　　　　　　　‡20 米 ↔ 5 米

道威克氏山毛榉的深紫版本，被有些人描述为火焰形，是花园中的一道醒目景致，尤其是与尺寸较小且更圆润或株型宽展的其他乔木种植在一起时。♀

'柱冠' 红槭

Acer rubrum 'Columnare'　　　　　　　生长旺盛

☼ ❀ ❀ ❀　　　　　　　　　　　　　‡15 米 ↔ 5 米

该品种最初为细长的圆柱形，分枝细长直立，和主干松散地长成一束。这些分枝后来会逐渐宽展，树枝上覆盖的叶片在秋季变成黄色、橙色和红色。'博豪'红槭（*A. rubrum* 'Bowhall'）也是一个优良品种。

'星尘' 六柱授带木

Hoheria sexstylosa 'Stardust'　　　　　生长旺盛

☼ ❀ ❀ ❀　　　　　　　　　　　　　‡8 米 ↔ 2~4 米

很少有常绿乔木比它更适合用于小型花园。幼树呈宽圆柱形且植株紧凑，老树株型变宽。叶小、绿色，有光泽，具齿。仲夏开花，白色星状花大量簇生。♀

'柱冠' 糖槭

Acer saccharum subsp. *nigrum* 'Temple's Upright'　　生长缓慢

☼ ❀ ❀ ❀　　　　　　　　　　　　　‡12 米 ↔ 5 米

宽圆柱形乔木，向上伸展的分枝密集地覆盖着硕大的五裂树叶，叶片在秋季变为黄色和橙色。在夏季温暖、冬季寒冷的地区生长得最好，如欧洲和北美。

乔木

'柱冠'北美鹅掌楸

Liriodendron tulipifera 'Fagistiatum'　　　　生长稳健

☼※❀❀❀　　　　　　　　　　　　↕20 米 ↔ 8 米

北美鹅掌楸是适用于大型花园的最漂亮、最出类拔萃的乔木之一。这个柱冠品种同样令人印象深刻,幼树呈圆柱形,随着树龄的增加变为窄圆锥形。形状奇特的树叶在秋季变为黄色。

> **其他圆柱形乔木**
>
> '弗兰斯·方丹'欧洲鹅耳枥 (*Carpinus betulus* 'Frans Fontaine')
> 灰岩密藏花 (*Eucryphia* x *nymansensis* 'Nymansay')
> 钻天杨 (*Populus nigra* 'Italica')
> '伦巴第'黑杨 (*Populus nigra* 'Lombardy Gold')

△天川樱 (*Prunus* 'Amanogawa')

天川樱

Prunus 'Amanogawa'　　　　生长稳健

☼❀❀❀　　　　　　　　　　　　↕10 米 ↔ 4 米

这种樱花的分枝最初十分紧凑,但随着植株的成熟而宽展。春季开花,花大而芳香,半重瓣,浅粉色,密集开放在分枝上。树叶常有浓郁的秋色。是所有樱花中最流行的种类之一。♀

'柱冠'栎

Quercus x *rosacea* 'Columna'　　　　生长稳健

☼※❀❀❀　　　　　　　　　　　　↕20 米 ↔ 6 米

在夏栎和欧岩栎的杂交后代中选育的杰出品种,植株呈宽圆柱形,分枝紧凑,向上伸展,树叶深绿色。非常适用于林荫大道和规则式种植。

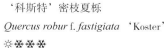

'科斯特'密枝夏栎

Quercus robur f. *fastigiata* 'Koster'　　　　生长缓慢

☼❀❀❀　　　　　　　　　　　　↕18 米 ↔ 6 米

'科斯特'密枝夏栎是夏栎的宽圆柱形品种。向上伸展的枝条覆盖着浓密的鲜绿色树叶。是适用于规则式风景和道路的优良树种。♀

乔木

室内植物

　　无论家里已经装饰得多么迷人、舒适，植物总能让它再迷人、更舒适。即使是小房间，也能容纳至少一株植物，而要将自然引入室内，可以选择的花朵和绿叶多种多样，令人眼花缭乱。

△ 低调的客人　光纤草（Isolepis cernua）的尺寸小得足以容纳于最狭窄的空间，只要有光照就能活得很好。

◁ 室内花园　温室可以让你种植自己最喜爱的异域热带植物，尤其是如果有冬季加温设施的话。

室内植物从哪里来

如果我们要在家里复制许多室内植物在野外的自然生长环境，那我们就不得不搬出家门——大多数室内植物的自然生长条件对我们都非常不利。不过，了解某种植物的自然生境能够帮助你满足它的部分需求，为它提供在室内茂盛生长的最佳机会。绝大多数常见的室内植物来自下列三大气候类型：热带气候、半荒漠气候，以及地中海气候。

热带雨林

热带雨林主要分布于东南亚、澳大利亚东北部、非洲赤道地区，以及中南美洲地区。在这里，周年不变的温暖、高湿度和充沛的降水共同发挥作用，促进了多样植物茂盛、持续的生长。绿萝（*Epipremnum*）、龟背竹

◁ 热带雨林中的攀援植物　生活在树冠中的植物，如这株喜林芋（*Philodendron erubescens*），需要中等光照和高湿度才能茂盛生长——这与它们在热带雨林中的生活环境相似。

◁ 波多黎各的热带雨林　各种植物竞相争夺光照和水分，使得茂盛的植被覆盖了每一寸空间。这棵树上生长着一株附生凤梨。

（*Monstera*）和喜林芋（*Philodendron*）等藤蔓和攀援植物会攀爬上高大乔木的树冠，所以在家中它们需要较大空间以及湿润苔藓柱或框架的支撑。常常覆盖着苔藓的乔木树枝是许多附生植物的家园，它们是非寄生性植物，喜欢生长在高处，避开森林地被的生存竞争。常作为室内植物种植的附生植物包括许多蕨类和兰花，以及大多数凤梨科植物，包括光萼荷属（*Aechmea*）、水塔花属（*Billbergia*）、铁兰属（*Tillandsia*）和剑凤梨属（*Vriesea*）等。热带雨林光线昏暗，且富含腐殖质的地被层被浓密的乔木树冠遮挡，免遭阳光直射，这里是许多观叶植物的自然生境，如亮丝草属（*Aglaonema*）、花烛属（*Anthurium*）、肖竹芋属（*Calathea*）、花叶万年青属（*Dieffenbachia*）和合果芋属（*Syngonium*）等。在家居室内，它们需要温暖、潮湿的空气并远离阳光直射。

干旱或半荒漠气候区

半荒漠生境分布于非洲南部、美国西南部、墨西哥和南美洲部分地区。这些地区气候干燥，阳光强烈，白天炽热，夜晚寒冷，却令人意外地生长着众多种类的植物，包括芦荟属（*Aloe*）、青锁龙属（*Crassula*）、大戟属（*Euphorbia*）、十二卷属（*Haworthia*）、伽蓝菜属（*Kalanchoe*），以及各种仙人掌如金琥属（*Echinocactus*）、强刺球属（*Ferocactus*）和子孙球属。许多喜炎热干燥条件的仙人掌和多肉植物最适合用于阳光充足的窗台或室内的类似地点。然而，附生仙人掌，如来自巴西的丝苇属（*Rhipsalis*）和蟹爪兰

◁半荒漠气候　干旱气候区，如这条位于亚利桑那州的峡谷，拥有令人吃惊的一系列植物物种。左边的白云锦（Oreocereus trollii）是典型的喜干燥炎热的植物。

数这些植物来说，温暖且阳光充足的地点和经常浇水是理想的生长条件。

自然光照

对于大多数开花植物而言，从仙客来这样的季节性盆栽植物到叶子花这样的异域植物，良好的光照都是最至关重要的因素，无论起源自哪里或者对温度、湿度的要求如何。来自欧洲冷温带地区的许多开花植物如雪花莲和报春比较耐寒，可以在开花之后种在花园中。

适者生存

植物拥有极强的适应性，不要觉得在家里种植它们很困难；它们能够忍耐看似有害的条件，只要这些条件不是特别恶劣或者持续时间很长。

属（Schlumbergera），以及来自墨西哥和中美洲至西印度群岛的昙花属（Epiphyllum）都生长在森林中，因此无法忍受暴露在盛夏的阳光下。

地中海气候区

处于这两种极端情况之间的是地中海气候区，夏季炎热干燥，冬季温和湿润。许多室内植物，包括波罗尼亚属（Boronia）、南非欧石楠、梳黄菊属（Euryops）、桃金娘属（Myrtus）、天竺葵属（Pelargonium）、木薄荷属（Prostanthera）、鹤望兰属（Strelitzia），以及许多棕榈植物都源自该类型的气候区。在室内，对大多

▷地中海气候区的棕榈　右图中的加那利海枣（Phoenix canariensis）和最右图中的智利椰子（Jubaeachilensis）在幼年时都可以种植在室内。

为你的家选择正确的植物

　　放置在正确地点的正确植物会健康生长，充满活力，并保持多年的茂盛状态；而放置在错误地点的不恰当的植物永远都不会有好的表现，甚至可能死亡。所以你应该花点时间为你想要装点的空间选择与其匹配的室内植物，并将其他影响种植地点的因素考虑在内。

△卧室　在你自己的房间里，让个人品位占据主导地位。在这里，气温通常温和且极少波动，这对很多植物来说非常理想。

弱光位置　阴凉处很适合种植常春藤或蜘蛛抱蛋。

整洁的角落　硕大的叶片很容易清洁打扫。

季节性盆栽　容易打理的季节性盆栽植物常常能够提供一抹色彩。

卧室

起居室

标本植物　一株醒目或缤纷的观叶植物在中等光照条件下创造出醒目的效果。

中等光照　这个半遮式窗台适合许多观叶植物的生长。

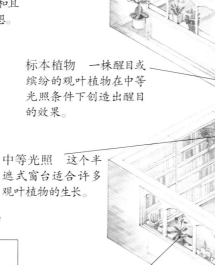

适用于起居室的秋海棠Foliage begonias for the sitting room

光照分布

种类有限的植物可忍耐低水平光照

阴影区域只适合临时摆放

窗户附近的中等水平光照适合大部分植物阳光直

射下的窗台提供最强烈的全日照，但对于某些植物来说过于强烈

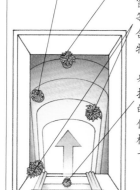

干燥的空气　在冬季将凤梨或任何其他可忍耐干燥空气的植物放置在暖气片上方。

桌上摆放　株型低矮的植物不会阻挡室内的视线。

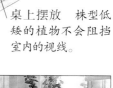

小景致　这株鲜艳的秋海棠点亮了平淡的家居装饰。

▷起居室和餐厅　起居室或餐厅拐角处的一丛醒目植物能创造出美妙的室内"边界。"精心布置它们的位置，将较高的植物放在后面，颜色可与装修互补或形成对比。

常见的危险

接触有毒植物时要小心，教儿童不要吃任何植物或种植基质。将有毒或多刺植物放置在儿童够不着的地方，不要在通道处放置吊篮或立在地板上的大型植物。吊篮和支架要安装稳固。

高湿度 蕨类植物在温暖、湿润、中等光照地点茂盛生长，如浴室的角落里。

被忽视的角落 放置在角落中的植物可能会遭到忽视；丝兰属植物能够忍耐这种忽视。

热带标本植物 和其他热带植物一样，这株卧花竹芋可以在温暖的浴室中茂盛生长。

浴室

楼梯平台

有问题的角落

所有植物都需要一定程度的光照：能够在幽暗角落中正常生长的植物种类很少。在这里使用临时性的室内植物，或者将永久性室内植物只摆放数周时间。使用镜子将光线反射到该区域，或者将周围的墙粉刷成白色。蜘蛛抱蛋是能够忍受门对面多风角落的少数植物之一。

多风的门厅 从前门吹进来的冷风可能会杀死植物。

门厅

清洁空气 使用有益植物吸收办公设备排放出的有害物质。

家庭办公室

喜爱炎热的植物 芦荟（*Aloe vera*）能够忍耐种植在炉子旁边，而且它的叶片可以缓和烫伤。

用于厨房的混合香草

假日浇水 当你外出时，将植物搜集起来，放置在凉爽地点有毛细作用的垫子上。

生动的色彩 使用非洲紫罗兰或其他观花植物装饰餐桌。

厨房

阳光充足的窗台 这是一系列香草的理想地点。

没有阳光直射的窗台 适合进行扦插繁殖。

◁ **厨房** 不断变化的热浪、湿度和气流可能会造成问题。将植物放置在角落、窗台，以及远离工作区的平面上。可以考虑在厨房中培育扦插苗，因为这样你每天都会看到它们。

使用室内植物进行设计

在购买植物时，带上房间的地毯或粉刷样本，以便选择与装修形成互补或有趣对比的植物。要考虑植物的形状和叶片、整体大小、你能够使用的空间，以及植株完全成熟后的尺寸——许多销售中的植物都是幼年植株。如果你不确定自己想要什么，只需要记住，一株普通的绿叶植物是最百搭的。

日常养护

如果你想种出引人注目的优质室内植物，良好的管理养护是不可或缺的。选择了一株健康的植株，并找到能够满足它对光照和热量需求的地点，在这之后，有规律的施肥和浇水至关重要。这需要你每天都花一点时间，但回报绝对是丰厚的。

选择健康的植株

从声誉可靠的商家购买植物，如花店或园艺中心，而非杂货店或汽车修理厂——在这些地方，售卖植物往往是后来随意添加的业务。在四周多逛逛，找一家优质供应商。如果不耐寒的植物被摆放在寒冷的过道或冷风直吹的商店，不要购买它们。在购买之前，对植物进行一次快速的健康检查。植株应完好无损，形状良好，叶片没有萎蔫的迹象；没有无病虫害的迹象（见左）；观花植物应该有很多花蕾或少数花已经开放，没有枯死的花；种球饱满并完好无损。植物的根系也是其健康状况的指示器——可以把植物从花盆里磕出来仔细观察：根系稀疏或粗鄙难看的植株可直接忽略；根系在花盆中过于拥挤的也别考虑，如根系从花盆的排水孔中钻出来；确保基质是湿润的，不要干透也不能涝渍。最后，不要选择带有"倦容"的植株，看起来无精打采，缺少生气。

检查有无害虫
检查叶背、花蕾和生长点上有无隐藏的害虫。

检查有无茎腐病
检查植株中心，看有无任何黏滑或腐烂的叶片。

购买后的运输

将植物运回家的途中，把它们装进袋子、箱子或塑料套管中进行保护。把新买来的植物安稳地放置在水平面上，防止它们跌倒受损。不耐寒的植物在寒冷天气中非常容易受损，所以在秋冬两季，温暖的小轿车是运将它们的优良交通工具。但是，不要将任何植物留在气温较热的小轿车中太久，否则它会很快失水萎蔫。

使用塑料套管进行保护

安置新植物

到家之后，马上拆掉新植物的包装，如果必要的话为它浇水。找一个能够满足该植物大多数需求的位置，给它两或三周的适应时间。植株一开始会因为环境的突然变化而掉落花或叶片，但只要你持续提供正确的养护，它们很快就会恢复过来。在新植物适应之前，不要移动它们。

为新植物留出适应环境的时间

光照

大多数室内植物能够在中度至明亮光照下茂盛生长，而且植物的需求越能得到满足，它们就会生长得越好。需要注意的是，斑叶或彩叶植物通常比绿叶植物需要更高的光照水平。

只有少数植物如仙人掌和多肉植物，能够忍耐灼热的直射阳光。通过窗户玻璃的放大，阳光可能会特别强烈。即使对于喜爱阳光的植物，也要在夏季阳光最灼热的时候提供保护或遮阴。对于耐阴植物，特别是那些叶片色彩鲜艳的种类，可以临时性地摆放在非常幽暗的角落，但是要记得每过两或三周将它们转移到更明亮的位置，让它们恢复过来。在这些条件下以及冬季光照水平极低时，你还可以使用植物生长灯或荧光灯管提供光照。

因为植物会向着最近的光源自然生长，应该定期转动花盆，让植株均匀生长。某些观花植物是例外，如蟹爪兰（*Schlumbergera*），因为转动花盆会让它们的花蕾掉落。

追寻阳光 这株植物因为向着光源生长而变得弯曲。

温度

对于一种植物来说，如果温度太低，它的生长会减缓或停止；如果太高，植物会生长得细长纤弱，特别是在较低的光照水平下。然而，如果减少浇水，植物常常能够忍耐较低的温度（例如在冬季）。同样，除了仙人掌和多肉植物，大多数植物在湿度增加且通风改善的情况下也能够忍耐较高的温度。然而，大多数室内植物偏爱恒定的温度；注意气流，夜晚关闭的暖气片，或者对烹饪器皿或其他家用设备的使用，都会导致温度水平的波动。此外，在过夜温度较低时，将窗台上的植物挪到别的地方然后关闭窗帘，因为即使是中央供暖系统，也无法保护植物免遭温度骤降的危害。在其他情况下，可以打开窗帘。

湿度

作为一般性规律，温度越高，植物所需的湿度也越高。每天用喷雾器为你的植物喷几次水是增加湿度的一个简单方式。使用微温的软水；在水质硬的地区，使用凉白开或新鲜的雨水，否则叶片上会留下类似白垩的沉积物。不要喷在娇嫩的花上，特别是在强光下，或者对于叶片有毛的植物。避免将水喷在周围的家具上。或者，将需求相似的植物种植在一起，最好是在一个卵石托盘上（见上图）。每一株植物都会蒸腾水分，从而增加湿度。你还可以将一株植物立在更大的花盆或容器中，在两个花盆的空隙中填充湿润的草炭基质，然后按需求浇水。发烧友还可以购买一台加湿器。

保湿卵石托盘 将若干花盆放置在一层卵石上。将水添加至花盆底部的位置，必要时添水。

施肥

经常施肥对于良好的种植效果至关重要。使用观花室内植物（或番茄）肥料促进开花，使用观叶室内植物肥料（富含氮）促进茎叶生长。或者使用普通肥料，其中含有比例均衡的有利于健康生长的营养元素。如果对于某种植物，推荐使用适于杜鹃花科植物的肥料，那么软水和不含石灰的基质也有益于这种植物。只在活跃生长期施肥；除非在独立条目中另有说明，否则不要为休眠期的植物施肥。永远不要为基质干燥或涝渍的植物施肥。施肥不足会让植物虚弱，缺少生气；施肥过量会导致根系灼伤，产生的症状与过量浇水相似。缓释肥呈长钉状或弹丸状（见下图），混合在基质中使用，如果你容易忘记为自己的植物施肥，它们是理想的选择；液体肥料或可溶性粉末肥料会被迅速吸收。一些特定植物类群有专属的特制肥料，如非洲紫罗兰、仙人掌、杜鹃花科植物以及兰花。

叶面饲喂 叶面施肥喷洒稀释的液态肥，让衰弱的植株恢复活力。

肥料类型

长钉状	可溶性粉末	液态肥	弹丸状

浇水

浇水需要细心——过度浇水杀死的室内植物比其他任何原因杀死的都多，如果浇水太少，花盆底部的根就会干掉。要判断植物是否需要浇水，可以将手指伸进基质中；如果土壤粘附在手指上，说明它仍然是湿润的。或者用手指揉搓土壤以查看其湿润程度，或者使用在需要浇水时会变色的浇水指示棒测试。

使用微温的水浇水。自来水适用于大多数植物，但水质较硬的地区并非如此，在这样的地区，应该使用凉凉的煮沸自来水，或者新鲜的雨水。杜鹃等喜酸植物总是需要软水。种植在小花盆中的植物、叶片有毛的植物以及仙客来应该从下面浇水（见左图）。其他大多数植物都可以使用带有狭窄壶口的水壶（见下图）从上面浇水。浇水之后，将多余的水倒掉；不要让花盆立在一碟水中。严重脱水的植物应该浸在水中（见下图）。将涝渍后的植株从花盆中移出，等待基质晾干后，再重新上盆。

从下面浇水
在浅碟中倒水，将没有被吸收的水倒掉。

从上面浇水
在基质上浇水，避开叶片。

拯救严重脱水的植物
将干燥的土壤打碎，然后将花盆放在一盆水中，直到土壤湿润；在叶片上喷水。然后排水，等待植株恢复。

清洁室内植物

使用柔软并微微湿润的布或棉绒擦拭有光泽的叶片（右）。如果叶片上有很多尘土，先用柔软的毛刷将灰尘扫走。不要刷或擦拭新叶，因为它们很容易受损。叶片光泽剂可以偶尔用在光滑叶片上，但不要用于嫩叶或多毛叶片。使用化妆毛刷扫去多毛叶片上的灰尘（左）。如果要清洗植物，可以在春季或夏季下小雨时把它们放在室外冲洗，或者用微温的软水在低水压下淋浴。小型植物可以倒扣在一盆微温的水中清洗。用塑料袋裹住花盆，或者用手指挡住花盆口，防止基质被倒出来。

更长期的养护

除了对室内植物的日常养护，还需要采取其他措施确保你的植物处于优良状态。经常换盆和修剪可以增加它们的寿命，促进开花，长叶和结果。整枝对于攀援植物至关重要，能够提供支撑并创造引人注目的景致。

换盆和重新上盆

大多数植物每过 2~3 年都需要换盆。如果植株的高度相对于花盆尺寸来说太高，如果根系从排水孔中长出，如果植株矮小发黄（即使常常为植株施肥），如果需要频繁浇水，如果根坨非常拥挤，就要为植株换盆。对于君子兰属植物（Clivia）和所有种类的兰花，当它们"爬出"花盆外时为它们换盆。

每年检查一次所有植株，在它们尚未开始生长之前的晚春换盆。新购买的植物可能需要立即换盆。确保你为每种植物都选择了适当的基质（见左方框）。

基质类型

室内植物基质 以草炭为基础的基质；较大植物适合使用以壤土为基础的基质。

种植球根植物的椰壳纤维 不含草炭的混合基质，可提供良好的排水。

仙人掌基质 含有缓释肥，用于多肉植物。

对于大多数植物，换盆时需要通过大量浇水浸透根坨，然后排掉多余的水，再将植株从花盆中拔出来。为了做到这一点，你可能需要将一把旧厨房刀插入花盆或基质之间，甚至要将花盆打破。要将大型植株的花盆拔下来，你可能需要一个帮手来扶住植株。如果根系过于紧密，可将它们向外梳理，促进根系扎入新基质中。将多刺植物从花盆中移出时要使用纸质套管。

选择花盆

赤陶花盆是多孔渗水的，所以其中的植物不容易浇水过量。塑料花盆能保持更多的水，所以塑料花盆中的植物的浇水频率不需要那么频繁。未上釉的花盆不防水。重黏土花盆更适合较高的植物。将花盆立在浅碟中，接住漏出来的水，并防止对家具造成破坏。对于底部没有排水孔的花盆，应该使用一层较厚的排水材料，小心地浇水，注意不要发生涝渍的情况。

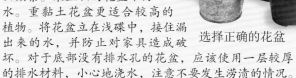
选择正确的花盆

季节变化

大多数室内植物都可以在夏季放在室外，此时的夜间气温足够温暖。记得为它们施肥浇水。某些植物需要低温冬眠，并减少浇水，如仙人掌和多肉植物。其他植物在冬季处于完全休眠的状态，只需保持湿润即可。短命植物常常随季节变化呈现特殊色彩；如果在开花后将它们放进温室或移栽室外，部分种类可以活得更长。

冬季色彩

上盆时，选择一个比老花盆大一或两号的干净花盆。新的赤陶花盆应该浸泡过夜之后再使用。在花盆底部铺设黏土花盆碎片、卵石或聚苯乙烯碎片以帮助排水。将植物放置在新花盆的中央，使根坨置于花盆边缘下方大约 5 厘米处。在花盆和根坨之间填充基质，一边填埋一边将基质压实。当基质正好没过根坨时，使用微温的水浇水并等待多余的水排走。将植物在中等光照强度下放置两周时间，然后再转移到其固定的摆放位置。基质表面再次干燥之前不要浇水。想要限制植物的生长，将它重新上盆到原来的花盆中（见上图）。

重新上盆 松动基质，更换表面5厘米深的基质，施肥，然后将植株重新放回花盆。

如何换盆

换盆时机
从排水孔伸出的根系说明植株需要一个新的花盆。

从花盆中移出
将表层基质从根坨上方刮走。

准备新花盆
添加排水材料。覆盖湿润基质。

压实
将植株放进新花盆，用基质压实。

修剪

轻度修剪使植物的生长处于控制之下。修剪宜在春季进行。总是剪至朝外的单芽或对生芽处。重度修剪，仅保留植株基部的少数几个芽，这样可以促进灌丛状生长，让衰老羸弱的植株再度焕发生机。蔓性植物如紫露草属（*Tradescantia*）和香茶菜属（*Plectranthus*）对这种处理反应良好。重剪后减少浇水直到新的茎叶长出，然后随着枝条的伸长增加浇水。使用普通室内植物肥料为植株施肥也有助于恢复。然而，不要对长势苗壮的植物施加重剪，除非你想让它们长出稠密成团的枝叶。

形态提升
修剪可以改善植株的形态，疏减纠缠的枝叶，控制植株的大小。

柔软幼嫩的茎尖可以用大拇指和手指掐掉，也可以用园艺剪刀剪掉。这个过程（被称为"掐尖"）能够促进分枝。被去除的部分可以作为扦插材料。

已经枯萎的花应该立即去除，不过也有例外，例如观赏性植物，或球兰属植物（*Hoya*），因为花上的距生长着形成第二年花序的芽。

最后，为了促进植株形状的均衡及健康生长，请清除任何细弱、染病、死亡的枝叶。如果有枝条朝向中央生长，破坏植株形状，则应在其出现时立即剪去。

修剪工具

剪刀　修枝剪

掐尖
掐去柔软的茎尖，促进蓬勃分枝，避免植株散乱生长。

当你外出度假时

将植物放置在毛细垫或替代物如一块旧毛巾上，然后将一端放进一盘水中（左）。或者用棉质鞋带或绳子做一条灯芯，将一端放入水中，另一端埋进基质里。或者只是将家里的植物集中在一起，放在远离极端温度或光照的地方，然后请一位朋友为它们浇水。

整枝

攀援植物的整枝方法取决于植物的生长习性。单根或搭建成三脚架状的细杆是常用的支撑物。用夹子或柔软的细绳将植物的柔软枝条固定在支撑结构上。不要将枝条包得太紧。将茉莉等植物的枝条缠绕在铁丝环上。在铁丝环末端，将枝条反方向缠回去或者继续顺着原来的方向缠绕。每年修剪一次，并将新长出的枝叶绑扎进来（见下图）。还可以将植物整枝牢固地插入基质或固定在墙壁上的框格棚架上。白粉藤属（*Cissus*）以及其他拥有卷须和缠绕茎的植物最终会覆盖整个框架，并为自身提供支撑。

苔藓杆是攀援或缠绕植物的良好支撑，尤其是拥有气生根且喜欢高湿度的种类。可以使用细铁丝管和基部交叉的竹竿自己制作。在铁丝管中塞入苔藓，然后将它插进花盆，周围埋上基质。苔藓要一直保持湿润。用发夹或弯曲的金属丝将气生根钉在杆子上。或者，将一层厚厚的泥炭藓缠绕在某种狭窄的塑料管上，然后用尼龙钓鱼线绑扎固定。管子基部不要填充苔藓，以便其插入基质中。

要展示气生植物，可将它们放在一块死掉的木头上。将泥炭藓堆在根部，然后用尼龙线将苔藓绑扎结实。

常规整枝
解开散乱的枝条后修剪，再重新固定。从基部剪去老枝。新枝条会很快长出来。

顺着苔藓杆生长
永久湿润的苔藓杆是最好的攀援支撑。

整枝植物的支撑结构

竹竿三脚架
将卷须缠绕在竹竿上，绑扎枝条。

单根杆
小心地插入杆子，以免损伤根系。

建议铁丝环
这里使用了两个铁环，可以随着植物的生长增加更多铁环。

繁殖

繁殖室内植物是增加植物数量的一种简单、廉价且令人享受的方法。繁殖时间一般是春季，不过很多植物都可以在一年当中的任何时间繁殖。下面简要地列出了最常用的方法。对于各种植物，使用其条目中建议的方法进行繁殖。

茎尖和半硬枝扦插

茎尖插条采自柔软枝条的尖端，而半硬枝插条有坚实的基部，并在压力作用下发生弯曲。从春季至夏末从不开花的枝条上采集插条。用锋利的小刀从健康枝条的叶片连接处下方切下，插条长度为7.5~10厘米。摘掉底部叶片，用插条基部蘸取激素生根粉。在花盆里的扦插基质中戳一个洞，插入插条，轻轻压实周围的基质。你可以在一个花盆中扦插数根插条。充分浇水并等待多余的水排掉，然后标记植物名称和扦插日期。将花盆放入繁殖箱，或者套上透明的聚乙烯袋子并将袋口松散地扎起来。不要这样覆盖仙人掌、多肉植物或天竺葵，否则它们会腐烂。放置在远离直射阳光的明亮处，气温为18℃左右。一旦出现生长迹象，就将插条从繁殖箱中转移出来，让它们适应两个星期，然后转移到植株的最终位置。

选择一根枝条
选择一根没有开花的健康枝条，用锋利的小刀将其切下。

插入插条
用挖洞器、铅笔或手指戳一个孔，然后将插条插入。压实基质。

插条的水培生根

许多植物都很容易在水中生根。先准备一根茎尖插条，摘除水面之下的叶片，然后将插条放入装水的容器内。放置在远离阳光直射的明亮处。如果使用的是玻璃罐，要经常换水。形成良好的根系后，移栽并按照对待茎尖插条的方式处理。小心对待脆弱的根系。

茎插条

采自枝条的紧实部位，距离柔软的生长点较远。使用锋利的小刀在某个叶片连接处上方切割，然后在它下方的叶片连接处上方再次切割。去除基部叶片，然后按照对待茎尖切条的方式处理。

叶片插穗

这种方法常常用来繁殖非洲堇属（Saintpaulia）和旋果花属植物（Streptocarpus）。使用锋利的小刀将成熟叶片从植株中央切下。留下2.5~4厘米长的叶柄。将叶片斜插进基质中，直到叶片正好躺在基质表面。按照对待茎尖切条的方式养护。

茎段插条

切下至少5厘米长的成熟茎段，上面至少应该有两个叶片连接处或叶痕；即使当时看不到芽，得到刺激后，它们也会生长出来。去除叶片，将茎段水平压入基质，只露出上半部分。或者将它们垂直插入基质，埋住距离植株基部最近的一端。按照对待茎尖切条的方式养护。

分株

这需要将现有植株梳理并分割成数个部分，每一部分都要有生长点、叶片和苗壮的根系；然后将分株苗上盆。许多植物会形成明显的分株。如果没有，就将最年幼的部分从植株的边缘分出去。对木质化程度较高的年老植株分株时，可能需要锯子。在春季或初夏进行分株。

将植株移出花盆
给植株浇透水，等待一个小时，然后轻轻将其转移到报纸上。在转移过程中用手指支撑地上部分。

分开根坨
将松散的基质从根系上梳理下去，然后小心地将植株瓣开，让其自然分离。

上盆分株苗
将分株苗种植在花盆中，浇水。提供中度光照和少量水，直到植株恢复。

贮藏器官

根状茎（右图）和块茎等贮藏器官都可以拿来分株。主贮藏器官新长出的球芽、小鳞茎、小球茎、鳞片和小块茎可以分离下来用于繁殖。

压条和空中压条

压条（见下图）适用于枝条柔软细长且在叶片连接处生根的植物，如攀援植物和蔓生植物。长出新的根系后，将压条从母株上分离。实施空中压条需要更多经验。在植株的枝条上做一个切口，然后用装满湿润泥炭藓的聚乙烯塑料套管将枝条密封。保持泥炭藓的湿润，大约八周后，长出的根系会出现在泥炭藓中。从塑料套管下方切断枝条，丢掉塑料套管，将生根植物上盆。

给一株喜林芋属植物压条
用发夹将成熟的健康枝条钉入花盆里的湿润基质中。根系长出后，将压条从母株分离。

吸芽和莲座丛

吸芽是在母株基部周围形成的小植株；很多凤梨和仙人掌都会生长吸芽。用锋利的小刀将吸芽切下来，保留尽可能多的根，然后用杀真菌剂粉末洒在切口上。移栽它们时，注意不要受到阳光直射，直到它们完全恢复。某些植株会长出叶片莲座丛，能够以相同的方式从母株上分离并移植。

摘下吸芽
找到一个发育良好的吸芽，清除周围的土壤，然后用锋利的小刀将它切下。

小植株

小植株是叶片上生长的小型植株，常常在母株周围的基质中生根。小心地将它们切除或摘下来，栽入花盆中的湿润基质。对于某些生长在横走茎上的小植株，与母株相连时也能种在单独的花盆里（右图）。

使用横走茎繁殖
新植株在新花盆中充分生根之后再将其分离出去。

种子

春季或夏季播种繁殖。选择9~12厘米的花盆，填充压实的播种基质。充分浇水，或者将花盆立在一盆微温的水中放置大约一小时，水的深度为花盆高度的三分之二。将多余的水排掉。将小型种子散布在基质表面，然后覆盖一层薄薄的基质或蛭石。对于较大的种子，轻轻地将它们压入基质中，然后按照对待茎尖插条的方式养护。如果你在晾衣橱中萌发种子，茎叶出现后就应该立即移栽幼苗。

如何播种繁殖

播种
洒下一层薄薄的种子，然后用细基质覆盖。对于较大的种子，轻轻按入基质中。

萌发
用塑料袋或塑料薄膜盖住花盆。待大多数种子萌发后，移走塑料袋或薄膜。

转移幼苗
将幼苗放置在明亮光照下。时常转动花盆。第二对叶片出现后进行移栽。

种植幼苗
将幼苗种植在小花盆中，用手指拿住叶片操作，以免损伤茎和根系。

肉质叶片

多肉植物可使用单枚叶片繁殖。将数枚健康叶片从植株上切下，用杀真菌剂粉末处理切口，然后在明亮处放置两至三天，等待愈伤组织形成。在花盆中填充三分之一的扦插基质和三分之二的细砾石，然后将叶片的切口一端插入花盆。放置在中等光照下，保持基质微微湿润，新植株长出后进行移栽。

蕨类孢子

成熟的蕨类叶片背面有棕色的粉状孢子，将其从植株上摘下。用一张纸接住从叶片上散落的孢子。在干净的花盆中装入浇过水的泥炭基质，将孢子洒在基质表面，用塑料薄膜覆盖，然后将花盆立在一碟水中。放置在温暖处，必要时在碟中添水。数月后，小蕨叶会长出，每一片都可以分别上盆移栽。

室内植物的常见问题

与那些因为遭到忽视或处于逆境条件下而衰弱的室内植物相比，得到充分施肥、精心浇水，并生长在适宜条件下的健康室内植物没那么容易产生病虫害问题。对于得到的新植株，前几周每天都应该检查病虫害迹象，如果出现问题应该将它们隔离。形态建成之后，应该定期检查，若出现问题立即处理。

变色的黄色叶片

过度浇水

如果你的植物萎蔫、茎叶腐烂、生长不良，或者基质表面长出苔藓，那么过度浇水可能是造成这一切的原因。对于大多数植物而言，如果一直立在水中就会产生这种问题。作为涝渍的补救措施，应停止浇水，并将植株从花盆中取出。多余的水分排干后再将植株放回，然后在必要时浇水。

基质表面的苔藓

浅碟中多余的水

腐烂的叶片

浇水不足

如果你的植株出现萎蔫、有掉落的叶片、花朵迅速枯萎凋谢，那么浇水不足很可能就是原因。如果基质从花盆边缘向中央收缩，那么原因肯定就是浇水不足。要让失水植物重焕生机，应该浇透水，先将基质打散，让水充分渗透（见313页）。然后按照正确的频率浇水。

柔软萎蔫的茎叶

黄色叶片

黄色叶片可能是过度施肥、涝渍或干旱引起的。如果黄色出现在叶脉之间，说明植株缺铁或缺锰；为植株施肥（喜酸植物除外）。如果一株喜酸植物的叶片呈浅黄色，说明你可能一直在用硬水浇水，或者使用了含有石灰的基质。

光照问题

过强的光照能够导致叶片变为浅黄、被灼伤，甚至完全变白。如果发生这种情况，将植株转移到光照较弱的适宜地点，远离直射光照或阳光。光照太弱会导致叶片花斑丢失、茎叶徒长或受到抑制、掉叶、叶片小且色浅。茎可能朝向光源弯曲，可能无法开花。转移到更明亮的位置，去除受损叶片，然后减去或截短徒长的细长茎叶。

棕色标记说明有灼伤

施肥过量和不足

过度施肥会导致柔软脆弱的茎叶过量生长，容易受到吮吸汁液的害虫的侵袭，如蚜虫和粉虱。过量施肥还会导致根系受损、发育不良和叶片灼伤。要纠正这些问题，应对植株进行适宜的施肥。但植物也可能会缺乏营养。施肥不足会导致生长减缓或停止、叶片颜色变浅。如果植物的尺寸被花盆限制，肥料可能不会被有效吸收。为了避免这个问题，应该在植物活跃生长时经常为其施肥，当根系变得拥挤时立即换盆。

过度施肥导致叶片灼伤

植物养护
去除死掉的叶片，因为它们会破坏植株的整体外观，而且还会招致病害。

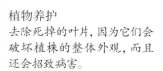

日常养护

尽可能地经常检查你的植物。查看有无病虫害迹象，如果出现立即处理。将受损叶片整片去除；如果保留，它们可能会感染真菌病害。花凋谢后，将凋谢的花及其花梗去除，否则花梗可能在植株中央腐烂。

空气和通风

褐变的叶片尖端以及皱缩的叶片和芽通常是由过于干燥的空气导致的。通过喷雾或使用卵石托盘的方式（见313页）增加湿度，或者将植株转移到空气更湿润的地点。然而，干燥、皱缩的叶片也可能是过度浇水、浇水不足或气流扰动引起的。此外，褐色叶尖可能是过度浇水、浇水不足、气温过低、用冷水浇水（一定总是使用微温的水）或根系受限的迹象。

适当的通风也很重要。过强的气流会导致叶片变黄、皱缩或掉落，叶尖也会变成褐色。如果出现上述问题，将植株转移到更合适的位置，避免气流和温度波动。

皱缩叶片

干燥空气导致褐色叶尖

开花问题

如果花朵凋谢得很快，可能是因为空气过于干燥或者气温过高。在必要时纠正这些问题。如果不开花，通常是因为光照不足，或者肥料中含有过多的氮。如果缺乏光照是原因的话，在提供更多光照的同时还要施加钾肥。移动长有花蕾的植株，或者将其放置在过于低温的环境中，都会导致花蕾掉落。为了防止这种事情，应该为植株找到一个温度适宜的永久居所。

生长停止

如果植株全面停止生长，可能是光照水平过低，或者植株缺乏营养或受到花盆的限制。将它转移到更明亮的位置，定期施加高氮肥料或普通室内植物肥料，并在必要时换盆。

室内植物常见病虫害

如何鉴定和处理最常见的室内植物病虫害，下表对此提出了建议。使用化学药剂喷洒常常是最有效的补救措施。某些病虫害需要进行数次处理才能得到控制，所以不要放弃。在使用化学药剂时遵循使用指南，并为化学药剂指定专用喷雾器。最好在温暖无风的天气将植物转移到室外喷药，但是记住不要将它们立在灼热的阳光下。

植物病虫害	表现和症状	控制措施	植物病虫害	表现和症状	控制措施
 粉虱	微小的白色昆虫，出现在叶片背面；拨动叶片，它们就会成群飞起。它们吮吸汁液，令植物变弱，而排泄出的蜜露会导致煤污病。	像对待蚜虫一样（见下）喷洒药剂，或者用寄生性的丽蚜小蜂（*Encarsia formosa*）进行生物防治。	 粉蚧	灰白色或粉色昆虫，体长4毫米，覆盖在白色粉状结构中，常出现于植株的隐蔽部位。它们吮吸汁液，排泄蜜露。	喷洒脂肪酸、植物油、噻虫啉、啶虫脒或噻虫嗪，或者使用孟氏隐唇瓢虫（*Cryptolaemus montrouzieri*）进行生物防治。
 蚜虫	体型微小的昆虫，吮吸植物汁液，多见于柔嫩的茎叶和芽上，还会在叶片上蜕去白色的皮。它们会扭曲植物组织，排泄蜜露，传播病毒。	用脂肪酸或植物油喷洒，或者使用除虫菊酯、联苯菊酯、噻虫啉、啶虫脒或噻虫嗪。	 霜霉病	霜霉病感染导致叶片表面出现黄色斑点，而与斑点对应的背面长出带有灰色绒毛的霉斑。主要出现在叶片柔软的室内植物上。	升高室温，避免阴冷潮湿的环境。将感染部位立即移除，然后用杀真菌剂如代森锰锌喷洒植株。
 红蜘蛛	极微小的浅橙色螨虫类。它们在叶片表现形成黄白色斑点。危害严重时会在叶片上结出细网。	用脂肪酸、植物油或联苯菊酯喷洒，或者使用捕食性的智利小植绥（*Phytoseiulus persimilis*）进行生物防治。	 白粉病	芽、叶片和花的表面覆盖白粉。叶片变得扭曲，并最终掉落。	改善通风，避免根系变得干燥，并立即将被感染的部位移除。喷洒杀真菌剂，如硫磺、腈菌唑或戊菌唑。
 介壳虫	扁平的黄褐色盾状昆虫，见于枝条和叶片，尤其沿主叶脉分布。它们吮吸植物汁液并排出蜜露。	喷洒脂肪酸、植物油、噻虫啉、啶虫脒或噻虫嗪。	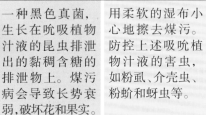 煤污病	一种黑色真菌，生长在吮吸植物汁液的昆虫排泄出的黏稠含糖的排泄物上。煤污病会导致长势衰弱，破坏花和果实。	用柔软的湿布小心地擦去煤污。防控上述吮吸植物汁液的害虫，如粉虱、介壳虫、粉蚧和蚜虫等。

开花效果

购买室内植物主要是为了观赏它们的花朵，而短暂的花期使它们更加受人追捧。鲜艳的花总是能吸引人的目光，所以要精心选择，一盆球根花卉能够为平凡的窗台增添生气，而一朵醒目的花就能改造整个沉闷的房间。

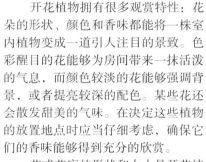

夏季开花的'杰奎琳'橙红龙船花
Ixora coccinea 'Jacqueline'

开花植物拥有很多观赏特性：花朵的形状、颜色和香味都能将一株室内植物变成一道引人注目的景致。色彩醒目的花能够为房间带来一抹活泼的气息，而颜色较淡的花能够强调背景，或者提亮较深的配色。某些花还会散发甜美的气味。在决定这些植物的放置地点时应当仔细考虑，确保它们的香味能够得到充分的欣赏。

花或花序的形状和大小是开花植物最多样的观赏特性之一。从菊科植物硕大扁平的头状花序、长管状钟形花、宽阔的喇叭状花，以及微小的星状花，到高高的穗状花序、蓬松花序和各种分叉簇生花序等，不一而足。

季相

如果你只有种植几株开花植物的空间，就选择能够不断开花或者花朵开放时间持久的种类。要记住的是，对于某些植物，可以通过精心修剪或摘除枯花促进其多次开花。然而，不要忘记耐寒的室内植物和球根植物，它们可以在开花之后种植在室外的花园中，以便持续多年观赏。

如今全年都能买到开花的室内植物，而且它们常常得到促成栽培，所以能在自然花期之外的时期开花。有些植物只是为了一季的观赏，花落之后就会被扔掉；对于许多热忱的室内

△冬春鲜花　种植在浅钵中的洋水仙、风信子和报春花提供了鲜艳的色彩和春季甜美的香味。

园艺爱好者来说，这样的做法非常浪费。某些种类，如一品红和好望角石南，可以保留使其再次开花，虽然有些难度，但只要有耐心并小心照料，还是可以实现的。

△鲜艳的色彩　这片秋海棠和蒲包花形成了强烈的焦点，在金钱麻细小叶片的映衬下显得愈发娇艳。

◁窗台群芳　大部分室内植物都喜欢光照，这些很受欢迎的非洲紫罗兰也不例外。

▷醒目的标本植物　拥有形状和颜色都十分美丽的花朵、有趣的叶片以及优雅的造型，这些马蹄莲构成了室内的完美景致。

花朵芳香的室内植物

大多数人喜欢花朵的香味，而香花室内植物的种类也有很多。将它们放置在方便领略其香味的地方，是比较理想的做法。要想充分欣赏，应该将它们作为标本植物独自摆放，不要在一个房间里混合数种不同种类的香味，而且不要忘记，在小而温暖的房间里，它们的香味可能会过于强烈。

'蓝天'小苍兰▷
Freesia 'Blue Heaven'
↕40 厘米 ↔ 25 厘米

多年生植物，原产于南非。叶扁平，末端尖锐。冬末至初春开花，花为白色并有蓝紫色晕，香味浓郁。

☼明亮光照，但要避免夏季阳光。🌡温暖，但在休眠期要保持凉爽。中等湿度。💧形成花蕾时每两周一次，使用观花室内植物肥料。🌱少量浇水，活跃生长时增加浇水，然后再减少浇水。▨小球茎。

△大柱香波龙
Boronia megastigma
↕1 米或以上 ↔ 60 厘米或以上

来自澳洲的灌木，株型峭立，小枝茂密，覆盖着狭窄的芳香叶片。春季开花，红棕色花朵下垂，呈钟形，有芳香，花冠内为黄色。

☼明亮光照，但要避免夏季阳光。🌡中等至温暖。中等湿度。💧每三周一次，使用适用于杜鹃花科植物的肥料。🌱基质变干时浇水。冬季少量浇水。▨半硬枝插条。

△紫芳草
Exacum affine
↕↔ 20 厘米

漂亮的龙胆科植物，株型紧凑并呈灌丛状，叶片有光泽，夏季开花，花为蓝色、粉色或白色，有香味。作为一年生植物种植。♡

☼明亮光照，但要避免夏季阳光。🌡温暖。中高湿度。💧每两周一次。🌱基质表面刚刚变干时浇水。冬季减少浇水。▨种子。

◁ 栀子花
Gardenia jasminoides
↕↔ 1 米

很少有植物拥有比它更具异域风情的香味。灌丛状常绿灌木，夏季和秋季开花，花大、重瓣，呈白色至奶油色。♡

☼明亮光照，但要避免夏季阳光。🌡温暖。中高湿度。💧浇水时施肥，使用适用于观花杜鹃花科植物的半强化肥料。冬季几乎不施肥。🌱基质干燥时浇水。▨半硬枝插条。

花朵芳香的其他室内植物

'芳芳'大柱香波龙(*Boronia megastigma* 'Heaven Scent')
白花木曼陀罗(*Brugmansia* x *candida*)
香雀花(*Cytisus* x *spachianus*)
白鹤花(*Eucharis amazonica*)
小苍兰(*Freesia refracta*)
'查茨沃恩' 南美天芥菜(*Heliotropium arborescens* 'Chatsworth')
球兰(*Hoya carnosa*)
夹竹桃(*Nerium oleander*)
红鸡蛋花(*Plumeria rubra*)

△ 风信子杂种群

Hyacinthus orientalis hybrids

↕20 厘米 ↔ 10 厘米

风信子无与伦比的香味让它们成为冬末或春季观赏的绝佳选择。各种花色的杂种层出不穷。开花之后可移栽室外。

☼明亮至中等光照，可晒一些阳光。⇟冷凉至中等。中等湿度。♠每三周一次。◊少量浇水，长出茎叶后增加，全盛期保持湿润，随着叶片枯死减少浇水。▭吸芽。

△ 麝香百合

Lilium longiflorum

↕90 厘米 ↔ 50 厘米

夏季开花，花大，呈喇叭状，花白色，有浓郁香味。广泛作为切花种植，不过如果转移到花园房中，也是理想的冬季盆栽植物。✿

☼明亮至中等光照。避免阳光直射。⇟中等至温暖。中等湿度。♠花蕾出现后每两周一次。◊少量浇水，生长期保持湿润，随着叶片枯死减少浇水。▭种子，鳞片，球芽。

多花素馨▷

Jasminum polyanthum

↕2 米或以上

↔ 1 米或以上

这种长势苗壮的缠绕灌木拥有漂亮的深绿色叶片，很容易整枝在框架结构上。冬末至春季开花，花蕾粉色，花白色，有浓郁香味。✿

☼明亮至中等光照。喜部分阳光。⇟中等，避免温度波动和冷气流。中等湿度。♠每两周一次。◊保持湿润，但避免涝渍。在冬季，基质干燥时浇水。▭半硬枝插条。

△ 水仙品种群

Narcissus tazetta cultivars

↕50 厘米 ↔ 15 厘米

很多香花品种从秋末至春季开花。进行促成栽培，可以让它们提前开花；花后将它们放置在花园房或移栽到室外温暖的地点。

☼明亮至中等光照。喜部分阳光。⇟冷凉至中等。中等湿度。♠每两周一次。◊少量浇水，开始生长后增加浇水，全盛期保持湿润，随着叶片枯死减少浇水。▭吸芽。

花朵芳香的其他临时性室内植物

铃兰（*Convallaria majalis*）
网状鸢尾（*Iris reticulata*），见 400 页
布朗普顿紫罗兰 [*Matthiola incana* (Brompton Stock)]
'大太阳'水仙（*Narcissus* 'Soleil d' Or'）
'香云'龙面花（*Nemesia* 'Fragrant Cloud'）
香堇菜（*Viola odorata*）

◁ 多花黑鳗藤

Stephanotis floribunda

↕2 米或以上

↔ 30 厘米或以上

长势苗壮的常绿缠绕灌木，最好通过修剪和整枝控制较小的尺寸。春季至秋季开花，花白色、蜡质、极香。✿

☼明亮光照，但要避免夏季阳光。⇟温暖。不喜气流和温度波动。中高湿度。♠每两周一次。冬季偶尔施肥。◊基质表面变干时浇水。▭茎尖插条，种子。

花期长的室内植物

花开持久或者花朵连续或多次开放的植物十分难得，值得考虑。它们的性价比很高，而且如果你的空间只允许种植一株室内植物，或者你想为单调灰暗的空间增添一抹可靠的色彩，它们尤其适用。经常摘除枯花并将植株放置在气温较凉但光线良好的位置，这些植物就会有最好的表现。

◁ 长筒花杂种群
Achimenes hybrids
↕↔ 30 厘米

虽然单花的持续时间很短，但只要经常摘除枯花，这些漂亮的植物能够在夏秋之交开放数周之久。它们有很多花色。

☼ 明亮光照，但要避免夏季阳光。☀ 温暖。中等湿度。💧 每两周一次，使用开花室内植物肥料。◊ 夏季大量浇水，秋季减少，冬季休眠期保持干燥，春季增加浇水。▧ 小块茎。

△ '纯白的爱'花烛
Anthurium andraeanum 'White Love'
↕↔ 60 厘米

绝美的白色佛焰苞搭配有光泽的心形绿色叶片，相得益彰。极具异域风情的花朵在一年当中的大部分时间开放，似乎能够永远持续下去。

☼ 明亮光照，但要避开直射阳光。☀ 温暖，避免温度波动。中高湿度。💧 每两周一次，使用开花室内植物肥料。◊ 干燥时浇水。避免涝渍。▧ 分株，吸芽。

其他连续或重复开花的室内植物

四季秋海棠品种群（*Begonia semperflorens cultivars*）
'大花'疏花鸳鸯茉莉（*Brunfelsia pauciflora* 'Macrantha'）
长春花（*Catharanthus roseus*），见 374 页
仙客来杂种群（*Cyclamen persicum* hybrids），见 330 页
图拉大戟（*Euphorbia milii* var. *tulearensis*），见 386 页
'摇摆时光'倒挂金钟（*Fuchsia* 'Swingtime'）
朱槿品种群（*Hibiscus rosa-sinensis* cultivars）
非洲凤仙杂种群（*Impatiens walleriana* hybrids），见 385 页
'克氏'白鹤芋（*Spathiphyllum wallisii* 'Clevelandii'），见 381 页
'吉姆'旋果花（*Streptocarpus* 'Kim'），见 361 页

△ 波叶秋海棠
Begonia scharffii
↕ 1.2 米 ↔ 60 厘米

曾用学名*Begonia haageana*。这种多毛的植物叶片铜绿色，背面发红。冬季和春季开花，粉白色花成簇开放。

☼ 明亮至中度光照。☀ 中等至温暖。中等湿度。💧 每两周一次，使用开花室内植物肥料。冬季每月一次。◊ 干燥时浇水，休眠期除外。▧ 分株，叶片插穗。

◁ 横缟尖萼荷
Aechmea fasciata
↕↔ 50 厘米

这种华丽的凤梨科植物来自巴西，光是它美丽的带状银灰色叶片就值得种植。夏季开花，粉色苞片和淡紫蓝色花组成浓密持久的花序。✿

☼ 明亮光照，但要避免夏季阳光。☀ 温暖。低至中等湿度。💧 每两周一次，使用开花室内植物肥料。◊ 干燥时浇水。冬季少量浇水。夏季添满水。▧ 吸芽。

带粉晕的奶油色花

△ '黛比' 长寿花
Kalanchoe blossfeldiana 'Debbie'
‡↔ 40 厘米

植株紧凑的灌木状室内植物，绿色肉质叶片硕大，有红色边缘。从冬季一直到第二年夏季，植株上方都长着茂密的簇生花序，花小，呈深珊瑚粉色。

☼ 明亮光照，可有部分直射阳光。🌡️中等至温暖。低湿度。💧每三周施肥一次。🌱基质表面变干时浇水。🪴叶片插穗。

△ '歌舞女郎' 大花蕙兰
Cymbidium Showgirl
‡45 厘米 ↔ 60 厘米

这种地生兰种植相对简单，花的开放时间很长，在冬季和春季持续很久。这个品种很受欢迎，因为能长出很多穗状花序。

☼ 明亮光照。需要一些冬季阳光。🌡️中等至温暖。中等湿度。💧每两周一次，使用半强化开花室内植物肥料。冬季每月一次。🌱保持湿润。冬季减少浇水。🪴分株。

△ '刚果美冠鹦鹉' 东非凤仙
Impatiens niamniamensis 'Congo Cockatoo'
‡60 厘米 ↔ 30 厘米

这种肉质植物来自非洲热带地区，花朵形状奇特，红黄相间，在一年当中的任意时间开放。是一种寿命短暂的室内植物。

☼ 明亮光照。🌡️温暖。中高湿度。💧每两周一次。冬季偶尔施肥。🌱基质表面变干时浇水。🪴茎尖插条，种子。很容易在水中生根。

◁ '安德鲁' 五唇蝴蝶兰
x *Doritaenopsis Andrew*
‡60 厘米 ↔ 30 厘米

一种优美的兰花，肉质叶片基生。在一年中的大部分时间，叶片上方都有一根稀疏的穗状花序，花朵形状美丽，呈浅粉色和玫粉色，开放持久。

☼ 明亮光照，但要避开灼热阳光。🌡️中等至温暖，避开气流。高湿度。💧每两周一次，使用半强化开花室内植物肥料。🌱保持湿润，但要避免涝渍。🪴小植株。

其他花期长的室内植物

火鹤花（*Anthurium scherzerianum*），见 332 页
'戴尼亚' 单药爵床（*Aphelandra squarrosa* 'Dania'），见 368 页
鸡冠花奥林匹亚系列（*Celosia argentea* Olympia Series）
大花蕙兰杂种群（*Cymbidium* hybrids），见 410 页
迷你蕙兰杂种群（*Cymbidium mini* hybrids）
非洲菊品种群（*Gerbera jamesonii* cultivars）
蝴蝶兰杂种群（*Phalaenopsis* hybrids），见 411 页

△ '莹眼' 非洲紫罗兰
Saintpaulia 'Bright Eyes'　‡↔ 15 厘米

非洲紫罗兰是所有观花室内植物中最受欢迎的种类之一。这个植株整齐的深紫色品种几乎能够全年开花。

☼ 明亮至中等光照。避开阳光。🌡️中等至温暖。避免温度波动。中高湿度。💧每两周一次，使用非洲紫罗兰专用肥料。冬季每月一次。🌱基质刚刚变干时浇水。🪴分株，叶片插穗。

花色醒目的室内植物

色彩醒目的花总能吸引注意，所以在放置它们时应加倍小心。它们应该引人注目但不要令人分心，令人愉悦但不气势逼人。下列植物的鲜艳色彩可以改造家具较少或风格乏善可陈的房间，或者作为醒目的标本室内植物进行展示。

'蜡染'秋海棠▷
Begonia 'Batik'
↕23 厘米 ↔ 20 厘米

这是植株整齐且紧凑的秋海棠，秋末至初春开花，密集的蔷薇状重瓣杏粉色花开放在有光泽的叶片上方。适合放在窗台上展示。

☼明亮至中等光照，避开夏季阳光。♨中等至温暖。中等湿度。♦每两周一次，使用开花室内植物肥料。冬季每月一次。◊基质干燥时浇水。冬季如果休眠，停止浇水。▥分株，茎尖插条。

△ 大花君子兰
Clivia miniata
↕↔ 50 厘米

这种健壮的南非宿根花卉有好几种花色；花朵在春季开放，尤其是若植物的生长被花盆束缚的话。冬季需要休息。♀

☼明亮光照。避开夏季阳光。♨中等至温暖。中等湿度。♦每两周一次，使用开花室内植物肥料。冬季偶尔施肥。◊基质刚刚变干时浇水。冬季少量浇水。▥分株，种子。

其他花色醒目的室内植物

'亮橙'秋海棠（*Begonia* 'Illumination Orange'）
'魔王'美人蕉（*Canna* 'Lucifer'）
'金杯'菊（*Chrysanthemum* 'Golden Chalice'）
曲管花（*Cyrtanthus elatus*）
杂种姬孔雀（*Disocactus* x *hybridus*）
非洲菊丽光系列（*Gerbera jamesonii* Sunburst Series）
'春辉'瓜叶菊（*Pericallis* x *hybrida* 'Spring Glory'）

'亚历山大'叶子花▷
Bougainvillea 'Alexandra'
↕↔ 1 米或以上

很少有室内植物比这种多刺攀援植物更能令人想起地中海和热带风情。它的苞片会从夏季持续到秋季。光照充足的条件下观赏效果最好。

☼明亮光照，可有部分阳光。♨中等至温暖。低度至中等湿度。♦每两周一次，使用开花室内植物肥料。◊基质刚刚变干时浇水。冬季少量浇水。▥茎尖插条。

深洋红色苞片

蒲包花▷
Calceolaria Herbeohybrida Group
↕23 厘米 ↔ 16 厘米

带有斑点的兜状花，春季开花，呈现一系列鲜艳的花色。维多利亚时代最受喜爱的室内植物之一，最好种植在卵石托盘上。

☼明亮光照，但要避开夏季阳光。♨中等。中高湿度。♦每两周一次，使用半强化普通室内植物肥料。◊保持湿润。不要让基质干透。▥种子。

'利洛'一品红▷
Euphorbia pulcherrima 'Lilo'
↕↔50 厘米

这种很受欢迎的灌木在冬季拥有火红的苞片，常作为临时摆放的植物种植，但是只要耐心养护，它可以在第二年或以后再次开花。

☼明亮光照。❄温暖，避开气流和温度波动。中高湿度。💧每月一次。🌡基质表面刚刚变干时浇水。避免涝渍。✂茎尖插条。

开花效果

'弗雷亚'非洲菊△
Gerbera 'Freya'
↕65 厘米 ↔35 厘米

大而醒目的头状花序开放持久，生长在强壮的花梗上，是这种南非室内植物的标志。花期一直从春末延续到夏末。

☼明亮光照，需要部分阳光。❄中等温度。低湿度。💧每两周一次，使用开花室内植物肥料。冬季偶尔施肥。🌡基质表面变干时浇水。避免涝渍。✂分株，种子。

朱顶红杂种群▷
Hippeastrum hybrids
↕50 厘米 ↔30 厘米

一种很受欢迎的球根植物，喇叭状花非常漂亮。秋季出售球根，冬季或春季观花，若精心养护可种植数年。叶片枯死后需要夏季休眠。🌸

☼明亮光照。❄中等温度至温暖。中等湿度。💧生长叶片时每两周一次，使用开花室内植物肥料。🌡开始生长后少量浇水，生长期保持湿润，仲夏减少浇水，休眠时保持干燥。✂小球茎。

朱槿▷
Hibiscus rosa-sinensis
↕↔1 米或更多

喜阳光，是一种很受欢迎的窗台植物。放置在适宜地点，花期会从春季一直延续到秋季。品种繁多，包括多种花色以及单瓣和重瓣花型。

☼明亮光照。❄温暖，避免温度波动。中高湿度。💧每两周一次。较低温度下停止施肥。🌡基质表面刚刚变干时浇水。冬季少量浇水。避免涝渍。✂半硬枝插条。

△ '掘金'长寿花
Kalanchoe blossfeldiana 'Gold Strike'
↕↔40 厘米

从冬季至春季，金黄色的簇生花序出现在一丛肉质叶片上方，叶片边缘具齿。这种多肉植物种植简单，各个品种包括许多花色。

☼明亮光照，需要一些直射阳光。❄中等温度至温暖。低湿度。💧每三周施肥一次。🌡基质表面变干后浇水。✂分株，叶片插穗。

花叶皆可观的室内植物

专门种来观赏花或叶片的植物在任何家居装饰方案中都有一席之地，不过同样重要的还有那些能够提供不止一种观赏特性的植物。很多室内植物的花叶都有观赏价值，花期过后依然有美丽的叶片，它们能够带来双重享受。

仙客来杂种群 △
Cyclamen persicum hybrids
↕↔ 23 厘米

一系列仙客来中的一类，拥有美丽的粉色、红色或白色花，冬季大量开花。叶片丛生，表面有银色和绿色的醒目花纹。

☼ 明亮光照。▮ 中等温度。中高湿度。🌢 使用开花室内植物肥料，冬季每月一次。春季每两周一次。🌢 生长期保持湿润，休眠期停止浇水，萌发时再次浇水。▦ 种子。

花烛▷
Anthurium andraeanum
↕↔ 60 厘米

心形叶片硕大，具长柄，深绿色，有光泽。全年间断性开花，花朵极具异域风情，拥有闪闪发亮的红色佛焰苞。一种引人注目的标本植物。

☼ 明亮光照，但要避免直射阳光。▮ 温暖，避免温度波动。中高湿度。🌢 每两周施肥一次，使用开花室内植物肥料。🌢 基质变干后浇水。避免涝渍。▦ 分株。

△ 凤梨百合
Eucomis comosa
↕ 60 厘米 ↔ 30 厘米

这是一种漂亮的球根植物，肉质浅绿色叶片呈莲座状生长，夏末开花，总状花序茂密直立，呈圆柱状。冬季休眠。

☼ 明亮光照，需要一些阳光。▮ 冷凉至中等温度。中等湿度。🌢 每两周一次，使用开花室内植物肥料。🌢 基质变干时浇水，叶片枯死时减少浇水。休眠期保持干燥。▦ 吸芽，种子。

◁ 金花肖竹芋
Calathea crocata
↕↔ 30 厘米

植株十分漂亮，叶片暗绿色，叶背紫色，直立花序具长柄，有鲜艳的橙色苞片。夏季长出花序。🌢

☼ 明亮至中等光照。避免直射阳光。▮ 温暖，避免温度波动。高湿度。🌢 每两周施肥一次，使用观叶室内植物肥料。冬季每周一次。🌢 保持湿润。气温冷凉时在基质变干后浇水。▦ 分株。

矮生伽蓝菜▷

Kalanchoe pumila

‡20 厘米 ↔ 45 厘米

小型肉质亚灌木，叶片表面被白色粉衣，春季开粉色花，与叶片相得益彰。非常适用于窗台或吊篮。☟

☼明亮光照，需要一些阳光。🌡中等温度至温暖，但在冬季需要冷凉环境。低湿度。💧每三周一次。◊基质表面变干时浇水。冬季少量浇水。🏷茎尖插条或茎插条。

△ 大叶千里光

Senecio grandifolius

‡↔ 1 米或更多

硕大醒目的叶片生长在被紫色绒毛的茎上，冬季开花，同样硕大的密集花序生长在植株顶端，由微小的黄色花组成。为它留出宽阔的生长空间。

☼明亮光照，需要部分直射阳光。🌡中等温度至温暖。低至中等湿度。💧每三周一次。◊基质表面变干时浇水。冬季少量浇水。🏷茎尖插条，种子。

花叶皆可观的其他室内植物

光萼荷（*Aechmea chantinii*），见 366 页
横缟尖萼荷（*Aechmea fasciata*），见 324 页
'柯丽德内利'秋海棠（*Begonia* 'Credneri'）
喜荫花（*Episcia cupreata*），见 398 页
粉果毛蕉（*Musa velutina*）
'亨利考克斯'天竺葵（*Pelargonium* 'Mrs Henry Cox'）
鹤望兰（*Strelitzia reginae*），见 379 页
仙火花（*Veltheimia capensis*）

△ 红点草

Ledebouria socialis

‡13 厘米 ↔ 8 厘米

这是一种很受欢迎的小型球根植物，叶片背面为紫色，它能够迅速用吸芽占据整个花盆。春季和夏季开花。

☼明亮光照，但要避开直射阳光。🌡冷凉至中等温度。中等湿度。💧每月一次。◊基质表面变干时浇水。冬季少量浇水。🏷分株，吸芽。

粉苞酸脚杆盛开时的花序

粉苞酸脚杆▷

Medinilla magnifica

‡↔ 90 厘米

一种真正华丽的植物，叶片硕大，有光泽，有醒目叶脉，春夏两季开花，低垂的花朵令人过目难忘。温度和湿度至关重要。☟

☼明亮光照，但要避免直射阳光。🌡温暖，避免气流和温度波动。高湿度。💧每月一次。◊基质表面变干时浇水。🏷半硬枝插条，空中压条。

△ 黄花马蹄莲

Zantedeschia elliottiana

‡60 厘米 ↔ 25 厘米

一种优雅的块茎多年生植物，心形叶片颇为茂盛，夏季开花，纤长的黄色花开放在叶片上方。有粉色、红色、青铜色和橙色杂种出售。☟

☼明亮光照，但要避开夏季阳光。🌡中等温度至温暖。中高湿度。💧每两周一次。◊保持基质湿润。休眠期减少浇水。🏷分株，吸芽。

拥有冬花或春花的室内植物

　　冬季并不会剥夺你欣赏花朵的权利。虽然冬季是一个"沉闷的"季节，但是许多室内植物会在这时候开花，包括一些最壮观的家居植物，以及一些深受信赖的热门种类。对于批量化生产的催花植物，如果要让它们有较长的观赏寿命，需要特别精心的养护。

仙客来杂种群▷
Cyclamen persicum hybrids
↕30 厘米 ↔ 25 厘米

这些杂种的花朵非常优雅地高耸在叶片上方。叶片结实，银绿相间，有美丽的大理石状斑纹。该杂种群有多种花色，喜冷凉环境。

☼明亮光照。🌡冷凉至中等温度。中高湿度。💧春季每两周一次，使用开花温室植物肥料。冬季每月一次。🌢生长期保持湿润。休眠期保持干燥。🔲干燥。

△ '粉珍珠' 风信子
Hyacinthus orientalis 'Pink Pearl'
↕30 厘米 ↔ 8 厘米

在一个花盆或钵中种植数棵，观赏有香味的茂密粉色花序。亦有其他杂种。开花后，将其移栽到室外温暖地点。✿

☼明亮至中等光照。喜部分阳光。🌡冷凉至中等温度。中等湿度。💧每三周一次。🌢少量浇水，长出茎叶后增加浇水，生长全盛期保持湿润，随着叶片枯死减少浇水。🔲吸芽。

△ 纤细石南
Erica gracilis
↕↔ 30 厘米或以上

一种来自南非的低矮灌木，开深樱桃红色的小花。开花后为其重新上盆。在较冷凉的气候区，如果种植在室外，会在冬季冻死。

☼明亮光照，但要避开直射阳光。🌡冷凉。中等湿度。💧每两周一次，使用杜鹃花科温室植物肥料。🌢保持湿润，但要避免涝渍。🔲半硬枝插条。

'雷吉娜' 一品红▷
Euphorbia pulcherrima 'Regina'
↕30 厘米 ↔ 40 厘米

总是在冬季使用，这些来自墨西哥的植物总是很受欢迎。常见的是拥有红色苞片的品种。这种植株紧凑的白色品种呈现出颇受欢迎的变化。

☼明亮光照。🌡温暖，避免气流和温度波动。中高湿度。💧每月一次。🌢基质表面刚刚变干时浇水，避免涝渍。🔲茎尖插条。

拥有冬花或春花的其他促成栽培球根植物
春番红花品种群（*Crocus vernus* cultivars），见377 页
大雪花莲（*Galanthus elwesii*）
'苹果花' 朱顶红（*Hippeastrum* 'Apple Blossom'）
'蓝夹克' 风信子（*Hyacinthus orientalis* 'Blue Jacket'）
白水仙（*Narcissus papyraceus*）
'奥瑞杰·纳索' 郁金香（*Tulipa* 'Oranje Nassau'）

△ 巴西爵床
Justicia rizzinii
↕↔ 45 厘米

这种魅力十足的小型灌木表现十分可靠，在秋季和冬季开出许多小而低垂的管状花，花色红黄相间。学名又称 *Jacobinia pauciflora*。✿

☼明亮至中等光照，避开直射阳光。⊩温暖，避开气流。中高湿度。♦每月一次。♦保持湿润，但避免涝渍。▨半硬枝插条，种子。

拥有冬花或春花的其他室内植物

'洛林之光' 秋海棠（*Begonia* 'Gloire de Lorraine'）
虾衣花（*Justicia brandegeeana*），见 361 页
'温迪' 落地生根（*Kalanchoe* 'Wendy'）
蝴蝶兰杂种群（*Phalaenopsis hybrids*），见 411 页
蟹爪兰（*Schlumbergera truncata*），见 363 页
显苞仙火花（*Veltheimia bracteata*）
仙火花（*Veltheimia capensis*）

△ '尼尔逊' 纳金花
Lachenalia aloides 'Nelsonii'
↕ 28 厘米 ↔ 5 厘米

这是一种来自南非的球根多年生植物，冬末或初春开花，数棵种植在一起时非常美观。在气温冷凉的房间里生长茂盛。

☼明亮光照，需要部分阳光。⊩中等温度。中等湿度。♦叶片完全长大时每两周一次。♦休眠期保持干燥，随着叶片出现增加浇水，开花后基质变干时浇水。▨种子，球芽。

△ 鄂报春
Primula obconica
↕ 30 厘米 ↔ 25 厘米

这种报春在冬季或春季非常漂亮，但需要注意的是，表面有粗毛的叶片会导致敏感皮肤起疹子。有一系列花色。

☼明亮光照。⊩冷凉至中等温度。中高湿度。♦两周一次。冬季每月一次。♦基质表面刚刚变干时浇水。避免涝渍。▨种子。

△ '梯沙' 落地生根
Kalanchoe 'Tessa'
↕ 30 厘米 ↔ 60 厘米

枝条最初为拱形，然后下垂。肉质叶片有红色边缘。冬末至春季成簇开花，管状花低垂开放。室内栽培种最好的同类植物。✿

☼明亮光照，需要阳光。⊩中等至温暖，但在冬季需要冷凉环境。低湿度。♦每三周一次。冬季每月一次。♦基质表面变干时浇水。冬季少量浇水。▨茎尖插条或茎插条。

'因加' 杜鹃 △
Rhododendron 'Inga'
↕ 40 厘米 ↔ 50 厘米

极受欢迎的冬花杜鹃品种，有很多花色；该品种的花为深粉色，并有淡粉色边缘。喜冷凉条件，但在冷凉气候区不能露天种植。

☼明亮至中等光照，需要部分阳光。⊩冷凉至中等温度。中高湿度。♦每两周一次，使用杜鹃花科室内植物肥料。♦保持湿润，但要避免涝渍。▨半硬枝插条。

夏季开花的室内植物

夏季是花园中色彩绽放的季节，所以这时候很容易忘记在室内使用开花植物。当然，可以用切花来提供色彩，不过切花的寿命常常很短，而在夏季开花的室内植物种类繁多，只要加以精心选择和布置，它们能够在任何房间里提供持久的景致。要记住，室内植物不应暴露在盛夏的炎热日光下，但明亮的非直射光照不会产生伤害。

△ 秋海棠常开系列
Begonia Non-Stop Series
‡↔ 30 厘米

冬季休眠，根呈块茎状。株型紧凑，灌丛状，叶片醒目，花大，重瓣，花色多样。花期很长。♡

※ 明亮至中等光照。✦中等温度至温暖。中等湿度。✿夏季每两周一次，使用开花室内植物肥料。◊基质干燥时浇水。休眠期停止浇水。▨分株。

长筒花杂种群▷
Achimenes hybrids
‡↔ 30 厘米

灌丛状多年生植物，有时蔓生。冬季休眠，但枝叶繁茂，夏季至秋季开花，花色多样。

※ 明亮光照，但要避免夏季阳光。✦温暖。中等湿度。✿每两周一次，使用开花室内植物肥料。◊夏季大量浇水，秋季减少，冬季保持干燥，春季增加浇水。▨小块茎。

其他花色醒目的夏花室内植物

'拿波勃' 苘麻（*Abutilon* 'Nabob'）
鸡冠花冠状群（*Celosia argentea* Cristata Group）
曲管花（*Cyrtanthus elatus*）
'玛丽' 倒挂金钟（*Fuchsia* 'Mary'）
'红巨人' 朱槿（*Hibiscus rosa-sinensis* 'Scarlet Giant'），见 359 页
'黑叶' 天竺葵（*Pelargonium* 'Caligula'）
'滑铁卢' 大岩桐（*Sinningia* 'Waterloo'）

◁ 火鹤花
Anthurium scherzerianum
‡60 厘米 ↔ 45 厘米

所有开花常绿植物中最令人难忘的种类之一，尤其是到了夏季，鲜艳的红色蜡质佛焰苞出现在醒目的叶片上方时，值得格外关注。

※ 明亮光照，但要避免直射阳光。✦温暖，避免温度波动。中高湿度。✿每两周一次，使用开花室内植物肥料。◊基质表面刚刚变干时浇水。避免涝渍。▨分株。

△ 同叶风铃草
Campanula isophylla
‡20 厘米 ↔ 30 厘米

一流的吊篮植物，蔓生枝条叶片繁茂，开蓝色或白色花。及时摘除枯花，它的花期可以延续到秋季。♡

※ 明亮光照，但要避免直射阳光。✦中等温度。中等湿度。✿每两周一次。◊基质表面刚刚变干时浇水。冬季减少浇水。▨茎尖插条，种子。

△ 洋桔梗

Eustoma grandiflorum

‡50 厘米 ↔ 30 厘米

又称草原龙胆，和龙胆的亲缘关系很近。它的寿命通常很短，但会在灰绿色的叶片上开出硕大的钟形花，花朵直立，光滑如缎。

※ 明亮光照。喜部分阳光。♦中等温度。中等湿度。♦每两周一次，使用开花室内植物肥料。♦基质表面变干时浇水。避免涝渍。☒种子。

△ 非洲菊杂种群

Gerbera hybrids

‡65 厘米 ↔ 35 厘米

基生叶片十分醒目，上方是硕大而持久的头状花序，花序为黄色、红色或橙色。这种根系为直根的植物不喜扰动，上盆时要小心操作。

※ 明亮光照，需要部分阳光。♦中等温度。中等湿度。♦每两周一次，使用开花室内植物肥料。冬季偶尔施肥。♦基质表面变干时浇水。避免涝渍。☒分株，种子。

'杰奎琳' 橙红龙船花▷

Ixora coccinea 'Jacqueline'

‡↔ 1 米或以上

开花时分外美丽，橘红色的花簇生于深绿色叶片之上，闪烁着光彩。它的种植对新手来说比较难，因为它不喜冷空气、气流和挪动。掐尖以促进分枝。

※ 明亮光照，避开直射夏季阳光。♦中等温度。中高湿度。♦每两周一次，使用杜鹃花科室内植物肥料。♦基质表面变干时浇水。冬季减少浇水。☒茎尖插条。

'因加' 非洲紫罗兰▷

Saintpaulia 'Inga'

‡10 厘米 ↔ 20 厘米

这些分外惹人注目的粉色花非常值得栽培。作为一种非常流行的夏季室内植物，实际上它几乎会在一整年里持续开花。非洲紫罗兰有单瓣和重瓣品种。

※ 明亮至中等光照。避开直射阳光。♦中等温度至温暖。中高湿度。♦每两周一次，使用开花室内植物肥料。冬季每月一次。♦基质刚刚变干时浇水。☒分株，叶片插穗。

其他冷色调的夏花室内植物
'安德鲁' 五唇蝴蝶兰（x *Doritaenopsis Andrew*），见 325 页 姜花（*Hedychium coronarium*） 非洲霸王树（*Pachypodium lamerei*），见 409 页 蓝雪花（*Plumbago auriculata*） '大歌舞' 旋果花（*Streptocarpus* 'Chorus Line'） '流星' 旋果花（*Streptocarpus* 'Falling Stars'）

'保拉' 旋果花▷

Streptocarpus 'Paula'

‡15 厘米 ↔ 20 厘米

旋果花和非洲紫罗兰同属一科，而且几乎和后者一样流行。'保拉'的花为紫色，有明显的深紫色脉纹和黄色喉部。▽

※ 明亮至中等光照。避开直射阳光。♦温暖。中高湿度。♦每两周一次，使用开花室内植物肥料。冬季如果不休眠的话每月一次。♦基质干燥时浇水。☒分株，叶片插穗。

观叶效果

漂亮的叶片有很棒的长期观赏价值。富有装饰性的叶片使种植的植物能够全年带来令人愉悦的效果——这是栽培各种观叶植物的绝佳理由。不同室内植物的叶片呈现出纷繁多样的形状、大小、颜色、质地，甚至是香味，令人着迷。

△质感和形状　生长习性和叶片形状的鲜明对比让这些观叶植物形成令人愉悦的整体景观。

△'圣诞快乐'秋海棠
(*Begonia* 'Merry Christmas')

叶片尺寸相差很大，既有卷柏细小如鳞的叶，也有龟背竹巨大的革质叶片。它们在形状上也有巨大的差异，既有优雅秀丽的似蕨叶片或羽状复叶，也有巨大的深裂叶片。拥有条形或剑形叶片的植株非常全能，因为它们可以容纳于狭窄或不便的空间，而且它们的垂直或拱状外形能够与丘状或株型伸展，或者叶片宽阔或圆形的植物形成绝佳对比。质感粗糙、被毛或光滑以及带有芳香的叶片进一步为室内带来多样性。

室内植物还可以有效地增添视平线上方的细节。可以将蔓生植物种植在室内吊篮或高架子上的花盆内。

一抹色彩

植物叶片囊括了几乎所有色彩。黄色、银色、红色或紫色叶片为绿叶植物提供了漂亮的背景。五彩缤纷的花叶植物还是一流的孤植标本植物。作为一般性原则，颜色较浅或鲜艳的叶片能够"提升"深色区域，而深色叶片在浅色背景的映衬下更美观。要记住，大多数叶片最常见的绿色拥有一系列极为多样的色调。就算只使用绿叶植物，也能通过叶片的不同质地、大小、生长习性以及色调营造出色的效果。

△简单的风格　这种冷水花属植物看起来十分纤秀，细小的叶片非常引人注目，并为细长的蔓生茎增添了细节。

◁五彩缤纷　在叶片为红色的变叶木和叶片有鲜艳边缘的彩叶草背后，是各种形状和色调的绿色叶片，它们在不同的高度充当背景。

▷引人注目的效果　这种变叶木的狭窄叶片有金色花斑，十分醒目，为起居室或卧室提供了良好的视线焦点。

叶片小巧的室内植物

　　小叶室内植物能够容纳于有限的空间之内，而且可以作为叶片较大植物的背景。那些有蔓生习性、种植在吊篮或高台上的种类，能够填充狭窄的缝隙，而生长缓慢的种类可以用来营造瓶子花园或密封种植盒。叶片形状产生对比的不同植物，可以一起种植在较大的种植钵、种植槽或花盘中。

△ '白条小叶' 大叶黄杨
Euonymus japonicus'Microphyllus Albovariegatus'
↕1 米 ↔ 45 厘米

这种耐寒的常绿乔木拥有带白边的鲜艳叶片，可以通过修剪或掐尖的方式保持株型整齐。生长缓慢，适合与蔓生植物搭配使用。

☼明亮光照。喜部分阳光。♨冷凉至中等。中等湿度。♦每三周一次。冬季偶尔施肥。◊基质表面变干时浇水。冬季少量浇水。▥半硬枝插条。

巴西秋海棠▷
Begonia Brazil
↕20 厘米 ↔ 30 厘米

这种有趣的秋海棠来自巴西，是新物种，尚未确定分类地位。植株茂密，呈圆丘状，叶小而圆，有毛绒质感，深绿色叶片上有浅绿脉纹，叶背深红色。

☼明亮至中等光照，避开夏季阳光。♨中等温度至温暖。中等湿度。♦夏季每两周一次，冬季每月一次。◊基质干燥时浇水，冬季休眠时除外。▥分株，茎尖插条。

铺地锦竹草▷
Callisia repens
↕10 厘米 ↔ 1 米

一种用途广泛的蔓生宿根植物，有小巧的绿色叶片，秋季开整洁的白色花。茎节处可生根，能在其他植物中形成紧凑的毯状地被；它还是吊篮植物的优良之选。

☼明亮光照。喜部分阳光。♨中等温度至温暖。中高湿度。♦每两周一次。冬季偶尔施肥。◊基质表面干燥时浇水。▥茎尖插条、压条。容易水培生根。

△ 薜荔
Ficus pumila
↕↔ 80 厘米或以上

这种常绿植物的幼年形态可以作为室内植物种植，修剪成丘状或整枝在框架上都可以。如果靠墙种植，它能长得很高。♀

☼明亮光照，但要避免夏季光照。♨中等温度至温暖。中高湿度。♦每两周一次。冬季偶尔施肥。◊基质表面变干时浇水。低温时减少浇水。▥茎尖插条。

△ 圆叶草胡椒

Peperomia rotundifolia

↕15 厘米 ↔ 30 厘米

纤细的蔓生枝条上长满小而圆的肉质叶片，种植在小型吊篮或者高台上的花盆中观赏效果最佳。

☀明亮至中等光照，需要部分阳光。☷温暖。中高湿度。💧每三周一次。冬季偶尔施肥。💧基质表面变干时浇水。避免涝渍。✂茎尖插条。

△ 玲珑冷水花

Pilea depressa

↕10 厘米 ↔ 30 厘米

匍匐常绿植物，蔓生枝条上生长着小巧的鲜绿色肉质叶片。和圆叶草胡椒（上）一样，种植在小型吊篮或高处的花盆中。

☀明亮至中等光照，需要部分阳光。☷温暖。中高湿度。💧每三周一次。冬季偶尔施肥。💧基质表面变干时浇水。避免涝渍。✂茎尖插条。

叶片小巧的其他室内植物

'花叶'爱染草（*Aichryson* x *aizoides* 'Variegatum'）
'奥林帕斯女王'秋海棠（*Begonia* 'Queen Olympus'）
细叶萼距花（*Cuphea hyssopifolia*），见378页
豆瓣绿属植物（*Peperomia campylotropa*）
矮石榴（*Punica granatum* var. *nana*）
'袖珍瓦伦丁'非洲紫罗兰（*Saintpaulia* 'Midget Valentine'）

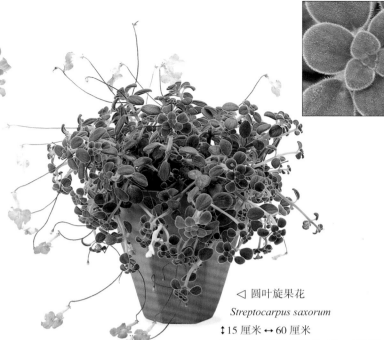

叶片小巧的其他蔓生室内植物

'花叶'露草（*Aptenia cordifolia* 'Variegata'）
吊金钱（*Ceropegia linearis* subsp. *woodii*），见390 页
马蹄金（*Dichondra micrantha*）
'袖珍'薜荔（*Ficus pumila* 'Minima'）
'斯派特切利'洋常春藤（*Hedera helix* 'Spetchley'）
匍匐豆瓣绿（*Peperomia prostrata*）
翡翠珠（*Senecio rowleyanus*），见391 页

△ '小不点'非洲紫罗兰

Saintpaulia 'Pip Squeek'

↕↔ 10 厘米

这是一种株型整齐、植株紧凑的非洲紫罗兰，叶小且暗淡，叶柄颜色深。全年开花，钟形花小巧玲珑，浅粉色。

☀明亮至中等光照，避开直射阳光。☷中等温度至温暖。中高湿度。💧每两周一次，使用非洲紫罗兰肥料。冬季每月一次。💧基质刚刚变干时浇水。✂分株，叶片插穗。

◁ 圆叶旋果花

Streptocarpus saxorum

↕15 厘米 ↔ 60 厘米

和常见的旋果花不同的是，这个来自非洲东部的物种匍匐生长并且有分枝，叶小而厚。春季和夏季开放漂亮的花。✿

☀明亮至中等光照，避开直射阳光。☷温暖。中高湿度。💧每两周一次，使用开花室内植物肥料。冬季每月一次，如果休眠不施肥。💧基质干燥时浇水。✂茎尖插条。

△ 多花怡心草

Tripogandra multiflora

↕20 厘米 ↔ 1 米

蔓生枝条松散丛生，叶小而窄。秋季至第二年春季大量开白色花。最适合用于吊篮。

☀明亮光照，避开直射阳光。☷温暖。中高湿度。💧每两周一次。冬季几乎不施肥。💧保持湿润。冬季基质表面变干时浇水。✂茎尖插条。容易水培生根。

叶片大的室内植物

叶片硕大的室内植物总是能成为优良的标本植物，特别是在较大的房间里。幼年时期的小植株可以先摆在桌面上观赏，长大后再搬到别的地方。大叶室内植物是很好的视线焦点，特别是用普通的背景突出其引人注目的叶片和醒目的轮廓时。它们还可以和不同的植物种植在一起，这些植物的栽培需求相似，但形状和大小能够形成有趣的对比。

△ 水晶花烛
Anthurium crystallinum
‡↔ 60 厘米

一种令人过目难忘的室内植物，叶片硕大，呈深绿色，有丝绒质感，有白色叶脉，幼叶为粉古铜色。原产于哥伦比亚雨林地区，需要与原产地类似的生长条件。

☼ 明亮光照，但要避开直射夏季阳光。耐半阴。❄温暖，避免气流。高湿度。◐夏季每两周一次。冬季每月一次。◊保持湿润。✄分株。

叶片大的其他室内植物

变叶木（*Codiaeum variegatum* var. *pictum*），见 368 页
绿萝（*Epipremnum aureum*），见 390 页
琴叶榕（*Ficus lyrata*），见 395 页
复羽裂喜林芋（*Philodendron bipinnatifidum*），见 364 页
二叉鹿角蕨（*Platycerium bifurcatum*），见 407 页
'欧洲贵甘特'白鹤芋（*Spathiphyllum* 'Euro Gigant'），见 371 页
象脚丝兰（*Yucca elephantipes*），见 385 页

△ '罗伯森勋爵' 朱蕉
Cordyline fruticosa 'Lord Robertson'
‡3 米 ↔ 60 厘米

绿色和奶油色相间的叶片逐渐变成红紫色并带有玫瑰色边缘。这种优雅的植物非常适合装饰风格浓郁的房间，和它充满贵族气息的品种名十分相称。

☼ 明亮光照，但要避开夏季阳光。❄中等温度至温暖。中高湿度。◐每两周一次。冬季每月一次。◊只在基质干燥时浇水。冷凉时减少浇水。✄分株，茎尖或茎插条。

△ '红边' 朱蕉
Cordyline fruticosa 'Red Edge'
‡1 米 ↔ 60 厘米

这种株型紧凑的植物拥有带红边的宽阔绿色叶片，群植展示效果最佳。使用它醒目的叶片和周围的家具装饰形成对比。

☼ 明亮光照，但要避开直射阳光。❄中等温度至温暖，避免气流。中高湿度。◐每两周一次。冬季每月一次。◊浇水前让基质变干，尤其是在冷凉条件下。✄分株，茎尖或茎插条。

△ '密生' 花叶万年青
Dieffenbachia 'Compacta' ‡1 米 ↔ 60 厘米

花叶万年青的叶片上有美丽的斑点，而该品种的叶片上是优雅的奶油色标记。它们的汁液有毒，所以在养护时要戴上手套，并在操作后洗手。

☼ 明亮光照，但要避开直射阳光。❄中等温度至温暖。中高湿度。◐每两周一次。冬季每月一次。◊基质表面完全干燥时浇水。✄茎尖插条，茎段插条。

八角金盘▷

Fatsia japonica

↕↔2 米

较冷凉房间的完美选择，叶片醒目，有光泽，可以通过修剪的方式限制植株尺寸。如果生长范围超出室内空间的容纳能力，可以移栽到室外。♀

☼中等光照。↓冷凉至中等温度。中等湿度。♦每两周一次，使用观叶室内植物肥料。冬季施肥一次。◐基质干燥时浇水。气温冷凉时减少浇水。▨茎尖插条，空中压条。

△ 龟背竹

Monstera deliciosa

↕3 米或以上 ↔ 1.2 米或以上

南美的热带雨林孕育出这种体型巨大的植物，苗壮的长势和硕大且形状美丽的叶片让它很受欢迎。作为一种令人难忘的攀援植物，最好种植在苔藓柱或框格棚架上。♀

☼明亮至中等光照。↓中等温度至温暖。中高湿度。♦每两周一次。冬季施肥两次。◐浇水前让基质表面变干。▨茎插条，空中压条。

△ 印度橡胶树

Ficus elastica

↕3 米或以上 ↔ 1 米或以上

深绿色革质叶片有光泽，呈浆状。叶片的醒目外形让其成为一种很受欢迎的标本植物。最终尺寸会超出一般房间的容纳能力。

☼明亮至中等光照。↓中等温度至温暖。中高湿度。♦每两周一次，使用观叶室内植物肥料。冬季每月一次。◐基质干燥时浇水。气温冷凉时减少浇水。▨茎尖插条，空中压条。

△ 银桦

Grevillea robusta

↕3 米或以上 ↔ 1.5 米或以上

银桦的硕大叶片由许多小叶组成，创造出富于装饰性的精致轮廓。在原产地澳大利亚，它们会长成巨大的乔木。种植在不含石灰的基质中。♀

☼明亮至荫蔽，避免直射阳光。↓冷凉至温暖。中等湿度。♦春季至秋季每两周一次，使用观叶室内植物肥料。◐基质干燥时浇水，使用软水。▨半硬枝插条，种子。

△ '朱红' 喜林芋

Philodendron erubescens 'Imperial Red'

↕3 米或以上 ↔ 1 米或以上

这种喜林芋的幼嫩叶片呈深紫红色，成熟后变成深绿色，叶脉明显，有光泽。幼嫩时呈灌丛状，成年后有攀援习性。

☼明亮至中等光照。↓温暖。中高湿度。♦每两周一次，使用观叶室内植物肥料。冬季每月一次。◐基质表面变干后浇水。▨茎尖插条。

叶片狭窄或剑形的室内植物

叶片狭窄的植物可以营造出很出色的效果，尤其是与叶片宽阔的植物形成对比时。只要使用得当，许多拥有剑形叶片的室内植物都可以为群植植物贡献高度，打破僵硬的水平线条。作为标本植物，较高的种类可以成为强烈的视线焦点，在狭窄的空间和尴尬的角落还可以成为有用的"填充植物"。

△ '奥贡' 石菖蒲
Acorus gramineus 'Ogon'
↕25 厘米 ↔ 45 厘米

这种小型宿根植物幼年时株型直立，然后会形成根丛，拱形狭长叶片构成宽阔的圆丘状，叶有香味，呈绿色带金色条带。光照不良时颜色会变淡。

☼明亮至中等光照，需要部分阳光。✿冷凉至中等温度。中等湿度。♦每三周一次。冬季偶尔施肥。◊保持湿润。▭分株。

叶片随株龄增加而弯曲

'雪线' 苔草▷
Carex conica 'Snowline'
↕15 厘米 ↔ 25 厘米

茂密簇生的小型常绿植物，相当耐寒，适用于没有加温设施的房间，是一种很有用的室内植物。深绿色叶狭长，有奶油白色边缘，并向外呈拱形伸展。

☼明亮至荫蔽，需要部分阳光。✿冷凉至中等温度。中等湿度。♦每三周一次。冬季偶尔施肥。◊基质表面变干时浇水。冬季减少浇水。▭分株。

'金手指' 变叶木▷
Codiaeum 'Goldfinger'
↕↔1 米或以上

这种灌木是五彩缤纷的大戟科的成员，狭长的叶片有金色花斑，能够为任何房间带来一抹异域风情。喜明亮光照、高温和高湿度。

☼明亮光照，需要部分阳光。✿温暖，避免气流和温度波动。中高湿度。♦每两周一次，使用观叶室内植物肥料。冬季偶尔施肥。◊保持湿润。在冬季，基质表面变干时浇水。▭茎尖插条。

'红星' 新西兰朱蕉△
Cordyline australis 'Red Star'
↕3 米 ↔ 1 米

年幼时，这种植物会形成茂盛的莲座状基生叶，不过很快就会长出木质茎，叶片一直生长到茎的顶端。幼年时是一种优良的窗台植物。

☼明亮至中等光照。✿中等温度至温暖。中高湿度。♦每两周一次。◊基质表面刚刚变干时浇水。冬季减少浇水。▭茎段插条。

‘拜日舞’新西兰朱蕉▷
Cordyline australis
‘Sundance’
↕3 米 ↔1 米

这种来自新西兰的植物外形十分醒目，细长的革质叶片从基部形成一个宽阔的弧形。年幼植株适用于阳光充足的窗台。♀

☼明亮至中等光照。♨中等温度至温暖。中高湿度。♦每两周一次。◊基质表面刚刚变干时浇水。冬季减少浇水。✄茎段插条。

△ 光纤草
Isolepis cernua
↕15 厘米 ↔45 厘米

一种极具魅力的小型簇生植物，似灯芯草，叶细长如线，呈拱形或下垂状，通常细长的茎上生长着小小的棕色穗状花序。可与小型球根植物或蕨类搭配。

☼明亮至荫蔽，需要部分阳光。♨冷凉至中等温度。中等湿度。♦每三周一次。冬季偶尔施肥。◊基质表面变干时浇水。冬季减少浇水。✄分株。

△ 维奇氏露兜树
Pandanus veitchii
↕↔ 1.2 米或以上

植株形似凤梨，只是具有白色边缘的深绿色叶片末端下垂。一种令人难忘的室内植物，叶边缘有锋利的尖刺，要小心摆放。

☼明亮至中等光照，避免夏季阳光。♨温暖。高湿度。♦每两周一次。冬季偶尔施肥。◊保持湿润。冬季减少浇水。✄分株，茎段插条。

边缘为品红色的常绿叶片

‘洋红’龙血树▷
Dracaena cincta
‘Magenta’
↕3 米 ↔1.2 米

这种常绿植物生长缓慢，茎干细长，而且会随着株龄的增加而长出分枝，展示其密集簇生的狭长拱形叶片。良好的光照会赋予它最好的色彩。

☼明亮至中等光照。♨中等温度至温暖。中高湿度。♦每两周一次。◊基质表面刚刚变干时浇水。冬季极少量浇水。✄茎尖插条，茎段插条。

△ ‘日落酒’麻兰
Phormium ‘Sundowner’
↕↔ 1.5 米

株型和叶片都十分醒目，剑形革质叶高且直立，中央暗紫色，宽阔的边缘呈粉色并逐渐变成奶油色。♀

☼明亮至中等光照，需要部分阳光。♨冷凉至中等温度。中等湿度。♦每两周一次。冬季偶尔施肥。◊基质表面变干时浇水。冬季减少浇水。✄分株。

叶片狭窄的其他室内植物

‘三色’红凤梨（*Ananas bracteatus* ‘Tricolor’），见 358 页
酒瓶兰（*Beaucarnea recurvata*），见 394 页
温氏水塔花（*Billbergia* x *windii*），见 414 页
‘艾伯特’新西兰朱蕉（*Cordyline australis* ‘Albertii’）
‘珍妮特·克雷格’香龙血树（*Dracaena fragrans* ‘Janet Craig’），见 388 页
‘彩纹’白沿阶草（*Ophiopogon jaburan* ‘Vittatus’）
‘奶油’麻兰（*Phormium* ‘Cream Delight’）
‘红魔鬼’麻兰（*Phormium* ‘Crimson Devil’）
紫万年青（*Tradescantia spathacea*）
象胸丝兰（*Yucca elephantipes*），见 385 页

341

叶片质感独特的室内植物

植物叶片纷繁多样的触感提供了似乎无穷无尽的快乐之源。有些叶片很粗糙，有独特的脊脉或皱纹，而另外一些叶片则很光滑，或者呈现出天鹅绒般的光泽，让人不禁想要触摸。可以尝试在群植景观中使用几种不同质感的叶片。对于叶片有刚毛的植物，皮肤敏感的人应该小心，它们会使皮肤受到刺激或导致皮疹。

观叶效果

△ 铁十字秋海棠
Begonia masoniana
↕↔ 50 厘米

原产于几内亚的铁十字秋海棠是一个传统的热门品种，它的名字来自叶片中央独特的黑色标记。叶鲜绿色，皱缩，有毛。是令人过目难忘的观叶植物。🌿

☼ 明亮至中等光照，避免夏季阳光。

🌡 中等温度至温暖。中等湿度。

💧 每两周一次。冬季每月一次。

◊ 基质干燥时浇水。冬季如果休眠停止浇水。▭ 分株，叶片插穗。

'比阿特丽斯'秋海棠 ▷
Begonia 'Beatrice Haddrell'
↕15 厘米 ↔ 25 厘米

光是叶片就值得种植。叶片角度锐利，几乎呈星形，叶表面暗棕色，有丝绒质感，中央和叶脉浅绿色，叶背深红色。冬季至初春开花，浅粉色或白色花构成松散的花序。

☼ 明亮至中等光照，避免夏季阳光。🌡 中等温度至温暖。中等湿度。💧 每两周一次。冬季每月一次。◊ 基质表面变干时浇水。冬季如果休眠停止浇水。▭ 分株。

叶片质感光滑的其他室内植物

花烛（*Anthurium andraeanum*），见 328 页
蜘蛛抱蛋（*Aspidistra elatior*），见 386 页
鸟巢蕨（*Asplenium nidus*），见 406 页
玻璃秋海棠（*Begonia* 'Thurstonii'）
变叶木（*Codiaeum variegatum* var. *pictum*），见 368 页
'马桑加'香龙血树（*Dracaena fragrans* 'Massangeana'），见 375 页
印度橡胶树（*Ficus elastica*），见 339 页
仙火花（*Veltheimia capensis*）

△ 豹耳秋海棠
Begonia bowerae
↕25 厘米 ↔ 18 厘米

豹耳秋海棠种植简单且很受欢迎，叶片边缘多褶皱，有深色斑点，多须毛。种植在窗台上以便观赏。

☼ 明亮至中等光照，避免夏季阳光。🌡 中等温度至温暖。中等湿度。💧 每两周一次。冬季每月一次。◊ 基质表面变干时浇水。冬季少量浇水。▭ 分株。

◁ 紫绒草
Gynura aurantiaca 'Purple Passion'
↕3 米 ↔ 60 厘米

这种蔓生植物来自爪哇岛，无论是外观还是触感，它的叶片都很像紫色丝绒。想要保持紧凑的株型，可将茎整枝在支撑结构上并进行掐尖处理。花朵气味不堪，花蕾出现时将其掐掉。🌿

☼ 明亮光照，但要避免夏季阳光。🌡 温暖。中高湿度。

💧 每两周一次。冬季偶尔施肥。◊ 基质表面变干时浇水。避免过度浇水。▭ 茎尖插条。

△ 月兔耳

Kalanchoe tomentosa

‡1 米 ↔ 20 厘米

这是一种来自马达加斯加的灌木，叶片柔软并覆盖白色绒毛；枝条也有同样的质感。浇水时不要把叶片弄湿。🌿

☼明亮光照，需要部分阳光。🌡中等温度至温暖，但在冬季要保持冷凉。低湿度。💧每三周一次。冬季每月一次。💧基质干燥时浇水。冬季少量浇水。🌱茎尖或茎插条。

△ ‘卢娜’皱叶豆瓣绿

Peperomia caperata ‘Luna’

‡↔ 20 厘米

深红色叶片呈整齐的心形，波纹状表面令人过目难忘。夏季开花，穗状花序细长，花白色。

☼明亮至中等光照，需要部分阳光。🌡温暖。中高湿度。💧每三周一次。冬季偶尔施肥。💧基质表面变干时浇水。避免涝渍。🌱茎尖插条或叶片插穗。

△ ‘银树’冷水花

Pilea ‘Silver Tree’

‡20 厘米 ↔ 30 厘米

这种引人注目的植物呈低矮的圆丘状。叶片皱缩，覆盖绒毛，边缘有尖锯齿，末端锐尖，底色为青铜绿色，有醒目的银色标记。

☼明亮至中等光照，需要部分阳光。🌡温暖。中高湿度。💧每三周一次。冬季偶尔施肥。💧基质表面变干时浇水。避免涝渍。🌱茎尖插条。

叶片质感粗糙的其他室内植物

秋海棠属植物（*Begonia gehrtii*）

勃托劳尼草（*Bertolonia marmorata*）

白网纹草（*Fittonia albivensis* Argyroneura Group），见 398 页

银波草（*Geogenanthus poeppigii*）

‘异域风情’半柱花（*Hemigraphis* ‘Exotica’）

皱叶紫凤草（*Nautilocalyx bullatus*）

绒毛天竺葵（*Pelargonium tomentosum*），见 345 页

‘绿波’皱叶豆瓣绿（*Peperomia caperata* ‘Emerald Ripple’）

巴拿马冷水花（*Pilea involucrata*）

‘诺福克’巴拿马冷水花（*Pilea involucrata* ‘Norfolk’）

虎耳草（*Saxifraga stolonifera*），见 391 页

△ ‘梅布尔格雷’天竺葵

Pelargonium ‘Mabel Grey’

‡35 厘米 ↔ 20 厘米

这种天竺葵的叶片深裂且质感粗糙，仿佛在等待你伸出手来摩挲，然后就会释放出浓郁的柠檬香气。春夏两季开花，花小，呈淡紫色。种植和繁殖都很简单。🌿

☼明亮光照。喜阳光。🌡中等温度至温暖，但在冬季要保持冷凉。低湿度。💧每两周一次，使用富含钾的肥料。💧基质表面变干时浇水。冬季少量浇水。🌱茎尖插条。

◁ ‘勃朗峰’大岩桐

Sinningia ‘Mont Blanc’

‡30 厘米 ↔ 45 厘米

这种喜爱温暖的植物拥有硕大的绿色肉质叶片，叶片光滑并有丝绒质感。夏季开花、花大、白色、喇叭形，与叶片相映成趣。大岩桐有许多其他花色。

☼明亮至中等光照，避免阳光。🌡温暖，休眠期中等温度。高湿度。💧每两周一次，使用开花室内植物肥料。💧保持湿润，但在休眠时保持干燥。🌱分株。

叶片芳香的室内植物

如同芳香的花朵一样，有香味的叶片也是一大加分项；它们的气味为植物增添了观赏价值，还能让滞闷的空气变得清新起来。这些植物应该放置在容易触摸的地方，因为有些叶片只有用手指揉搓时才会释放香味。很多种类的天竺葵都有芳香的叶片，但它们的不同香气最好不要混在一起。

银香梅 ▷

Myrtus communis

↕↔ 1 米或以上

这种植物自古以来就以其芳香的叶片闻名，夏季至秋季还会开放芳香的花朵，然后结出黑色浆果。银香梅的小枝传统上用于皇家婚礼的花束。通过修剪保持较小的株型。☺

☼ 明亮光照，需要阳光。🌡 中等温度至温暖。中低湿度。
💧 每三周一次。🌢 基质表面变干时浇水。冬季少量浇水。
✂ 半硬枝插条。

叶片芳香的其他室内植物

'奥贡'石菖蒲（*Acorus gramineus* 'Ogon'），见 340 页
波罗尼花（*Boronia citriodora*）
月桂（*Laurus nobilis*），见 402 页
安汶香茶菜（*Plectranthus amboinicus*）
薄荷叶香茶菜（*Plectranthus madagascariensis*）
卵叶木薄荷（*Prostanthera ovalifolia*）
'芭蕾舞女'木薄荷（*Prostanthera* 'Poorinda Ballerina'）

△ 天竺葵香叶群

Pelargonium Fragrans Group

↕25 厘米 ↔ 20 厘米

小型灌丛状植物，灰绿色叶片有丝绒质感，揉搓后散发松树的香味。春夏两季开花，白色小花簇生。一种可靠的观赏植物，适合种在窗台。

☼ 明亮光照，需要阳光。🌡 中等温度至温暖，但冬季需要冷凉条件。低湿度。💧 每两周一次，使用富含钾的肥料。🌢 基质表面变干时浇水。冬季少量浇水。✂ 茎尖插条。

'花叶'皱波天竺葵 ▷

Pelargonium crispum 'Variegatum'

↕45 厘米 ↔ 15 厘米

自1774年以来就深受信赖的传统品种，枝条坚硬而直立。叶小，绿色和奶油色相间，边缘起皱，散发柠檬香味。春夏两季开淡紫色花。☺

☼ 明亮光照，需要部分直射阳光。🌡 中等温度至温暖，但冬季需要冷凉条件。低湿度。💧 每两周一次，使用富含钾的肥料。🌢 基质表面变干时浇水。冬季少量浇水。✂ 茎尖插条。

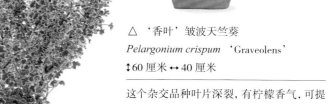

△ '香叶'皱波天竺葵

Pelargonium crispum 'Graveolens'

↕60 厘米 ↔ 40 厘米

这个杂交品种叶片深裂，有柠檬香气，可提炼天竺葵精油。植株灌丛状，浓郁的香味让它成为窗台种植的理想植物。

☼ 明亮光照，需要阳光。🌡 中等温度至温暖，但冬季需要冷凉条件。低湿度。💧 每两周一次，使用富含钾的肥料。🌢 基质表面变干时浇水。冬季少量浇水。✂ 茎尖插条。

有分枝的花序

白色叶脉

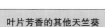

△ '普利茅斯小姐' 天竺葵
Pelargonium 'Lady Plymouth'
↕40 厘米 ↔ 20 厘米

已有200年的栽培历史，深裂叶片为鲜绿色并有银色边缘，揉搓后散发桉树香气。🙟

☼ 明亮光照，需要阳光。🌡 中等温度至温暖，但冬季需要冷凉条件。低湿度。💧 每两周一次，使用富含钾的肥料。◌基质表面变干时浇水。冬季少量浇水。🗌 茎尖插条。

叶片芳香的其他天竺葵

'玫瑰油' 天竺葵（*Pelargonium* 'Attar of Roses'）
'考泊松妮' 天竺葵（*Pelargonium* 'Copthorne'）
'奶油肉豆蔻' 天竺葵（*Pelargonium* 'Creamy Nutmeg'）
'莉莉安·波廷格' 天竺葵（*Pelargonium* 'Lilian Pottinger'）
'小宝石' 天竺葵（*Pelargonium* 'Little Gem'）
'奥兰治亲王' 天竺葵（*Pelargonium* 'Prince of Orange'）
'奥克希尔村' 天竺葵（*Pelargonium* 'Village Hill Oak'）
'韦林' 天竺葵（*Pelargonium* 'Welling'）

◁ 垂枝香茶菜
Plectranthus oertendahlii
↕20 厘米 ↔ 1 米

一种富有魅力的植物，有蔓生习性，芳香叶片肉质，圆形并具有圆齿，呈浅绿色，有白色叶脉。全年间断开花，花白色或浅蓝色。🙟

☼ 明亮至中等光照，需要阳光。🌡 温暖，避免温度波动。低湿度。💧 每两周一次。冬季每月一次。◌基质干燥时浇水。冬季减少浇水。避免涝渍。🗌 茎尖插条。

△ '老香料' 天竺葵
Pelargonium 'Old Spice'
↕30 厘米 ↔ 15 厘米

株型直立，漂亮的浅绿色叶片让它散发出一种宜人的香料气味。夏季簇生白花。灌丛状，植株相当浓密。

☼ 明亮光照，需要阳光。🌡 中等温度至温暖，但冬季需要冷凉条件。低湿度。💧 每两周一次，使用富含钾的肥料。◌基质表面变干时浇水。冬季少量浇水。🗌 茎尖插条。

△ 绒毛天竺葵
Pelargonium tomentosum
↕90 厘米 ↔ 75 厘米

叶片覆盖柔软的灰毛，散发薄荷气味。春季至夏季开花，花白色或浅粉色。这种植物长势苗壮，可能需要修剪。🙟

☼ 明亮光照，需要阳光。🌡 中等温度至温暖，但冬季需要冷凉条件。低湿度。💧 每两周一次，使用富含钾的肥料。◌基质表面变干时浇水。冬季少量浇水。🗌 茎尖插条。

△ 圆叶木薄荷
Prostanthera rotundifolia
↕↔ 1 米

轻轻拂动灌丛，就能闻到它的细小叶片散发出的薄荷香味。主要观赏价值在春季和初夏大量开放的紫色小花。🙟

☼ 明亮光照，需要阳光。🌡 中等温度至温暖。低湿度。💧 每两周一次。◌基质表面变干时浇水。冬季少量浇水。避免涝渍。🗌 茎尖插条。

拥有红色、粉色或紫色叶片的室内植物

叶片为紫色或类似明亮颜色的室内植物，可以提供醒目而对比强烈的效果，尤其是置于浅色背景之前，或者与绿色、黄色、白色或花叶植物搭配时。通常需要良好的光照才能充分呈现浓郁的色彩，所以在放置时要考虑每种植物的光照需求。

蟆叶秋海棠杂种群 ▷
Begonia rex hybrids
‡25 厘米 ↔ 30 厘米

这种秋海棠来自喜马拉雅山脉，有众多品种和杂种，主要为观赏叶片而种植。叶色繁杂多样，包括几种紫色和银色相间的色调。

☼明亮至中等光照。避免炽热阳光。❄中等温度至温暖。中等湿度。♦夏季每两周一次。冬季每月一次。◊基质干燥时浇水。冬季如果休眠停止浇水。▭分株，叶片插穗。

△ '粉斑' 嫣红蔓
Hypoestes phyllostachya 'Pink Splash'
‡↔ 65 厘米

以叶片上的浅粉色斑纹得名，叶薄，底色深绿。在良好的光照条件下颜色最生动，光照不良时会完全变成绿色。

☼明亮光照，但要避免夏季阳光。❄温暖。中高湿度。♦每两周一次。冬季偶尔施肥。◊基质表面刚刚变干时浇水。▭茎尖插条。容易水培生根。

△ 桑德肖竹芋
Calathea sanderiana
‡↔ 60 厘米

拥有红色、粉色或紫色叶片的其他秋海棠

'厄尼克' 秋海棠（*Begonia* 'Enech'）
'海伦·刘易斯' 秋海棠（*Begonia* 'Helen Lewis'）
'圣诞快乐' 秋海棠（*Begonia* 'Merry Christmas'），见 352 页
'小确幸' 秋海棠（*Begonia* 'Mini Merry'）
秋海棠属植物（*Begonia rajah*）
'玲珑艳' 秋海棠（*Begonia* 'Tiny Bright'）

△ 红叶火筒树
Leea coccinea 'Rubra'
‡80 厘米 ↔ 60 厘米

这种来自缅甸的灌木常栽培于西印度群岛的花园中，长出一丛丛飘逸的深红色深裂叶片。一种非常优雅的室内植物。

☼明亮光照，但要避免夏季阳光。❄温暖，避免温度波动。中高湿度。♦每两周一次。冬季偶尔施肥。◊基质干燥时浇水。避免涝渍。▭半硬枝插条，空中压条。

这种植物自然生长于秘鲁雨林的地表层，醒目簇生，叶片呈深橄榄绿色，背面紫色并有玫红色平行条纹，叶表面条纹会逐渐变成银色。夏季开花，紫白相间的小花构成短圆锥形的穗状花序。

☼明亮至中等光照，避开直射阳光。❄温暖，避免温度波动。高湿度。♦每两周一次，使用观叶室内植物肥料。冬季每月一次。◊保持湿润。冷凉条件下基质干燥时浇水。▭分株。

掐去花朵以获得
紧凑的株型 ——

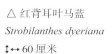

△ '火山'彩叶草
Solenostemon 'Volcano'
‡↔ 60 厘米

彩叶草的叶片有许多不同的颜色组合，包括这种带有绿色边缘的深红色。掐去茎尖可以让植株获得紧凑的株型。

☼ 明亮光照。♨ 中等温度至温暖。中等湿度。♦ 每周一次。冬季偶尔施肥。◊ 保持湿润，但要避免涝渍。在气温较低时，基质表面变干后浇水。▨ 茎尖插条。容易水培生根。

△ 红背耳叶马蓝
Strobilanthes dyeriana
‡↔ 60 厘米

叶片十分特别，有美丽的铜绿色脉纹，上表面有银紫色标记，背面则为紫色。高温、高湿条件下生长茂盛。♡

☼ 明亮光照，但要避免夏季阳光。♨ 温暖。高湿度。♦ 每三周一次。◊ 基质表面变干时浇水。冬季减少浇水。▨ 茎尖或茎插条。

△ 三角紫叶酢浆草
Oxalis triangularis
‡↔ 15 厘米

这种宿根植物来自巴西，叶片形似苜蓿，深紫色。秋季开花于叶上方，花色不一。

☼ 明亮光照，需要部分阳光。♨ 中等温度至温暖。中等湿度。♦ 每两周一次。◊ 基质表面变干时浇水。冬季少量浇水。▨ 分株。

△ '哥伦比亚'钝叶椒草
Peperomia obtusifolia 'Columbiana'
‡↔ 25 厘米

这种椒草的深紫色肉质叶片和更常见的绿色品种形成强烈的对比。这种植物很适用于密封玻璃容器。

☼ 明亮至中等光照，需要部分阳光。♨ 温暖。中高湿度。♦ 每三周一次。冬季偶尔施肥。◊ 基质表面变干时浇水。避免涝渍。▨ 茎尖插条。

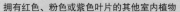

拥有红色、粉色或紫色叶片的其他室内植物
'斑叶'红桑（*Acalypha wilkesiana* 'Musaica'）
'火烈鸟'变叶木（*Codiaeum* 'Flamingo'）
'阿童木'朱蕉（*Cordyline fruticosa* 'Atom'）
'粉星光'姬凤梨（*Cryptanthus* 'Pink Starlight'）
'红叶'姬红苞凤梨（x *Cryptbergia* 'Rubra'）
紫绒草（*Gynura aurantiaca* 'Purple Passion'），见 342 页
半柱花属植物（*Hemigraphis alternata*）
'红点'嫣红蔓（*Hypoestes phyllostachya* 'Vinrod'），见 398 页
血苋（*Iresene herbstii*）
齿叶假泽兰（*Mikania dentata*）
'紫叶'紫露草（*Tradescantia pallida* 'Purpurea'）

△ '四色'吊竹梅
Tradescantia zebrina 'Quadricolor'
‡ 25 厘米 ↔ 60 厘米

生长迅速，茎肉质，种植简单，非常适用于吊篮或高台。叶深绿色，分布银色条纹，并有粉色和红色晕。

☼ 明亮光照，但要避免直射阳光。♨ 中等温度。中高湿度。♦ 每两周一次。冬季极少施肥。◊ 保持湿润。在冬季，基质干燥时浇水。▨ 茎尖插条。水培容易生根。

叶片有金色或黄色花斑的室内植物

对于室内植物，金色和黄色是十分明亮、欢快的色彩，尤其是摆放在朴素的深色背景前方时。如果叶片在边缘或中央位置拥有形状规则的标记，这样的视觉效果通常是最独特且令人难忘的，不过斑点、斑块或条纹形状的花斑也很漂亮；可以尝试将几种不同的叶片效果组合在一起。注意不要将这些植物放置在弱光条件下；除了极少数例外，这会导致金色或黄色变浅，甚至消失。

'花叶'东瀛珊瑚▷
Aucuba japonica 'Variegata'
‡2 米 ↔ 1.5 米

这种顽强的常绿灌木有明显的黄色花斑，是一种宝贵的盆栽植物，可用于气温冷凉或光照水平低的地点。要经常修剪以维持紧凑株型。

☼明亮至荫蔽，避免直射阳光。🌡冷凉至中等温度。中高湿度。💧每月一次。冬季偶尔施肥。♦基质表面刚刚变干时浇水。冬季少量浇水。▭半硬枝插条。

△ '维苏威火山'花叶万年青
Dieffenbachia 'Vesuvius'
‡↔90 厘米

剑形叶片上的醒目斑点让它成为一种独特的室内植物。吞食有毒，应远离儿童。

☼明亮至中等光照，避免夏季阳光。🌡中等温度。中高湿度。💧每两周一次，使用观叶室内植物肥料。冬季每月一次。♦基质干燥时浇水。▭茎尖或茎插条。

叶片有金色或黄色花斑的其他室内植物

'汤普逊'缟花苘麻（*Abutilon pictum* 'Thompsonii'）
矩叶肖竹芋（*Calathea lubbersiana*）
'黄条'香龙血树（*Dracaena fragrans* 'Yellow Stripe'）
'金童'洋常春藤（*Hedera helix* 'Goldchild'）
凤仙花号角系列（*Impatiens Fanfare Series*）
'塔夫金'千母草（*Tolmiea menziesii* 'Taff's Gold'），见 377 页

变叶木杂种群▷
Codiaeum hybrids
‡ 至 2 米 ↔ 1 米

无论摆放在什么地方，鲜艳、有光泽的常绿叶片都会让这种植物成为醒目的视线焦点。它有许多不同的品系，在叶片大小、形状和颜色上存在区别。

☼明亮光照。🌡温暖。避免气流和温度波动。中高湿度。💧每两周一次，使用观叶室内植物肥料。冬季偶尔施肥。♦保持湿润。冬季基质干燥时浇水。▭半硬枝插条。

△ '奎尔特夫人'天竺葵
Pelargonium 'Mrs Quilter'
‡40 厘米 ↔ 15 厘米

众多叶色鲜艳的天竺葵之一，表现稳定，种植简单。金黄色的叶片引人眼球，有独特的古铜色条纹，并在全日照下颜色变深。✿

☼明亮光照，需要部分阳光。🌡中等温度至温暖，但冬季需要冷凉条件。低湿度。💧每两周一次，使用富含钾的肥料。♦基质表面变干时浇水。冬季少量浇水。▭茎尖插条。

有金色花斑的小叶

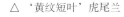

'USA' 钝叶
椒草▷
Peperomia
obtusifolia 'USA'
↕↔25 厘米

植株直立、颜色鲜艳的常绿植物,绿色叶片
上有金色花斑,叶大,呈肉质,特别适用于
温暖、潮湿的地点,例如浴室。是一种漂亮
且用途广泛的室内植物。

☼明亮至中等光照,需要部分阳光。❆温暖。
中高湿度。♦每三周一次。冬季偶尔施肥。◊
基质表面刚刚变干时浇水。避免涝渍。✂茎
尖插条。

△ '黄纹短叶' 虎尾兰
Sansevieria trifasciata 'Golden Hahnii'
↕12 厘米 ↔45 厘米

与常见且植株直立的'金边短叶'虎尾兰不
同,这种虎尾兰的绿色肉质宽叶片形成低
矮的莲座丛,叶片上有宽阔的金黄色条
纹。✿

☼明亮至中等光照。❆中等温度至温暖。低湿
度。♦每两周一次。◊基质表面变干时浇水。
冬季少量浇水。避免涝渍。✂分株。

△ 黄金鹅掌藤
Schefflera arboricola 'Trinette'
↕1.8 米 ↔90 厘米

这种高高的鹅掌藤可以作为标本植物使用
在光线充足的角落里,或者用它来点亮一
群较小的常绿植物。如果需要更茂密的植
株,可加以修剪来实现。

☼明亮至中等光照。❆温暖。避免温度波动。
中高湿度。♦每两周一次。
冬季每月一次。◊基质表面
变干时浇水。✂茎尖插条,空
中压条。

船形花簇

△ 洒金勒松假人参
Pseudopanax lessonii 'Gold Splash'
↕↔2 米或以上

这种花叶假人参通常在幼年阶段种植,掌状叶片5裂,
具长柄,有金色洒金斑纹,是一种引人注目的孤植室
内植物。随着株龄的增加,叶片上的花斑会变得不那
么明显。对它进行修剪,可维持更紧凑的株型。✿

☼明亮光照,但要避免直射阳光。❆中等温度至温暖。中
等湿度。♦每月一次。冬季偶尔施肥。◊基质表面变干
时浇水。冬季减少浇水。✂半硬枝插条。

◁ '花叶'紫万年青
Tradescantia spathacea 'Variegata'
↕↔30 厘米

这种植物长势苗壮,会形成株丛。漂亮的叶
片有黄色条纹,莲座状丛生,叶背呈对比鲜
明的深紫色。全年开花,花簇呈不同寻常的
船形。

☼明亮至中等光照,避免直射阳光。❆温暖。
高湿度。♦每两周一次。冬季偶尔施肥。◊
保持湿润。冬季减少浇水。✂吸芽。

观叶效果

叶片有白色或奶油色花斑的室内植物

有花斑的叶片会给植物增添独特的个性；白色和奶油色都是中性且百搭的颜色，可以用叶片呈现出这两种色彩的室内植物，来营造出色的装饰效果。花斑通常出现在叶片边缘。想要强调白色和奶油色标记，可将植物放置于朴素的深色背景前展示。

'花叶'石菖蒲▷
Acorus gramineus 'Variegatus'
↕30 厘米 ↔ 45 厘米

这种石菖蒲的花叶随着株龄增长逐渐弯曲，揉搓后散发出微妙的香味。很适宜气温冷凉的房间；喜潮湿基质。

☼明亮至中等光照。❄冷凉至中等温度。中等湿度。💧夏季每三周一次。🌢夏季保持湿润。在冬季，基质表面变干时浇水。✂分株。

△ 白柄亮丝草
Aglaonema commutatum 'Pseudobracteateum'
↕↔ 60 厘米

这种优雅的植物来自菲律宾的雨林，漂亮的花斑让它成为一种有用的桌面标本植物。生长缓慢，但值得等待。

☼明亮至中等光照。❄中等温度至温暖，避免温度波动。中等湿度。💧每周一次，使用观叶室内植物肥料。冬季每月一次。🌢基质干燥时浇水。✂分株，茎尖插条，茎段插条。

△ '沃尼克'香龙血树
Dracaena fragrans 'Warneckei'
↕2 米或以上 ↔ 60 厘米

年幼时茂盛多叶，然后缓慢地发育出强壮的茎干。能够有效去除空气中的污染物。🌻

☼明亮光照，但要避开夏季阳光。❄中等温度至温暖。中高湿度。💧每两周一次。冬季施肥两次。🌢基质表面变干时浇水。✂茎尖插条，茎段插条。

△ '坦尼克'印度橡胶树
Ficus elastica 'Tineke'
↕3 米 ↔ 1 米

这种印度橡胶树拥有许多漂亮的观赏特性：硕大叶片上的深灰绿色花斑，奶油色的叶边缘，以及酒红色的叶柄和中脉。

☼明亮至中等光照。❄冷凉至温暖。中高湿度。💧每两周一次，使用观叶室内植物肥料。冬季每月一次。🌢基质表面变干时浇水。✂茎尖插条，空中压条。

叶片小且有白色或奶油色花斑的其他室内植物

'花叶'爱染草（*Aichryson* x *aizoides* 'Variegatum'）
'白斑'垂叶榕（*Ficus benjamina* 'Variegata'）
'白边小叶'薜荔（*Ficus pumila* 'White Sonny'），见 363 页
'白斑'欧亚活血丹（*Glechoma hederacea* 'Variegata'）
'白骑士'洋常春藤（*Hedera helix* 'White Knight'）
非洲凤仙杂种群（*Impatiens walleriana* hybrids）

△ '伊娃'洋常春藤

Hedera helix 'Eva'

↕1.4 米 ↔ 30 厘米

这种漂亮的常春藤拥有紫色枝条和带白边的叶片，蔓生或攀援生长；可以把它放置在吊篮中或高台上展示，或者种在大型的玻璃容器中。

☼ 明亮至中等光照。🌡 冷凉至中等温度。中高湿度。💧 每两周一次。仲冬和冬末各一次。🌢 基质干燥时浇水。冬季少量浇水。🎴 茎尖插条，压条。

叶片大且有白色或奶油色花斑的其他室内植物

斑叶凤梨（*Ananas comosus* var. *variegatus*），见414 页
'花叶'熊掌木（x *Fatshedera lizei* 'Variegata'）
'花叶'八角金盘（*Fatsia japonica* 'Variegata'），见370 页
'花叶'龟背竹（*Monstera deliciosa* 'Variegata'），见371 页
'奶油'麻兰（*Phormium* 'Cream Delight'）

△ '智慧'嫣红蔓

Hypoestes phyllostachya 'Wit'

↕30 厘米 ↔ 23 厘米

一种醒目的植物，充足的光照会让具有大理石斑纹的叶片呈现最好的效果。花无甚价值，所以应掐去茎尖，促进分枝。

☼ 明亮光照，但要避开夏季阳光。🌡 中等温度至温暖。中高湿度。💧 每两周一次。冬季每月一次。🌢 基质干燥时浇水。冬季减少浇水。🎴 茎尖或茎插条。水培生根。

◁ '箭叶'合果芋

Syngonium 'Arrow'

↕2 米 ↔ 60 厘米

绿色叶片尖端锐利，生长得十分紧凑，表面弥漫着奶油色花斑。叶片形状随着植株的成熟而改变。植株最初呈灌丛状，成熟后变成攀援植物。

☼ 明亮至中等光照，避免直射阳光。🌡 温暖，避免温度波动。中高湿度。💧 每两周一次。冬季每月一次。🌢 基质干燥时浇水。冬季减少浇水。🎴 茎尖插条。

△ '白边'延命草

Plectranthus forsteri 'Marginatus'

↕30 厘米 ↔ 90 厘米

放置在吊篮中或伸手可及的架子上，欣赏它们茂盛的肉质芳香叶片。掐掉茎尖，促进茂盛分枝。

☼ 明亮光照，需要部分直射阳光。🌡 中等温度至温暖。中高湿度。💧 每两周一次。冬季每月一次。🌢 基质干燥时浇水。冬季减少浇水。🎴 茎尖或茎插条。水培生根。

△ '黄白纹'白花紫露草

Tradescantia fluminensis 'Aurea'

↕15 厘米 ↔ 60 厘米

叶片秀美，呈浅绿色并有白色条纹。将它的枝条伸出花盆边缘，充分展示美丽的叶片。种植简单；掐掉茎尖以促进分枝。

☼ 明亮光照，但要避免直射阳光。在阴影中，彩斑会褪色。🌡 中等温度至温暖。中高湿度。💧 每两周一次。冬季施肥一次。🌢 保持湿润。冬季基质干燥时浇水。🎴 茎尖或茎插条。

观叶效果

拥有银色或灰色叶片的室内植物

　　许多最特别的室内植物都拥有银色或灰色叶片。某些叶片的色泽来自条纹，另外一些叶片的银色外观则来自一层薄薄的浅色毛，或者密集的斑点或大理石斑纹效果。下列所有植物与叶片为紫色或深绿色的植物搭配时，会形成鲜明的对比。

△'银色爱人'秋海棠
Begonia 'Silver Darling'
↕20厘米 ↔25厘米

这种秋海棠外形奇特但非常漂亮，叶片长而尖，覆盖着微小的浅色毛，让叶片上表面呈现出银色的锦缎般的光泽。

☼明亮至中等光照，避免夏季阳光。🌡中等温度至温暖。中等湿度。💧每两周一次。冬季每月一次。🌢基质干燥时浇水。冬季休眠时停止浇水。✂分株，茎尖插条。

'银后'亮丝草▷
Aglaonema 'Silver Queen'
↕↔45厘米

最引人注目的亮丝草属植物之一，叶大而尖，具长柄，叶片几乎完全呈银色，有浅绿和深绿标记。♀

☼中等光照，避免夏季阳光。🌡中等温度至温暖。中等湿度。💧每周一次，使用观叶室内植物肥料。冬季每月一次。🌢基质干燥时浇水。✂分株，茎尖插条，茎段插条。

拥有银色或灰色叶片的其他室内植物

横缟尖萼荷（*Aechmea fasciata*），见324页
'银王'亮丝草（*Aglaonema* 'Silver King'）
查塔姆阿思特丽（*Astelia chathamica*）
'蝾螈'秋海棠（*Begonia* 'Salamander'）
'银后'秋海棠（*Begonia* 'Silver Queen'）
有脉秋海棠（*Begonia venosa*），见354页
轮回（*Cotyledon orbiculata*）
'巨人'玉蝶（*Echeveria secunda* var. *glauca* 'Gigantea'），见384页

◁'圣诞快乐'秋海棠
Begonia 'Merry Christmas'
↕25厘米 ↔30厘米

蟆叶秋海棠的一个杂交品种，叶片硕大，边缘有锯齿，有醒目的银色和深红色标记，并呈现出粉晕。秋季和初冬开放的浅粉色花可谓是真正的锦上添花。♀

☼明亮至中等光照，避免夏季阳光。🌡中等温度至温暖。中等湿度。💧每两周一次。冬季每月一次。🌢基质干燥时浇水。冬季休眠时停止浇水。✂分株，叶片插穗。

△可爱栉花芋
Ctenanthe amabilis
↕↔40厘米

这种美丽的花叶植物来自南美洲的雨林，硕大的桨状叶片上有引人注目的绿色和银色斑马状条纹。♀

☼明亮至中等光照，避免直射阳光。🌡温暖，避免温度波动。高湿度。💧每两周一次，使用观叶室内植物肥料。冬季极少量施肥。🌢上半部分基质变干时浇水。✂分株。

叶片有银色或灰色条纹、斑点或脉纹的其他室内植物

斑叶竹节秋海棠（Begonia maculata）
孔雀竹芋（Calathea makoyana），见 368 页
白网纹草（Fittonia albivensis Argyroneura Group），见 398 页
西瓜皮豆瓣绿（Peperomia argyreia）
施里氏胡椒（Piper ornatum）
'银线'欧洲凤尾蕨（Pteris cretica 'Albolineata'），见 407 页
线叶蜂斗草（Sonerila margaritacea）
红背耳叶马蓝（Strobilanthes dyeriana），见 347 页

△'灰星'栉花芋
Ctenanthe 'Greystar'
↕1.2 米 ↔ 1 米

一种华丽的室内植物，叶片令人过目难忘。叶表面呈银色，叶脉和叶柄深绿色，而叶背面呈深紫色。

☼明亮至中等光照，避免直射阳光。⋕温暖，避免温度波动。高湿度。◐每两周一次，使用观叶室内植物肥料。冬季偶尔施肥。◑上半部分基质变干时浇水。▨分株。

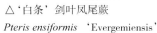

△'白条'剑叶凤尾蕨
Pteris ensiformis 'Evergemiensis'
↕↔ 30 厘米

该品种的叶片上有白色条纹，能够和其他蕨类品种形成良好的对比；它甚至比该物种的绿叶品种更漂亮。

☼明亮至中等光照，避免直射阳光。⋕中等温度至温暖。中高湿度。◐每两周一次。冬季每月一次。◑保持湿润，但要避免涝渍。▨分株，孢子。

△'泰瑞莎'皱叶豆瓣绿
Peperomia caperata 'Teresa' ↕↔ 20 厘米

这种植物很有魅力，非常适用于专门展示、瓶子花园。圆形叶片呈青铜紫色，表面皱缩并有银色光泽。

☼明亮至中等光照，需要部分阳光。⋕温暖。中高湿度。◐每三周一次。冬季偶尔施肥。◑基质表面变干时浇水。避免涝渍。▨茎尖插条。

△花叶冷水花
Pilea cadierei
↕30 厘米 ↔ 21 厘米

这种宿根植物来自越南的雨林，绿色叶片有银色斑点，让它成为一种极受欢迎的室内植物。摘心可以维持紧凑的株型。♡

☼明亮至中等光照，需要部分阳光。⋕温暖。中高湿度。◐每三周一次。冬季偶尔施肥。◑基质表面刚刚变干时浇水。避免涝渍。▨茎尖插条。

△'花叶'金钱麻
Soleirolia soleirolii 'Variegata'
↕5 厘米 ↔ 30 厘米或以上

一种很有用的小型植物，微小的银色叶片密集地覆盖在分叉枝条上。植株最终会形成匍匐的毯状。是大型植物下方的良好地被。

☼明亮至荫蔽，避免直射阳光。⋕冷凉至中等温度。中高湿度。◐每三周一次。冬季极少施肥。◑保持湿润，但要避免涝渍。冬季少量浇水。▨分株。

叶片奇异的室内植物

奇特和美妙的事物总是具有强大的吸引力。许多搜集植物的人会痴迷于寻找奇特的种类，特别是在叶片呈现一系列不同质感、色彩、形状和大小的观叶植物中。可以将这些植物展示在容易看到和观察到的地方。

有脉秋海棠▷

Begonia venosa

↕90 厘米 ↔ 60 厘米

肉质叶片硕大，呈肾形，表面覆盖白色短毛，有冰霜效果。从仲夏开始开花，花白色，有香味。

☼明亮光照，但要避免夏季阳光。☀中等温度至温暖。中低湿度。♦每两周一次。冬季每月一次。♦少量浇水，避免涝渍。▣分株，茎尖插条。

里氏秋海棠▷

Begonia listada

↕↔ 60 厘米

一种引人注目的植物，叶片硕大，形状似展开的翅膀，两端长短不一。叶深绿色，浅绿色横纹指向叶片两端。秋冬两季开花，花白色。♀

☼明亮至中等光照。避免夏季阳光。☀中等温度至温暖。中等湿度。♦每两周一次。冬季每月一次。♦基质表面变干时浇水。冬季减少浇水。▣分株，茎尖插条。

△ 齿瓣秋海棠

Begonia serratipetala

↕↔ 45 厘米

灌木状秋海棠，叶长而尖，有波状边缘，上表面为铜绿色并有红色叶脉，下表面为红色。冬季至春季开花，花粉白色。

☼明亮至中等光照，避免夏季阳光。☀中等温度至温暖。中等湿度。♦每两周一次。冬季每月一次。♦基质表面变干时浇水。冬季减少浇水。▣茎尖插条。

△ '红卷'变叶木

Codiaeum 'Red Curl'　　　　　　　　↕↔ 1 米

即使你已经见过许多种不同的变叶木，但这个品种也会让你眼前一亮。狭长的叶片好像螺旋形开瓶器，色泽十分鲜艳。单独种植或与绿叶变叶木一起展示，效果都非常好。

☼明亮光照，需要部分阳光。☀温暖，避免气流和温度波动。中高湿度。♦每两周一次，使用观叶室内植物肥料。冬季偶尔施肥。♦保持湿润。在冬季，基质表面变干时浇水。▣茎尖插条。

△ 银波锦

Cotyledon orbiculata var. *oblonga*

↕60 厘米 ↔ 50 厘米

有趣的灌木状多肉植物，最惹眼的（尤其是年幼时）就是它的圆形肉质叶片，表面覆盖着一层白色蜡质粉末，边缘波浪状。适合用于阳光充足的窗台。

☼ 明亮光照，需要阳光。❇温暖，但在冬季需要冷凉至中等温度条件。低湿度。♦每月一次，使用仙人掌和多肉植物肥料。◊基质干燥时浇水。冬季少量浇水。▨茎尖插条或叶片插穗。

△ 燕子掌

Crassula perforata　　　　↕↔ 30 厘米

适用于阳光充足地点的奇特植物。直立的茎从绿色肉质对生叶片之间穿过。夏季开花，星状花有香味，呈白色至粉色。

☼ 明亮光照，需要部分阳光。❇温暖，但在冬季需要冷凉至中等温度条件。低湿度。♦每月一次，使用仙人掌和多肉植物肥料。◊基质干燥时浇水。冬季少量浇水。▨茎尖插条或叶片插穗。

△ '紫叶'彩云阁

Euphorbia trigona 'Purpurea'

↕1.5 米 ↔ 1 米

一种多肉大戟属植物的紫叶类型，原产于纳米比亚。植株直立，茎三棱形，整齐地生长着一排排叶片。夏末落叶。

☼ 明亮光照。❇温暖，但在冬季需要冷凉至中等温度条件。低湿度。♦每月一次，使用仙人掌和多肉植物肥料。◊基质表面变干时浇水。冬季少量浇水。▨茎插条。

叶片奇异的其他室内多肉植物

小松之雪（*Haworthia attenuata* var. *clariperla*）
星美人（*Pachyphytum oviferum*），见 409 页
乙女心（*Sedum pachyphyllum*）
翡翠珠（*Senecio rowleyanus*），见 391 页
天女（*Titanopsis calcarea*）

△ 四海波

Faucaria tigrina

↕10 厘米 ↔ 20 厘米

叶片似肉质的捕蝇草，但有尖锐的锯齿。秋季开放黄花，颇令人惊喜。♀

☼ 明亮光照，需部分阳光。❇温暖，但在冬季需要冷凉至中等温度条件。低湿度。♦每月一次，使用仙人掌和多肉植物肥料。◊基质干燥时浇水。冬季少量浇水。▨茎插条或叶片插穗。

叶片奇异的其他室内植物

铁角蕨属植物（*Asplenium* x *lucrosum*）
酒瓶兰（*Beaucarnea recurvata*），见 394 页
房伯秋海棠（*Begonia lubbersii*）
环带姬凤梨（*Cryptanthus zonatus*）
苏铁（*Cycas revoluta*），见 394 页
捕蝇草（*Dionaea muscipula*），见 416 页
双色束花凤梨（*Fascicularia bicolor*）
草质西番莲（*Passiflora coriacea*）
齿叶矛木（*Pseudopanax ferox*）
千母草（*Tolmiea menziesii*），见 365 页

△ 美杜莎铁兰

Tillandsia caput-medusae

↕40 厘米 ↔ 24 厘米

叶片如同动物的角一样扭曲，生长叶片的球根状基部可以连接在悬挂的软木上。春季开花，穗状花序蓝红相间。

☼ 明亮光照，但要避开直射阳光。❇温暖。中低湿度。♦每八周一次。◊每天喷雾。光照和温度水平较低时每周喷雾四次。▨吸芽。

位置

温度、湿度和光照决定了所有地点的环境，从而决定了那里能够种植哪些种类的植物。在为特定地点选择适配的室内植物之前，你应该考虑房间大小、房间的使用频率，以及房间内的活动类型。

△日光充足的起居室 玻璃门，白色墙壁和一面镜子最大程度地利用了所有自然光照，促进观花植物的开花。

△适用于日光充足窗台的羽状鸡冠花（*Celosia argentea* Plumosa Group）

要记住，室内"气候"受到室外季节变化的影响。在冬季，中央供暖设施会让空气变得非常干燥，而光照水平在夏季通常会更高。你可能需要随着季节变化移动植物，以保证它们的健康。

光照和热量

无论在什么地方，窗户的数量和大小都能决定自然光照的水平。除了灼热的夏季阳光，大部分植物都喜欢穿过玻璃的充足日照，特别是观花植物。光照不佳的角落更具挑战性，似乎种什么都长不好，不过也可以用一系列耐阴植物来增添生气。

喜高温高湿的植物如热带植物看似在家中难有一席之地，但许多种类其实都有很强的适应性，能够在有限的时间段内接受较低的温度和较干燥的空气。你还可以使用卵石托盘提高湿度。具有同样适应性的还包括耐低光照、冷凉气温或干燥空气的室内植物，它们常常能在其他植物无法存活的地方生长。

改变房间

家中的几乎所有房间都能用植物来改善环境。主要的房间——起居室、餐厅、卧室、书房、浴室和厨房——都能用纷繁多样的物种来"装饰"。花园房和保育温室能够生长种类最广泛的植物，不过也不要放弃面积较小的区域，如门厅、楼梯平台或洗手间——它们常常至少能摆放一株植物。

△办公室赢家 株型紧凑，种植简单，能忍耐忽视，镜面草（*Pilea peperomioides*）是繁忙的家庭办公室的理想之选。

◁ 光照水平较低的厨房 一株引人注目的波士顿蕨在这个温暖的厨房里生长得很茂盛，这里的光照水平通常较低。

▷潮湿的浴室 许多蕨类都会喜欢温暖的浴室中常常很潮湿的空气，只要光线不是太明亮就行。

适合全日照下窗台的室内植物

　　热量在玻璃的作用下增加，日光充足的窗台可能是屋子里最热的区域，除了仙人掌和多肉植物，只有少数植物能够在这里长期生存而不被灼伤。不过，只要能够免于遭受夏季正午的炎热，一大批植物都很喜欢这样的地点，可以在正午的时候拉上百叶窗或窗帘，或者暂时将它们转移到别的地方。

位置

'三色'红凤梨▷

Ananas bracteatus 'Tricolor'

↕70 厘米 ↔ 50 厘米

叶和花都非常引人注目，但要注意叶片边缘锋利的刺状锯齿。夏季长出令人难忘的凤梨花序。需要经常浇水。

☼ 明亮光照，需要部分阳光。✱温暖。中高湿度。♦每两周一次，使用开花室内植物肥料。◊基质表面刚刚变干时浇水。▥吸芽，莲座丛。

'丹尼亚'叶子花▷

Bougainvillea 'Dania'

↕↔1 米或以上

鲜艳的亮粉色苞片从夏季生长到秋季。这种极具异域风情的植物可在年幼时购买，整枝到框架上，修剪以控制尺寸；只要提供空间，就能生长得更大。

☼ 明亮光照，需要阳光。✱中等温度至温暖。低湿度。♦每两周一次，使用开花室内植物肥料。◊基质表面刚刚变干时浇水。冬季少量浇水。▥茎尖插条。

△鸡冠花羽状群

Celosia argentea Plumosa Group

↕↔ 45 厘米

这种引人注目的宿根植物通常作为一年生植物种植，它的生长需要大量光照。保护其免遭正午阳光的暴晒，以延长夏季色彩浓郁的羽状花序的开放时间。

☼ 明亮光照，但要避免炎热的夏季阳光。✱中等温度至温暖。中等湿度。♦每两周一次。◊基质表面刚刚变干时浇水。▥种子。可大量自播。

适合全日照下窗台的其他室内植物

曲管花（*Cyrtanthus elatus*）
夹竹桃品种群（*Nerium oleander* cultivars）
'香叶'天竺葵（*Pelargonium* 'Graveolens'）
五星花（*Pentas lanceolata*）
红鸡蛋花（*Plumeria rubra*）
矮石榴（*Punica granatum* var. *nana*）

'白特罗尔'蓝宝花▷

Browallia speciosa 'White Troll'

↕↔ 25 厘米

蓝宝花是宿根植物，但通常作为一年生植物栽培。叶片锐尖，触感略微湿黏，夏季开白花。掐去茎尖以促进灌丛状植株的形成。

☼ 明亮至中等光照，避开炎热的夏季阳光。✱冷凉至中等温暖。中等湿度。♦每两周施肥一次。◊基质表面变干时浇水。▥种子。

△莲座青锁龙
Crassula socialis
↕7 厘米 ↔ 30 厘米

叶片边缘为角质，形成小而密集的基生莲座丛，很快就能长成一片。春季开花，微小的星状白色花构成圆形花序。

☼明亮光照，需要部分阳光。🌡温暖，但冬季需要冷凉至中等温度条件。低湿度。♠每月一次，使用仙人掌和多肉植物肥料。◌基质干燥时浇水。冬季少量浇水。✉茎尖插条或叶片插穗。

△泥龙属植物
Huernia thuretii var. *primulina*
↕↔ 8 厘米

簇生多肉植物，灰绿色茎呈尖棱形，夏季和秋季开放奇特的奶油黄色花，花上有红色斑点。不要浇水过度。

☼明亮光照，需要阳光。🌡温暖，但冬季需要冷凉至中等温度。低湿度。♠每月一次，使用仙人掌和多肉植物肥料。◌基质表面变干时浇水。冬季少量浇水。✉茎尖插条。

△金晃球
Parodia leninghausii
↕60 厘米 ↔ 8 厘米

这种仙人掌植物最初为球形或圆形，后来逐渐长成肥厚的圆柱形，并长有金色的刺。浅黄色的花在夏季从尖端长出。

☼明亮光照，需要阳光。🌡温暖，但冬季需要冷凉至中等温度。低湿度。♠每月一次，使用仙人掌和多肉植物肥料。◌基质表面变干时浇水。冬季少量浇水。✉茎尖插条。

△'红巨人'朱槿
Hibiscus rosa-sinensis 'Scarlet Giant'
↕2 米或以上 ↔ 1.5 米或以上

一种大型植物，可通过仔细的修剪来控制尺寸。喜爱阳光，充足的阳光可让植株从春季至秋季大量开花；花红色，直径可达17厘米。

☼明亮光照，需要阳光。🌡温暖，避免温度波动。中高湿度。♠每两周一次。冷凉条件下停止施肥。◌基质刚刚变干时浇水。冬季少量浇水。避免涝渍。✉半硬枝插条。

色彩浓郁的叶片

◁ 彩叶草杂种群
Solenostemon hybrids
↕↔30~60 厘米

是色彩最鲜艳、最可观的观叶植物种类之一，有丰富多样的色彩组合。虽然是多年生植物，但彩叶草通常按照一年生植物种植。掐去茎尖以促进分枝。

☼明亮光照，需要阳光。🌡温暖。低湿度。♠每周一次。冬季偶尔施肥。◌保持湿润，但要避免涝渍。在冬季，基质干燥时浇水。✉茎尖插条。容易水培生根。

夏天

适合日光充足环境的室内植物

只要没有灼伤或过热的风险，光照充足的地点是许多室内植物的理想安置之地。在任何房屋内，光线最充足的地点通常是接受大量自然光照的窗台或窗台附近；即使是在清晨和傍晚也可能依然如此。不过，对于夏季正午的强烈阳光，下列所有植物都需要用保护措施加以抵挡。

观赏辣椒▷
Capsicum annuum
‡↔ 至60厘米

常见植物，常作一年生植物栽培，如果气候条件冷凉而不寒冷，可以生长得更久。在冬季，繁茂的枝叶间结出大量红色或橘红色果实。

☼明亮光照。❄冷凉至温暖。中等湿度。💧每两周一次，交替使用普通肥料和观花室内植物肥料。💧基质刚刚变干时浇水。🌱茎尖插条。

△‘几维’朱蕉
Cordyline fruticosa ‘Kiwi’
‡↔2米

这种有萌蘖习性的植物会形成一丛直立的茎，茎上长着醒目的叶片，叶片分布着深绿色、浅绿色和奶油色的条纹，边缘呈微妙的粉晕色。

☼明亮光照，但要避开夏季阳光。❄温暖。高湿度。💧每两周一次。冬季每月一次。💧基质表面变干时浇水。低温时减少浇水。🌱茎尖插条，茎段插条。

适合全日照和部分夏季阳光的其他室内植物

‘暗钟’科雷亚（*Correa* ‘Dusky Bells’）
柱神刀（*Crassula coccinea*）
曲管花（*Cyrtanthus elatus*）
‘芭蕾舞女’倒挂金钟（*Fuchsia* ‘Ballet Girl’）
‘罗氏’嘉兰（*Gloriosa superba* ‘Rothschildiana’）
蔓茎四瓣果（*Heterocentron elegans*）
非洲凤仙杂种群（*Impatiens walleriana* hybrids），见385页
‘温迪’落地生根（*Kalanchoe* ‘Wendy’）

△菊花
Chrysanthemum indicum
‡↔30厘米

植株低矮的类型，株型紧凑，花朵呈浅黄色，从秋季开放到冬季。是很受欢迎的众多菊花种类之一。

☼明亮光照，但要避开直射阳光。❄冷凉至中等温度。中等湿度。💧每三周一次。💧保持湿润，但要避免涝渍。🌱茎尖插条。

◁花月
Crassula arborescens
‡2米↔1.2米

这种肉质灌木生长缓慢，但最终尺寸很大。灰绿色叶片有红色边缘，十分醒目，秋季至冬季开白色星状花。

☼明亮光照，需要部分阳光。❄温暖，但在冬季需要冷凉至中等温度。低湿度。💧每月一次，使用仙人掌和多肉植物肥料。💧基质干燥时浇水。冬季少量浇水。🌱茎插条或叶片插穗。

位置

△粉叶草

Dudleya pulverulenta ↕↔ 30 厘米或以上

这种多肉植物的肉质叶片末端尖锐，呈银灰色、莲座状丛生于短茎上。春季或初夏开花，红色或黄色星状花与莲座叶相得益彰。

☼明亮光照，需要阳光。🌡温暖，但在冬季需要冷凉至中等温度。低湿度。💧每月一次，使用仙人掌和多肉植物肥料。△基质表面变干时浇水。冬季少量浇水。🗑茎插条或叶片插穗。

适合全日照但要避开夏季阳光的其他室内植物

长筒花杂种群（*Achimenes hybrids*），见332页
毛萼口红花（*Aeschynanthus radicans* var. *lobbianus*）
'戴尼亚'单药爵床（*Aphelandra squarrosa* 'Dania'），见368页
巴西爵床（*Justicia rizzinii*），见331页
'玫红'喇叭藤（*Mandevilla sanderi* 'Rosea'）
金苞花（*Pachystachys lutea*）
蟹爪兰（*Schlumbergera truncata*），见363页
翼叶山牵牛（*Thunbergia alata*），见393页

'花叶'球兰▷

Hoya carnosa 'Variegata'

↕↔ 2 米

球兰的一个奶油色花叶品种，缠绕生长，长势苗壮，可以整枝在框架结构上，以保持株型的整齐可控。夏季开蜡质花，有香味。

☼明亮光照，但要避开直射阳光。🌡中等温度至温暖。中高湿度。💧每三周一次，使用开花室内植物肥料。△基质表面变干时浇水。避免过度浇水。🗑茎尖插条。

虾衣花▷

Justicia brandegeeana

↕↔ 90 厘米

花量大且花期长，这种极受欢迎的植物拥有鲜艳的苞片和下垂的白色花，全年开放。喜部分阳光。曾用学名*Beloperone guttata*。♀

☼明亮至中等光照，避开最炎热的日照。🌡温暖，避免气流。中高湿度。💧每月一次。△保持湿润，但要避免涝渍。🗑茎尖插条。

◁ '橙王'绒桐草

Smithiantha 'Orange King'

↕↔ 30 厘米

冬季休眠期之后长出叶片，叶表面有美丽的花斑和浓密的毛。夏季至秋季，松散低垂的橙色花开放在叶片上方。

☼明亮至中等光照。避开炽热阳光。🌡温暖，但在休眠状态下需要中等温度。高湿度。💧每两周一次，使用开花室内植物肥料。△保持湿润，生长期增加浇水。休眠期停止浇水。🗑分株。

△ '吉姆'旋果花

Streptocarpus 'Kim'   ↕ 20 厘米 ↔ 35 厘米

叶片表面有柔毛，呈莲座状丛生。夏季开花，花序分叉，花深紫色并有白色花心。是适用于光照充足地点的经典室内植物。♀

☼明亮至中等光照。避开直射阳光。🌡温暖。中高湿度。💧每两周一次，使用开花室内植物肥料。冬季每月一次，若休眠则不施肥。△基质干燥时浇水。🗑分株，叶片插穗。

位置

适合中等光照强度的室内植物

　　大多数房间都有光照水平中等的区域，既远离阳光直射又不在荫蔽之中。它通常距离窗户有数米之远，如果你的窗户使用了薄窗帘或百叶窗，这个距离还会更近一些。下列所有植物都忍耐中等强度光照，但它们均受益于在日光充足环境下停留少量时间。

位置

'玛丽'波叶亮丝草▷

Aglaonema crispum 'Marie'

‡1.2 米 ↔ 60 厘米

亮丝草以其微妙的叶片图案而闻名，而这个灌丛状品种拥有硕大的深绿色叶片，叶表面有灰绿色斑纹。是一种精致的标本室内植物。

☼ 明亮至中等光照。♨ 中等温度至温暖，避免温度波动。中等湿度。♦ 每月一次，使用观叶室内植物肥料。冬季每月一次。◊ 基质干燥时浇水。▣ 分株，茎尖插条，茎段插条。

△ '虎爪'秋海棠

Begonia 'Tiger Paws'

‡20 厘米 ↔ 25 厘米

植株呈紧凑的圆丘状，盾状黄绿色叶片有古铜色边缘，生长着一小撮"睫毛状"毛。♀

☼ 明亮至中等光照。♨ 冷凉至温暖，避免温度波动。中等湿度。♦ 每月一次，使用观叶室内植物肥料。冬季每月一次。◊ 基质干燥时浇水。▣ 分株，茎尖插条，茎段插条。

△龙血树

Dracaena cincta

‡4 米 ↔ 1 米

颇受欢迎的常绿灌木或小乔木，有一系列花叶种类，某些品种的叶片有奶油色边缘，如该品种。适用于半阴角落或门厅的绝佳标本植物。

☼ 明亮至中等光照。♨ 中等温度至温暖。中高湿度。♦ 每两周一次。冬季偶尔施肥。◊ 基质表面变干时浇水。▣ 茎尖插条，茎段插条。

△香龙血树紧凑群

Dracaena fragrans Compacta Group

‡2 米 ↔ 1 米

这是一种长势苗壮的植物，浓密的叶片丛生在茎的顶端，让植株看起来好像像面修刷一样。春季对成熟植物施以重剪，以促进更新生长。

☼ 明亮至中等光照。低光照水平下停止生长。♨ 中等温度至温暖。中高湿度。♦ 每两周一次。冬季偶尔施肥。◊ 基质表面变干时浇水。▣ 茎尖插条，茎段插条。

适合中等光照强度的其他大型室内植物

'银河'蜘蛛抱蛋（*Aspidistra elatior* 'Milky Way'），见 364 页

鸟巢蕨（*Asplenium nidus*），见 406 页

袖珍椰子（*Chamaedorea elegans*），见 412 页

红边龙血树（*Dracaena marginata*），见 395 页

八角金盘（*Fatsia japonica*），见 339 页

龟背竹（*Monstera deliciosa*），见 339 页

波士顿蕨（*Nephrolepis exaltata* 'Bostoniensis'），见 407 页

'梅迪萨'喜林芋（*Philodendron* 'Medisa'），见 393 页

△'白边小叶'薜荔

Ficus pumila 'White Sonny'

↕↔ 30 厘米或以上

匍匐生长的榕属植物,小巧的叶片有奶油色镶边。在潮湿的条件下,它会长出能够攀援的根,在适宜的支撑结构上良好生长。

☼ 明亮至中等光照。♨ 中等温度至温暖。中高湿度。💧 每两周一次,使用观叶室内植物肥料。冬季偶尔施肥。💧 基质干燥时浇水,尤其是气温冷凉时。✂ 茎尖插条。

适合中等光照强度的其他小型室内植物

'弗里茨·卢斯'楔形铁线蕨(*Adiantum raddianum* 'Fritz Luth'),见 380 页

'莉莉安'亮丝草(*Aglaonema* 'Lilian'),见 374 页

'盾叶'洋常春藤(*Hedera helix* 'Très Coupé')

瑞典常春藤(*Plectranthus verticillatus*)

虎耳草(*Saxifraga stolonifera*),见 391 页

蟹蟹兰(*Schlumbergera* x *buckleyi*)

'塔夫金'千母草(*Tolmiea menziesii* 'Taff's Gold'),见 377 页

△'加州扇'洋常春藤

Hedera helix 'California Fan'

↕ 1 米 ↔ 30 厘米

这种常春藤拥有漂亮的中绿色叶片,形状从三角形至宽心形不一。非常适合种植在吊篮中或攀爬在支撑物上。

☼ 明亮至中等光照。低光照水平下生长不良。♨ 冷凉至中等温度。中高湿度。💧 每两周一次。冬季施肥两次。💧 基质干燥时浇水。冬季少量浇水。✂ 茎尖插条,压条。

△蟹爪兰

Schlumbergera truncata

↕ 30 厘米 ↔ 60 厘米

从秋末至冬季,低垂的深粉色花覆盖了这种醒目的仙人掌科植物,花凋谢后植株进入休眠。扁平分节的肉质茎又增添了一份趣味。

☼ 中等光照。♨ 中等温度至温暖,但休眠期需要冷凉环境。中等湿度。💧 生长期每两周一次,使用富含钾的肥料。💧 生长期保持湿润。休眠期少量浇水。✂ 茎段插条。

△红网纹草

Fittonia albivensis Verschaffeltii Group

↕ 15 厘米 ↔ 30 厘米或以上

将这种小而茂密、匍匐生长的网纹草放置在较低的水平面上,欣赏它具有粉色网纹的美丽叶片。适用于温暖、潮湿的浴室。

☼ 中等光照。♨ 中等温度至温暖。高湿度。💧 每两周一次。冬季偶尔施肥。💧 基质表面刚刚变干时浇水。避免涝渍。✂ 茎尖插条。

红宝石喜林芋 ▷

Philodendron erubescens 'Red Emerald'

↕ 5 米 ↔ 2 米或以上

这个品种是一种健壮的雨林攀援植物,叶片翡翠绿色,有光泽,主叶脉和叶柄为深红色。最好整枝在苔藓柱上生长。

☼ 明亮至荫蔽。♨ 中等温度至温暖。中高湿度。💧 每两周一次,使用观叶室内植物肥料。冬季每月一次。💧 基质表面变干时浇水。✂ 茎尖插条。

适合低光照强度的室内植物

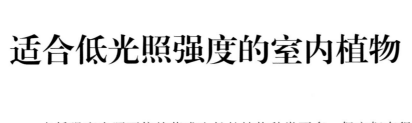

在低强度光照下依然茂盛生长的植物种类不多，但它们有很强的复原能力；当然，下列植物都能从一点额外的照料中受益，有助于它们呈现出最好的面貌。低光照区域通常是距离窗户或其他光源最远的地方；不过幽深、昏暗的角落不包括在内，任何植物都难以在这种地方生存。

△红网纹草
Fittonia albivensis Verschaffeltii Group
‡15 厘米 ↔ 30 厘米

株型紧凑的小型植物，观赏其拥有醒目粉色至红色叶脉的深绿色叶片。与其他植物共同种植在密闭容器中时，会营造出鲜明的对比效果。

☼中等光照至荫蔽，避开直射阳光。᠄温暖。高湿度。᠄每两周一次。冬季偶尔施肥。᠄保持湿润，但要避免涝渍。᠄茎尖插条。

'银河'蜘蛛抱蛋▷
Aspidistra elatior 'Milky Way'
‡↔ 60 厘米

很少有植物比蜘蛛抱蛋更能忍耐低光照水平。对一般性养护反应良好。这个带斑点的品种特别有观赏性；是优美的标本植物。

☼中等光照至荫蔽。直射阳光会灼伤叶片。᠄中等温度至温暖。中等湿度。᠄每三周一次。᠄基质表面变干时浇水。不喜涝渍。᠄分株，吸芽。

深裂成熟叶片

◁ 复羽裂喜林芋
Philodendron bipinnatifidum
‡3 米 ↔ 2 米或以上

最壮观的观叶植物之一，茎干强壮，成熟叶片硕大，深裂，具长柄。将这种来自巴西的灌木种植在短粗的苔藓柱或框架上。♀

☼明亮至荫蔽。᠄温暖。中高湿度。᠄每两周一次，使用观叶室内植物肥料。᠄基质表面稍微变干时浇水。᠄分株，茎尖插条。

△蛇莓
Duchesnea indica
‡10 厘米 ↔ 1.2 米

生长迅速的匍匐宿根植物，形成一层毯状横走茎，叶片似草莓。夏季开黄色花，不过若想收获红色果实，需要将其转移到更明亮的位置。

☼中等光照至荫蔽。᠄冷凉至温暖。中高湿度。᠄每三周一次。᠄保持湿润。冬季减少浇水。᠄小植株。

位置

攀缘蔓绿绒 ▷
Philodendron scandens
$\updownarrow \leftrightarrow$ 3 米

长势苗壮，而且如果空间足够，可以攀援得很高。叶片深绿色，有光泽，呈心形，末端细长且尖锐，长可达30厘米。能够在吊篮中营造不同寻常且令人难忘的景致，或者种植在苔藓柱或框架结构上。♀

☼明亮至荫蔽。♨中等温度至温暖。中高湿度。♦每两周一次，使用观叶室内植物肥料。冬季每月一次。♦让基质表面稍微变干，然后再浇水。▥茎尖插条。

△金钱麻
Soleirolia soleirolii
$\updownarrow$ 5 厘米 $\leftrightarrow$ 30 厘米

毯状低矮株型和细小的叶片让这种植物看起来很像苔藓，却在花盆或吊篮中营造出紧密的地被。不适用于密闭容器。

☼明亮至荫蔽，避免直射阳光。♨冷凉至中等温度。中高湿度。♦每三周一次。冬季极少施肥。♦保持湿润，但要避免涝渍。冬季少量浇水。▥分株。

△多枝卷柏
Selaginella martensii
$\updownarrow$ 15 厘米 $\leftrightarrow$ 30 厘米

一种奇特的簇生植物，与蕨类的亲缘关系较近。茎扁平似复叶，密集生长着小小的有光泽的鳞片状叶，让这种植物呈现出一种迷人的柔软质地。可做其他植物下方的良好地被。

☼荫蔽。♨温暖。高湿度。♦每五周一次，使用半强化普通室内植物肥料。♦基质表面刚刚变干时浇水。▥茎插条。

△鹅掌藤
Schefflera arboricola
$\updownarrow$ 1.8 米 $\leftrightarrow$ 90 厘米

掌状叶片是这种来自中国台湾的常绿灌木的标志性特征，它们是优秀的室内植物。从基部就开始分枝，所以要修剪以保持较小的株型。

☼明亮至荫蔽。♨温暖，避免温度波动。中高湿度。♦每两周一次。冬季每月一次。♦基质表面变干时浇水。▥茎尖插条，空中压条。

适合低光照强度的其他室内植物

楔形铁线蕨（*Adiantum raddianum*），见 398 页
'巴豆叶'东瀛珊瑚（*Aucuba japonica* 'Crotonifolia'）
袖珍椰子（*Chamaedorea elegans*），见 412 页
'白边小叶'薜荔（*Ficus pumila* 'White Sonny'），见 363 页
'银斑'阿尔及利亚常春藤（*Hedera algeriensis* 'Gloire de Marengo'）
垂羽荷威椰子（*Howea forsteriana*）
'欧洲贯甘特'白鹤芋（*Spathiphyllum* 'Euro Gigant'），见 371 页
'塔夫金'千母草（*Tolmiea menziesii* 'Taff's Gold'），见 377 页

△千母草
Tolmiea menziesii
$\updownarrow$ 30 厘米 $\leftrightarrow$ 40 厘米

一种耐寒的宿根植物，在叶片与茎的连接处长出幼嫩小植株。适用于没有加温设施的房间，在花盆或吊篮中生长的效果很好。

☼中等光照至荫蔽。♨冷凉至中等温度。中等湿度。♦每两周一次。冬季偶尔施肥。♦基质表面变干时浇水。冬季少量浇水。▥分株，小植株。

位置

适合干燥空气的室内植物

对于室内植物而言，中央供暖是一把双刃剑。它能保持房间的温暖，这适宜大多数热带植物的生长，但也会导致空中的水分蒸发，让房间变得十分干燥。可以经常喷水以补偿湿度，或者选择能够忍耐或者喜欢干燥空气的植物种类。

位置

沙漠玫瑰▷
Adenium obesum
↕1.5 米 ↔ 1 米

生长缓慢的多肉灌丛，基部膨大。仲冬至春季开花，通常先花后叶，花为红色、粉色或白色；提早开放的花朵常常令人惊喜。♀

☼明亮光照，需要阳光。☀温暖，但在冬季休眠时需要冷凉至中等温度。低湿度。♦每三周一次，使用仙人掌和多肉植物肥料，或富含钾的肥料。◊2.5厘米厚的表层基质变干时浇水。冬季少量浇水。✉茎尖插条。

光萼荷▷
Aechmea chantinii
↕1 米 ↔ 80 厘米

这种令人过目难忘的凤梨科植物拥有红黄相间的苞片。只要瓮状莲座丛保持湿润，就能忍耐相当干燥的空气，不过它喜欢用喷雾器加湿。♀

☼明亮光照，但要避开夏季阳光。☀温暖。低中湿度。♦每两周一次。◊基质表面变干时浇水。冬季少量浇水。保持瓮状莲座丛与水的接触。✉吸芽。

△绫锦
Aloe aristata
↕12 厘米 ↔ 30 厘米

尖端有刺的叶密集丛生，边缘有微小的白色锯齿，叶表面有小白点；秋季开橘红色花。容易种植，极耐忽视。♀

☼明亮光照，需要阳光。☀温暖，但在冬季需要冷凉至中等温度环境。低湿度。♦每三周一次，使用仙人掌和多肉植物肥料。◊2.5厘米厚的表层基质变干时浇水。冬季少量浇水。✉吸芽。

适合干燥空气的其他室内植物

风铃木（*Azorina vidalii*）
酒瓶兰（*Beaucarnea recurvata*），见 394 页
苍角殿（*Bowiea volubilis*）
白花网球花（*Haemanthus albiflos*）
'香叶'天竺葵（*Pelargonium* 'Graveolens'），见 344 页

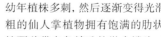

△鸾凤玉
Astrophytum myriostigma
↕23 厘米 ↔ 25 厘米

幼年植株多刺，然后逐渐变得光滑。这种矮粗的仙人掌植物拥有饱满的肋状结构，全株覆盖带白色绒毛的微小鳞片。浅黄色花在夏季从顶端开出。♀

☼明亮光照，需要阳光。☀温暖，但在冬季需要冷凉至中等温度环境。低湿度。♦每月一次，使用仙人掌和多肉植物肥料。◊基质表面变干时浇水。冬季少量浇水。✉吸芽，种子。

△晃玉
Euphorbia obesa
↕↔ 15 厘米

这种植物看起来像是星球属
（*Astrophytum*）的成员，但它实际上是一种
多肉大戟，拥有典型的腐蚀性乳汁。夏季开
花，黄色小花簇生。♀

☼明亮光照，需要阳光。♨温暖，但在冬季需
要冷凉至中等温度环境。低湿度。♦每月一
次，使用仙人掌和多肉植物肥料。♦基质表面
变干时浇水。冬季少量浇水。▥吸芽。

△白毛掌
Opuntia microdasys var. *albispina*
↕↔ 60 厘米

一种极具装饰性的仙人掌植物，在春季和夏
季开鲜黄色花。小心操作；即使是最轻微的
触碰，也会让微小的白刺扎进皮肤里。

☼明亮光照，需要阳光。♨温暖，但在冬季
需要冷凉至中等温度环境。低湿度。♦
每月一次，使用仙人掌和多肉植物肥
料。♦基质表面变干时浇水。冬
季少量浇水。▥吸芽。

艳丽的橙色花序

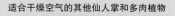

△蝎尾空凤
Tillandsia dyeriana
↕↔ 30 厘米

这种色彩艳丽的气生植物最好种植在一块
浮木或软木橡树皮上，然后从高处悬挂下
来，高度要方便喷水。也可以盆栽。

☼明亮光照，但要避免直射阳光。♨温暖。低
湿度。♦每八周一次。♦每天喷雾。低光照且
冷凉的条件下，每周喷雾四次。少量浇水。
▥吸芽。

适合干燥空气的其他仙人掌和多肉植物

鬼脚掌（*Agave victoriae-reginae*）
斑叶芦荟（*Aloe variegata*），见 386 页
着衣团扇（*Cylindropuntia tunicata*）
大叶落地生根（*Kalanchoe daigremontiana*）
玉翁（*Mammillaria hahniana*）
武烈柱（*Oreocereus celsianus*）
'花叶'红雀珊瑚（*Pedilanthus tithymaloides*
'Variegatus'）

△佛肚树
Jatropha podagrica
↕50 厘米或以上 ↔25 厘米或以上

膨大的茎上生长着硕大结实的具长柄叶片，
叶背发白。夏季开花，红花簇生于长长的花
梗顶端。汁液具有腐蚀性。♀

☼明亮光照，需要阳光。♨温暖，但在冬季需
要冷凉至中等温度环境。低湿度。♦每月一
次，使用仙人掌和多肉植物肥料。♦基质表面
变干时浇水。冬季少量浇水。▥种子。

灰色的卷曲
叶片

◁电烫卷
Tillandsia streptophylla
↕↔ 45 厘米

引人注目的拱形叶片呈扭曲状，春末或秋季
开花，花序由绿色苞片和蓝红两色的花组
成。可种植在花盆中或者光照浮木上展示。

☼明亮光照，但要避免直射阳光。♨温暖。低湿
度。♦每八周一次。♦每天喷雾。低光照且冷凉
的条件下，每周喷雾四次。少量浇水。▥吸芽。

位置

适合温暖、潮湿房间的室内植物

　　温暖、潮湿的环境非常适合种植热带植物，但是要记住，有些种类需要恒定的中高湿度才能茂盛生长，它们不喜气流和温度波动。温暖的浴室是一个良好的选择，但要注意人工加热的干燥效应，以及开着的窗户引入室内的冷气流。温度和湿度可控的花园房十分理想，能够让你培育热带植物或微型的热带雨林。

位置

'戴尼亚'单药爵床▷

Aphelandra squarrosa 'Dania'

↕↔ 30 厘米

这是一种株型紧凑的植物。深绿色叶片有光泽，叶脉和中脉呈奶油色。引人注目的花序有鲜黄色苞片，苞片尖端为橙色。

☼明亮至中等光照，但要避免炎热阳光。☀温暖，避免温度波动。高湿度。♦春季至秋季每两周一次。◊保持湿润，但不要过度浇水。冬季基质干燥时浇水。▨茎尖插条。

△'弗里达·亨普尔'花叶芋

Caladium bicolor 'Frieda Hemple'

↕30 厘米 ↔45 厘米

叶片色彩绚烂，薄如纸片，春季萌发，秋季枯死。叶片枯死后应将块茎挖出储存，供来年春季重新种植。

☼明亮至中等光照，避免直射阳光。☀温暖，但在休眠期需要中等温度。高湿度。♦每周一次。◊保持湿润，秋季减少浇水，冬季保持微微湿润即可。▨分株，块茎。

△孔雀竹芋

Calathea makoyana

↕45 厘米 ↔30 厘米

这种优雅的植物拥有硕大的椭圆形中绿色叶片，叶表面有深绿色花纹，背面呈粉紫色。♡

☼中等光照。☀中等温度至温暖，避免温度波动。高湿度。♦每两周一次。冬季每月一次。◊保持湿润。气温较冷凉时，在基质表面刚刚变干时浇水。▨分株。

△彩虹肖竹芋

Calathea roseopicta

↕24 厘米 ↔15 厘米

一种特色鲜明的植物，硕大的深绿色叶片上有美丽的花纹；中脉和叶边缘呈精致的玫粉色。♡

☼中等光照。☀中等温度至温暖，避免温度波动。高湿度。♦每两周一次。冬季每月一次。◊保持湿润。气温较冷凉时，在基质表面刚刚变干时浇水。▨分株。

△变叶木

Codiaeum variegatum var. *pictum*

↕2 米 ↔1.2 米

叶片很有光泽，以其叶脉两侧鲜艳的花斑而闻名。叶片主要呈绿色和黄色，或者红色、橙色和紫色。

☼中等光照，避免夏季光照。☀中等温度至温暖，避免温度波动。高湿度。♦夏季每两周一次，使用观叶室内植物肥料。◊保持湿润。冷凉条件时，基质干燥时浇水。▨茎尖插条。

白脉莎草 ▷

Cyperus albostriatus

↕60 厘米 ↔ 30 厘米

植株密集簇生，浅绿色带状叶片从茎的末端伸展出来。从夏季至秋季还会开出绿色的花。

☼ 明亮至中等光照。避免夏季光照。🌡冷凉至温暖。中高湿度。💧每两周一次，使用观叶室内植物肥料。冬季施肥两次。⬇保持湿润。喜欢立于水中。▨分株。

哥氏白脉竹芋 ▷

Maranta leuconeura var. *kerchoveana*

↕↔ 30 厘米

叶片浅绿色，有锦缎光泽。每一片叶片上都有深绿色脚印，让这种来自美洲热带的植物脱颖而出，并让它得到另一个英文名: rabbit's foot plant（"兔子脚植物"）。♧

☼ 中等光照，避免直射阳光。🌡中等温度至温暖。高湿度。💧每两周一次。冬季偶尔施肥。⬇保持湿润。温度较低时，基质变干后浇水。▨分株，茎尖插条。

适合温暖、潮湿房间的其他室内植物

'纤细' 楔形铁线蕨（*Adiantum raddianum* 'Gracillimum'）

水晶花烛（*Anthurium crystallinum*），见 338 页

金花肖竹芋（*Calathea crocata*），见 328 页

'佩特拉' 变叶木（*Codiaeum* 'Petra'）

'智慧' 嫣红蔓（*Hypoestes phyllostachya* 'Wit'），见 351 页

红豹纹竹芋（*Maranta leuconeura* var. *erythroneura*），见 399 页

'小幻想' 皱叶豆瓣绿（*Peperomia caperata* 'Little Fantasy'）

绒叶喜林芋（*Philodendron melanochrysum*）

'勃朗峰' 大岩桐（*Sinningia* 'Mont Blanc'），见 343 页

△红网纹草

Fittonia albivensis Verschaffeltii Group

↕15 厘米 ↔ 30 厘米或以上

叶片小巧，具粉色叶脉，植株匍匐生长，让它成为盆栽或密闭容器种植的良好选择。若环境足够温暖湿润，可在低光照下茂盛生长。

☼ 中等光照。🌡冷凉至温暖。中高湿度。💧每两周一次，使用观叶室内植物肥料。冬季施肥两次。⬇保持湿润。喜欢立于水中。▨分株。

斑叶紫背竹芋 ▷

Stromanthe 'Stripestar'

↕1.5 米 ↔ 1 米

深绿色叶片有光泽，中脉和叶脉呈浅绿色，叶背面深紫色。不容易种植，但值得花费一些力气。

☼ 明亮至中等光照，避免夏季阳光。🌡中等温度至温暖，避免气流。高湿度。💧每两周一次，冬季每月一次。⬇保持湿润。温度较低时，基质变干后浇水。▨分株。

位置

适合大型房间的室内植物

宽敞的房间需要效果突出的植物来填充，但不能产生压迫感，也不能增加人员在周围活动的困难。叶片醒目的标本植物常常是一个不错的选择；如果精心摆放，叶片较小的大型植物也能产生同样出色的效果。下列植物中有些需要仔细修剪，以限制它们的尺寸。

'花叶'八角金盘▷

Fatsia japonica 'Variegata'

↕↔ 1.5 米或以上

一种很受欢迎的花叶灌木，常绿叶片硕大，具长柄，叶的裂片上有奶油色花斑。耐相对冷凉的条件，但需要大量空间才能施展开。♀

☼明亮至中等光照。❄冷凉至中等温度。中等湿度。♦每两周一次，使用观叶室内植物肥料。冬季施肥一次。◊基质表面干燥时浇水。气温较低时减少浇水。▦茎尖插条，空中压条。

△变叶木杂种群

Codiaeum hybrids

↕↔ 1~2 米

这种漂亮的常绿植物拥有光滑的深裂叶片，它是变叶木的众多品系之一，它们在叶片大小、形状和色彩上都有差异。可以孤植，或者数棵种植在一个容器中。

☼明亮光照，需要部分阳光。❄温暖，避免气流和温度波动。中高湿度。♦每两周一次，使用观叶室内植物肥料。冬季偶尔施肥。◊保持湿润。在冬季，基质表面变干时浇水。▦茎尖插条。

'柠檬酸橙'香龙血树▷

Dracaena fragrans 'Lemon Lime'

↕3 米或以上 ↔ 1.2 米或以上

香龙血树以带有花斑的叶片闻名，而这是其中最鲜艳多彩的品种之一。长而渐尖的叶片呈浅黄绿色，叶片中央有一条宽阔的深绿色条纹，边缘为奶油色。♀

☼明亮至中等光照，避开夏季阳光。❄温暖。中高湿度。♦每两周一次。冬季偶尔施肥。◊干燥时浇水。冬季少量浇水。▦茎尖插条，茎段插条。

浅黄绿色花叶叶片

'阿里'榕▷

Ficus bennendijkii 'Alii'

↕2 米或以上 ↔ 75 厘米或以上

看起来好像一棵常绿垂柳，这种优雅的室内植物在细长的枝条上长满了狭长的叶片。植株相当窄，让它适用于许多不同的空间。

☼明亮光照，但要避免夏季阳光。❄温暖。中高湿度。♦每两周一次。冬季偶尔施肥。◊基质表面干燥时浇水。气温较低时减少浇水。▦茎尖插条，空中压条。

'花叶'龟背竹▷

Monstera deliciosa 'Variegata'

↕↔ 4 米或以上

生长在苔藓柱上，这种引人注目的攀援植物拥有出众的深裂叶片，绿白相间。无论摆放在哪里，都能成为焦点。如果遭到忽视，或者任其脱水干枯，就会变得十分难看。♀

☼明亮至中等光照。🌡温暖。中高湿度。💧每两周一次。冬季偶尔施肥。💧基质表面刚刚变干时浇水。

✂茎插条，空中压条。

国王椰子▷

Ravenea rivularis

↕ 3 米或以上 ↔ 1.5 米或以上

一种来自马达加斯加的美丽棕榈，生长速度相当快，羽状复叶非常优雅。新兴的室内栽培植物，耐低光照和冷凉条件。

☼明亮至中等光照，避开夏季阳光。🌡温暖至中等温度。中高湿度。💧每两周一次，使用观叶室内植物肥料。冬季每月一次。💧基质干燥时浇水。避免涝渍。✂种子。

千里香▷

Murraya paniculata

↕ 3 米 ↔ 1.2 米

一种漂亮的灌木，常绿叶片呈深绿色，叶裂，有光泽，揉搓后散发强烈气味。春季至夏季开花，花簇生，香味似柑橘。

☼明亮至中等光照，需阳光。🌡温暖。中高湿度。💧每两周一次。冬季偶尔施肥。💧基质表面刚刚变干时浇水。✂半硬枝插条。

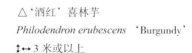

△'酒红'喜林芋

Philodendron erubescens 'Burgundy'

↕↔ 3 米或以上

叶表面有红晕且叶脉为红色，硕大的叶片闪闪发光，生长在深紫红色的叶柄上。最好整枝在苔藓柱上。♀

☼明亮至荫蔽。🌡温暖。中高湿度。💧每两周一次，使用观叶室内植物肥料。冬季每月一次。💧让基质表面稍微晾干，然后再浇水。✂茎尖插条。

△'欧洲贾甘特'白鹤芋

Spathiphyllum 'Euro Gigant'　↕↔ 1 米

最佳状态时十分华丽，是一种优秀的标本植物。绿色叶片硕大，形状似桨，有醒目的脉纹。春季和夏季开花，白色花具长柄。

☼明亮光照，但要避免直射阳光。🌡温暖至中等温度。中高湿度。💧每两周一次。冬季每月一次。💧基质表面干燥时浇水。避免涝渍。✂分株。

位置

适合起居室和餐厅的室内植物

在大多数家庭中，起居室和餐厅是房屋中最大的房间。它们是令人感觉舒适的房间，所以更要增添一些植物，柔化空间中坚硬的线条或边缘，衬托装修，有助于产生令人放松的氛围。

位置

△ '狐尾' 密花天冬
Asparagus densiflorus 'Myersii'
‡↔45 厘米

引人注目的观叶宿根植物，根呈块茎状，细小的绿色针状小枝构成蓬松的狐尾状结构。与宽叶植物摆放在一起，形成对比。♀

☼明亮至中等光照。避开炎热阳光。♣中等温度至温暖。中等湿度。♠每周一次，使用观叶室内植物肥料。冬季每月一次。◊保持湿润。在冬季，基质干燥时浇水。▨分株。

适合起居室和餐厅的其他观叶室内植物

'银河' 蜘蛛抱蛋（*Aspidistra elatior* 'Milky Way'），见364页
'马桑加' 香龙血树（*Dracaena fragrans* 'Massangeana'），见375页
龟背竹（*Monstera deliciosa*），见339页

镰叶天冬 ▷
Asparagus falcatus
‡3 米或以上

一种株型直立、长势健壮的鲜绿色植物，在野外通过小刺攀附在树上生长。在室内种植，它的株型变得更紧凑，也更容易控制。

☼明亮至中等光照。避开炎热阳光。♣中等温度至温暖。中等湿度。♠每周一次，使用观叶室内植物肥料。冬季每月一次。◊保持湿润。在冬季，基质干燥时浇水。▨分株。

'花叶' 吊兰 ▷
Chlorophytum comosum 'Variegatum'
‡90 厘米 ↔ 60 厘米

种植简单，适应性强，这种吊兰可忍耐弱光和忽视，不过在良好条件下生长得非常茂盛。与同样常见的'条纹'吊兰（*Chlorophytum comosum* 'Vittatum'）相比，不同之处在于，它的叶片边缘是白色的，而不是绿色的。♀

☼明亮至中等光照，避免夏季阳光。♣中等温度至温暖。中高湿度。♠每两周一次。冬季低温时停止施肥。◊保持湿润，但要避免涝渍。在冬季，基质表面干燥时浇水。▨小植株。

△毛利果
Corynocarpus laevigatus
‡3 米或以上 ↔ 1.5 米或以上

在原产地新西兰，毛利果是一种林地乔木，但作为室内植物种植，它的生长速度更慢，也容易控制。拥有漂亮的深绿色叶片，闪闪发光。

☼明亮光照，需要部分直射阳光。♣中等温度至温暖。中等湿度。♠每月一次。冬季偶尔施肥。◊基质表面变干时浇水。▨半硬枝插条，种子。

适合起居室和餐厅的其他室内植物

'查茨沃思'南美天芥菜（*Heliotropium arborescens* 'Chatsworth'）

非洲凤仙杂种群（*Impatiens walleriana* hybrids），见 385 页

'塞夫顿'天竺葵（*Pelargonium* 'Sefton'）

鄂报春（*Primula obconica*），见 331 页

大岩桐品种群（*Sinningia speciosa* cultivars）

△ 珊瑚花

Justicia carnea

‡ 1.2 米 ↔ 80 厘米

常绿灌木，叶片硕大且有醒目的叶脉，夏季或稍晚开花，穗状花序密集，花二唇形，呈粉色至玫粉色。修剪以保持灌丛株型。

☀ 明亮至中等光照，避免直射阳光。♨ 温暖，避免气流。中高湿度。💧 每月一次。💧 保持湿润，但要避免涝渍。⌷ 半硬枝插条，种子。

'莉莉安' ▷

皱叶豆瓣绿

Peperomia caperata 'Lilian'

‡ 20 厘米 ↔ 15 厘米

深绿色波状叶片整齐簇生，夏末时叶片上方长出白色穗状花序。是适用于小空间、瓶子花园或玻璃密闭容器的理想植物。

☀ 明亮至中等光照，需要部分阳光。♨ 温暖。中高湿度。💧 每三周一次。冬季偶尔施肥。💧 基质表面变干时浇水。避免涝渍。⌷ 茎尖插条。

△ '三色' 红边龙血树

Dracaena marginata 'Tricolor'

‡ 3 米 ↔ 1.2 米

生长缓慢的灌木或小乔木，茎细长，叶片松散簇生。叶片狭长，有光泽，呈绿色，有奶油色条纹，并在边缘呈粉色。🌿

☀ 明亮至中等光照，避免夏季直射阳光。♨ 温暖。中高湿度。💧 每两周一次。冬季偶尔施肥。💧 基质表面变干时浇水。冬季少量浇水。⌷ 茎尖插条，茎插条。

'砖红' 朱槿 ▷

Hibiscus rosasinensis 'Lateritia'

‡ 2.5 米 ↔ 1.5 米

朱槿能够长到更大的尺寸，但可以在冬季修剪，让植株更加茂密、紧凑。春季至秋季开花，花大，呈黄色，喉部深。

☀ 明亮光照。♨ 温暖，避免温度波动。中高湿度。💧 每两周一次。温度较低时停止施肥。💧 基质表面刚刚变干时浇水。冬季少量浇水。⌷ 茎尖插条。

△ 瓜叶菊品种群

Pericallis x *hybrida* cultivars

‡ 30 厘米 ↔ 25 厘米

美丽的冬春观花植物，醒目的叶片莲座状丛生，上方开出硕大的头状花序，花开放时间长，花色众多。

☀ 明亮光照，但要避免直射阳光。♨ 冷凉至中等温度或温暖。中高湿度。💧 每两周一次。💧 保持湿润，但要避免涝渍。⌷ 种子。

位置

适合卧室的室内植物

　　人们曾经一度认为卧室或病房中的植物在夜晚对健康有害。这种错误观念可能来自这样一个事实：大多数植物的叶片会在黑夜中吸收氧气。现在我们知道，通风良好的卧室中的植物能够提供很多好处，包括增加湿度、减少化学毒素，以及抑制空气中微生物的生长。只要精心摆放，下列室内植物就能为任何卧室带来健康、令人放松的空气。

位置

长筒花杂种群▷

Achimenes hybrids

↕↔ 30 厘米

从夏季至秋季花开不断，很少有室内植物比它的花量大。对松软的枝条加以支撑，或者种植在吊篮中或摆放在基座上。

☼明亮光照，避开夏季阳光。🌡温暖。中等湿度。♦每两周一次，使用观花室内植物肥料。💧夏季大量浇水；秋季减少浇水；冬季保持干燥；春季增加浇水。💮小块茎。

天门冬▷

Asparagus umbellatus

↕1.2 米 ↔ 60 厘米

天门冬是一种气质欢快的室内植物，叶片似刚毛，呈鲜绿色，簇生。在原产地加纳利群岛，它是一种攀援宿根植物，所以如果盆栽的话，茎可能需要支撑。

☼明亮至中等光照，避开夏季阳光。🌡中等温度至温暖。中等湿度。♦每周一次，使用观叶室内植物肥料。冬季每月一次。💧保持湿润，在冬季，基质干燥时浇水。💮分株，种子。

'莉莉安'亮丝草▷

Aglaonema 'Lilian'

↕↔ 60 厘米

这种亮丝草在夏季开放似海芋的小花，但它最主要的观赏价值在于其拥有美丽花纹的狭长锐尖叶片。叶片生长在醒目的株丛上。生长缓慢，但值得等待。

☼中等光照，避开阳光。🌡中等温度至温暖。中高湿度。♦每周一次，使用观叶室内植物肥料。冬季每月一次。💧基质干燥时浇水。💮分株，茎尖插条。

长春花▷

Catharanthus roseus

↕↔ 30 厘米

这种植物种植简单，有光泽的叶片形成低矮的圆形灌丛状植株。春末至秋季开花，花大，呈粉色、淡紫色、白色或红色。

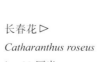

☼明亮光照，但要避开夏季阳光。🌡温暖。中等湿度。♦每月一次。💧经常浇水，保持永久湿润。避免涝渍。💮茎尖插条。容易水培生根。

小叶冷水花▷

Pilea microphylla

↕↔ 30 厘米

这种冷水花株型紧凑，构成一小丛圆丘状叶片。其英文名（意为"大炮植物"）来自花粉，成熟时会安静并无害地"爆炸"。适用于阳光照不到的地方，最好作为临时摆放的植物。

☼ 中等光照。❄ 中等温度至温暖。中高湿度。

💧 每两周一次。冬季每月一次。◐ 基质表面刚刚变干时浇水。避免涝渍。✂ 茎尖插条。

适合卧室的其他观叶室内植物

楔形铁线蕨（*Adiantum raddianum*），见 398 页
蜘蛛抱蛋（*Aspidistra elatior*），见 386 页
'条纹'吊兰（*Chlorophytum comosum* 'Vittatum'），见 384 页
'白条'香龙血树（*Dracaena fragrans* 'White Stripe'），见 394 页
波士顿蕨（*Nephrolepis exaltata* 'Bostoniensis'），见 407 页

△'马桑加'香龙血树

Dracaena fragrans 'Massangeana'

↕ 3 米 ↔ 1.2 米

短粗的主干构成一种微型乔木，密集生长有光泽的绿色叶片，叶片中央有一条绿黄色条带。所有龙血树中最受欢迎的种类之一。♡

☼ 明亮至中等光照，避开夏季阳光。❄ 温暖。中高湿度。💧 每两周一次。冬季偶尔施肥。◐ 基质表面变干时浇水。冬季少量浇水。✂ 茎尖插条，茎段插条。

适合卧室的其他观花室内植物

球根秋海棠（*Begonia tuberosa* hybrids）
仙客来杂种群（*Cyclamen persicum* hybrids），见 330 页
非洲凤仙杂种群（*Impatiens walleriana* hybrids），见 385 页
三角紫叶酢浆草（*Oxalis triangularis*），见 347 页
'欧洲贡甘特'白鹤芋（*Spathiphyllum* 'Euro Gigant'），见 371 页

'印度之歌'富贵竹▷

Dracaena reflexa 'Song of India'

↕ 3 米 ↔ 1.2 米

分枝众多且有木质化的茎，这种植物最终会长成小乔木。具有黄色边缘的叶片大部分密集地生长在枝条的末端。

☼ 明亮至中等光照，避开夏季阳光。❄ 温暖。中高湿度。💧 每两周一次。冬季偶尔施肥。◐ 基质表面变干时浇水。冬季少量浇水。✂ 茎尖插条，茎段插条。

△彩叶草男巫系列

Solenostemon Wizard Series

↕↔ 20 厘米

鲜艳多彩的叶片是彩叶草的标志；这种宽花边的类型很适合阳光充足的窗台或光线明亮的地点。掐掉茎尖，以获得紧凑的株型。

☼ 明亮光照。❄ 温暖。中等湿度。💧 每周一次。冬季偶尔施肥。◐ 保持湿润，但要避免涝渍。在冬季，基质刚刚变干时浇水。✂ 茎尖插条，种子。容易水培生根。

△'精灵'合果芋

Syngonium podophyllum 'Pixie'

↕↔ 30 厘米

箭形叶有白色大理石状斑纹，最初紧密丛生，随着宿根植物逐渐成熟并开始攀援生长，叶片也开始分开。最好生长在苔藓柱上。

☼ 明亮至中等光照，避开夏季阳光。❄ 温暖，避免温度波动。中高湿度。💧 每两周一次。冬季每月一次。◐ 基质表面变干时浇水。✂ 茎尖插条。

位置

适合狭窄空间的室内植物

　　每个家中都有不便使用的狭窄空间，这些地方的出入或许会受到限制，因此应该种植小型或峭立的植物，而非大型或灌丛状植物。这里正好可以容纳大多数攀援植物、蔓生植物，或者对偶尔修剪反应良好的株型紧凑且整齐的植物。这些地方的光照水平可能很差，所以要选择那些有一定耐阴性的植物。

位置

有光泽的叶片

'矮生'文竹 ▷
Asparagus setaceus
'Nanus'
↕↔ 45 厘米

这种植物纤细精致的羽状叶片常用在纽扣孔中进行装饰。和原种不同，这种植株紧凑的类型不会攀援生长，是小型空间的理想选择。

☼明亮至中等光照，避开夏季阳光。❦冷凉至温暖。中等湿度。💧每周一次，使用观叶室内植物肥料。冬季每月一次。◊保持湿润。温度较低时，基质表面变干时浇水。▨分株，种子。

适合狭窄空间的其他小型室内植物

长筒花杂种群（*Achimenes hybrids*），见 374 页
百两金（*Ardisia crispa*）
'矮生'伞草（*Cyperus involucratus* 'Nanus'）
'白边小叶'薜荔（*Ficus pumila* 'White Sonny'），见 363 页
'袖珍'白鹤芋（*Spathiphyllum* 'Petite'）

澳大利亚白粉藤 ▷
Cissus antarctica
↕3 米 ↔60 厘米

这种原产澳大利亚的植物长势苗壮，革质叶片漂亮而有光泽，呈深绿色，边缘为褶皱状。提供支撑并掐去茎尖，以控制其高度和伸展幅度。♡

☼明亮至中等光照，避开夏季阳光。❦冷凉至温暖。中高湿度。💧每两周一次。冬季每月一次，在温度较高时施肥。◊基质表面变干时浇水。避免过度浇水。▨茎尖插条。

△'艾伦·达妮卡'菱叶白粉藤
Cissus rhombifolia 'Ellen Danica'
↕2 米 ↔45 厘米

使用卷须攀援生长。将它整枝在框格棚架或竹竿上，展示其硕大有光泽的深裂叶片。年幼植株最好作为蔓生植物种植。充满个性。♡

☼明亮至中等光照，避开夏季阳光。❦冷凉至温暖。中高湿度。💧每两周一次。冬季每月一次，在温度较高时施肥。◊浇水前让基质晾干。避免过度浇水。▨茎尖插条。

△春番红花品种群

Crocus vernus cultivars

↕12 厘米 ↔ 5 厘米

冬末或春季在房屋中较冷凉的位置开出令人愉悦的花。高脚杯状的花有许多花色,能够点亮任何狭窄的空间。

☼明亮至中等光照,避开夏季阳光。⊪冷凉至温暖。中高湿度。◌每两周一次。冬季每月一次,在温度较高时施肥。◌浇水前让基质晾干。避免过度浇水。▥茎尖插条。

适合狭窄空间的其他室内植物和攀援植物

'密生'花叶万年青(*Dieffenbachia* 'Compacta'),见 338 页

香龙血树紧凑群(*Dracaena fragrans* Compacta Group),见 362 页

'阿里'榕(*Ficus bennendijkii* 'Alii'),见 370 页

'饰边'洋常春藤(*Hedera helix* 'Ivalace'),见 389 页

'密生'鹅掌藤(*Schefflera arboricola* 'Compacta'),见 389 页

△'金斑'大叶黄杨

Euonymus japonicus 'Aureus'

↕1.5 米 ↔ 60 厘米

非常适用于冷凉的房间或门厅,这种植物生长缓慢,植株紧凑,深绿色叶片上有金色斑纹。如果长得太大,可以移栽到室外。

☼明亮光照,需要部分直射阳光。⊪冷凉至温暖。中等湿度。◌从春季至秋季,每月一次。◌基质表面变干时浇水。冬季少量浇水。▥茎尖插条。

△软叶熊掌木

x *Fatshedera lizei* 'Pia'

↕2 米 ↔ 45 厘米

一种优良的观叶灌木,叶片有光泽,五裂,边缘呈波状。将数棵植株一起种植在浅色背景前,强调它们叶片的形状和样式。

☼中等光照。耐半阴。⊪冷凉至温暖。中等湿度。◌每两周一次,使用观叶室内植物肥料。冬季每月一次。◌基质变干时浇水。▥茎尖插条,茎段插条。

△'蒙哥马利'阿尔及利亚常春藤

Hedera algeriensis 'Montgomery'

↕4 米 ↔ 1 米

枝条是铜紫色,叶片硕大,裂片尖锐,呈中绿色,成熟后变成有光泽的深绿色。随着株龄的增长需要进行限制性修剪。

☼明亮至中等光照。⊪冷凉至温暖。中高湿度。◌每两周一次。冬季施肥两次。◌基质变干时浇水。冬季少量浇水。▥茎尖插条,压条。

△'卵叶'洋常春藤

Hedera helix 'Ovata'

↕2 米 ↔ 30 厘米

叶片革质,呈深绿色,三角形且不裂,有时尖端呈楔形。将其种植在吊篮中,或者整枝在立柱或框架上。有时以'Mein Hertz'的商品名出售。

☼明亮至中等光照。⊪冷凉至温暖。中高湿度。◌每两周一次。冬季施肥两次。◌基质表面变干时浇水。冬季少量浇水。▥茎尖插条,压条。

△'塔夫金'千母草

Tolmiea menziesii 'Taff's Gold'

↕↔ 30 厘米

每个茎节处都会长出小植株,它的英文名正由此而来(意为"背负式植物")。绿色叶片多毛,有金色斑点。适合冷凉环境。♡

☼明亮光照,但要避免直射阳光。⊪冷凉至中等温度。中等湿度。◌每两周一次。冬季施肥两次,气温升高时。◌基质表面变干时浇水。冬季少量浇水。▥小植株。

位置

适合花园房的室内植物

花园房能够为植物提供保护而抵御不良天气，同时又能提供不受限制的光照，是室内植物最佳的生长地点，尤其是在气候较冷凉的地区。人工维持的稳定热量和湿度能够让热带物种生长，即使在较为冷凉的花园房中，依然有多种植物可以繁茂生长。

△浅齿黄金菊
Euryops chrysanthemoides

‡1米 ↔ 1.2米或以上

光是欢快的鲜黄色头状花序就值得种植。全年间断开花，花下是深绿色叶片形成的穹顶状灌丛。可以进行修剪，以维持所需要的形状。

☼明亮光照，需要阳光。♨中等温度至温暖。中等湿度。◊每三周一次。
◊基质表面变干时浇水。冬季少量浇水。▨半硬枝插条，种子。

袋鼠爪▷

Anigozanthos flavidus

‡1.2米 ↔ 45厘米

春末或夏季开花，花朵簇生，呈粉色或黄色，奇特的形状让它得到了"袋鼠爪"的名字。较为耐寒，适合比较冷凉的花园房。

☼明亮至中等光照，避免夏季阳光。♨中等温度至温暖。中等湿度。◊每两周一次，使用杜鹃花科植物肥料。冬季偶尔施肥。◊保持湿润。冬季减少浇水。▨分株，种子。

位置

适合花园房的其他室内植物

柔冠毛泽兰（*Bartlettina sordida*）
粉绿小冠花（*Coronilla valentina* subsp. *glauca*）
狮子尾属植物（*Leonotis ocymifolia*）
迷迭香叶木紫草（*Lithodora rosmarinifolia*）
花叶铁心树（*Metrosideros kermadecensis* 'Variegatus'）
圆叶木薄荷（*Prostanthera rotundifolia*），见345页

△'温哥华'木茼蒿

Argyranthemum 'Vancouver'

‡↔ 90厘米

花量多，粉色花有托桂状花心，春季至秋季开花，让这种宿根植物拥有很长的观赏期。经常摘除枯花能促进更多花朵开放。♡

☼明亮光照，但要避免直射阳光。♨冷凉至温暖。中等湿度。◊每三周一次。◊保持湿润，但要避免涝渍。▨茎尖插条。

花瓣伸展的微小花朵

细叶萼距花▷

Cuphea hyssopifolia

‡60厘米 ↔ 80厘米

细叶萼距花的植株呈灌丛状，株型紧凑，叶片狭窄，在气候冷凉的地区有时用作夏季花坛植物。花期从夏季一直持续到秋季，花量大而花小，呈粉色、紫色或白色。♡

☼明亮光照，避免直射阳光。♨冷凉至温暖。中等湿度。◊每三周一次。冬季偶尔施肥。◊基质表面变干时浇水。冬季少量浇水。▨茎尖插条。

△'卡里斯布鲁克'天竺葵
Pelargonium 'Carisbrooke'
↕45 厘米 ↔ 30 厘米

春季至仲夏开花，花期持续时间短。浅玫粉色花宽阔簇生，顶部花瓣有深紫红色花斑。▽

☼明亮光照，需要阳光。🌡中等温度至温暖，但在冬季需要冷凉条件。中等湿度。💧每两周一次，使用富含钾的肥料。🗘基质表面刚刚变干时浇水。冬季少量浇水。✂茎尖插条。

△高地黄
Rehmannia elata
↕75 厘米或以上 ↔ 45 厘米

枝条松散、被绒毛，这种地黄属宿根植物在夏季至秋季开花，粉紫色花绚烂、低垂。▽

☼明亮光照。🌡中等温度至温暖。中等湿度。💧每月一次。冬季偶尔施肥。🗘基质表面变干时浇水。冬季少量浇水。✂种子。

△海桐
Pittosporum tobira
↕↔ 2 米或以上

奶油色的簇生花朵出现在春末和夏季，有柑橘气味。漂亮有光泽的常绿叶片衬托着花，可以修剪造型。▽

☼明亮光照，需要部分阳光。🌡中等温度至温暖，但在冬季需要冷凉条件。中等湿度。💧每两周一次。冬季偶尔施肥。🗘基质干燥时浇水。冬季少量浇水。✂半硬枝插条，种子。

适合花园房的其他攀援室内植物

橘红竹叶吊钟（*Bomarea caldasii*）
多花素馨（*Jasminum polyanthum*），见 323 页
'紫晶'西番莲（*Passiflora* 'Amethyst'），见 392 页
蓝雪花（*Plumbago auriculata*）
扭管花（*Streptosolen jamesonii*）

壮观的奶油粉色花

△鹤望兰
Strelitzia reginae
↕1.5 米 ↔ 1 米

开花时辨识度极高，这种来自南美的壮观热带植物还拥有醒目丛生的桨状叶片，非常漂亮。植株需要数年才能开花；花奇特，持续开放数周。▽

☼明亮光照，需要阳光。🌡中等温度至温暖。中等湿度。💧每两周一次。冬季偶尔施肥。🗘基质表面变干时浇水。冬季少量浇水。✂分株，种子。

◁ '小苏兹'马蹄莲
Zantedeschia 'Little Suzie'
↕↔ 60 厘米

在生长期提供充足的水分，这种植物就能长出一丛茂盛的叶片。夏季开花，叶片之中开出奶油粉色的花朵。冬季休眠。

☼明亮光照，但要避开强烈的夏季阳光。🌡中等温度至温暖。中等湿度。💧每两周一次。🗘保持湿润。休眠期减少浇水。✂分株，吸芽。

夏天

适合家庭办公室的室内植物

在家庭办公室（或任何工作场所）种植植物，能够改善空气质量、增加湿度，并有助于驱散各种污染物，包括电脑排放的物质；它们甚至能帮助你进行更清晰的思考。让植物远离办公设备，以免浇水时发生意外。

△翡翠木
Crassula ovata
‡↔ 1 米或以上

作为最容易种植的室内植物之一，它会慢慢形成小型至中型的多肉灌丛，绿色叶片边缘有红色晕染。秋季开花，花白色或粉色。☑

☼明亮光照，阳光充足。♨温暖，但在冬季需要中等温度。低湿度。🌢每月一次，使用仙人掌和多肉植物肥料。🌢基质表面变干时浇水。冬季少量浇水。▥茎尖插条或叶片插穗。

△'弗里茨·卢斯'楔形铁线蕨
Adiantum raddianum 'Fritz Luth'
‡↔ 60 厘米

植株成熟时是最好的楔形铁线蕨之一，叶片翠绿色，形状美丽，黑色叶柄细而坚硬，有光泽。保护其免受寒冷气流的侵袭。☑

☼中等光照，避开直射阳光。♨中等温度至温暖。中高湿度。🌢每两周一次。冬季每月一次。🌢保持湿润，但要避免涝渍。▥分株，孢子。

△'玛丽亚·克里斯蒂娜'亮丝草
Aglaonema 'Maria Christina'
‡↔ 50 厘米

具有萌蘖习性的丛生宿根植物，硕大的绿色直立叶片非常漂亮，叶片表面有大量奶油白色和浅绿色斑点和条纹。

☼中等光照，但要避开夏季阳光。♨中等温度至温暖。中高湿度。🌢每周一次，使用观叶室内植物肥料。冬季每月一次。🌢基质干燥时浇水。▥分株，茎尖插条或茎插条。

适合家庭办公室的其他观花室内植物

花烛（*Anthurium andraeanum*），见 328 页
非洲菊（*Gerbera jamesonii*）
非洲凤仙杂种群（*Impatiens walleriana* hybrids），见 385 页
长寿花（*Kalanchoe blossfeldiana*）
'杏黄'天竺葵（*Pelargonium* 'Stellar Apricot'）
螃蟹兰（*Schlumbergera x buckleyi*）
蟹爪兰（*Schlumbergera truncata*），见 363 页

'莫尔加纳'横缟尖萼荷▷
Aechmea fasciata 'Morgana'
‡60 厘米 ↔ 75 厘米

淡紫灰色叶片莲座状丛生，构成一个硕大的漏斗形。夏季开花，花序壮观，有玫粉色苞片。异域风情浓郁，适合种植在花盆或吊篮中。

☼明亮光照，但要避开夏季阳光。♨温暖。中高湿度。🌢每两周一次。🌢基质表面变干时浇水。冬季少量浇水。保持瓮状莲座丛与水的接触。▥吸芽。

△纵缟小凤梨
Cryptanthus bivittatus
‡10 厘米 ↔ 25 厘米

一种外形奇特的植物，基生叶片呈扁平的莲座丛状并向四周辐射，叶片末端尖锐，边缘波浪状，呈绿色并有白色条纹；在阳光照耀下，白色条纹可能会变成粉色。☑

☼明亮至荫蔽，避开直射阳光。♨温暖。高湿度。经常喷雾或者立在卵石托盘中。🌢每月一次，使用观花室内植物肥料。冬季施肥两次。🌢表层5厘米厚基质干燥时浇水。▥吸芽。

位置

浅绿色和黄色花斑

'金黄花叶'绒毛竹芋▷

Ctenanthe pilosa 'Golden Mosaic'

↕↔ 1 米

这种漂亮的观叶植物来自巴西，茎秆丛生，茎上生长深绿色叶片，叶表面有浅绿色和奶油黄色条纹、斑块。在卵石托盘上种植以获得最好的效果。

☼明亮至中等光照，避开直射阳光。非温暖，避免温度波动。高湿度。♦♦每两周一次，使用观叶室内植物肥料。冬季极少施肥。◊保持基质湿润。在冷冬，基质干燥时浇水。▨分株。

△镜面草

Pilea peperomioides

↕↔ 30 厘米

这种来自中国西南部的植物种植简单、耐忽视，不过需要良好养护才能得到最佳效果。深绿色叶片有光泽，肉质，呈盾形，具长柄。♈

☼明亮至中等光照，需要部分阳光。非温暖，中高湿度。♦♦每三周一次。冬季偶尔施肥。◊基质表面刚刚变干时浇水。避免涝渍。▨茎尖插条。

适合家庭办公室的其他观叶室内植物

'艾伦•达妮卡'菱叶白粉藤（*Cissus rhombifolia* 'Ellen Danica'），见 376 页
红边龙血树（*Dracaena marginata*），见 395 页
垂叶榕（*Ficus benjamina*），见 384 页
'饰边'洋常春藤（*Hedera helix* 'Ivalace'）
波士顿蕨（*Nephrolepis exaltata* 'Bostoniensis'），见 407 页
'图斯特拉'喜林芋（*Philodendron tuxtlanum* 'Tuxtla'）
虎尾兰（*Sansevieria trifasciata*），见 387 页
象脚丝兰（*Yucca elephantipes*），见 385 页

◁ 大王万年青（*Dieffenbachia seguine* 'Tropic Snow'）

↕↔ 1 米

这种观叶植物拥有醒目的绿色叶片，叶片表面有浅绿色和奶油色花斑；硕大的叶片会释放大量水分，缓解空气干燥。在卵石托盘上生长得最好。咀嚼后有毒，所以要摆放在幼童接触不到的位置。♈

☼明亮至中等光照。避开灼热阳光。非中等温度至温暖。中高湿度。♦♦每两周一次，使用观叶室内植物肥料。冬季每月一次。◊基质干燥时浇水。▨茎尖插条或茎插条。

△ '克氏'白鹤芋

Spathiphyllum wallisii 'Clevelandii'

↕65 厘米 ↔ 50 厘米

白鹤芋可以过滤空气中的毒素，忍耐低水平的光照，所以它们能够用在办公室的角落。

☼明亮至中等光照，避免直射阳光。非中等温度至温暖。中高湿度。♦♦每两周一次。冬季每月一次。◊基质表面变干时浇水。避免过度浇水。▨分株。

特定用途

室内植物无疑是所有植物类群中最全能的之一，对于每一种装饰或栽培需求都有众多植物种类可供选择。无论你需要富于建筑感的样式、适合密闭玻璃容器的品种，还是容易种植的室内植物，在接下来的几页里，你都能找到符合心意的东西。

△改善空气质量的沃氏千年健
（*Homalomena wallisii*）

现在仍然有很多人认为所有室内植物都很难种植。新手可以鼓起勇气，尝试一些种植简单、表现十分稳定的种类，这样的植物有很多。某些植物甚至可以忍耐忽视，在有害的生长条件下存活，不过这绝不应该成为遗忘它们的理由。某些开花植物足够耐寒，

可以在花期过后移栽到室外，起到花一样钱办两样事的功效。除了吸收空气中的杂质外，所有植物还会制造氧气，所以在室内种植植物是维持健康家居环境的最简便的方法。

吸引人的习性

某些植物的生长习性是它们最有趣和最有用的特征，例如攀援植物以及枝条细长或蔓生的植物。将蔓生植物种植在专为室内使用设计的吊篮中，或者种植在架子或橱柜等高台上的花盆里。这些植物的枝叶甚至可以拿来创造有生命的"帘子"。同样，许多攀援植物也可以整枝在苔藓柱或框架结构上，为狭窄的空间和不便使用的角落提供观赏性。如果空间允许，富于建筑感的奇特形状可以成为优秀的标本植物。

△冬季装饰 这些观赏茄属植物和观赏辣椒充分利用了色彩鲜艳、富于装饰性的果实，为冬季提供了鲜艳的色彩。

其他用途

许多来自热带雨林的植物都需要热量和湿度才能繁茂生长。这些植物，尤其是其中生长缓慢或低矮的种类，可以种植在密封玻璃瓶子、玻璃缸或钟形玻璃罩中，营造出令人过目难忘的景致。具有观赏性的果实或种子穗在家中特别引人注目，常常能在冬季提供迫切需要的景观，例如观赏茄如樱桃一般大小的鲜艳果实。为什么不在阳光充足的厨房窗台上的花盆里种植用于烹饪的香草呢——对于任何厨师来说，这种新鲜的原料供应都是很受欢迎的。

△种植简单 这株斑叶芦荟（*Aloe variegata*）可忍耐忽视，所以能够用在可能会被短暂性忽视的地方。

◁适用于厨房的香草 烹饪用香草可以种植在任何温暖的窗台或壁架上；如果种在厨房里，就很方便采收使用。

▷营造主景 拥有弯曲的树干，且叶片丛生于树干的顶端，酒瓶兰（Beaucarnea recurvata）作为标本植物展示时非常引人注目。

适合新手种植的室内植物

成功最能鼓励人心，它不但能培养信心，还会让人想要了解更多。对于种植室内植物来说当然如此，而且有许多种表现可靠的植物特别适合新手初次种植。这些植物包括各种叶片和花朵形状，以及大大小小的株型。大多数种类的繁殖比较简单。

'巨人' 玉蝶 ▷
Echeveria secunda var. *glauca* 'Gigantea'
↕8 厘米 ↔ 15 厘米

种植这种引人注目的多肉植物，观赏其肉质叶片形成的硕大莲座丛，叶蓝灰色，尖端有红色毛。初夏开花，花簇生，红黄相间。

☼ 明亮光照。🌡温暖，但在冬季需要冷凉条件。低湿度。💧每三周一次，使用仙人掌肥料或富含氮的肥料。◊ 表层2.5厘米的基质变干时浇水。冬季如果萎蔫，可少量浇水。▨叶片插穗，吸芽。

△ '条纹' 吊兰
Chlorophytum comosum 'Vittatum'
↕90 厘米 ↔ 60 厘米

最受欢迎的室内植物之一，叶片表面有醒目的条纹，浅色拱形弯曲枝条在夏季长出星状白色花，花落后长出小植株。种在吊篮中效果出色。♡

☼ 明亮至中等光照，避免夏季阳光。🌡中等温度至温暖。中高湿度。💧每两周一次。冬季低温时停止施肥。◊保持湿润，但要避免涝渍。冬季低温条件下，基质干燥时浇水。▨小植株。

长着小叶片的下垂分枝

'纤细' 伞草 ▷
Cyperus involucratus 'Gracilis'
↕45 厘米 ↔ 30 厘米或以上

一种外形奇特的丛生莎草科植物，绿色苞片狭长似叶片，簇生在直立枝条的顶端。伞草能够和蕨类或叶片宽阔的植物形成良好的对比。

☼ 明亮至荫蔽，避免直射阳光。🌡温暖。中高湿度。💧每两周一次，使用观叶室内植物肥料。冬季偶尔施肥。◊喜涝渍。这种植物不可能被过度浇水。▨分株。

垂叶榕 ▷
Ficus benjamina
↕2.2 米 ↔ 75 厘米

这是一种非常值得种植的优秀室内植物，拥有乔木状株型、下垂的分枝，以及小巧整齐的锐尖叶片。成年时会占据大量空间。♡

☼ 明亮光照，但要避免夏季阳光。🌡中等温度至温暖，避免温度波动。中高湿度。💧每两周一次。冬季偶尔施肥。◊土壤表面变干时浇水。低温条件下减少浇水。▨茎尖插条。

适合新手种植的其他室内多肉植物

四海波（*Faucaria tigrina*），见 355 页
矮生伽蓝菜（*Kalanchoe pumila*），见 329 页
红点草（*Ledebouria socialis*），见 329 页
琴爪菊（*Oscularia caulescens*）
星美人（*Pachyphytum oviferum*），见 409 页
松鼠尾（*Sedum morganianum*），见 409 页

△非洲凤仙杂种群
Impatiens walleriana hybrids
↕30 厘米 ↔ 35 厘米

这是一种非常著名的观花植物，茎肉质，花鲜艳，有细长的距，花期持续整个夏季。该杂种群的花色非常繁多，令人眼花缭乱。

☼明亮光照。╬温暖。中高湿度。♦每两周一次。冬季偶尔施肥。♦土壤表面变干时浇水。▨茎尖插条，种子。容易水培生根。

△'三色'虎耳草
Saxifraga stolonifera 'Tricolor'
↕↔ 30 厘米

种植在吊篮中或高台上的花盆中，让细长的横走茎自由悬垂，横走茎末端会长出小植株。叶片有色彩浓郁的花斑，十分吸睛。▨

☼明亮光照，需要部分直射阳光。╬冷凉至中等温度，但在冬季需要更冷些。中等湿度。♦每两周一次。♦基质变干时浇水。冷凉条件下少量浇水。▨分株，小植株。

△'金边短叶'虎尾兰
Sansevieria trifasciata 'Laurentii'
↕1.2 米 ↔ 75 厘米

一种非常著名的植物，这里展示的是它最受欢迎的品种。叶片直立、粗厚、肉质，呈深绿色并有金色边缘，着生于地下茎上。▨

☼明亮至中等光照。╬中等温度至温暖。低湿度。♦每两周一次。♦土壤表面变干时浇水。冬季少量浇水。避免过度浇水。▨分株。

△吊竹梅
Tradescantia zebrina
↕↔ 45 厘米或以上

生长迅速且具有肉质茎，这种颇受欢迎的宿根植物适合种在花篮中，展示其华丽的蔓生枝条。叶片表面有花纹细节。▨

☼明亮至中等光照。╬温暖。中高湿度。♦每两周一次。冬季极少施肥。♦土壤表面变干时浇水。▨分株，茎尖插条。

适合新手种植的其他室内植物

文竹（*Asparagus setaceus*）
蜘蛛抱蛋（*Aspidistra elatior*），见 386 页
图拉大戟（*Euphorbia milii* var. *tulearensis*），见 386 页
十二卷（*Haworthia attenuata*），见 387 页
'伊娃'洋常春藤（*Hedera helix* 'Eva'），见 351 页
瑞典常春藤（*Plectranthus verticillatus*）
蟹爪兰（*Schlumbergera truncata*），见 363 页
'塔夫金'千母草（*Tolmiea menziesii* 'Taff's Gold'），见 377 页

△象脚丝兰
Yucca elephantipes
↕2.5 米 ↔ 2 米

这种植物在摆出销售时将茎干锯短，看起来殊为奇特。它很快就会长成充满异域风情的醒目标本植物，叶长，呈剑形，且革质。▨

☼明亮光照，需要部分直射阳光。╬中等温度至温暖，但在冬季需要更冷凉的条件。低湿度。♦每两周一次。♦保持湿润。温度较低时少量浇水。▨茎插条。

特定用途

耐忽视的室内植物

　　某些植物能够在最恶劣的条件下存活——高、低或不断波动的温度和光照水平，涝渍，干旱或营养贫瘠。这种极强的适应性让它们非常适合学生、工作狂或其他想在家中增添生机和色彩的非园丁。下列所有植物都耐忽视，但如果加以养护，它们会生长得更繁茂。

斑叶芦荟 ▷
Aloe variegata
↕26厘米 ↔ 17厘米

这种株型紧凑的多肉植物拥有互相重叠的三角形叶片，叶上有白色标记。经过冬季休眠后，冬末至初春开花，花为肉粉色。♀

※明亮至中等光照。♨温暖。冬季休眠时，中等温度至冷凉。低湿度。♠每三周一次，使用仙人掌和多肉植物肥料。◊表层5厘米厚基质变干时浇水；冬季少量浇水。▨吸芽。

△图拉大戟
Euphorbia milii var. *tulearensis*
↕↔ 1 米

所有室内植物中生命力最顽强的之一，也是最多刺的之一，所以要小心地放置到合适的位置。春夏季开花，花朵簇生，有引人注目的粉色苞片。

※明亮光照，需要阳光。♨中等温度至温暖。低湿度。♠每三周一次，使用仙人掌和多肉植物肥料。◊基质变干时浇水。冬季减少浇水。过度浇水会导致落叶。▨茎插条。

△日出丸
Ferocactus latispinus
↕25 厘米 ↔ 38 厘米

多刺且凶残，这种来自墨西哥沙漠的仙人掌能够忍耐高温、低温及长时间的干旱。在精心照料下，它在夏季可以开出紫色的花。

※明亮光照。♨温暖，但在冬季休眠期需要中等温度至冷凉条件。低湿度。♠每三周一次，使用仙人掌和多肉植物肥料。◊表层5厘米厚基质变干时浇水。冬季如果出现萎蔫，少量浇水。▨吸芽。

△密枝天门冬
Asparagus densiflorus 'Sprengeri'
↕↔80 厘米

这种植物来自南非，纤细的蕨状"叶片"实际上是扁平的茎。优雅的株型和欢快的鲜绿色枝叶让它成为一种宝贵的植物。♀

※明亮至中等光照，避开阳光。♨中等温度至温暖。中等湿度。♠每周一次，使用观叶室内植物肥料。冬季每月一次。◊保持湿润。冬季减少浇水。▨分株。

△蜘蛛抱蛋
Aspidistra elatior
↕↔ 60 厘米

作为每个家庭的"必备"，这种植物自维多利亚时期就备受宠爱。正如它的英文名"铁铸的植物"暗示的那样，它几乎无法被摧毁，耐低光照、耐气流、耐气温波动。♀

※明亮至荫蔽。直射阳光会灼伤叶片。♨中等温度至温暖。中高湿度。♠每三周一次。◊土壤表面变干时浇水。不喜涝渍。▨分株。

特定用途

△十二卷

Haworthia attenuata

↕↔ 13 厘米

植株整齐而紧凑，这种多肉植物的叶片上点缀着白色斑点，夏季开花，奶油白色的花开放时间长。适用于狭窄的窗台。

☼明亮光照。🌡温暖，冬季休眠期需要中等温度至冷凉条件。低湿度。💧每三周一次，使用仙人掌和多肉植物肥料。💧表层5厘米厚基质变干时浇水。冬季少量浇水。🪴吸芽。

耐忽视的其他室内植物

芦荟（*Aloe vera*）
文竹（*Asparagus setaceus*）
'条纹'吊兰（*Chlorophytum comosum* 'Vittatum'），见384页
澳大利亚白粉藤（*Cissus antarctica*），见376页
花月（*Crassula arborescens*），见360页
翡翠木（*Crassula ovata*），见380页
晃玉（*Euphorbia obesa*），见367页
大叶落地生根（*Kalanchoe daigremontiana*）
矮生物蓝菜（*Kalanchoe pumila*），见329页
月兔耳（*Kalanchoe tomentosa*），见343页
牛角（*Orbea variegata*），见408页
非洲霸王树（*Pachypodium lamerei*），见409页
瑞典常春藤（*Plectranthus verticillatus*）
千母草（*Tolmiea menziesii*），见365页
'黑太子'拟石莲花（*Echeveria* Black Prince'）

虎尾兰▷

Sansevieria trifasciata

↕1.2 米 ↔ 75 厘米

种植虎尾兰，观赏其具花斑的优雅剑形叶片。地下根状茎储存水分，以应对干旱时期。这种植物能够忍耐任何逆境，只有涝渍和不断换盆除外；只在根系变得过于拥挤时才重新换盆。

☼明亮至中等光照。🌡中等温度至温暖。低湿度。💧每月一次。💧土壤表面变干时浇水。冬季少量浇水。避免过度浇水。🪴分株；叶片或叶段插穗。

垂蕾树▷

Sparrmannia africana

↕↔ 2 米或以上

原产于南非，长势苗壮的大型灌木，叶片醒目并覆盖绒毛。夏末开花，白花簇生，有黄色雄蕊。开花后修剪，促进更多花朵开放。♀

☼明亮光照，但要避免直射阳光。🌡中等温度至温暖。中等湿度。💧每两周一次，使用富含钾的肥料。💧土壤表面变干时浇水。冬季减少浇水。避免涝渍。🪴茎尖插条。

'花叶'象脚丝兰▷

Yucca elephantipes 'Variegata'

↕2.5 米 ↔ 2 米

这种植物很受欢迎，效果出色，长势强健，是一种理想的角落标本植物。随着株龄的增长，边缘呈奶油色的狭长剑形叶片会掉落，露出丝兰独特的裸露茎干。

☼明亮光照，需要部分阳光。🌡中等温度至温暖，但在冬季需要冷凉环境。低湿度。💧每两周一次。💧保持湿润。低温时少量浇水。🪴茎段插条。

特定用途

有益的室内植物

美国宇航局（NASA）针对植物有益效应的研究显示，植物能够大大改善室内环境。室内植物吸收二氧化碳，释放氧气，并增加空气中的湿度。它们还能清除建筑材料、清洁剂等释放到空气中的污染物，从而减缓"建筑病"的症状。

△ '曼代' 吊兰
Chlorophytum comosum 'Mandaianum'
↕↔ 60 厘米或以上

最受欢迎且种植最简单的室内植物之一，而且会非常活跃地清除室内污染。将它摆放在能够充分欣赏其蔓生枝叶的地方。

☼ 明亮至中等光照，避开夏季阳光。⬦中等温度至温暖。中高湿度。⬦每两周一次。气温冷凉时停止施肥。⬦保持湿润。若气温冷凉，在基质干燥时浇水。⬚小植株。

△ '淡黄斑' 大王万年青
Dieffenbachia seguine 'Exotica'   ↕↔ 90 厘米

这种植物能够从空气中清除污染物，壮观的叶片带有奶油白色花斑。叶片尺寸增加了它们吸收污染物的能力。咀嚼后有毒性。

☼ 明亮至中等光照。避开炎热阳光。⬦中等温度至温暖。中高湿度。⬦每两周一次，使用观叶室内植物肥料。冬季每月一次。⬦基质干燥时浇水。⬚茎尖插条，茎段插条。

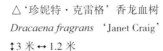

△ '珍妮特·克雷格' 香龙血树
Dracaena fragrans 'Janet Craig'
↕ 3 米 ↔ 1.2 米

一种引人注目的植物，茎干直立，带状叶片茂盛，有光泽，呈深绿色。是从空气中吸收化学毒素最高效的龙血树。

☼ 明亮至中等光照。避开炎热阳光。⬦温暖。中高湿度。⬦每两周一次。冬季偶尔施肥。⬦基质干燥时浇水。气温较低时减少浇水。⬚茎尖插条，茎段插条。

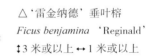

△ '雷金纳德' 垂叶榕
Ficus benjamina 'Reginald'
↕ 3 米或以上 ↔ 1 米或以上

能够非常有效地去除空气中的化学物质，尤其是最常见的室内污染物甲醛。有光泽的绿色叶片在幼嫩时呈浅黄绿色。

☼ 明亮光照，但要避开夏季阳光。⬦温暖，避免温度波动。中高湿度。⬦每两周一次。冬季偶尔施肥。⬦基质干燥时浇水。冷凉条件下减少浇水。⬚茎尖插条。

其他有益的观叶室内植物

袖珍椰子（*Chamaedorea elegans*），见 412 页
'条纹'吊兰（*Chlorophytum comosum* 'Vittatum'），见 384 页
红边龙血树（*Dracaena marginata*），见 395 页
散尾葵（*Dypsis lutescens*），见 412 页
绿萝（*Epipremnum aureum*），见 390 页
波士顿蕨（*Nephrolepis exaltata* 'Bostoniensis'），见 407 页
'云母'攀缘蔓绿绒（*Philodendron scandens* 'Mica'）
棕竹（*Rhapis excelsa*），见 413 页
合果芋（*Syngonium podophyllum*）

△'强健'印度橡胶树
Ficus elastica 'Robusta'
↕3 米或以上 ↔ 1.8 米

是很受欢迎的一种常绿植物，而'强健'拥有醒目的有光泽的革质叶片，是最漂亮的品种之一。吸收甲醛的效率非常高。

☼明亮光照，但要避开夏季阳光。⭳温暖。中高湿度。💧每两周一次。冬季偶尔施肥。💧基质干燥时浇水。温度较低时减少浇水。📦茎尖插条，空中压条。

沃氏千年健▷
Homalomena wallisii
↕↔ 90 厘米

叶片有光泽，具长柄，末端锐尖，能够很有效地从空气中去除氨气及其他污染物。想要种植良好，有一定挑战性。

☼明亮光照。⭳温暖，但在休眠期需要中等温度。不喜气流。高湿度。💧每两周一次。💧土壤表面刚刚变干时浇水。冬季少量浇水。📦分株。

其他有益的观花室内植物

秋海棠属（*Begonia*）物种和杂种群
菊花杂种群（*Chrysanthemum hybrids*）
大花君子兰（*Clivia miniata*），见 326 页
非洲菊品种群（*Gerbera jamesonii* cultivars）
蟹爪兰（*Schlumbergera truncata*），见 363 页
郁金香杂种群（*Tulipa* hybrids），见 401 页

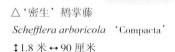

△'密生'鹅掌藤
Schefflera arboricola 'Compacta'
↕1.8 米 ↔ 90 厘米

植株紧凑，茎秆直立，这种种植简单的常绿植物拥有大量闪闪发光的深绿色掌状复叶。它们会从空气中吸收化学污染物。

☼明亮至中等光照。⭳中等温度至温暖，避免温度波动。中高湿度。💧每两周一次。冬季每月一次。💧基质干燥时浇水。📦分株，茎尖插条，空中压条。

△'绿波'洋常春藤
Hedera helix 'Green Ripple'
↕1 米或以上 ↔ 30 厘米或以上

所有常春藤都能有效清除空气污染，但'绿波'洋常春藤尤其善于吸收二手烟和黏合剂中的甲醛。

☼明亮至中等光照。低光照下生长不良。⭳冷凉至温暖。中高湿度。💧每两周一次。冬季偶尔施肥。💧基质干燥时浇水。冬季少量浇水。📦茎尖插条，压条。

△白鹤芋
Spathiphyllum wallisii
↕↔ 60 厘米

吸收丙酮、苯和甲醛的能力非常好，而且能够忍耐低水平光照，这让这种植物很受欢迎。春季和夏季开白色花。

☼明亮光照，但要避免直射阳光。⭳中等温度至温暖。中高湿度。💧每两周一次。冬季每月一次。💧土壤基质干燥时浇水。避免过度浇水。📦分株。

特定用途

蔓生室内植物

枝条散漫生长的蔓生植物非常适合用于吊篮、底座或高架。某些种类自然蔓生，而另外一些种类是攀援植物的幼年植株。

为蔓生植物精心选址，让它们有充足的生长空间，避免受损，而且容易浇水。

特定用途

△绿萝

Epipremnum aureum

↕2米 ↔1米

一种漂亮的雨林植物，年幼叶片为鲜绿色并有金色花斑。年老植株攀援生长。容易控制和繁殖。♀

☼明亮光照，但要避开直射阳光。花斑会在阴影下褪色。❄中等温度至温暖。中高湿度。♦每两周一次。冬季施肥两次。♦基质表面变干时浇水。✂茎尖插条或茎插条。

△金纽

Disocactus flagelliformis

↕↔60厘米

在原产地墨西哥，该物种会从乔木、岩架和岩缝中垂吊下来。用在吊篮中效果出色，不过应该摆放在远离通道的位置。

☼明亮光照，但要避免直射阳光。❄冷凉至温暖。中等湿度。♦春季至秋季每三周一次，使用仙人掌和多肉植物肥料。♦基质干燥时浇水。冬季极少浇水。✂分株，茎插条，种子。

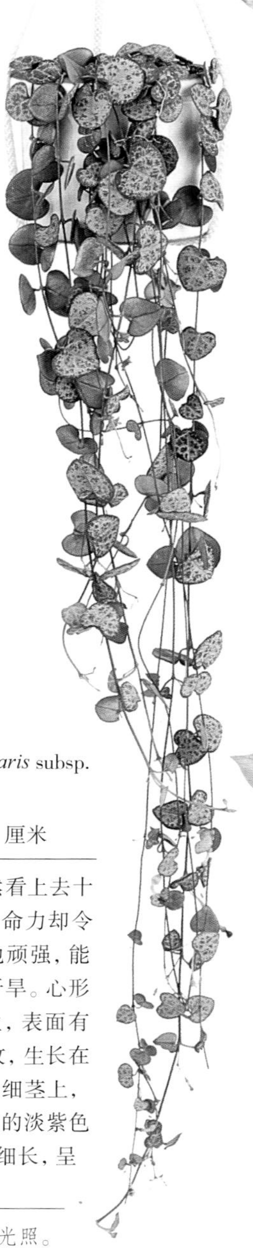

△吊金钱

Ceropegia linearis subsp. *woodii*

↕90厘米 ↔10厘米

这种植物虽然看上去十分精致，但生命力却令人意想不到地顽强，能够忍耐长期干旱。心形肉质叶片对生，表面有大理石状斑纹，生长在丝线般下垂的细茎上，常伴随着迷人的淡紫色至粉色花，花细长，呈花瓶状。♀

☼明亮至中等光照。❄冷凉至温暖。低湿度。♦夏季每两周一次，使用富含钾的肥料或仙人掌肥料。♦基质表面变干时浇水。冬季少量浇水。✂块茎。

△'霓虹灯'绿萝

Epipremnum 'Neon'

↕2米 ↔1米

不同寻常的浅黄绿色叶片让这种植物显得与众不同，上图展示的是一棵幼年植株。最初是一种蔓生植物，生长一或两年后长出攀援枝条。

☼明亮光照，但要避开直射阳光。在阴影下会褪色。❄中等温度至温暖。中高湿度。♦每两周一次。冬季施肥两次。♦基质表面变干时浇水。✂茎尖插条或茎插条。

其他蔓生室内植物

同叶风铃草（*Campanula isophylla*），见332页

'戈尔登·玛卡'倒挂金钟（*Fuchsia* 'Golden Marinka'）

星孔雀（*Hatiora gaertneri*）

'白斑'欧亚活血丹（*Glechoma hederacea* 'Variegata'）

金斑百脉根（*Lotus maculatus*）

'花叶'非洲矛米草（*Oplismenus africanus* 'Variegatus'）

松鼠尾（*Sedum morganianum*），见409页

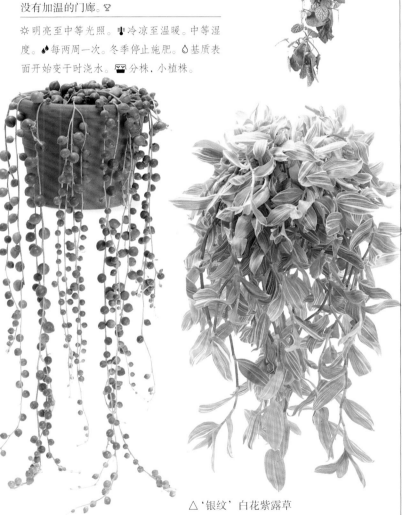

虎耳草 ▷

Saxifraga stolonifera

↕↔ 30 厘米

叶片醒目丛生，表面有放射状灰绿色脉纹。红色横走茎从丛生叶片中垂吊下来，生长着众多小植株。适用于气温冷凉的房间或没有加温的门廊。☺

☼ 明亮至中等光照。🌡冷凉至温暖。中等湿度。🌢每两周一次。冬季停止施肥。🌣基质表面开始变干时浇水。✂分株，小植株。

△ '点金神手' 洋常春藤

Hedera helix 'Midas Touch'

↕1 米或以上 ↔45 厘米

这种长势苗壮的常春藤拥有绿黄相间的鲜艳花斑叶片，非常值得种植。是最受欢迎的室内种植常春藤之一。☺

☼ 明亮至中等光照。🌡冷凉至中等温度。中高湿度。🌢每两周一次。冬季施肥两次。🌣浇水前让基质晾干。冬季少量浇水。✂茎尖插条，压条。

△尖叶球兰

Hoya lanceolata subsp. *bella*

↕↔ 45 厘米

夏季开花，蜡质花朵散发甜美香味。留下花梗，因为第二年的花蕾会在上面形成。还可作为攀援植物种植。☺

☼ 明亮光照。避免直射光照。🌡中等温度至温暖。中高湿度。🌢每三周一次，使用开花室内植物肥料。冬季停止施肥。🌣基质干燥时浇水。冬季极少浇水。✂茎尖插条。

△翡翠珠

Senecio rowleyanus

↕1 米 ↔8 厘米

一种奇特的菊科多肉植物，蔓生枝条下垂如帘，上面挂着豌豆状的叶。秋季开花，白色花有甜香气味。

☼ 明亮至中等光照。避免夏季阳光。🌡冷凉至温暖。低湿度。🌢每三周一次，使用富含钾的肥料或仙人掌肥料。冬季停止施肥。🌣基质干燥时浇水。冬季极少浇水。✂茎尖插条。

△ '银纹' 白花紫露草

Tradescantia fluminensis 'Albovittata'

↕1 米 ↔15 厘米

夏季开放的纯白色花为这种生长迅速的植物增添了观赏价值。散漫的枝条上覆盖着软绿色肉质叶片，叶片表面有白色条纹。

☼ 明亮光照，但要避免夏季阳光。花斑在阴影条件下褪色。🌡中等温度至温暖。中高湿度。🌢每两周一次。冬季施肥一次。🌣保持湿润。若气温冷凉，在基质干燥时浇水。✂茎尖插条或茎插条。

攀援室内植物

　　很多攀援植物原产热带雨林，在那里，它们会爬上树干和枝杈，努力获取阳光。叶片大的攀援植物需要大量空间才能充分生长，不过较为苗条的种类很适合用在逼仄的角落或隐蔽处。攀援植物应该整枝在苔藓覆盖的框架结构或立柱上，并用修剪来控制尺寸。

大红宝巾花▷
Bougainvillea x *buttiana* 'Mrs Butt'
↕↔ 2 米或以上

这种植物理所应当地在热带花园中受到欢迎，纸质苞片呈洋红色并有深红色晕。仲冬时重剪上一年的枝条。♀

☼明亮光照，喜阳。🌡冷凉至温暖。中等湿度。💧每两周一次，使用开花室内植物肥料。冬季停止施肥。◊基质干燥时浇水。冷凉条件下减少浇水。✄茎尖插条。

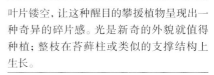

迷你龟背竹▷
Monstera obliqua
↕3 米或以上 ↔ 1.2 米

叶片镂空，让这种醒目的攀援植物呈现出一种奇异的碎片感。光是新奇的外貌就值得种植；整枝在苔藓柱或类似的支撑结构上生长。

☼明亮至中等光照。🌡中等温度至温暖。中高湿度。💧每两周一次。秋末和仲冬各施肥一次。◊基质刚刚变干时浇水。✄茎插条，空中压条。

△菱叶白粉藤
Cissus rhombifolia
↕3 米 ↔ 60 厘米

具有醒目锯齿，有光泽的绿色小叶覆盖着这种苗壮的具有卷须的植物。整枝在竹竿或框格棚架上生长，能够成为漂亮的绿色屏障。♀

☼明亮光照，但要避开炎热阳光。🌡中等温度至温暖。中高湿度。💧每两周一次，使用观叶室内植物肥料。冬季每月一次。◊让基质晾干再浇水。✄茎尖插条。

△'银后'绿萝
Epipremnum aureum 'Marble Queen'
↕3 米 ↔ 1 米

杰出的攀援植物，叶片白色并有大理石状绿色斑纹，叶柄为白色。覆盖在苔藓柱上时，引人注目的白色叶片尤其有特色。

☼明亮光照，但要避开直射阳光。花斑在阴影条件下褪色。🌡中等温度至温暖。中高湿度。💧每两周一次。冬季两次。◊基质干燥时浇水。✄茎尖插条或茎插条。

△'紫晶'西番莲
Passiflora 'Amethyst'
↕↔ 3 米或以上

这种植物即使在气候冷凉的地区依然长势苗壮，拥有富于异域风情的花朵。如果整枝在框架结构上，应在春季将枝条剪短至1.5厘米，然后再重新绑扎。留下老枝。♀

☼明亮光照，需要部分阳光。🌡中等温度至温暖。中高湿度。💧每两周一次，使用开花室内植物肥料。冬季停止施肥。◊基质干燥时浇水。冬季保持略微湿润即可。✄茎插条。

特定用途

'梅迪萨'喜林芋▷
Philodendron 'Medisa'
↕3 米 ↔ 1 米

这是一种十分吸引眼球的植物，枝条和叶柄呈红色，叶片硕大且幼嫩时呈金黄色。野生状态下攀援在乔木上生长，室内种植时在苔藓柱上生长得最好。

☼ 明亮至中等光照，避免直射阳光。🌡中等温度至温暖。中高湿度。💧每两周一次。冬季每月一次。🌢基质表面刚刚变干时浇水。▥茎尖插条。

其他攀援室内植物

'艾伦·达妮卡'菱叶白粉藤（*Cissus rhombifolia* 'Ellen Danica'），见 376 页
常绿钩吻藤（*Gelsemium sempervirens*）
'罗氏'嘉兰（*Gloriosa superba* 'Rothschildiana'）
'三色'球兰（*Hoya carnosa* 'Tricolor'）
多花素馨（*Jasminum polyanthum*），见 323 页
施里氏胡椒（*Piper ornatum*）
蔓茎千里光（*Senecio mikanioides*）
'高山'多花黑鳗藤（*Stephanotis floribunda* 'Alpine'）
'珍妮'合果芋（*Syngonium* 'Jenny'）
大叶崖藤（*Tetrastigma voinierianum*）

'花叶'金玉菊▷
Senecio macroglossus 'Variegatus'
↕3 米 ↔ 1 米

外观似常春藤，夏季和冬季开黄色花，这种菊科植物通过缠绕茎攀援生长，可以整枝到竹竿或细柱上生长。☑

☼ 明亮光照，需要部分阳光。🌡冷凉至温暖。中等湿度。💧春季至秋季每两周一次。🌢基质表面变干时浇水。低温时少量浇水。▥茎尖插条。

△'帝国白'合果芋
Syngonium podophyllum 'Imperial White'
↕2 米或以上 ↔ 60 厘米

拥有美丽斑纹的叶片随着植株的成熟而改变形状。种植在能够充分欣赏叶片的地方。茎攀援生长，可修剪以保持繁茂。

☼ 明亮至中等光照，避免直射阳光。🌡温暖。中高湿度。💧每两周一次，使用观叶室内植物肥料。冬季每月一次。🌢基质干燥时浇水。冬季减少浇水。▥茎尖插条。

△翼叶山牵牛
Thunbergia alata
↕2 米 ↔ 30 厘米

这种植物缠绕生长，如果经常摘除枯花，可从春末至秋季一直开放浓郁的橙色花，花心颜色深。常作一年生植物种植。

☼ 明亮光照，需要部分阳光。🌡中等温度至温暖。中等湿度。💧形态建成后每两周一次，使用开花室内植物肥料。🌢晾干基质后再浇水。▥种子。

特定用途

主景室内植物

叶片硕大或深裂或者株型引人注目的植物，能够为房间增添无与伦比的突出视觉效果。如果一棵主景植物要成为视线焦点，精心选址非常重要。作为一般性原则，植物及其周围空间越大，它的尺度和形式就会显得越突出。

异叶南洋杉▷
Araucaria heterophylla
‡2.5 米或以上 ↔ 1.2 米或以上

正如众多其他室内植物那样，在自然环境中能长到很大的尺寸。在室内最好种植成独干式，这样长势不会过于蓬勃，但依然效果出色。☤

☼明亮光照，但要避免夏季阳光。‖中等温度。中等湿度。☙每两周一次。冬季偶尔施肥。◐基质表面变干时浇水。冬季少量浇水▨种子。

△酒瓶兰
Beaucarnea recurvata
‡1.8 米或以上 ↔ 1 米或以上

这种外表超凡脱俗的植物来自墨西哥，基部呈球根状，顶端簇生细长的拱状弯曲或下垂叶片。种植简单。☤

☼明亮光照，需要阳光。‖中等温度至温暖。低湿度。☙每月一次，使用仙人掌和多肉植物肥料。◐基质表面变干时浇水。冬季少量浇水▨茎尖插条，吸芽，种子。

△苏铁
Cycas revoluta
‡↔ 1.5 米

这种原始的常绿植物并非真正的棕榈，粗而短的树干生长得十分缓慢，但即使生长在幼年植株上，坚硬的羽状复叶仍然十分可观。☤

☼明亮光照，但要避免直射夏季阳光。‖温暖。中高湿度。☙每月一次。◐基质表面变干时浇水。▨种子，年老或休眠植株长出的芽。

△‘白条’香龙血树
Dracaena fragrans ‘White Stripe’
‡2 米或以上 ↔ 1 米

一种引人注目的观叶植物，拥有坚硬的直立茎干和大簇大簇长而尖的绿色叶片，叶边缘有白色条纹。这是一种醒目的标本植物。

☼明亮至中等光照，避免夏季阳光。‖温暖。中高湿度。☙每两周一次。冬季偶尔施肥。◐基质干燥时浇水。冬季少量浇水。▨茎尖插条，茎段插条。

叶片狭窄的其他主景室内植物

新西兰朱蕉（*Cordyline australis*）
龙血树（*Dracaena draco*）
维奇氏露兜树（*Pandanus veitchii*），见 341 页
新西兰麻（*Phormium tenax*）
虎尾兰（*Sansevieria trifasciata*），见 387 页
象脚丝兰（*Yucca elephantipes*），见 385 页

叶片宽阔的其他主景室内植物

袖珍椰子（*Chamaedorea elegans*），见 412 页
卷叶荷威椰子（*Howea belmoreana*），见 413 页
龟背竹（*Monstera deliciosa*），见 339 页
'花叶' 伞花腺果藤（*Pisonia umbellifera* 'Variegata'）
南洋参（*Polyscias fruticosa*）
菜豆树（*Radermachera sinica*）
棕竹（*Rhapis excelsa*），见 413 页

红边龙血树▷
Dracaena marginata
↕3 米 ↔1.2 米

醒目簇生的禾草状绿色叶片有红边，
闪闪发亮，能够为任何房间带来一抹
异域风情。原产于马达加斯加，是室内
栽培的龙血树中最受欢迎的种类之一。♈

☼明亮至中等光照，避免夏季阳光。🌡️温暖。
中高湿度。🌢每两周一次。冬季偶尔施肥。
💧基质干燥时浇水。冬季少量浇水。✂️茎尖
插条，茎段插条。

'黄金卡佩拉' 鹅掌藤▷
Schefflera arboricola
'Gold Capella'
↕1.8 米 ↔1 米

室内种植是为了观赏具长
柄的掌状复叶，叶片呈深
绿色并有金黄色花斑。
置于深色背景前或群植效果
出色。♈

☼明亮至中等光照。🌡️温暖，
避免温度波动。中高湿度。
🌢每两周一次。冬季每月一
次。💧基质表面变干时浇水。
✂️茎尖插条，空中压条。

△琴叶榕
Ficus lyrata
↕3 米或以上 ↔1.8 米或以上

为这种植物提供大量空间以容纳它的冠
幅，展示它硕大且具收腰的叶片。这种榕属
植物起源于非洲森林。♈

☼明亮光照。避免夏季阳光。🌡️温暖。中高湿
度。🌢每两周一次。冬季偶尔施肥。💧基质表
面变干时浇水。温度较低时减少浇水。✂️茎
尖插条，空中压条。

硕大的羽状复叶

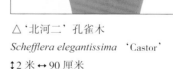

△凤尾椰子
Lytocaryum weddellianum
↕2 米 ↔1.5 米

适宜家庭种植且耐低水平光照的最美丽的
棕榈植物之一。在换盆时应小心操作，不要
弄伤它脆弱的根。从前以 "*Microcoelum*"
或 "*Cocos*" 的名字销售。♈

☼中等光照至荫蔽。🌡️温暖。中高湿度。🌢每
三周一次。💧基质表面变干时浇水。冬季少
量浇水。避免涝渍。✂️种子。

△'北河二' 孔雀木
Schefflera elegantissima 'Castor'
↕2 米 ↔90 厘米

这种植物拥有优雅的丝带状轮廓。深铜绿
色复叶由狭长的小叶组成，小叶随着株龄
的增加逐渐变宽。

☼明亮光照，避免直射阳光。🌡️温暖，避免温
度波动。中等湿度。🌢每两周一次。冬季低温
时每月一次。💧基质干燥时浇水。避免过度
浇水。✂️茎尖插条，种子。

果实可观赏的室内植物

光是看果实就值得种植，这样的室内植物属于少数，不过它们当中的确有一些表现十分可靠又非常鲜艳多彩。其中一些是季节性植物，可以用来增添冬季景致。它们包括辣椒、酸浆和一些耐寒植物如桃叶珊瑚（*Aucuba*）和茵芋（*Skimmia*）。下列果实大多数不可食用，但除非专门说明，否则它们并没有毒。

硃砂根▷

Ardisia crenata

↕1 米 ↔ 30 厘米或以上

主要观赏其鲜艳的红色浆果，冬季果量尤其丰富，叶片有光泽，具锯齿。初春果期过后进行修剪。

☼明亮光照，但要避免直射阳光。🌡中等温度。中高湿度。🌢每月一次。冬季偶尔施肥。◊基质表面变干时浇水。冬季减少浇水。✄半硬枝插条，种子。

△'佳节橙'观赏辣椒

Capsicum annuum 'Festival Orange'

↕↔60 厘米

在冬季，这种鲜艳多彩的室内植物会长出亮橙色圆锥形果实，果期持久，在深绿色叶片的映衬下分外醒目。喜阳光充足的窗台。

☼明亮光照，但要避免直射阳光。🌡冷凉至中等温度。中等湿度。🌢每两周一次，交替使用普通肥料和开花室内植物肥料。◊基质表面刚刚变干时浇水。✄茎尖插条。

果实可观赏的其他室内植物

二色尖萼荷（*Aechmea fulgens* var. *discolor*）
'三色'红凤梨（*Ananas bracteatus* 'Tricolor'），见 358 页
百两金（*Ardisia crispa*）
'假面舞会'观赏辣椒（*Capsicum annuum* 'Masquerade'）
匍枝倒挂金钟（*Fuchsia procumbens*）
薄柱草（*Nertera balfouriana*）
矮石榴（*Punica granatum* var. *nana*）

观赏辣椒▷

Capsicum annuum

↕↔30 厘米或以上

通常在冬季有售，这种著名的室内植物极受欢迎，因为它拥有红色或黄色、果期持久的果实，通常为圆锥形，有时为圆形。常作为一年生盆栽植物种植。

☼明亮光照。🌡冷凉至中等温度。中等湿度。🌢每周一次，交替使用普通肥料和开花室内植物肥料。◊基质表面刚刚变干时浇水。✄种子。

四季橘▷

x *Citrofortunella microcarpa*

↕↔1.2 米

直径3~4厘米的微型柑橘类果实让这种灌木成为一种迷人的室内植物；一年当中的几乎任何时间都可结果，年幼植株也不例外，但口感较苦。♈

☼明亮光照，但要避免夏季阳光。🌡中等温度至温暖。中高湿度。🌢每两周一次，使用杜鹃花科植物肥料。冬季每月一次。◊基质表面干燥时浇水。✄半硬枝插条。

特定用途

绵苇▷

Rhipsalis floccosa var. *tucumanensis*

↕45 厘米 ↔ 24 厘米

一种有趣的垂枝仙人掌植物，每到春季，细长的枝条上就会结出似槲寄生的白色（有时带有粉晕）浆果。适合种在悬吊的花盆中。

☼明亮光照。♨中等温度至温暖，冬季休眠需要冷凉条件。中高湿度。♦每月一次，使用开花室内植物肥料。冬季偶尔施肥。◊基质干燥时浇水。冬季少量浇水。▨茎段插条。

持久的果实

△圆金柑

Fortunella japonica

↕3 米或以上 ↔ 1.5 米或以上

多刺灌木，可食用金色至橙色果实可持续一整个秋季；春季开白色花，有芳香。和柑橘属（*Citrus*）亲缘关系紧密。

☼明亮光照，但要避免夏季阳光。♨中等温度至温暖。中高湿度。♦每两周一次，使用杜鹃花科植物肥料。冬季每月一次。◊保持湿润。▨半硬枝插条。

'罗伯特·福琼'
茵芋▷

Skimmia japonica subsp. *reevesiana* 'Robert Fortune'

↕60 厘米 ↔ 1 米

这种常绿灌木在室内种植时生长缓慢，而且通常长得很矮。深红色果实密集簇生且观赏期持久，从夏季延续到冬季，这使它成为一种很受欢迎的选择。

☼中等光照至荫蔽。♨冷凉至中等温度。中等湿度。♦每两周一次。◊基质表面刚刚变干时浇水。冬季减少浇水。▨半硬枝插条。

△红果薄柱草

Nertera granadensis

↕2 厘米 ↔ 20 厘米

细长枝条匍匐生长，彼此交错，形成翠绿色的苔藓状垫状植株，秋季结满橙色浆果。用在窗台，魅力势不可挡。

☼明亮光照。避免夏季阳光。♨冷凉至中等温度。中高湿度。♦每月一次。冬季偶尔施肥。◊基质表面变干时浇水。冬季少量浇水。▨分株，茎尖插条，种子。

◁珊瑚樱

Solanum pseudocapsicum

↕↔60 厘米

这种植物在冬季结果，果大，球形，橘红色，成熟时鲜红色，非常漂亮但有毒。通常在冬季作为一年生植物种植。

☼明亮光照，但要避免直射阳光。♨冷凉至中等温度。中等湿度。♦每两周一次，交替使用普通肥料和开花室内植物肥料。◊基质刚刚变干时浇水。▨茎尖插条。

果实可观赏的其他耐寒室内植物

'埃尔芬王'荔莓（*Arbutus unedo* 'Elfin King'）
绿角桃叶珊瑚（*Aucuba japonica* 'Rozannie'）
蛇莓（*Duchesnea indica*），见 364 页
倾卧白珠树（*Gaultheria procumbens*）
'红柱'欧洲火棘（*Pyracantha coccinea* 'Red Column'）
越橘珊瑚群（*Vaccinium vitis-idaea* Koralle Group）

适合密闭玻璃容器的室内植物

这些封闭的玻璃容器可以用来营造微型花园或丛林。它们使植物完美地避开了气流，并能提供稳定的湿度和温度，适宜种植多种有趣且富于观赏性的植物，即使是平常难以养活的种类也能在密闭玻璃容器中生长得很好。养护措施相当简单，它们能够成为独特的视线焦点。

△嫣红蔓
Hypoestes phyllostachya
‡30 厘米 ↔ 23 厘米

掐掉微小单花构成的细长穗状花序，以维持叶片上的浅粉斑点效果。想要保持株型紧凑，要掐去正在生长的茎尖。☙

☼明亮光照，但要避免夏季阳光。♨温暖。中高湿度。♠每两周一次。冬季偶尔施肥。◊基质表面刚刚变干时浇水。▨茎尖插条。容易水培生根。

楔形铁线蕨▷
Adiantum raddianum
‡60 厘米 ↔ 80 厘米

这种松散丛生的优雅蕨类来自南美热带，复叶拱状弯曲，形状优雅秀丽，生长在细长坚硬、闪闪发亮的黑色叶柄上。☙

☼中等光照，避免直射阳光。♨中等温度至温暖。中高湿度。♠每两周一次。冬季每月一次。◊保持湿润，但要避免涝渍。▨分株，孢子。

△'红点'嫣红蔓
Hypoestes phyllostachya 'Vinrod'
‡30 厘米 ↔ 23 厘米

深酒红色叶片上有形成鲜明对比的粉色斑纹，与常见的嫣红蔓相比更加鲜艳夺目。掐去茎尖和穗状花序以保持紧凑的株型。

☼明亮光照，但要避免夏季阳光。♨温暖。中高湿度。♠每两周一次。冬季偶尔施肥。◊基质表面刚刚变干时浇水。▨茎尖插条。容易水培生根。

△喜荫花
Episcia cupreata　‡15 厘米 ↔ 30 厘米

原产于亚马孙，匍匐生长的垫状宿根植物，拥有漂亮的叶片，背面紫色，正面有浅色脉纹。红色花在整个夏季开放。

☼明亮至中等光照，避免直射阳光。♨温暖。高湿度。♠每两周一次。冬季偶尔施肥。◊基质表面刚刚变干时浇水。避免涝渍。▨分株，茎尖插条。

△白网纹草
Fittonia albivensis Argyroneura Group
‡10 厘米 ↔ 30 厘米

这种优秀的匍匐地被宿根植物来自秘鲁的雨林，绿色叶片有精致的银色脉纹。是任何密闭玻璃容器或瓶子花园的"必备"。

☼中等光照至荫蔽，避免直射阳光。♨温暖。高湿度。♠每两周一次。冬季偶尔施肥。◊保持湿润，但要避免涝渍。▨茎尖插条。

适合密闭玻璃容器的其他开花室内植物

'克里奥帕特拉'喜荫花（*Episcia* 'Cleopatra'）
丽纹喜荫花（*Episcia lilacina*）
'粉红豹'喜荫花（*Episcia* 'Pink Panther'）
圣诞碧玉（*Peperomia fraseri*）
'蓝芽'非洲紫罗兰（*Saintpaulia* 'Blue Imp'）
'小不点'非洲紫罗兰（*Saintpaulia* 'Pip Squeek'），见 337 页
圆叶旋果花（*Streptocarpus saxorum*），见 337 页

特定用途

△红豹纹竹芋

Maranta leuconeura var. *erythroneura*

↕25 厘米 ↔ 30 厘米或以上

来自巴西的雨林，外表最美丽、最令人震撼的观叶植物之一。红豹纹竹芋的植株呈垫状，硕大的浅绿色叶片有深绿色条带和红色叶脉。♀

☼ 中等光照，避免直射阳光。ᨀ温暖。中高湿度。▲每两周一次。冬季偶尔施肥。◊保持湿润，但要避免涝渍。在冬季，基质表面刚刚变干时浇水。▧分株、茎尖插条。

△'袖珍'花叶冷水花

Pilea cadierei 'Minima'

↕↔ 15 厘米

花叶冷水花（见353页）的紧凑型品种，拥有类似的银绿相间的皱缩叶片。可在小型密闭玻璃容器或玻璃罐中作为醒目的标本植物种植；在较大的密闭玻璃容器中，与绿叶品种的混合效果很不错。

☼ 明亮至中等光照，需要部分阳光。ᨀ温暖。中高湿度。▲每三周一次。冬季偶尔施肥。◊基质表面刚刚变干时浇水。避免涝渍。▧茎尖插条。

适合密闭玻璃容器的其他观叶室内植物

勃托劳尼草（*Bertolonia marmorata*）
'白边小叶'薜荔（*Ficus pumila* 'White Sonny'），见 363 页
'小幻想'皱叶豆瓣绿（*Peperomia caperata* 'Little Fantasy'）
云纹椒草（*Peperomia marmorata*）
'诺福克'巴拿马冷水花（*Pilea involucrata* 'Norfolk'）
葡萄冷水花（*Pilea repens*）

△'绿金'钝叶椒草

Peperomia obtusifolia 'Greengold'

↕↔ 25 厘米

茎直立，奶油黄色肉质叶片硕大，中央有形状不规则的深绿和浅绿色斑，使得这种灌丛状植物在种植良好时十分壮观。

☼ 明亮至中等光照，需要部分阳光。ᨀ温暖。中高湿度。▲每三周一次。冬季偶尔施肥。◊基质表面刚刚变干时浇水。避免涝渍。▧茎尖插条。

△'月亮谷'巴拿马冷水花

Pilea involucrata 'Moon Valley'

↕↔ 30 厘米

这种蔓生或匍匐生长的植物令人难以置信。浅绿色叶片呈现皱缩效果，红色叶脉凹陷并呈网状。值得种植在小型密闭玻璃容器或钟形玻璃罐中。

☼ 明亮至中等光照，需要部分阳光。ᨀ温暖。中高湿度。▲每三周一次。冬季偶尔施肥。◊基质表面刚刚变干时浇水。避免涝渍。▧茎尖插条。

△'金叶'小翠云

Selaginella kraussiana 'Aurea'

↕2.5 厘米 ↔ 不限

这是一种很容易种植的蕨类近亲，枝条细长且迅速分叉，密集覆盖着细小的黄绿色鳞片状叶。可能需要缩减尺寸。

☼ 荫蔽。ᨀ温暖。高湿度。▲每五周一次，使用半强化普通室内植物肥料。◊基质表面刚刚变干时浇水。避免涝渍。▧茎插条。

特定用途

双重用途的室内植物

越来越多耐冬季寒冷的植物在室内种植；它们包括适用于低温房间的观叶植物，但更常见的是用于临时摆放的开花和球根植物。这些所谓的"一次性"植物常常在花期过后遭到被抛弃的命运，但实际上它们可以种植在花园里，未来的几年还可以继续开花。

紫菀杂种群▷

Aster hybrids

↕30 厘米 ↔ 45 厘米

鲜艳的低矮耐寒宿根植物，秋季可用于气温冷凉的房间，效果稳定，常常有好几种花色，这只是其中的一种。春季可分株繁殖。

☼ 明亮光照，但要避免直射阳光。🌡温暖。中等湿度。
💧每三周一次。◌保持湿润，但要避免涝渍。▥分株，茎尖插条。

◁ '德意志'落新妇

Astilbe 'Deutschland'

↕50 厘米 ↔ 30 厘米

像众多落新妇属植物一样，常常在早春催花观赏。既有漂亮的复叶，也有华丽的直立羽状白色花序。

☼ 明亮光照，需要部分阳光。🌡冷凉至中等温度，冬季休眠期需要冷凉条件。中等湿度。💧每两周一次。◌保持湿润。▥分株。

深绿色复叶

其他双重用途的室内植物

'福廷巨人'铃兰（*Convallaria majalis* 'Fortin's Giant'）

'冬美人'春石南（*Erica carnea* 'Winter Beauty'）

暗叶铁筷子黑荆棘群（*Helleborus niger* Blackthorn Group）

西番莲（*Passiflora caerulea*）

多花报春（*Primula* Polyanthus Group）

'塔夫金'千母草（*Tolmiea menziesii* 'Taff's Gold'），见 377 页

△网状鸢尾

Iris reticulata

↕15 厘米 ↔ 8 厘米

球根植物，初秋种植，冬末开花，花有芳香。摆放在明亮的窗台上，魅力十足；秋季可移栽至室外的花坛或岩石园。♈

☼ 明亮至中等光照，需要部分阳光。🌡冷凉至中等温度。中等湿度。💧每两周一次。◌少量浇水，随着茎叶出现逐渐增加；保持湿润；随着叶片枯死减少浇水。▥分株。

△串铃花

Muscari armeniacum

↕20 厘米 ↔ 5 厘米

秋季种植在花盆中，到春季就能欣赏这种球根植物充满活泼感的蓝色花朵了。在晴朗天气移栽室外，它就会适应外部环境。♈

☼ 明亮至中等光照，需要部分阳光。🌡冷凉至中等温度。中等湿度。💧每两周一次。◌少量浇水，随着茎叶出现逐渐增加；保持湿润；随着叶片枯死减少浇水。▥分株，吸芽。

水仙杂种群 ▷

Narcissus hybrids

↕45 厘米 ↔ 10 厘米

大多数水仙（如果不是全部的话）都可以成为华丽的观花盆栽植物。秋季种植并催花后，它们可以提前至冬末在室内开花。在第二年秋季移栽室外。

☼明亮至中等光照，需要部分阳光。❉冷凉至中等温度。中等湿度。❁每两周一次。◊少量浇水；随着茎叶出现逐渐增加；保持湿润；随着叶片枯死减少浇水。▭分株，吸芽。

△黎巴嫩蚁播花

Puschkinia scilloides

↕15 厘米 ↔ 5 厘米

是冷凉房间中窗台上的绝佳选择，在秋季种植于花盆中，春季观赏开放的花朵。开花后将球根晾干储存，等秋季再次种植。

☼明亮至中等光照，需要部分阳光。❉冷凉至中等温度。中等湿度。❁每两周一次。◊少量浇水；随着茎叶长出增加；生长全盛期保持湿润；随着叶片的枯死减少。▭分株，吸芽。

△'铁十字'四叶酢浆草

Oxalis tetraphylla 'Iron Cross'

↕25 厘米 ↔ 15 厘米

叶片上的深紫色标记让它非常容易辨认；夏季开花。在寒冷地区不能完全耐寒，所以应该移栽到室外阳光充足、排水通畅的地点。

☼明亮光照，需要部分阳光。❉中等温度至温暖，但在冬季需要冷凉环境。中等湿度。❁每两周一次。◊基质表面变干时浇水。冬季少量浇水。▭分株，吸芽。

花朵有多种花色

◁ 欧洲报春

Primula vulgaris

↕15 厘米 ↔ 20 厘米

这种常见的宿根植物株型整齐，冬季和春季开放硕大的丝绒质感花朵。市面上的品种和杂种有众多花色。花期过后，移栽到室外花境或花坛中。

☼明亮至中等光照，避免直射阳光。❉冷凉至中等温度。中等湿度。❁每两周一次。冬季每月一次。◊基质表面刚刚变干时浇水。▭种子。

◁ 郁金香杂种群

Tulipa hybrids

↕60 厘米 ↔ 50 厘米

适用于室内种植的郁金香有很多种；和有加温设施的房间相比，它们更喜欢冷凉的房间。冬季和春季开过花之后，将球根晾干储存，然后在秋季移栽室外。

☼明亮至中等光照，需要部分阳光。❉冷凉至中等温度。中等湿度。❁每两周一次。◊少量浇水；随着茎叶长出增加；生长期保持湿润；随着叶片的枯死减少。▭分株，吸芽。

其他双重用途的球根室内植物

菊黄番红花（*Crocus chrysanthus*）
早花仙客来（*Cyclamen coum*）
'艾氏'雪花莲（*Galanthus* 'Atkinsii'）
风信子杂种群（*Hyacinthus orientalis* hybrids），见 323 页
西伯利亚蓝钟花（*Scilla siberica*）

适合厨房的香草

　　还有什么地方比厨房更适合种植用于烹饪的香草呢？源源不断的新鲜原料让你触手可及。适宜室内栽培且种植简单的香草有很多种。将它们种植在窗台上的花盆里，经常剪断取用，同时以保持较小的株型。可在必要时更换活力不足的植株。

香葱▷

Allium schoenoprasum

↕↔ 15 厘米或以上

最受喜爱的多年生香草，可用于沙拉，这种细长的球根植物会迅速形成株丛，但若食用，则不能让它开花。富于装饰性的花序（见小图）刚一出现就得掐掉。

☼中等光照。♠中等温度，但在冬季需要冷凉条件。中等湿度。♦每两周一次。◊基质表面变干时浇水。冬季少量浇水。▨分株，种子（如果需要种子就让它开花）。

△皱叶留兰香

Mentha spicata var. crispa

↕↔ 15 厘米或以上

作为园艺薄荷类植物中最受欢迎、种植最广泛的种类，皱缩的叶片是它的标志性特征。它的长势非常茁壮，不过可以通过经常摘心来保持尺寸的可控。

☼明亮光照，需要部分直射阳光。♠中等温度至温暖。中等湿度。♦偶尔施肥。◊一直保持湿润。冬季少量浇水。▨分株。

月桂▷

Laurus nobilis

↕60 厘米或以上 ↔30 厘米或以上

这种著名的常绿植物在花园中可长成大灌木或小乔木，不过只要经常掐掉生长中的茎尖，就能保持方便使用的尺寸。♡

☼明亮光照，需要部分阳光。♠中等温度。中等湿度。♦偶尔施肥。◊基质表面变干时浇水。冬季少量浇水。▨半硬枝插条。

△辣薄荷

Mentha x piperita

↕↔ 15 厘米或以上

宿根植物，耐寒，可迅速蔓延并形成株丛，枝条颜色深，绿色叶片有芳香，通过摘心能够控制尺寸。用在茶饮中帮助消化。

☼明亮光照，需要部分直射阳光。♠中等温度至温暖。中等湿度。♦偶尔施肥。◊保持湿润。冬季少量浇水。▨分株。

△罗勒

Ocimum basilicum

↕↔ 15 厘米或以上

一年生或寿命较短的多年生植物，叶片有强烈的丁子香气味，能够给沙拉和其他食物带来独特的风味。花蕾出现时将其掐去。

☼明亮光照，需要部分直射阳光。♠温暖。中等湿度。♦每两周一次，使用观叶室内植物肥料。◊基质表面变干时浇水。▨种子。

特定用途

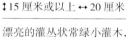

△牛至

Origanum vulgare

↕↔ 15 厘米或以上

灌丛状木质化宿根植物,叶片有辛辣的胡椒气味,用于炖肉的香草束中。咀嚼叶片可暂时缓解牙痛。

☼ 明亮光照。 ♨ 中等温度至温暖。中等湿度。 ♦ 偶尔施肥。 ♦ 基质表面变干时浇水。冬季少量浇水。 ▨ 分株,半硬枝插条,种子。

△迷迭香平卧群

Rosmarinus officinalis Prostratus Group

↕ 15 厘米 ↔ 30 厘米或以上

一种很受欢迎的迷迭香,植株低矮并向四周伸展,芳香叶片可用于甲壳类、贝类、猪肉和羊羔肉的调味。春季和夏季开蓝色花。

☼ 明亮光照。 ♨ 中等温度至温暖。中等湿度。 ♦ 偶尔施肥。 ♦ 基质表面变干时浇水。冬季少量浇水。 ▨ 半硬枝插条,压条。

△'金边'宽叶百里香

Thymus pulegioides 'Aureus'

↕ 15 厘米或以上 ↔ 20 厘米

漂亮的灌丛状常绿小灌木,叶片小而密集,有金色斑点,散发柠檬香气;用于烹饪和观赏皆佳。

☼ 明亮光照。 ♨ 中等温度至温暖。中等湿度。 ♦ 只在生长不良和叶片变黄时施肥。 ♦ 基质表面变干时浇水。 ▨ 分株,茎尖或半硬枝插条。

△荷兰芹

Petroselinum crispum

↕↔ 15 厘米

这种茂盛的二年生香草拥有密集簇生的翠绿色脆爽叶片,是一种很受欢迎的调味或装饰品。作为一年生植物栽培。♥

☼ 明亮至中等光照,避免直射阳光。 ♨ 低温至中等温度。中等湿度。 ♦ 每两周施一次肥。 ♦ 一直保持湿润。冬季减少浇水。 ▨ 种子。

△药用鼠尾草

Salvia officinalis

↕↔ 30 厘米或以上

常绿亚灌木,掐去茎尖以维持紧凑的株型。叶片有辛辣味道,用于填充于禽类腹腔给肉类调味。

☼ 明亮光照。 ♨ 中等温度至温暖。中等湿度。 ♦ 偶尔施肥。 ♦ 基质表面变干时浇水。冬季少量浇水。 ▨ 茎尖或半硬枝插条,压条,种子。

△百里香

Thymus vulgaris

↕ 15 厘米 ↔ 25 厘米

百里香常用于炖肉的香草束,还能直接用来给汤羹和炖菜调味。茂密的常绿小灌木,植株向四周伸展,绿色叶片细小。

☼ 明亮光照。 ♨ 中等温度至温暖。中等湿度。 ♦ 只在生长不良和叶片变黄时施肥。 ♦ 基质表面变干时浇水。 ▨ 分株,半硬枝插条,种子。

适合厨房的其他香草
莳萝 (*Anethum graveolens*)
雪维菜 (*Anthriscus cerefolium*)
法国龙蒿 (*Artemisia dracunculus*)
芫荽 (*Coriandrum sativum*)
柠檬香茅 (*Cymbopogon citratus*)
芳香牛至 (*Origanum majorana*)
法国酸模 (*Rumex scutatus*)
小地榆 (*Sanguisorba minor*)

特定用途

特定植物类群

在种植室内植物时，收集某一科或某一特定类群的植物是一种充满成就感并带来挑战的方式。虽然同属一科的植物在植物学上有较近的亲缘关系，但它们常常在外观以及各自的栽培需求上有很大差异。

◁ 适宜专类种植的多肉植物紫叶莲花掌（*Aeonium* 'Zwartkop'）

对于某些专类植物收藏而言，它们的流行可能是因为种植困难的植物带来的挑战。然而，除了需要技巧和经验的那些种类，还有一些室内植物类群相当容易种植，为园丁们——尤其是新手园丁们——提供了信心和鼓励。

△ 花期持久的兰花　这种兰花花朵硕大，花色精致，持久的花期更加增添了它们的吸引力。

选择植物类群

在选择收集某一科或某一类群的植物时，需要将几个因素牢记在心。除了个人偏好，最具决定性的是设施水平和空间大小。不是每个家庭都能提供特定植物类群——比如喜湿的凤梨和喜阴的蕨类——所需要的不同温度、光照和湿度水平。某些植物类群需要很大的空间，比如棕榈类植物就不适合用在小房间里。仙人掌和多肉植物会如此受欢迎，因为它们包括众多植株低矮或紧凑、容易种植的物种，阳光充足的窗台或类似的位置可以轻而易举地容纳它们。

某些类群能够提供一系列广泛的花型、花色，或二者皆有，例如规模庞大的兰科。想要成功地栽培兰花，需要记住：某些种类是附生植物，在野外生长于树木而岩石上，而另外一些是地生兰，根系长在地里。还有很多种类广泛的植物，拥有奇异甚至畸形的株型或叶片，能够成为有趣且非同寻常的收藏。

◁ 蕨类群集　这些华丽的蕨类充分利用了一面背阴的冷凉墙壁，铁线蕨、铁角蕨和肾鳞蕨将叶片质感和株型的差异展现得淋漓尽致。

▷ 鲜艳的凤梨　大多数凤梨科植物都有色彩鲜艳的花序，这让它们很适宜收藏。温暖的厨房是种植这些植物的绝佳场所。

适合专类种植的蕨类

蕨类是最迷人且令人满意的植物专类收集类群之一，因为它们种类多样、枝叶茂盛，而且能够接受不完美的生长条件。很少有植物比蕨类更能忍耐低光照水平，而且虽然来自雨林或热带地区的蕨类需要较高的温度和湿度才能茂盛生长，但也有很多蕨类喜欢较为冷凉的条件，甚至是没有加温设施的房间。

'二色'铁线蕨▷

Adiantum 'Bicolor'

↕↔ 30 厘米

众多可爱的铁线蕨之一，优雅的标志性特点包括裂刻美丽的翠绿色叶片。浴室窗台是种植它的理想地点。

☼ 中等光照至荫蔽，避免直射阳光。 中等温度至温暖，避免气流。中高湿度。 每两周一次。冬季每月一次。 保持湿润。 分株，孢子。

△截形异盖蕨

Didymochlaena truncatula

↕ 1.2 米 ↔ 90 厘米

成年后植株硕大但优雅有致，截形异盖蕨的美丽之处在于闪闪发亮的绿色深裂蕨叶，幼叶有玫瑰粉色晕。会长出短的茎干。

☼ 明亮光照至荫蔽，避免夏季阳光。 中等温度至温暖。高湿度。 每两周一次。冬季偶尔施肥。 保持湿润，但要避免涝渍。冬季减少浇水。 分株，孢子。

△鸟巢蕨

Asplenium nidus

↕↔ 90 厘米

以其硕大的羽毛球状丛生叶片得名，绿色叶片分外醒目，有光泽。这种热带蕨类可以忍耐室内家居条件。很适合用在浴室。♡

☼ 中等光照。避免直射阳光。 温暖，避免温度波动和气流。中高湿度。 每两周一次，使用观叶室内植物肥料。冬季偶尔施肥。 保持湿润。 孢子。

疣茎乌毛蕨▷

Blechnum gibbum

↕ 75 厘米 ↔ 60 厘米

这种漂亮的蕨类原产于斐济和新喀里多尼亚，叶片羽状深裂且裂刻整齐，构成精致的植株。假以时日，疣茎乌毛蕨会长出短粗且布满浓密鳞片的假茎。

☼ 明亮光照至荫蔽，避免直射阳光。 中等温度至温暖。高湿度。 每两周一次。冬季偶尔施肥。 基质表面变干时浇水。 孢子。

特定植物类群

△波士顿蕨

Nephrolepis exaltata 'Bostoniensis'

↕↔90厘米或以上

最受欢迎的客厅观赏蕨之一，尤其是在北美地区。它可以长得很大，所以适用于大型容器或结实的吊篮。

※明亮至中等光照，避免直射阳光。🌡中等温度至温暖。中高湿度。💧每两周一次。冬季每月一次。💧一直保持湿润。✂分株，孢子。

适合专类种植的其他蕨类

'纤细'楔形铁线蕨（*Adiantum raddianum* 'Gracillimum'）
铁角蕨属植物（*Asplenium* x *lucrosum*）
澳大利亚蚌壳蕨（*Dicksonia antarctica*）
热带鳞盖蕨（*Microlepia speluncae*）
金粉蕨（*Onychium japonicum*）
井栏边草（*Pteris multifida*）

△二叉鹿角蕨

Platycerium bifurcatum

↕90厘米 ↔1.2米

这种漂亮又奇特的蕨类来自热带，在野外生长在树上，只要时间足够，就能长成华丽的主景植物。在大型吊篮中展示时，效果尤其出色。♥

※明亮光照，但要避免夏季阳光。🌡中等温度至温暖。中高湿度。💧每月一次。💧基质表面几乎干燥时浇水。✂孢子。

△'曼代'金囊水龙骨

Phlebodium aureum 'Mandaianum'

↕75厘米 ↔1.5米

又称*Polypodium*，这种引人注目的蕨类拥有匍匐生长的根状茎，灰绿色叶片硕大、深裂，呈拱状弯曲。很适合用在吊篮中。♥

※明亮至中等光照，避免直射阳光。🌡中等温度至温暖。中高湿度。💧每月一次。💧保持湿润，但要避免涝渍。✂地下茎，孢子。

△纽扣蕨

Pellaea rotundifolia

↕20厘米 ↔30厘米

比大多数蕨类更能忍耐较明亮的光照，这种来自新西兰的植物会形成一丛松散的深裂蕨叶，叶片有毛。很适合种植在小花盆中。♥

※中等光照，避免直射阳光。🌡中等温度。高湿度。💧每两周一次。冬季每月一次。💧保持湿润，但要避免涝渍。✂分株，孢子。

适合吊篮的其他蕨类

长尾铁线蕨（*Adiantum diaphanum*）
南国乌毛蕨（*Blechnum penna-marina*）
加那利骨碎补（*Davallia canariensis*）
海州骨碎补（*Davallia mariesii*）
双耳棱脉蕨（*Goniophlebium biauriculatum*）

△'银线'欧洲凤尾蕨

Pteris cretica var. *albolineata*

↕45厘米 ↔60厘米

一种令人难忘的蕨类，植株松散，深裂叶片最初直立，然后拱状弯曲，狭窄的指状小叶有一条沿着中脉的醒目条纹。容易种植。♥

※明亮光照，但要避免直射阳光。🌡温暖。中高湿度。💧每两周一次。冬季每月一次。💧保持湿润，但要避免涝渍。✂分株，孢子。

特定植物类群

407

适合专类种植的仙人掌和多肉植物

种植相对简单的仙人掌和多肉植物为许多人，尤其是儿童，打开了植物界的大门。大多数种类喜欢或者能够忍耐干燥的空气，不过这不能成为忽视它们的理由。有趣的植株形态和鲜艳的花朵是它们的特点。

紫叶莲花掌▷

Aeonium 'Zwartkop'

↕↔90 厘米

一种外形奇特、引人注目的植物，会慢慢长成一棵肉质"树"，闪闪发亮的黑紫色叶片醒目簇生。春季或初夏开黄色花，花序硕大。♀

☼明亮光照，需要直射阳光。♨温暖，但在冬季需要冷凉至中等温度。低湿度。♠每月一次，使用仙人掌和多肉植物肥料。♦基质表面变干时浇水。冬季少量浇水。▨叶片插穗，叶片。

△牛角

Orbea variegata

↕10 厘米 ↔30 厘米

种植简单且耐忽视，这种多肉植物会形成簇生的具齿枝条。夏季开花，星状花散发强烈气味，有精致的马赛克状斑纹。

☼明亮光照，需要阳光。♨温暖，但在冬季需要冷凉至中等温度。低湿度。♠每月一次，使用仙人掌和多肉植物肥料。♦基质表面变干时浇水。冬季少量浇水。▨茎段插条。

△李夫人

Lithops salicola

↕5 厘米 ↔23 厘米

庞大类群中的一种，原产于非洲南部的半荒漠地区，外形似生境中的卵石。夏季至仲秋开花。♀

☼明亮光照，需要阳光。♨温暖，但在冬季需要冷凉至中等温度。低湿度。♠每月一次，使用仙人掌和多肉植物肥料。♦基质表面变干时浇水。冬季少量浇水。▨吸芽。

△月影球

Mammilaria zeilmanniana

↕15 厘米 ↔30 厘米

开花量大，即使在幼年也是如此，适合初学者种植。最初株型紧凑，然后慢慢分裂形成宽阔的成簇植株。春季开花，花为粉色、白色或紫色。

☼明亮光照，需要阳光。♨温暖，但在冬季需要冷凉至中等温度。低湿度。♠每月一次，使用仙人掌和多肉植物肥料。♦基质表面变干时浇水。冬季少量浇水。▨吸芽。

△白云锦

Oreocereus trollii

↕90 厘米 ↔60 厘米

这种仙人掌成年时有多个分枝，茎直立并有肋状结构，覆盖着长长的白毛，簇生尖刺排成一列列生长。夏季开粉色花。

☼明亮光照，需要阳光。♨温暖，但在冬季需要冷凉至中等温度。低湿度。♠每月一次，使用仙人掌和多肉植物肥料。♦基质表面变干时浇水。冬季少量浇水。▨吸芽。

△星美人
Pachyphytum oviferum
↕15 厘米 ↔ 30 厘米

光滑的卵形浅绿色叶片簇生成一团，表面被有白色粉衣，并泛着淡淡的紫蓝色晕。冬季至春季开花，橘红色花组成穗状花序。

☼明亮光照，需要阳光。🌡温暖，但在冬季需要冷凉至中等温度。低湿度。💧每月一次，使用仙人掌和多肉植物肥料。💧基质表面变干时浇水。冬季少量浇水。🌱叶片插穗。

适合专类种植的其他仙人掌和多肉植物
圆筒仙人掌属植物（*Austrocylindropuntia verschaffeltii*）
松露玉（*Blossfeldia liliputana*）
神刀（*Crassula perfoliata* var. *falcata*）
金琥（*Echinocactus grusonii*）
三光球（*Echinocereus pectinatus*）
晃玉（*Euphorbia obesa*），见 367 页
玉翁（*Mammillaria hahniana*）
金晃球（*Parodia leninghausii*），见 359 页
丽盛丸（*Rebutia deminuta*）
乙女心（*Sedum pachyphyllum*）

松鼠尾▷
Sedum morganianum
↕90 厘米 ↔ 30 厘米

这种很受欢迎的多肉植物来自墨西哥，在野外匍匐生长，不过通常种在吊篮中，展示它长长的蓝绿色多叶茎干。🌸

☼明亮光照，需要阳光。🌡温暖，但在冬季需要冷凉至中等温度。低湿度。💧每月一次，使用仙人掌和多肉植物肥料。💧基质表面变干时浇水。冬季少量浇水。🌱茎插条。

具肋状结构的多刺茎

非洲霸王树▷
Pachypodium lamerei
↕2 米或以上 ↔ 1.5 米或以上

小型树状多肉植物，最终会长出分枝，茎干多刺，顶端簇生狭长叶片。夏季开白色花，花喉部为黄色。🌸

☼明亮光照，需要阳光。🌡温暖，但在冬季需要冷凉至中等温度。低湿度。💧每月一次，使用仙人掌和多肉植物肥料。💧基质表面变干时浇水。冬季少量浇水。🌱茎尖插条，种子。

△大花蛇鞭柱
Selenicereus grandiflorus
↕3 米或以上 ↔ 1 米或以上

一种在夜间观赏的植物——长30厘米、有浓郁香味的奶油白色花只在夏季入夜之后开放。茎长，需要支撑。

☼明亮光照，需要阳光。🌡温暖，但在冬季需要中等温度。低湿度。💧每月一次，使用仙人掌和多肉植物肥料。💧基质表面变干时浇水。冬季少量浇水。🌱茎段插条。

特定植物类群

适合专类种植的兰花

在所有开花植物中，兰科植物是最令人梦寐以求的，但和流行观念正相反，它们并非是专家种植者们的专属领地；如今许多园艺中心都有兰花出售。按照下面列出的栽培要点，使用专门的兰花基质，这些植物就会为你带来无穷无尽的满足感。

卡特兰杂种群 ▷
Cattleya hybrids
↕20 厘米 ↔ 45 厘米

极其华丽且芳香，这些春季鲜花直径达12厘米，并且有一系列花色。种植在花盆或兰花种植篮中，并使用附生兰基质。

☼明亮至中等光照，避免直射阳光。🌡中等温度至温暖。高湿度。💧每浇三次水施一次肥。💧基质表面刚刚变干时浇水。冬季少量浇水。✂分株。

大花蕙兰杂种群 ▷
Cymbidium hybrids
↕75 厘米 ↔ 90 厘米

最受欢迎且表现最可靠的家庭观赏兰花之一，花期持久，从冬季延续到春季。花色繁多。可种植在任何一种兰花基质中。

☼明亮光照，需要部分冬季阳光。🌡中等温度至温暖。中等湿度。💧每两周一次，使用半强化开花室内植物基质。冬季每月一次。💧保持湿润，但要避免涝渍。冬季减少浇水。✂分株。

△堇花兰杂种群
Miltoniopsis hybrids
↕↔ 23 厘米

这些美丽的兰花在秋季开出硕大、芳香的花朵，花外形似三色堇，质感如丝绒。种植在花盆或兰花种植篮中，使用附生兰基质。

☼中等光照至荫蔽。🌡中等温度。高湿度。💧每浇三次水施一次肥。💧基质表面刚刚变干时浇水。低温时减少浇水。✂分株。

△美丽兜兰杂种群
Paphiopedilum insigne hybrids
↕15 厘米 ↔ 25 厘米

革质叶片基生，枝条光滑无叶，顶端开放一朵或更多硕大的花，唇瓣呈兜状，花期从秋季延续到春季。在花盆中种植，使用地生兰基质。

☼明亮至中等光照，避免直射阳光。🌡中等温度至温暖。高湿度。💧每浇三次水施一次肥。冬季偶尔施肥。💧保持湿润。在冬季，基质刚刚要变干时浇水。✂分株。

宽拱形带状叶片

适合专类种植的其他兰花

迷你卡特兰杂种群（*Cattleya mini* hybrids）
五唇蝴蝶兰杂种群（x *Doritaenopsis* hybrids）
血叶兰（*Ludisia discolor*）
小兰屿蝴蝶兰杂种群（*Phalaenopsis equestris* hybrids）

蝴蝶兰杂种群 ▷
Phalaenopsis hybrids
↕1 米 ↔ 45 厘米

蝴蝶兰之名来自花朵的形状，好像长了一对翅膀。花序弯曲，全年开花。种植在花盆或兰花种植篮中，使用附生兰基质。

☼ 明亮光照，但要避免灼热阳光。🌡温暖，避免气流。高湿度。💧每两周一次，使用半强化兰花肥料。冬季每月一次。💧保持湿润，但要避免涝渍。🜚分株。

△独蒜兰
Pleione bulbocodioides
↕15 厘米 ↔ 5 厘米

植株低矮，春季开花，比大多数兰花更喜欢冷凉条件，适用于没有阳光照射的窗台。使用附生兰基质，并让它在冬季休眠。

☼ 明亮至中等光照，避免直射阳光。🌡冷凉至中等温度。中等湿度。💧长出叶片后每两周一次，使用富含钾的肥料。💧开花后保持湿润。休眠期保持干燥。🜚分株。

△魔鬼文心兰
Psychopsis papilio
↕60 厘米 ↔ 30 厘米

这种附生兰是好几种室内观赏杂种的亲本；全年开花，总状花序由精致的花朵组成。种植在篮子中或树皮上。

☼ 中等光照至荫蔽，避免直射阳光。🌡温暖，避免气流。高湿度。💧每三周一次。💧保持湿润，但要避免涝渍。🜚分株。

适合专类种植的其他兰花

野猫文心兰杂种群（*Colmanara* hybrids）
迷你蕙兰杂种群（*Cymbidium mini* hybrids）
金钗石斛（山本型）杂种群 [*Dendrobium nobile* (Yamamoto type) hybrids]
蝴蝶石斛杂种群（*Dendrobium phalaenopsis* hybrids）
瘤唇兰杂种群（x *Odontioda* hybrids）
齿舌兰杂种群（*Odontoglossum* hybrids）
文心兰杂种群（*Oncidium* hybrids）
报春兜兰杂种群（*Paphiopedilum primulinum* hybrids）

有褶饰边和大理石花纹状色斑的花

△美洲兜兰杂种群
Phragmipedium hybrids
↕↔ 60 厘米

地生兰，全年每隔一定时间长出总状花序，花朵呈兜状。最好种植在附生兰基质中，并使用能够限制根系的花盆。

☼ 明亮至中等光照，避免直射阳光。🌡中等温度至温暖。高湿度。💧每浇三次水施一次肥。冬季偶尔施肥。💧保持湿润。在冬季，基质晾干至略微湿润时浇水。🜚分株。

◁ '粉晕'伍氏兰
x *Vuylstekeara* Cambria 'Plush'
↕23 厘米 ↔ 45 厘米

这种很受欢迎的植物是考丽达兰（*Cochlioda*）、密尔顿兰（*Miltonia*）和齿舌兰（*Odontoglossum*）的一个杂种，花朵有褶饰边和大理石花纹状色斑，花色众多。使用附生兰基质种植。

☼ 明亮至中等光照，避免直射阳光。🌡中等温度至温暖，但在冬季需要冷凉条件。高湿度。💧每月一次。冬季偶尔施肥。💧保持湿润。冬季少量浇水。🜚分株。

适合专类种植的棕榈植物

很少有植物比棕榈植物更能为家中带来一抹异域风情。它们硕大的扇状或羽状常绿叶片能够在任何房间中提供视线焦点，营造突出的视觉效果。棕榈植物分布在世界上某些最荒野崎岖的地区，但是很多种类都能在室内繁茂生长，它们能够忍耐那里称不上完美的环境条件。

短穗鱼尾葵▷

Caryota mitis

↕ 3 米或以上 ↔ 2 米或以上

这种植物的辨识度很高，标志性的大型弯曲叶片质感似蕨叶，由鱼尾状的裂片组成。这种室内棕榈种植相当简单，但是生长发育需要大量空间。

☼ 明亮至中等光照，避免夏季阳光。🌡 中等温度至温暖。高湿度。💧 每两周一次，使用观叶室内植物肥料。冬季每月一次。💧 基质干燥时浇水。避免涝渍。🌰 种子。

散尾葵▷

Dypsis lutescens

↕ 2 米或以上 ↔ 1.2 米或以上

这是来自马达加斯加的棕榈植物，植株自然丛生，有很多直立生长的细长茎，茎上最初覆盖着黄色的叶基。这些叶基后来发育成拱形弯曲的羽状深绿色叶片。

☼ 明亮至中等光照，避免炎热阳光。🌡 中等温度至温暖。中高湿度。💧 每两周一次，使用观叶室内植物肥料。冬季每月一次。💧 基质变干时浇水。避免涝渍。🌰 种子。

袖珍椰子▷

Chamaedorea elegans

↕↔ 2 米

无疑是最受欢迎的家庭种植棕榈，这种植物生长迅速，姿态优雅，耐忽视和不良条件。分布于墨西哥的雨林地区。

☼ 明亮至中等光照，避免炎热阳光。🌡 中等温度至温暖。中高湿度。💧 每两周一次，使用观叶室内植物肥料。冬季每月一次。💧 基质干燥时浇水。避免涝渍。🌰 种子。

红槟榔▷

Cyrtostachys lakka

↕ 3 米或以上 ↔ 1.5 米或以上

最美丽多彩的棕榈植物之一，原产于东南亚。茎细长，呈鲜红色，支撑着直立簇生的羽状复叶。

☼ 明亮至中等光照，避免夏季阳光。🌡 温暖。高湿度。💧 每两周一次，使用观叶室内植物肥料。冬季每月一次。💧 土壤表面变干时浇水。避免涝渍。🌰 种子。

卷叶荷威椰子▷

Howea belmoreana

‡3 米或以上 ↔ 2 米或以上

颇受欢迎的垂羽荷威椰子（*Howea forsteriana*）的近亲，同样能够忍耐低光照水平和忽视。成年后，卷叶荷威椰子会长出宽大而卷曲的绿色小叶。♀

☼明亮至中等光照，避免夏季阳光。❋温暖。中高湿度。♦每两周一次，使用观叶室内植物肥料。冬季每月一次。♦基质变干时浇水。避免涝渍。▨种子。

美丽珍葵▷

Phoenix roebelenii

‡3 米 ↔ 2 米或以上

细长的茎干布满老叶叶基，十分粗糙，向四周伸展的羽状叶片构成茎顶端的树冠，让它成为完美的微型室内棕榈乔木。耐低光照水平和忽视，若给予养护就能生长茂盛。♀

☼明亮至中等光照，避免夏季阳光。❋中等温度至温暖。中高湿度。♦每两周一次，使用观叶室内植物肥料。冬季每月一次。♦基质变干时浇水。避免涝渍。▨种子。

适合专类种植的其他棕榈植物

董棕（*Caryota urens*）
裂坎棕（*Chamaedorea erumpens*）
玲珑椰子（*Chamaedorea metallica*）
墨西哥棕属植物（*Chamaedorea stolonifera*）
阿沙依椰子（*Euterpe edulis*）
伞椰（*Hedyscepe canterburyana*）
垂羽荷威椰子（*Howea forsteriana*）
凤尾椰子（*Lytocaryum weddellianum*），见 395 页
国王椰子（*Ravenea rivularis*），见 371 页
窗孔椰子（*Reinhardtia gracilis*）

△加那利海枣

Phoenix canariensis

‡5 米或以上 ↔ 2 米或以上

硕大的羽状叶片让这种海枣呈现出一种建筑感。它是气候温暖地区最常见的园艺栽培棕榈植物之一，也是一流的室内植物。♀

☼明亮至中等光照。避免炎热阳光。❋中等温度至温暖。中等湿度。♦每两周一次，使用观叶室内植物肥料。冬季每月一次。♦基质变干时浇水。避免涝渍。▨种子。

棕竹△

Rhapis excelsa

‡3 米 ↔ 1.2 米

一种精美的室内棕榈植物，茎似主干，茂密簇生，直立多叶，扇形叶片深裂，裂片细长如指。耐忽视。♀

☼明亮至中等光照。避免炎热阳光。❋中等温度至温暖。中等湿度。♦每两周一次，使用观叶室内植物肥料。冬季每月一次。♦基质变干时浇水。避免涝渍。▨种子。

△大丝葵

Washingtonia robusta

‡3 米或以上 ↔ 2 米

原产于墨西哥西北部，这种生长迅速的棕榈植物喜良好光照，最适合种植在花园房。有独立茎干和扇形叶片。

☼明亮至中等光照。避免炎热阳光。❋中等温度至温暖。中等湿度。♦每两周一次，使用观叶室内植物肥料。冬季每月一次。♦基质变干时浇水。避免涝渍。▨种子。

特定植物类群

适合专类种植的凤梨植物

几乎所有凤梨科植物都来自美洲的热带和亚热带地区。该科物种数量众多，在形状和色彩方面差异极大，不过大部分室内种植的凤梨都有莲座丛状植株，可观赏叶片或花，或花叶皆可观。很多种类在花盆或吊篮中看起来同样出色。

△温氏水塔花
Billbergia x *windii*
↕↔ 60 厘米

漂亮的杂交物种，形成株丛，条形叶片很长并呈拱形弯曲。夏季开花，低垂的花序由绿色花和玫粉色苞片组成。♀

☼明亮光照，需要部分阳光。🌡中等温度至温暖。中高湿度。💧每两周一次，使用开花室内植物肥料。💧土壤表面刚刚变干时浇水。吸芽。

适合专类种植的其他凤梨植物

'三色'红凤梨（*Ananas bracteatus* 'Tricolor'），见 358 页
水塔花梦幻群（*Billbergia Fantasia* Group）
'粉星光'姬凤梨（*Cryptanthus* 'Pink Starlight'）
彩叶凤梨（*Neoregelia carolinae*）
莺歌凤梨（*Vriesea carinata*）
丽穗凤梨蒂芙尼群（*Vriesea Tiffany* Group）

△摩根光萼荷
Aechmea morganii
↕60 厘米 ↔ 75 厘米

一种硕大醒目的凤梨植物，叶和花都引人注目。深绿色叶片莲座状丛生，有光泽，带状，呈松散的拱形。夏季长出分叉的穗状花序，由粉色苞片和蓝色花组成。

☼明亮光照，但要避免夏季阳光。🌡温暖。中低湿度。💧每两周一次，使用开花室内植物肥料。💧土壤表面变干时浇水。冬季少量浇水。吸芽。

◁ 斑叶凤梨
Ananas comosus var. *variegatus*）
↕90 厘米 ↔ 60 厘米

深绿色叶片有奶油白色边缘，幼叶泛粉晕，是这种凤梨的特别之处；夏季开出的花是额外的福利，花后还会结果。摆放时要当心，叶片边缘多刺。

☼明亮光照。🌡温暖。中高湿度。💧每两周一次，使用开花室内植物肥料。💧土壤表面开始干燥时浇水。吸芽，莲座丛。

△'条纹'环带姬凤梨
Cryptanthus zonatus 'Zebrinus'
↕12 厘米 ↔ 40 厘米

星状莲座植株由革质叶片组成，叶片边缘呈波浪状，叶表面有深灰绿色和银色相间的斑马纹。自然生长在巴西东部的岩石之间。

☼明亮光照至荫蔽，避免直射阳光。🌡温暖。中高湿度。💧每月一次，使用开花室内植物肥料。冬季极少施肥。💧土壤表面变干时浇水。吸芽。

△三色彩叶凤梨

Neoregelia carolinae f. *tricolor*

↕30 厘米 ↔ 60 厘米

这种壮观的巴西雨林植物拥有茂盛、硕大的莲座丛状植株，具尖锯齿的绿色叶片闪闪发光，且表面有黄白色和红色条纹。在夏季开花期，它会在植株中央产生一个红心。♀

☼明亮光照，但要避免夏季阳光。⫴温暖。高湿度。💧每两周一次，使用开花室内植物肥料。💧土壤表面变干时浇水。▱吸芽。

紫花凤梨▷

Tillandsia cyanea

↕30 厘米 ↔ 20 厘米

这种引人注目的附生植物来自厄瓜多尔，莲座丛状植物由细长弯曲且具沟槽的叶片组成。春末或秋季，植株顶端长出桨状扁平花序，由玫红色苞片和紫蓝色花组成。♀

☼明亮光照，但要避免直射阳光。⫴温暖。中低湿度。💧每两月一次，使用开花室内植物肥料。💧土壤表面变干时浇水。▱吸芽。

△纹叶丽穗凤梨

Vriesea hieroglyphica   ↕90 厘米 ↔ 1 米

这种植物令人过目难忘，叶背紫色，正面黄绿色并分布着颜色较深的横纹。夏季开花，直立茎秆上长着黄绿相间的花序。

☼中等光照。⫴温暖。中高湿度。💧每三周一次。💧土壤表面变干时浇水。▱吸芽，种子。

花和苞片有观赏性的其他凤梨植物

光萼荷（*Aechmea chantinii*），见 366 页
横缟尖萼荷（*Aechmea fasciata*），见 324 页
光萼荷福斯特群（*Aechmea Foster's* Favorite Group）
俯垂水塔花（*Billbergia nutans*）
水塔花（*Billbergia pyramidalis*）
小果子蔓（*Guzmania lingulata* var. *minor*）
红叶果子蔓（*Guzmania sanguinea*）
长苞铁兰（*Tillandsia lindenii*）

◁ 粉苞铁兰

Tillandsia wagneriana

↕↔ 45 厘米

这种附生植物来自秘鲁的亚马逊丛林，在春末或秋季，粉紫色苞片组成的奇特穗状花序装点着植株，下面是一丛醒目的瓮状莲座叶片，叶片翠绿或泛红，边缘呈波浪状。

☼明亮光照，但要避免直射阳光。⫴温暖。中高湿度。💧每两月一次，使用开花室内植物肥料。💧土壤表面变干时浇水。▱吸芽。

△虎纹凤梨

Vriesea splendens

↕90 厘米 ↔ 30 厘米

花叶皆可观，莲座状丛生的浅绿色叶片表面有较深的绿色、紫色或红棕色条带。直立茎秆上由红色鳞片组成的花序增添了夏季的观赏性。♀

☼中等光照，避免直射阳光。⫴中等温度至温暖。中高湿度。💧每三周一次，使用开花室内植物肥料。💧土壤表面刚刚变干时浇水。▱吸芽。

特定植物类群

新异室内植物

能够让人挑起话头的植物在任何家庭中都会受到欢迎。壮观的花朵和令人难忘的叶片总是能吸引人的目光，不过株型有趣或者叶片或花朵有某种奇特之处的植物也会产生同样的效果。新奇植物会激发孩子的想象力，如果幸运的话，还会激励孩子想要认识更多的植物。

△捕蝇草

Dionaea muscipula

‡45 厘米 ↔ 15 厘米

一种令人着迷的肉食性短命宿根植物，外表凶残。你可以用苍蝇或细碎生肉喂它。浇水时最喜雨水。

☼明亮光照，需要阳光。♠中等温度至温暖。高湿度。♠需要时喂食，但不要过度喂食。植株也会自己捕捉食物。♦将花盆立在托盘中，保持涝渍。▨分株，叶片插穗。

‘波蒂厄斯’

凤梨▷

Ananas comosus

‘Porteanus’

‡1 米 ↔ 50 厘米

这种植物拥有漂亮的莲座状丛生叶片，叶边缘有刺状锯齿。可以将菠萝果实长着叶片的顶端切下来，种下后就能生根长出新的植株，或者使用吸芽来繁殖。

☼明亮光照，需要阳光。♠中等温度至温暖。中高湿度。♠每三周一次，使用开花室内植物肥料。♦土壤表面刚刚变干时浇水。▨吸芽。

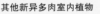

其他新异多肉室内植物

少将（*Conophytum bilobum*）
臭琉桑（*Dorstenia foetida*）
四海波（*Faucaria tigrina*），见 355 页
五十铃玉（*Fenestraria aurantiaca*）
玉扇（*Haworthia truncata*）
大叶落地生根（*Kalanchoe daigremontiana*）
大内玉（*Lithops optica*）
牛角（*Orbea variegata*），见 408 页

‘佳节’观赏辣椒▷

Capsicum annuum ‘Festival’

‡↔ 60 厘米

极具观赏性且殊为奇特，这种小型灌丛状常绿植物能够在一棵植株上结出鲜艳夺目的不同颜色的果实。通常作为一年生植物种植，并作为冬季观赏植物出售。

☼明亮光照，但要避免直射阳光。♠冷凉至中等温度。中等湿度。♠每两周一次，交替使用普通肥料和开花室内植物肥料。♦基质表面刚刚变干时浇水。▨茎尖插条。

△矮丛昙花

Epiphyllum laui

‡30 厘米 ↔ 60 厘米或以上

来自墨西哥的仙人掌类植物，在夜晚开花（有时也会在白天开放），白色花朵极具异域风情，有芳香，花期初夏。

☼明亮光照。避免直射阳光。♠中等温度至温暖。中高湿度。♠从花蕾形成到花期结束，每两周一次。♦基质刚刚变干时浇水。冬季少量浇水。▨茎插条，种子。

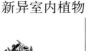

'银星'一品红▷

Euphorbia pulcherrima
'Silver Star'

↕↔50 厘米

一品红在冬季似
乎无处不在，
但是这个叶片
和苞片颜色奇异的
品种并不常见。它可以
用在一群红色苞片的一
品红中，成为有趣的点缀。

☼明亮光照。♨温暖，避免气流和温
度波动。中高湿度。♠每月一次。♦土
壤表面刚刚变干时浇水。避免涝渍。
⊞茎插条。

鳞叶卷柏▷

Selaginella lepidophylla

↕8 厘米↔15 厘米

这种植物通常以干燥的球状出售
（见小图），放置在一碟水或一花
盆潮湿土壤基质中后就会伸展开
来，长成一丛深绿色莲座状似蕨复叶。

☼荫蔽。♨温暖。高湿度。♠每五周一次，使用半强化普通
室内植物肥料。♦土壤表面刚刚变干时浇水。⊞茎插条。

◁ 含羞草

Mimosa pudica

↕60 厘米↔40 厘米

通常作为一年生植物或短命宿根植
物种植，这种植物拥有貌似蕨类的
复叶，被触碰后会迅速折叠下垂；
注意不要过度玩弄，因为植株需要
一个小时进行恢复。

☼明亮至中等光照，避免直射阳光。
♨温暖。高湿度。♠每月一次。♦土
壤表面刚刚变干时浇水。冬季减少
浇水。⊞种子。

其他新异室内植物

花生（*Arachis hypogaea*）
眼镜蛇瓶子草（*Darlingtonia californica*）
海州骨碎补（*Davallia mariesii*）
龙芋（*Dracunculus vulgaris*）
红蕉（*Musa coccinea*）
大花捕虫堇（*Pinguicula grandiflora*）
黄瓶子草（*Sarracenia flava*）
美杜莎铁兰（*Tillandsia caput-medusae*），见 355 页
千母草（*Tolmiea menziesii*），见 365 页

油橄榄▷

Olea europaea

↕↔3 米或以上

灰叶常绿乔木或灌丛，容易通过春季修剪或
整枝保持较小的株型。年龄较大的植株在夏
季开出小而芳香的花，可能会结出果实。

☼明亮光照，需要阳光。♨中等温度至温暖，但
在冬季需要冷凉条件。低湿度。♠每月一次。
♦土壤表面变干时浇水。冬季少量浇水。
⊞半硬枝插条，种子。

△旋果花

Streptocarpus wendlandii

↕30 厘米↔75 厘米

和其他常见的旋果花属植物差异很大，这
种植物只有一片硕大无比的深紫绿色基生
叶，叶背为红紫色。夏季开蓝色花。

☼明亮至中等光照，避免直射阳光。♨温暖。
中高湿度。♠每两周一次，使用开花室内植物
肥料。♦土壤表面刚刚变干时浇水。⊞种子。

索引

出现在本书插图中的植物以"1"标志标明。

O

致谢

作者致谢

许多人曾直接或间接地影响了本书的准备工作，尤其是我的妻子 Sue，她始终如一地支持这项工作，包括打印我的草稿笔记和清单，帮助本书最终面世。

我要特别感谢我的朋友 Matthew Biggs，我们共同撰写了 What Houseplant Where 一书，该书的许多内容融入了本书的创作。

基于在植物中心答复顾客问题和询问的丰富经验，Sarah Drew、Jacqueline Postill、Martin Puddle 和 James Wickham 都对本书发表了很有帮助的评论。

我还要感谢 David Barker、Joyce Cama、Cli Dad、Dilys Davies、Pat Jackson、Danae Johnston、Chris Mortimer、Bob Mousley 和耐寒植物协会（Hardy Plant Society）的 Ray Wilson，他们提出了许多很有帮助的无私建议，Jean Fletcher、Hala Humphries、Sabine Liebherr 和 George Smith 也是如此。除了他们，还有很多人多年以来一直热情鼓励着我对植物的兴趣。我要向所有人表示衷心的感谢。

如果说我们在对植物知识的追求中学到了什么东西的话，那就是你所认识的人常常决定了你所知道的事物，这句话当然也适用于本书的准备过程。希利尔植物中心（Hillier Plant Centre）的 Sarah Drew 慷慨地和我们分享了她在销售中积累的有益经验，而威斯利皇家园艺学会（RHS）花园的园长 Jim Gardiner 和植物学家 Adrian Whiteley 以他们各自的方式提供了帮助。下列人士和机构也利用他们的专业技能为我们提供了便利：David Cooke、皇家植物园园圃；Dibleys Nurseries 苗圃，里辛（Ruthin），N 北威尔士；Maggie Garford，非洲紫罗兰中心（African Violet Centre）、金斯林；John Gibson，Colegraves Seeds 种子公司，班伯里；Andrew Halstead，RHS 花园，威斯利；David Hutchinson，前 Defra 雇员；Alan Moon，埃里克杨兰花基金会（Eric Young Orchid Foundation），泽西；Stanley Mossop，Boonwood 园艺中心（Boonwood Garden Centre），坎布里亚；Dr. Henry Oakeley；David Rhodes，Rhodes & Rockliffe 公司，埃塞克斯；还有最后但绝非最不重要的 Sue Robinson，来自希利尔植物中心的室内植物买手（House Plant Buyer）。

我曾经在 5 年内与第四频道（Channel Four Television）的《园艺俱乐部》（Garden Club）节目组一起跑遍全英国，去过许多大大小小的花园，也认识了一些知识广博的园艺师。我为感激他们的贡献，并对此团队目前及以前的工作人员表示感谢，他们在众多方面提供了帮助。他们包括 John Bennett、Matthew Biggs、Adrian Brennard、Karen Brown、Derek Clarke、Penny Cotter、Mary Foxall、Tony Griggs、Margaret Haworth、Elaine Hinderer、Sylvia Hines、Paddy McMullin、Ken Price、Rebecca Pow、Rebecca Ransome、Jo Redman、Sue Shepherd、Richard Stevens 和 Steve Stunt。

我要感谢我的出版社，尤其是邀请我编写本书的 Mary-Clare Jerram，还有 Lesley Malkin 和 Colin Walton，他们的热情和专业给我留下了深刻印象和莫大的鼓励。我无法要求更好的待遇了。我还要感谢 Anna Cheifetz、Clare Double 和 Helen Robson，他们肯定总是因为我的时间安排而忧心，然而始终保持着冷静和专注。感谢你们的耐心、指导和温柔的敦促。我还要感谢 Gill Biggs 的帮助。

最后，特别感谢来自出版社的四位可爱的女士——Helen Fewster、Vicky Read、Caroline Reed 和 Esther Ripley，感谢她们为本书做出的杰出工作。

DK 出版社感谢：Lyn Saville 和 Ian Whitelaw 提供的额外编辑协助；Gloria Horsfall 和 Sue Caffyn 在设计方面的帮助；Ann Kay 和 Antonia Johnson 的校对；Dr. Alan Hemsley 在植物图片的寻找和鉴定方面提供的帮助；A Z 团队，尤其是 Ina Stradins、Helen Robson 和 Susila Baybars，感谢他们对我们共享资源的耐心、以及 Rebecca Davies 不辞辛劳的奔波；Howard Rice 的所有额外帮助；Lesley Malkin 和 Colin Walton 的支持以及在本项目上投入的启动工作；Simon Maughan 的图片浏览；伦敦 New Covent 花园 Arnott and Mason 公司的 Martin Panter，感谢他提供植物材料并协助摄影；Matthew Ward 的所有额外帮助；Lesley Riley 的编辑协助；Charlotte Oster、Christine Rista、Julia Pashley 和 Sarah Duncan，感谢她们的图片调研工作；Mustafa Sami 的美术调研和委托。

绘图人员

朝向绘图：Karen Cockrane 15

乔木绘图：Laura Andrew、Marion Appleton、David Ashby、Bob Bampton、Anne Child、Karen Gavin、Tim Hayward、Janos Marffy、David More、Sue Oldfield、Liz Pepperell、Michelle Ross、Gill Tomlin、Barbara Walker

310—311 页绘图：Richard Lee.

照片出处

注：l= 左，r= 右，t= 上，c= 中，b= 下

本书原创：Howard Rice、Colin Walton 和 Andrew Henley；室内植物章节的主要照片：Matthew Ward。

补充照片：Peter Anderson 313tl、315br、317cl、317bl、318br、390tl、409tl、409cr；Deni Bown 345tl、345bl、387tc；Jonathan Buckley 331tl；Eric Crichton 410c、411tc、411bl；C. Andrew Henley 359bl、379tc；Neil Fletcher 341br、379tl；Dave King 314bl、315cr、320tr、321、335、357、383、402tc、405；Tom Dobbie 322bl、323tl、323b、324b、325tr、332br、336br、339t、339bl、339bc、341tr、342br、344bl、346c、348tl、349br、350bc、362bl、364t、365tr、365c、368br、371bc、373tl、373br、376b、377tl、380tr、380br、381br、384b、385tl、385c、385b、386b、388bl、390c、390tr、391bl、391tr、392tl、392bl、393tr、393bc、395bc、396bl、398tl、399tl、400tr、400br、401c、401br、406bl、407tl、407c、407b、412bl、413tl、413br；John Fielding 379cl；Andrew Lawson 358br；Andrew de Lory 349br；Howard Rice 325c、344tr、361br、364bl、385tr、398bl、401tl；Bob Rundle 392br；Juliette Wade 329tr；Steven Wooster 331tc、401tr。

DK 出版社的其他照片摄影：Peter Anderson、Clive Boursnell、Deni Bown、Jonathan Buckley、Andrew Butler、Eric Crichton、Andrew de Lory、Christine Douglas、John Fielding、Neil Fletcher、John Glover、Derek Hall、Jerry Harpur、Sunniva Harte、C. Andrew Henley、Neil Holmes、Jacqui Hurst、Andrew Lawson、Howard Rice、Robert Rundle、Juliette Wade、Colin Walton、Matthew Ward、David Watts，以及 Steven Wooster。

DK 出版社感谢下列机构和个人允许我们复制使用他们的照片：

Alamy Images: blickwinkel 178br、263cla；John Glover 147bl；Holmes Garden Photos 30cla、35cr、204bl；Martin Hughes-Jones 47bl、192cr；Photofrenetic 62tr；Plantography 50bc、231bl；Rex Richardson 80ca；Gillian Beckett: 329tl、372t Matthew Biggs: 366tl

Bruce Coleman Collection: Jules Cowan 309tl Corbis: Tania Midgley 75bc

Dibleys Nurseries, Ruthin, North Wales: 333br GAP Photos: Richard Bloom 51tl、59tl、218cr；S & O 70ca

The Garden Collection: Jonathan Buckley 113tl；Nicola Stocken Tomkins 156tr；

Garden Picture Library: Mark Bolton 147tr；Lynne Brotchie 158bl；Brian Carter 159；Robert Estall 264br；John Glover 15tr、16bl、18br、94tr、142bl、176br、264bl；Neil Holmes 178c；M Lamontagne 265；John Miller 306 7；Jerry Pavia 146br；Howard Rice 334tr；Gary Rogers 15br；

JS Sira 172tr、216tr；Friedrich Strauss 320cr、382br、404tr；Ron Sutherland 292bl；Brigitte Thomas 242bl、243；Michel Viard 404b；Steven Wooster 15bl、20br、48bl、119、158br、356bl

Garden World Images: Nicholas Appleby 126bc；Rita Coates 221cr；Gilles Delacroix 80cr；Martin Hughes-Jones 82bc；

Getty Images: GAP Photos/Rob Whitworth 190cr John Glover: 244tc、257tc、283bl

Derek Gould: 235bl

Harpur Garden Library: 320bl、334bl

Houses and Interiors: Simon Butcher 310tl；Fotodienst Fehn 382bl；

International Interiors: Paul Ryan 311tr、311bl Robin Jones/Digital South: 6bl；

Roy Lancaster: 6br、14bl、28tl、28bl、28br、30bl、36bl、36tc、37tr、42tr、44tr、46br、47bc、47br、70tl、77bc、82tr、89bc、104bl、108tc、117bc、124tr、129tc、129bc、133tr、134bl、134cr、139c、140bl、140bc、141tr、142tr、144bl、144 5、145br、146tr、148br、150bc、151tl、155br、156cl、156tc、156cr、162tr、165bl、168bl、170tc、170tr、170bl、171bl、172bc、172bl、173tr、173bc、174tl、174bl、175tl、175tr、175cr、179tl、179cr、189cr、183cr、191c、196bl、196tc、197tl、197tr、200tr、201cl、203bc、206tl、208tl、209tc、215bl、215cr、216cl、216br、217br、226tl、226bc、226tr、227tl、227br、231br、232bc、233tl、233bl、234tr、239tl、239bl、242tr、242br、244bl、246tl、249br、251tr、254tl、255cl、257tl、260bl、260bc、261tl、261br、262tc、262tr、264tr、270bl、274bl、286bl、286br、288bl、290tc、291cr、292cl、293tl、293cl、293cr、309br、328br、329tc、340tl、378br、378tr

Andrew Lawson: 20bl (designer: Wendy Lauderdale)、147tl、293tr

Marianne Majerus Garden Images: Marianne Majerus 195c；Marianne Majerus, Bates Green 75br Clive Nichols: Chenies Manor Garden, Buckinghamshire: 177；Dartington Hall Garden, Devon: 16br；Longacre, Kent: 16cl

Nature Photographers Ltd: Brinsley Burbage: 257tr Photolibrary: John Glover 262clb；Neil Holmes 61cla；Mayer/Le Scanff 155cr；Martin Page 230tr；Howard Rice 141br

Photos Horticultural: 145cr、170br、209cr、235bc、247tc、248tr、256cr、257br、261bc、263bc、277bl、282bl、283 tr、305bl；349tc

Picturesmiths Limited: 146cr、305tl

Planet Earth Pictures: Robert Jureit 308b Howard Rice: 19tl、19tr、19br、21、33bm、33tr、45br、48br、49、76tl、76bl、76bc、76br、77bc、77tr、94bl、94br、95、103bc、118bl、118tr、140bl、143

Royal Horticultural Society, Wisley: Wendy Wesley/RHS Trials 204bc、234cla

Harry Smith Collection: 147tc、171tl、288br Harry Smith Collection/Polunin: 280cl、281br Matthew Ward: 18cl (container by Malcolm Hillier) Elizabeth Whiting Associates: Graham Henderson 310br；Spike Powell 356t.

摄影师致谢

英国：Alan Shipp、Beth Chatto Gardens、Bressingham Gardens、Broadlands Gardens、Cambridge Alpines、Cambridge Bulbs、Cambridge Garden Plants、Cambridge University Botanic Gardens、David Austin Roses Ltd.、Fulbrooke Nursery、Goldbrooke Plants、Hadlow College、Hopleys Plants Ltd.、John Morley、Langthorns Plantery、Monksilver Nursery、Paradise Centre、Peter Lewis、Potterton and Martin、Rickard's Hardy Ferns、Mrs. Sally Edwards、West Acre Gardens.

澳大利亚：Birchfield Herbs (Marcia Voce)、Buskers End (Joan Arnold)、Elizabeth Town Nursery (John and Corrie Dudley)、Essie Huxley、Garden of St. Erth、Island Bulbs (Kevin Fagan, Viv Hale)、Lambley Nursery (David Glenn)、Moidart Wholesale Nursery (Graham Warwick)、Otto Fauser、Penny Dunn、Rosevears Nursery (Rachael Howell) Sally Johansohn、Suz Price、Theresa Watts、Woodbank Nursery (Ken Gallander)、Yates.